"互联网+"新形态立体化教学资源特色教材
高等院校精品专业教材

现代音响录音技术
Xiandai Yinxiang Luyin Jishu

陈俊海 ◎ 编著

中国轻工业出版社

图书在版编目（CIP）数据

现代音响录音技术/陈俊海编著. —北京：中国轻工业出版社，2025.1

ISBN 978-7-5184-1631-8

Ⅰ. ①现… Ⅱ. ①陈… Ⅲ. ①录音—技术 Ⅳ. ①TN912.12

中国版本图书馆CIP数据核字（2017）第230811号

责任编辑：毛旭林　　责任终审：劳国强　　封面设计：锋尚设计
版式设计：锋尚设计　　责任校对：晋　洁　　责任监印：张　可

出版发行：中国轻工业出版社（北京鲁谷东街5号，邮编：100040）

印　　刷：三河市国英印务有限公司

经　　销：各地新华书店

版　　次：2025年1月第1版第7次印刷

开　　本：889×1194　1/16　印张：20

字　　数：524千字

书　　号：ISBN 978-7-5184-1631-8　定价：48.00元

邮购电话：010-85119873

发行电话：010-85119832　010-85119912

网　　址：http://www.chlip.com.cn

Email: club@chlip.com.cn

版权所有　侵权必究

如发现图书残缺请与我社邮购联系调换

242314J1C107ZBW

编委会

主　任：陈俊海

副主任：李　遥　徐涛东

编　委：颜　飙　罗　斌　尚　晖　张文文

　　　　王占威　郭思明　张红阳　罗　依

　　　　李豫虔　边　策　胡　彤　彦　平

前　　言

党的二十大提出了统筹推进"五位一体"总体布局的战略目标，其中文化建设既是建设物质文明的重要条件，也是提高人民思想觉悟的重要条件。文化建设的基本任务就是用当代新的科学技术成就提高人民群众的知识水平。掌握最新的音响、录音技术是广播电视及新闻媒体音频从业者不可或缺的基本技能。先进的音响、录音技术是广播电视等数字媒体的助推器、发动机，它可以高效率、高质量地传播文化，对人民群众的各项文化事业活动起着至关重要的作用。

"音响"与"录音"是音频技术的两个方面，也是近乎相反的两个音频技术工艺——"扩声"与"存储（录制）"。通常，我们把研究如何将声音通过电子手段放大，如何提高信噪比，如何控制声场环境，如何补偿声学缺陷等方面的技术称之为"音响技术"；而把研究如何通过各种工艺将声音高保真地存储下来，如何控制录制环境的声学条件，如何编辑、修改、美化存储内容等方面的技术称之为"录音技术"。

在实际工作中，音频技术人员可能会接触到这两个方面（音响与录音）的内容，只是根据工作的具体需要可能会有不同的工作重点，也有的项目是扩声与录制同时进行，可由不同的人员分工负责。"音响"与"录音"虽然是音频技术的两个方面，但是这两方面在声学、电学基础知识上是一致的，所用的设备包括操作技术也有很多是相同的。随着数字技术在音频领域的全面应用，"音响"与"录音"技术的界限也越来越模糊。

为了让当代音频技术人员熟练掌握音频领域的两个技术方面，做到一专多能、融会贯通，本书特意将音响、录音技术汇编为一册，而市面上大部分教材是将音响、录音技术分册讨论的。本书从音响、录音技术需必备的基础知识为出发点，介绍了本专业需了解和掌握的声学基础、电学基础，音响录音设备的功能原理及话筒技术等；接着介绍了音响技术中音响系统的配接，调音技巧、声学模拟工程软件EASE及声学测量软件Smart的应用；然后介绍了录音技术中录音系统的配接，数字音频工作站Nuendo/Cubase，录音的方法及混音技术；最后通过实例讲解音响录音技术的实战技巧，为使读者能学以致用及巩固书本知识。

本书力求深入浅出地讲解音响录音技术的知识要点，知识内容的编写以系统、专业、实用为原则。本书可作为有志于从事音响、录音行业人员的自学教程，也可以作为全国各类高等院校及高职高专音响、录音、影视、传媒、广告、游戏及舞台艺术等专业的教材或教学参考书。

本书在编撰过程中得到了长期工作在音响录音行业的资深专家河南大学王占威先生，青岛农业大学颜飙先生，广州文艺职业学院徐涛东、罗斌老师，广州万昌音响公司李遥、胡彤先生，深圳电视台高级工程师尚晖、深圳锐得一号录音棚太阳及深圳市工程师联合会音像专业委员会郭思明、颜平、李阳、汪晓琦、楚棘等委员的鼎力支持与悉心指导，在此一并表示感谢！

由于时间匆忙，本人能力水平有限，书中难免有疏漏及谬误之处，敬请读者批评指正。在阅读过程中如发现错误或遗漏，欢迎与作者取得联系，我们会尽快进行相应的修改工作。联系方式：806989126@qq.com

陈俊海

目录

第1部分 基础知识

第1章 声学基础 2

1.1 声音的产生 2
1.2 声波的特性 2
    1.2.1 声速、频率、周期与波长 2
    1.2.2 振幅 3
    1.2.3 声压与声压级 4
    1.2.4 相位与相移 5
    1.2.5 音色与谐波 6
    1.2.6 波形包络 7
1.3 声波传播的方式 7
    1.3.1 反射、散射与绕射 7
    1.3.2 衰减、吸收与干涉 8
1.4 波形的类型 8
    1.4.1 正弦波 8
    1.4.2 锯齿波 9
    1.4.3 方波 9
    1.4.4 三角波 9
1.5 人耳的听觉特性 9
    1.5.1 听觉的感知 9
    1.5.2 人耳对频率的感知范围 11
    1.5.3 听阈与痛阈 11
    1.5.4 双耳效应 12
    1.5.5 哈斯效应 12
    1.5.6 声音加倍 13
1.6 声学环境 14
    1.6.1 室内声场 14
    1.6.2 声染色 15
    1.6.3 声波的控制 15
    1.6.4 吸声与隔声 16
    1.6.5 场馆声学环境 18
    1.6.6 舞台声学环境 18

第2章 电学基础 21

2.1 电子元器件 21
    2.1.1 电阻器 21
    2.1.2 电容器 21
    2.1.3 电感器 21
    2.1.4 变压器 21
2.2 电流、电压与阻抗 21
    2.2.1 电流 21
    2.2.2 电压 22
    2.2.3 阻抗 22
2.3 电源与电路 22
    2.3.1 直流电源 22
    2.3.2 交流电源 23
    2.3.3 电路 23
    2.3.4 接地 23
2.4 分贝（dB）与信号电平 23
    2.4.1 分贝的定义 23
    2.4.2 信号电平 24
2.5 线缆与接口 25
    2.5.1 线缆 25
    2.5.2 接口 26
2.6 音响录音设备的主要性能指标 28
    2.6.1 频率响应（Frequency Response） 28
    2.6.2 总谐波失真（THD）（Total Harmonic Distortion） 29
    2.6.3 信号噪声比（Signal-to-Noise Ratio） 29
    2.6.4 动态范围（Dynamic Range） 29
2.7 数字音频 30
    2.7.1 数字音频概述 30

2.7.2 数字音频的质量参数 30
2.7.3 数字音频的文件格式 31
2.8 立体声 34
2.8.1 二声道（2-0）立体声 34
2.8.2 三声道（3-0）立体声 34
2.8.3 四声道（3-1）立体声 35
2.8.4 5.1声道（3-2）立体声 35
2.8.5 其他多声道音频格式 35

第3章 设备 37
3.1 话筒 37
3.1.1 话筒的分类与工作原理 37
3.1.2 话筒的特性 41
3.1.3 话筒的选用 44
3.1.4 话筒的附件 46
3.2 功放 46
3.2.1 功放的分类与工作原理 46
3.2.2 功放的特性 50
3.3 音箱 51
3.3.1 音箱的分类 51
3.3.2 音箱的摆放 55
3.3.3 音箱叠加的计算方法 56
3.4 调音台 57
3.4.1 调音台的基本功能与组成 57
3.4.2 调音台的分类 59
3.5 声音处理设备 60
3.5.1 均衡器 60
3.5.2 压缩器 62
3.5.3 扩展器与噪声门 63
3.5.4 混响器 64
3.5.5 延时器 65
3.5.6 多功能效果处理器 66
3.6 分频器 66
3.6.1 分频器类型 66
3.6.2 分频器的工作原理 66
3.7 数字音频矩阵处理器 67

3.7.1 基本概念 67
3.7.2 数字音响处理系统的特点 67
3.8 录音放音设备 68
3.8.1 数字录音机 68
3.8.2 激光唱机与唱片 68
3.8.3 DVD与蓝光 69
3.8.4 媒体播放器 69
3.9 D.I盒 70
3.10 数字音频工作站 70

第4章 话筒技术 71
4.1 话筒的声学特性 71
4.2 话筒摆放的原则 71
4.3 话筒摆放的距离 72
4.3.1 通用距离 72
4.3.2 听觉试验距离 72
4.3.3 远距离拾音 72
4.3.4 近距离拾音 73
4.4 乐器拾音的话筒摆放 74
4.4.1 电声乐器的拾音 74
4.4.2 鼓组的拾音 77
4.4.3 打击乐器的拾音 80
4.4.4 原声乐器的拾音 80
4.5 人声拾音的话筒摆放 85
4.5.1 独唱的拾音 85
4.5.2 伴唱的拾音 87
4.5.3 合唱的拾音 87
4.5.4 语声的拾音 87

第2部分 音响技术

第5章 音响系统 90
5.1 系统配置方案 90
5.1.1 音响系统的意义与作用 90
5.1.2 各种类型音响系统的配置 91
5.1.3 音响系统连接的意义与要求 93

5.2 系统电平匹配与调试 ... 95
5.2.1 电平的概念 ... 95
5.2.2 电平匹配的意义 ... 95
5.2.3 分贝值的种类与计算 ... 96
5.2.4 系统电平的调试 ... 100
5.3 系统相位与声像检测 ... 101
5.3.1 声像与相位的概念 ... 101
5.3.2 相位的检查与解决方法 ... 101
5.4 功率放大器与扬声器的配接 ... 103
5.4.1 功放与音箱的配接 ... 103
5.4.2 功率放大器输出方式 ... 105
5.4.3 音箱串并联计算 ... 106
5.5 网络音频系统 ... 107
5.5.1 网络音频的特点 ... 107
5.5.2 Cobra Net工作原理与特点 ... 109
5.5.3 AVB工作原理与特点 ... 109
5.5.4 Dante工作原理与特点 ... 110
5.5.5 MADI的特点 ... 110

第6章 调音技巧 ... 111
6.1 模拟调音台的使用 ... 111
6.1.1 模拟调音台的输入输出接口 ... 111
6.1.2 模拟调音台调试技巧 ... 112
6.2 数字调音台的使用 ... 114
6.2.1 数字调音台的特点 ... 114
6.2.2 数字调音台举例 ... 116
6.2.3 数字调音台使用流程 ... 117
6.3 均衡器的使用 ... 118
6.3.1 均衡器作用 ... 118
6.3.2 频段与主观感受 ... 119
6.3.3 滤波器的种类与选择 ... 119
6.3.4 图示均衡器与动态均衡器 ... 122
6.3.5 均衡器的应用技巧 ... 123
6.3.6 针对不同音源的均衡处理 ... 123
6.4 压限器的使用 ... 126
6.4.1 压限器面板参数调整 ... 126

6.4.2 压限器使用技巧 ... 130
6.4.3 多段压缩 ... 132
6.5 噪声门的使用 ... 132
6.5.1 阈值 ... 132
6.5.2 增益变化范围 ... 132
6.5.3 建立时间和释放时间 ... 133
6.5.4 保持时间 ... 134
6.6 其他动态处理设备 ... 134
6.6.1 扩展器 ... 134
6.6.2 向上扩展器 ... 135
6.6.3 闪避处理器 ... 135
6.7 混响延时器的使用 ... 135
6.7.1 混响延时器常用参数 ... 135
6.7.2 使用混响器与延时器的目的 ... 138
6.8 分频器的使用 ... 139
6.8.1 滤波器的组成 ... 139
6.8.2 分频器的相位 ... 140
6.8.3 分频点 ... 140
6.9 现场混音的技巧 ... 140
6.9.1 混音的搭建 ... 141
6.9.2 混音的融合 ... 142
6.9.3 创造声音动态 ... 144
6.9.4 有效地使用混响器 ... 145

第7章 声学模拟软件EASE的应用 ... 147
7.1 厅堂设计的一般要求 ... 147
7.1.1 声学设计软件概述 ... 147
7.1.2 厅堂音质设计的一般要求 ... 148
7.2 EASE软件的应用——建模 ... 150
7.2.1 建模流程 ... 150
7.2.2 基本画法 ... 151
7.2.3 复制与拉伸法 ... 153
7.2.4 漏洞的产生与修复 ... 154
7.2.5 建立听声面和听音点 ... 156
7.3 EASE软件的应用——吸声材料 ... 157

7.3.1	添加吸声材料的原则与方法	157
7.3.2	查看与优化混响时间	158

7.4　EASE软件的应用——扬声器　159
7.4.1	添加扬声器文件	159
7.4.2	创建扬声器簇	160

7.5　EASE软件的应用——声学模拟　160
7.5.1	声压级的模拟与分析	161
7.5.2	C系列测量	162
7.5.3	L系列测量	163
7.5.4	辅音清晰度损失与快速语言指数测量	163
7.5.5	声线跟踪模拟	164
7.5.6	直达声预听	165

第8章　声学测量软件Smaart的应用　167

8.1　声学测量软件Smaart V7介绍　167
8.1.1	声学测量软件Smaart V7概述	167
8.1.2	Smaart V7功能	167
8.1.3	Smaart V7硬件配置与连接	168

8.2　Smaart V7测量　169
8.2.1	实时频谱分析	169
8.2.2	传递函数测量	169

8.3　多通路声学测量　170
8.3.1	多通路测量配置与连接	170
8.3.2	测量前配置	172
8.3.3	系统延时的测量与调整	173
8.3.4	多通路频谱测量与优化	174

第3部分　录音技术

第9章　录音系统　178

9.1　录音空间概述　178
9.1.1	录音棚与控制室	178
9.1.2	小型工作室与便携式工作站	179
9.1.3	影视制作录音棚与动效棚	180

9.2　硬件配置　181
9.2.1	音频录音常用硬件	181
9.2.2	MIDI录音常用硬件	183

9.3　软件配置　184
9.3.1	工作站软件	184
9.3.2	插件	185

9.4　系统连接　186
9.4.1	音频设备的连接	186
9.4.2	MIDI设备的连接	188

第10章　数字音频工作站 Nuendo/Cubase　189

10.1　系统设置　189
10.1.1	音频设置	189
10.1.2	视频设置	192

10.2　新建工程文件　192
10.2.1	选择工程模板	192
10.2.2	选择工程文件夹	193
10.2.3	保存工程文件	193
10.2.4	设置工程文件	193

10.3　音频文件的操作　194
10.3.1	导入音频文件	194
10.3.2	导入音频CD	195
10.3.3	导出OMF文件	196
10.3.4	导出MIDI文件	197
10.3.5	导出混音	197

10.4　音轨类型　198

10.5　工程窗口界面详解　199
10.5.1	菜单栏、工具栏、信息栏、标尺栏	200
10.5.2	音轨栏与音轨属性栏	201
10.5.3	走带控制面板	202
10.5.4	通道设置窗口	203
10.5.5	调音台窗口	204

10.6　音频录音　205
10.6.1	节拍与节拍器	205
10.6.2	监听设置	205
10.6.3	录音操作	208

10.6.4 录音模式	209
10.6.5 听湿录干	210
10.7 音频编辑	**211**
10.7.1 音频事件条的操作	211
10.7.2 改变音频波形的长度	212
10.7.3 音频波形的音量控制	213
10.7.4 音频波形的音高调节	214
10.7.5 参数自动控制	214
10.8 音频效果器的使用	**215**
10.8.1 插入法	215
10.8.2 发送法	216
10.8.3 处理法	216

第11章 录音的方法 218

11.1 基本录音方法	**218**
11.2 基本拾音方法	**218**
11.3 单声道录音与分轨录音	**220**
11.4 立体声录音	**221**
11.4.1 概述	221
11.4.2 时间差拾音方法	222
11.4.3 强度差拾音方法	222
11.4.4 "混合"拾音方法	224
11.5 多轨录音	**225**
11.6 环绕声录音	**226**
11.7 各种节目形式的录音方法	**227**
11.7.1 古典音乐的录音	227
11.7.2 流行音乐的录音	229
11.7.3 戏曲节目的录音	229
11.7.4 语言节目的录音	230
11.7.5 广播剧的录音	230

第12章 混音技术 231

12.1 监听	**231**
12.1.1 监听的音量	231
12.1.2 监听的配置	231
12.1.3 监听电平的控制	233
12.1.4 监听的方式	233
12.1.5 频谱参考	234
12.2 混音的要点	**234**
12.2.1 声像定位	235
12.2.2 音量平衡	235
12.2.3 音色调整	236
12.2.4 动态控制	237
12.2.5 声场塑造	238
12.2.6 个性表现	239
12.3 混音的流程	**239**
12.3.1 前期准备	239
12.3.2 试听与粗混	239
12.3.3 混音计划	240
12.3.4 混音环节	240
12.3.5 混音顺序	241
12.3.6 音频处理顺序	243
12.3.7 反复加工	243
12.3.8 输出与母带处理	244
12.4 音频处理	**244**
12.4.1 通用效果	244
12.4.2 底鼓	245
12.4.3 基础节奏	245
12.4.4 贝司	246
12.4.5 旋律吉他	246
12.4.6 键盘	247
12.4.7 人声	247
12.4.8 独奏乐器（主音吉他）	248
12.4.9 整体处理	248

第4部分 实战技巧

第13章 音响技术实战 250

13.1 现场演出扩声流程	**250**
13.1.1 演出前的电声设计与模拟	250
13.1.2 演出前的准备与排演	251
13.1.3 现场系统搭建	251

13.1.4 音响系统调整与检测	252	
13.1.5 现场演出	255	
13.2 音响工程设计实例	**256**	
13.2.1 声场分析与设计依据	256	
13.2.2 扩声形式的选择	257	
13.2.3 主扬声器声压级的计算	258	
13.2.4 声音清晰度及声反馈的控制	259	
13.2.5 声压均匀度的设计与系统传输方式的选择	259	
13.2.6 系统的可靠性与噪声的控制	260	
13.2.7 扩声系统的构建	261	
13.2.8 主要设备的选型	263	
13.2.9 扩声系统设计仿真验证	264	
13.2.10 本例扩声系统主要设备清单	264	
13.3 音响系统故障处理	**265**	
13.3.1 音响系统故障处理原则	265	
13.3.2 音响系统故障处理方法	266	
13.3.3 故障处理常见问题解答	267	

第14章 录音技术实战　　273

14.1 录音棚录音流程　　273
　　14.1.1 准备　　273
　　14.1.2 录音　　275
　　14.1.3 补录　　276
　　14.1.4 叠录　　276
　　14.1.5 缩混　　277
　　14.1.6 母带制作　　277
14.2 综艺节目同期录音实例　　277
　　14.2.1 设计音频系统　　277
　　14.2.2 音频系统的搭建　　278
　　14.2.3 人员分工与配置　　280
　　14.2.4 现场录制　　281
　　14.2.5 后期混音　　282

14.3 混音实例——流行摇滚歌曲《往日时光》　　282
　　14.3.1 鼓组　　283
　　14.3.2 贝司（12 Bass）　　288
　　14.3.3 风琴（13 Organ）　　289
　　14.3.4 弦乐　　289
　　14.3.5 电钢琴（17 E Piano）　　290
　　14.3.6 吉他　　290
　　14.3.7 色彩乐器　　293
　　14.3.8 人声（26 Vocal A）　　293
　　14.3.9 输出（27 Stereo Out）　　294

第15章 环绕声的制作　　295

15.1 关于环绕声　　295
15.2 环绕声录音与监听　　295
　　15.2.1 环绕声混录设备　　295
　　15.2.2 环绕声音箱的布置　　296
　　15.2.3 环绕声监听系统的设置　　297
　　15.2.4 环绕声录音连接　　297
15.3 在Nuendo中的环绕声操作　　298
　　15.3.1 总线配置　　298
　　15.3.2 将音频轨路由到环绕声通道　　299
　　15.3.3 环绕声面板操作　　300
　　15.3.4 导出环绕声音频文件　　301
15.4 环绕声混音实例　　301

附录1 音符与频率对应关系表　　304
附录2 常用乐器与人声的基音频率范围表　　305
附录3 常用乐器与人声的重要频段特性表　　306
主要参考文献　　307

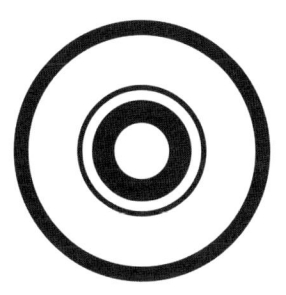

第1部分 基础知识

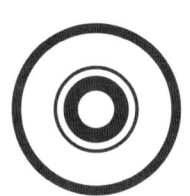

第1章 声学基础

1.1 声音的产生

当物体振动时,声音也随之产生。例如,拨动一根吉他琴弦,会导致机械振动,这种琴弦振动是肉眼可见的。与此同时,也能听到振动所发出的声音。当琴弦振动时,就会引起周围空气粒子的前后振动,并带动其他粒子一起振动,循环往复。所以,振动产生声波(好比石头落入水中产生涟漪),而声波的传递使周围的空气呈现压缩和扩展状态。除了振动以外,声音的传播还需要介质来实现。最普通的介质是大气或者称为空气。当然,声音也同样可以通过其他介质传播,例如水、木头和金属,但声音是不能在真空中传播的。声音在完成了传播后,需要接收体来对声音进行接收。接收体可以是人,也可以是话筒设备。当声音进入人的耳朵后,使人耳中的鼓膜引起共振,从而将振动的信号传递给人的大脑。当声音作用在话筒的振膜上时,话筒将振膜的振动转换成电信号,并经过导线,将信号记录在录音机当中。图1-1展示了声音的产生、传播与接收过程。

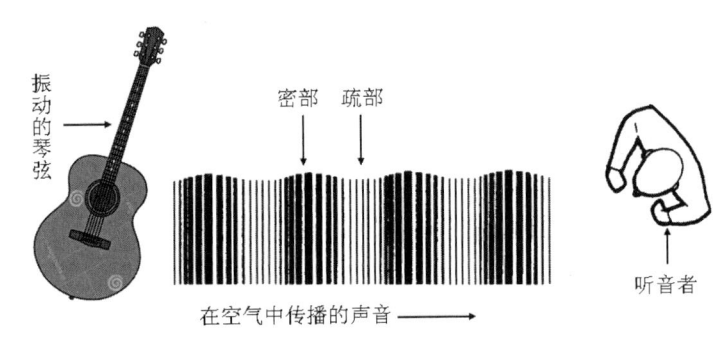

图1-1 声音的产生、传播、接收过程

1.2 声波的特性

1.2.1 声速、频率、周期与波长

(1)声速

声波在传声介质中,每秒传播的距离称为声波的传播速度,简称声速,用符号c表示,单位是米/秒(m/s)。声音在不同的介质中传播速度是不同的,在标准大气压下,0℃的空气中,声音的速度是331.4m/s。空气的温度越高,声速越快,温度每增加1℃,声速增加0.607m/s。

声音在固体中传播的速度最快,其次是液体,再次是气体。如在水中一般是1450m/s;在钢铁中约为5000m/s。由此可见,声速决定于传声介质的性质,而与声源频率及强度无关。一般计算中,取声速$c=340$m/s。

声速与距离、时间的计算公式:$t=D/c$(t表示时间,D表示距离,c表示声速)

（2）频率

振动体每秒振动的次数称为频率，用符号 f 表示，频率的单位是赫兹（HZ），简称赫。振动体每秒振动一次时表示为1 HZ =1（次/秒）。

发声体每秒振动次数越多，即频率越高，听音者感觉声音的音调越高，一般称之为声音尖锐。反之，频率低的声音音调低，听起来声音低沉。一般把频率为20~50HZ的声音称为超低音，50~150HZ的声音称为低音，150~500HZ的声音称为中低音，500~5000Hz的声音称为中高音，5000~20000Hz的声音称为高音。C调的"1"频率是256HZ，而高八度的"1"频率是512HZ。

（3）周期

振动体每振动一次即完成一次往复运动所需要的时间为周期，用符号T表示，单位是秒（s）。频率和周期的关系为

$$f=1/T$$

（4）波长

物体或空气分子每完成一次往返运动或疏密相间的运动所经过的距离称为波长，用符号 λ 表示，单位是m。在一定的传声介质中，波长是由声波的频率决定的：频率高，波长短；频率低，波长长。根据频率、波长和声速的定义，三者之间有如下关系

$$\lambda = c/f$$

如常温下（15℃），在空气中的声波频率为100Hz时，波长为 λ =c/f=340/100=3.4（m）；在水中的声波频率为100Hz时，波长则为 λ =c/f=1450/100=14.5（m）。图1-2是频率与波长的关系。

1.2.2 振幅

声波的振幅和它的力度或强度有关，即我们听到的音量或响度。声音的响度在波形图中直观地表示为声波上下振动的高度，声音越大，响度就越高，振幅也就越大。如图1-3所示，当声音越来越响亮时，就会发生空气分子更大的压缩与膨胀现象，波峰将会更高，而波谷会更深。声音的幅度是一个确定的物理量，因此很容易被测量。但响度却不同，因为响度是一个主观概念，每个人对于同一个声音的响度感受是不同的。一个人觉得很响的声音，在另一个人看来却并没有那么响。度量振幅的单位是分贝（dB）。人耳对于声音振幅的细微变化十分敏感，且有着非常大的听觉范围。安静无声的状态，我们称之为0dB，比它响10倍的声音为10dB，响度超过100倍的为20dB，以此

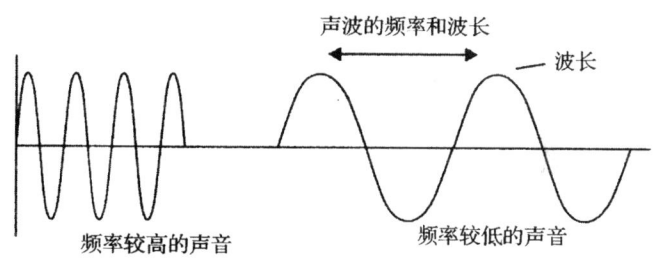

图1-2 频率与波长的关系

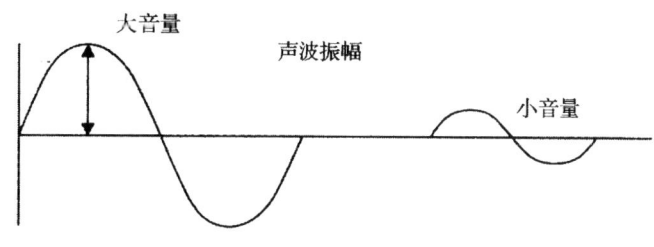

图1-3 音量与振幅的关系

类推。单位分贝代表不同的声音音量的比率，测量的是声音的相对强度。人耳可以听到范围在0dB（听阈）到120dB（痛阈）之间的声音，接近和超过这个大小的声音，就会使人感到耳朵疼痛，并可能对听力造成

损伤。实际上，任何高于85dB的声音，都有可能会导致听力下降，只不过取决于听者与声源的距离和他身处这种环境中的时间长短。摇滚音乐会整场的声音，都在120dB左右，这就解释了为什么在听完一场摇滚音乐会后一两天内会有余音绕梁的感觉。

1.2.3 声压与声压级

（1）对数的含义

对数运算只是数字表达形式的一种转换，没有其他含义。下面两个公式表示的是近乎相同的含义：

$$10^y = X \quad \log 10^X = y$$

公式相对容易理解。随着y的增加，X呈10倍、10倍地增长。比如：

$$10^3 = 10 \times 10 \times 10 = 1000$$

对数运算可以让我们免去算术加法的繁琐计算。以10为底，X取1000，取对数后得3。

$$\log 10^{(1000)} = 3$$

换种表达方式，公式可以回答下面的问题："10的多少次幂是X呢？"以公式中的1000为例，"10的多少次幂是1000呢？"答案是3。$10^3=1000$，所以$\log 10^{(1000)}=3$。

10的多少次幂是1 000 000呢？很容易就知道答案是6。用公式$\log 10^{(1\,000\,000)}=6$来计算也很容易。10的六次方是100万，再来算一下10的多少次幂等于100万亿：$\log 10^{(100\,000\,000\,000\,000)}=14$。

这就是在音频领域中采用对数的目的，它可以让很大的数字——可能是非常非常大的数字变得很小：让100 000 000 000000变成14。它能让像政府预算那么大的数字变成足球比赛中的分数那么小。

（2）声压

上面谈到物体振动带动周围媒质空气产生膨胀和压缩，所谓膨胀和压缩是相对于没有声波存在时的空气而言的。实际上，没有声波存在时空气本身存在静压力，就是大气压力。假定当地环境的大气压力接近标准大气压，一个标准大气压为101.3Pa，压力的计量单位是帕斯卡，符号为Pa。由于声波的存在，使空气中的压力变化，局部被压缩的空气的压力在原先静压力的基础上增大，局部膨胀了的空气压力在原先静压力的基础上减小了。所谓声压，就是由于声波的存在引起空气的压力在原先的静压力的基础上增大或减小的量的有效值，这个变化的量和静压力比起来是非常小的。声压的单位也可以是Pa。根据统计，人耳能听到的1kHz声音的最小声压为0.00002Pa（或者写成2×10^{-5}pa），我们将此声压称为参考气压（P0）。当声压达到20Pa时我们已经觉得声音太大了，长期听这样的声音，让人受不了。当然，比20Pa更大的声音我们还能听，但是更难受。如果声压继续增大，可能对人耳产生永久性损伤。

（3）声压级

上面讲到人耳能听到最小声压和能忍受的最大声压相差很大，达到100万倍以上。实际上，人耳对声音响度的感觉与声压的对数关系更接近。为了讨论方便，人们又设置了声压级（SPL或Lp）这个参数来表示声压大小的等级，用对数表示，单位为分贝（dB）。

$$Lp = 20\log 10 P/Po = 20\lg P/Po$$

式中：P——被指定的声压，Pa；Po——参考声压，Pa

当P=Po时，Lp=20lg0.00002/0.00002=20x0=0dB，说明当指定的声压等于参考声压0.00002Pa时，其声压级为0dB，也就是说人耳刚刚能听到的1kHz声音的声压级为0dB。同理，当声压为1Pa时用声压级来表示就是94dB。

表1-1　典型环境的声压级

典型环境	声强级/dB	主观感受
飞机起飞（60m处）	120	不堪忍受
打桩工地	110	有冲击感
喊叫（1.5m处）	100	震耳
重型卡车驶过（15m处）	90	刺耳
城市街道	80	喧闹
汽车内	70	嘈杂
普通对话（1m）	60	适中
办公室	50	适中
起居室	40	清静
卧室	30	比较安静
播音室	20	很安静
落叶声	10	略微察觉
人工消声室	0	寂静

1.2.4　相位与相移

（1）相位

这一名词说明声波在其周期运动中所达到的精确位置。相位通常以圆周的度数来计算，因而360°就相当于一个完整的运动周期。沿着时间轴画出波动的图形，能清楚地说明相位关系。从图1-4中可以看出，任何一个波动的起始点离其相邻波的起始点恰好是360°。这就说明所有波峰都是互相同相。同样，所有波谷均相距360°。也就是说，它们也都是互相同相。而波峰与波谷之间则是互相反相，因为它们的相位差为180°。

这里有一个重要的问题需要弄清楚，就是同相的声音是相加的，并易于结合；而反相的声音则是相减的，并互相抵消。

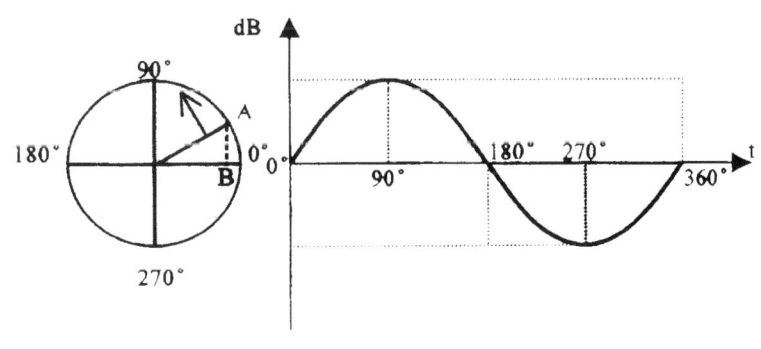

图1-4　相位

（2）相移

相移指一个波形周期相对于另一个滞后或超前。从原理上看，相移产生两个（或更多）波形之间的时间差（产生时间差最普遍的原因就是声源的物理距离差）。比如，一个500Hz的声波的振动周期为0.002s。

假如有两个500Hz声波，其中一个晚于另一个0.001s起振（半周期），延时的声波就滞后前一个声波半个周期或180°。另一种典型例子就是用两只话筒来拾取一个音源，两只话筒距单音源的距离不同，因此在将两只话筒拾取的信号混合时，就会产生相应的时间延时。同样，若只用一个话筒拾取单音源，那么同时拾取到直达声和近次反射声也会产生相移。若同频率信号之间的距离差等于信号波长，信号间的相位也是相同的，但若信号之间距离等于半波长的奇数倍，那么信号间就会产生反相。以上的这些情况，无论是幅值的增长还是抵消，都会改变信号拾取后的频率响应。无论有什么样的原因，由不同话筒拾取带来的，或者由直达声和反射声带来的声学缺陷都应该尽可能避免。

当一个信号开始从0度偏移并逐渐向180°过渡时，彼此之间的抵消会越来越严重。一旦达到180°相移，将会完全抵消，而当相移从180°逐渐向360°过渡时，彼此之间的抵消也会逐渐削弱，直到达到360°时抵消现象消失。此时，我们重新回到了0度相位，信号之间也再次处于完全同相状态。

牢记一点，当声音听上去不对劲的时候，相位抵消很可能是罪魁祸首。

1.2.5 音色与谐波

另一个声音的特性被称为音色，与声音的波形有着很大关系。音色是区别两个声音不同的重要参照属性，即使这两个声音可能具有相同的音量大小和音调高低。图1-5是一个正弦波，我们将这种声音称之为纯音。然而，自然界中的任何声音都要比图示中的这个声音复杂得多。当按下钢琴键盘上小字1组的A键时，我们所听到的乐音振动频率为440Hz，这个频率被称为基频。然而，所有声音的实际音色除了基频以外，还包含大量的其他频率成分。如图1-6所示，这些成分中，频率为基频整数倍的频率成分被称为谐频，而频率为基频非整数倍的频率成分被称为泛音。基频、谐频与泛音三者之间的相互作用，产生了自然界中千变万化的声音音色。

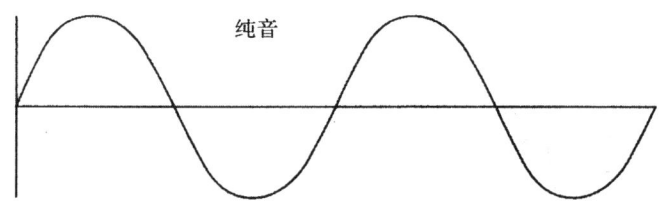

图1-5 正弦波

当两个声波叠加时，就会产生声学上的同相或反相现象。简单地说，当两个相同声波的波峰和波谷相应叠加，这两个声音就会成为一个振幅为原始声音两倍的声音。如果一个声音的波峰与另一个声音的波谷重合，而波谷与第二个声音的波峰重合，那么它们的相位差为180°，两个声音就会互相抵消或大幅度衰减。自然界中大多数的声音（如语言或音乐）都有可能存在叠加的现象，成为复合声波，但很少会出现绝对的180°相位差。

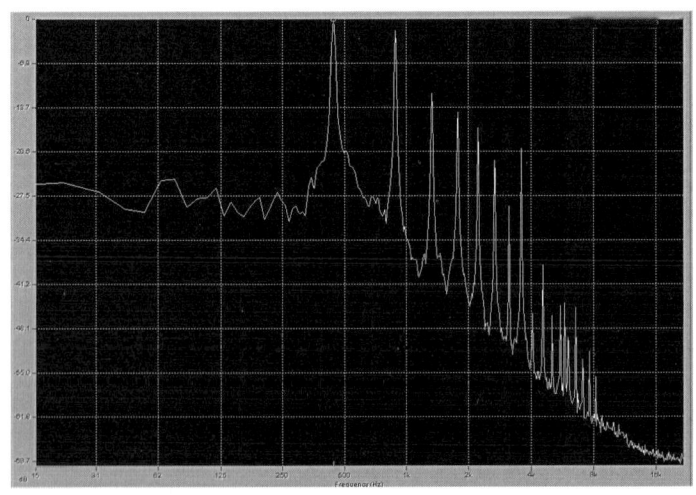

图1-6 钢琴标准音（A）的谐波成分

1.2.6 波形包络

声音的包络与声音的持续过程有关，描述的是声音在一段时间内音量的变化。如图1-7所示，一般情况下，声音的包络包括四个阶段：起音，达到最大音量所需的时间；衰减，声音从峰值音量到持续音量所需的时间；持续，声音保持的时间；释放，声音从持续音量到无声的时间。从本质上讲，衰减、持续和释放指的是声音消失所用的时间。短促的声音往往有着较快的起音时间和释放时间，如枪声或雷声等。而长按钢琴琴键时发

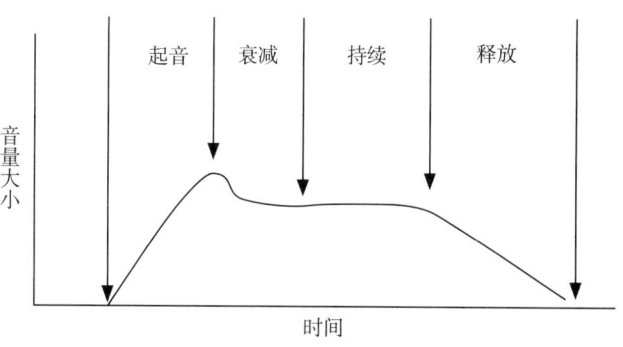

图1-7 声波的包络线

出的声音，则具有较长的衰减、持续和释放的过程。音频设备必须能够如实地反映声音的包络特性。

1.3 声波传播的方式

1.3.1 反射、散射与绕射

（1）反射

就像光波一样，声音也会在平面上发生反射，其反射角与入射角相等且对称（与入射方向相反）。这项基本特性是复杂声学研究的基础，比如图1-8（a）表示一个声波在固体光滑表面上最简单直接的反射（相等但相反的入射角和反射角）。图1-8（b）表示一个在凸起表面上的反射，声音反射后呈发散状地向表面外扩散。图1-8（c）表示，凹面使得声音反射后聚焦在一个点上，若凹面呈90°夹角见图1-8（d），声音经过二次反射后与入射声波平行。这个例子同样会发生在90°的墙壁夹角处以及墙与地面的90°夹角处。这就很容易理解为什么房间墙角处的声压级总是较房间其他地方大的原因了（尤其是在两墙与地面的角落）。

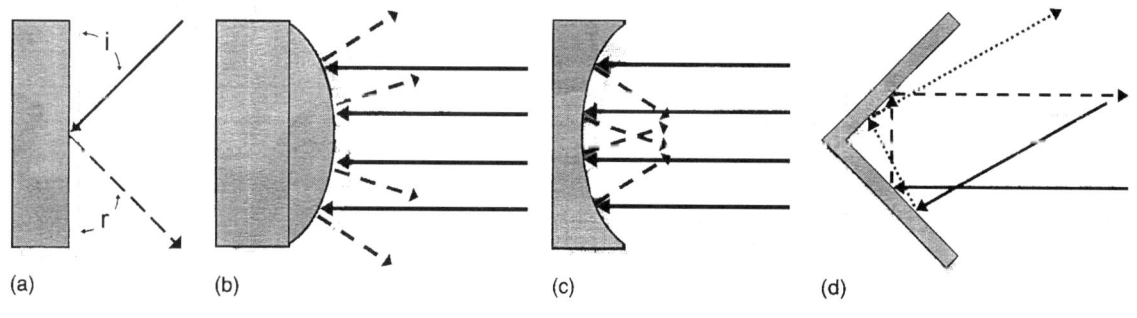

图1-8 声波遇到不同表面后的变化

（2）散射

声波向各个方向的不规则反射形成散射，如剧场、厅堂中的凸形墙面、表面粗糙的墙面，就是使声波碰到凸形面或高低不平面时产生散射，以调节声场效果。在声场内设置扩散体，使声音发生扩散的目的是

为了使声场内的各个部位的声压级大致均匀，同时可以有效消除声像颤动、回声一类的声场缺陷。

（3）绕射

声波遇到墙面除了反射之外，还会沿着墙面边缘呈现弯曲线路向前继续传播，声波绕过墙面边缘或柱面、洞孔等继续进行传播叫声绕射，也称衍射。

声绕射与声波波长及绕射面大小有关，绕射面小于波长很多，声波会绕过物体表面。当声波波长与绕射面大小相当时，声波会有一部分产生绕射，而另一部分被阻挡形成反射波。当声波波长比障碍物尺寸小很多时，基本被障碍物挡住。声音的绕射现象一般发生在低频段，声波在遇到柱子等小型障碍物时，可以不受其干扰，绕过障碍物继续传播。而中、高频段的声波被障碍物挡住产生反射波，因此在障碍物后面的听众听不到中、高频段的直达声，只有低频可以绕过去。因此听到的低频多，声音的清晰度很差，把声场中的这一部分称为声影区。

1.3.2 衰减、吸收与干涉

（1）衰减

声波在介质中传播的过程，由于介质对声波的阻碍作用，使声能造成一定的消耗，这就是声波的衰减。

（2）吸收

声波的吸收是指传播声波的介质对声能的吸收作用，其实质是声能通过介质材料时进行了能量转换，如声波通过吸声材料的空隙时，声能转变为热能。

（3）干涉

声波的干涉是指两个频率相同的声波互相叠加后所产生的现象，干涉的结果使空间声场有一固定分布，某些点加强，某些点减弱。如果它们的位置相同，两个声波的振幅在相同的相位情况下将增强。如果它们的相位相反，则互相抵消。如果两个声波的相位不是完全相同或相反，而是存在一定的相位差，则声波有时增加，有时减少。

干涉现象会引起空间各点声场之间很大的差异。了解了声波的干涉，在录音时应引起注意，尤其是话筒的拾声和扬声器的放声，更应合理掌握干涉的调整。

1.4 波形的类型

1.4.1 正弦波

正弦波是频率成分最为单一的一种信号，因这种信号的波形像数学上的正弦曲线而得名。任何复杂信号——例如音乐信号，都可以看成由许许多多频率不同、大小不等的正弦波复合而成。

正弦波具有完全对称、波形平滑和周期性等特性，在整个周期内的振动形成正弦波，其中的峰值保持相同，如图1-9所示。当聆听一个正弦波时，会只听到一个纯音频率；同时在幅度上保持平滑和连续的变化。

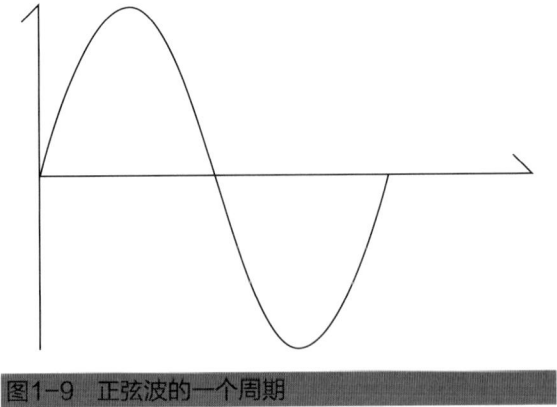

图1-9 正弦波的一个周期

将不同的正弦波相互叠加，会得到不同类型的波形。这些正弦波应当具有不同的相位、频率或幅度。

1.4.2 锯齿波

锯齿波有两种不同的类型：第一种类型被称为正向锯齿波，这种波形在开始处幅度进行快速提升，到达峰值后直接衰减。第二种类型被称为反转或反向锯齿波，这种波形与第一种波形刚好相反，如图1-10所示。不管哪一种类型的锯齿波，其形状看上去都和锯齿非常相似（得名的由来），并且两种波形的声音听起来也是相同的。锯齿波包含了奇次和偶次谐波分量，因此具有很明亮和刺耳的声音听感。当聆听这种声音的时候，会听到一系列的不谐和音出现在耳朵中。这种类型的波形常用于合成器之中，这种声音能够被用来模拟重建乐器的声音信号，例如弦乐器。

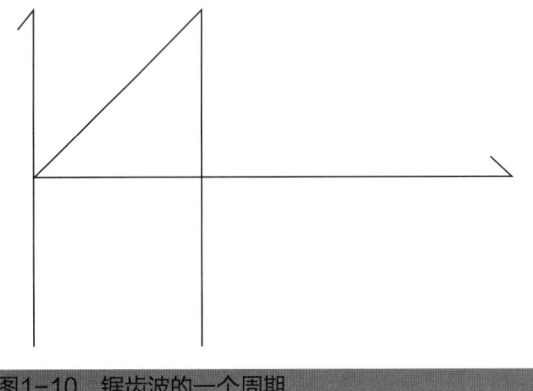

图1-10 锯齿波的一个周期

1.4.3 方波

方波也常被用于合成器中，它们往往是通过简单的逻辑电路产生的，并且对应着简单的二进制中的开和关指令。这种波形仅仅包含了大量的奇次谐波，而且也正是由于这些大量的奇次谐波的存在，才使得它们听上去非常刺耳，因此常常使用空洞和非常刚硬来形容这些声音，如图1-11所示。

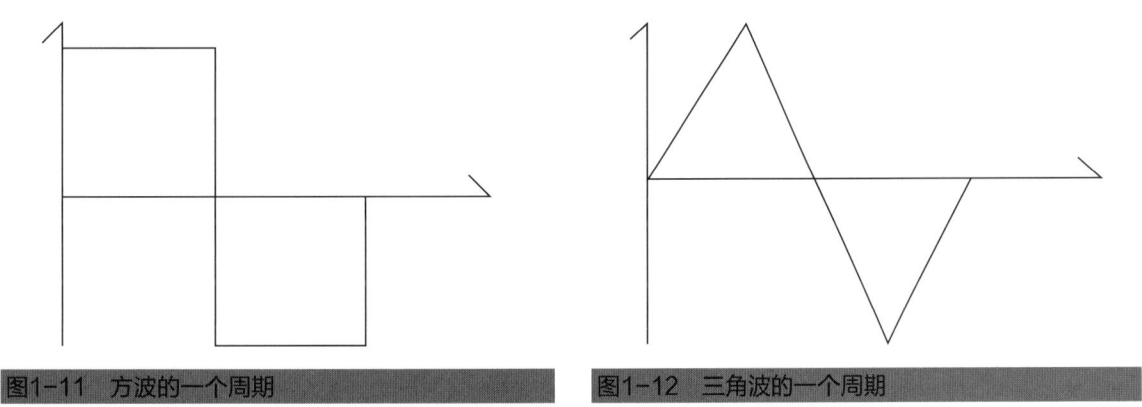

图1-11 方波的一个周期　　　　图1-12 三角波的一个周期

1.4.4 三角波

三角波仅仅包含有奇次谐波，但是其谐波类型及数量与方波的谐波类型及数量有着很大的差异。当你观察这种波形时，你会发现它与正弦波非常类似，唯一不同的是它具有金字塔角锥形状，如图1-12所示。三角波具有相当丰富的听感，虽然它听上去也有一些刺耳，但是不像锯齿波和方波那样刺激你的耳朵。

1.5 人耳的听觉特性

1.5.1 听觉的感知

首先，有一个概念非常重要，即人耳是一个非线性器官（人耳所接收到的并非总是你所听到的）。还需要注意，人耳频率响应（音色感知）会随着所感受信号的声压级变化而变化。很多高保真前置放大器中所带有的响度补偿功能，就是为了补偿人耳在较低声压级下对低频和高频声的不敏感缺陷。

Fletcher—Munson等响曲线（如图1-13所示），显示了人耳在不同声压级下对不同频率的平均敏感程度。曲线指出了人耳在不同频率听音的声压级与同响度的1000Hz标准纯音声压级的对照（测量单位为"方"）。因此，为了使与1 kHz纯音在110dB SPL时的响度（最典型的为在3英尺（91cm）距离听喇叭状汽车鸣笛装置的鸣响）听起来一致，40Hz的纯音需提升6dB，而10kHz纯音需提升4dB，这样才能使三个声音听起来响度一致。当1kHz纯音为50dB SPL时（私人商务办公室中的平均噪声），40Hz声音必须提升30dB，同时10kHz声音需比1kHz音提升13dB才能使三个声音听起来

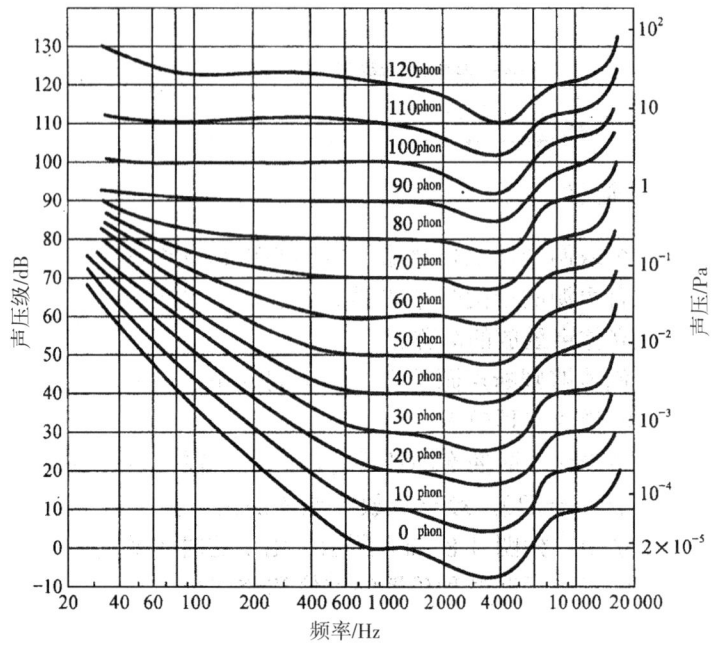

图1-13 等响曲线

响度一样。因此，假如一首曲子的混音监听音量在85～95dB的范围中，那么它的低频和极高频成分事实上听起来已经足够了（通常是件好事）。但假如同样这首曲子在110dB SPL的监听环境下混音的话，那么若在低音量下重放该曲子时，由于混音时未对人耳响应进行补偿，其低频和极高频都会明显感到缺乏。经过这几年，人们普遍发现，当监听音量为85dB SPL时，频率平衡上的变化并不会非常明显。

另外，当声波超过一定响度级别时，人耳能够产生在原始信号中不存在谐波失真。例如，人耳会感觉一个高音量的1 kHz正弦波带有1 kHz、2kHz、3kHz的声波。尽管人耳已经能够听到小提琴的泛音成分（如果听音音量足够大），人耳还是能感知到额外的谐波成分（从而改变了音色）。在录音时使用很大音量，而重放时用很小的音量监听是导致声音感觉有所不同的原因之一。

一个声音的响度大小会影响人耳对调性的感知。例如，假如100Hz的声音从40dB增大到100dB SPL，人耳听起来音调就下降10%。在500Hz做同样的增加处理，音调就会下降约2%。这就是为什么音乐家很难在高响度的耳机中对乐器调音。

由于人耳响应的非线性．不同音符同时发声听起来要比单独发声听起来好听。三种形式互相影响就会产生：几个音同时发声会互相影响，听起来比它们分开发声更复杂。由于几个音的互相影响，会产生如下三种效果：拍频、组合频率及掩蔽效应。

（1）拍频

两个声音具有大致相同的幅值，在频率上略微不同，这样能够产生拍频。这种声音现象，听起来像两个同频率声音重复性的音量振荡。这个现象通常用于对乐器进行调音，因为当两个音的音高接近时，拍频速度放慢；当音高一致时，拍频停止。事实上，拍频的产生是由于人耳无法辨别两个十分接近的音调。其结果是，由于两个音之间的相位叠加和音量差异产生了第三个频率。

（2）组合频率

当两个强音相差50Hz以上，就会产生组合频率。此时，人耳能感觉到另外一个等于两声音和与差共同

结果的声音，同时也是它们谐波和与差的共同结果。计算基本音的简单公式为：

$$声音之和 = f1 + f2$$
$$声音之差 = f1 - f2$$

当两个音的频率差均低于自身频率时，声音之差是很容易分辨的。例如，2000Hz与2500Hz产生的500Hz频率差，就很容易分辨。

（3）掩蔽效应

掩蔽效应指的是一个较强的声音能够掩蔽掉人耳感受一个较弱的声音。当掩蔽声与被掩蔽声频率相近的时候，掩蔽效应效果最明显。例如，一个4kHz声音能够掩蔽较弱的3.5kHz声音，却对较弱的1000Hz声音影响较小。掩蔽效应同样能够发生在掩蔽声的谐波当中（例如，1kHz声音有一个较强的2kHz谐波会掩蔽掉1900Hz声音），这种现象是为什么立体声摆位和均衡在缩混阶段如此重要的原因之一。一个自身发音良好的乐器，能够完全被另一个音色类似的并且声音更大的乐器声所掩蔽和改变。通过均衡设置、话筒选择和话筒摆位，都能够调整乐器，以足够区别于其他乐器的声音出现且不会发生掩蔽效应。

1.5.2 人耳对频率的感知范围

发声体通过振动能产生声波，但不是所有的声波都能被人听见，这是由于人耳耳膜与一切物体一样有一定的惯性，它与发声体的振动次数有关。只有频率在20~20000Hz范围内的声波才能被人听到，因此，该频率范围内的声音称为可闻声。在这个频率范围以外的声波，不能引起听觉，频率超过20000HZ的称作超声波，频率低于20Hz的称作次声波。实际上，只有极少部分的人能听到这两端的声音，大部分人的可听频率范围在40~16000Hz之间。另外，人耳在不同频率区的听觉灵敏度也是不一样的，如图1-14所示。

人的听觉对于声音频率变化能察觉到的最小范围称为人耳的频率分辨力，对于1kHz以下的频率为±3Hz，对于1kHz以上的频率为Δf/f=0.003，其中f为某一固定频率，Δf为人耳能分辨的频率相对变化值。

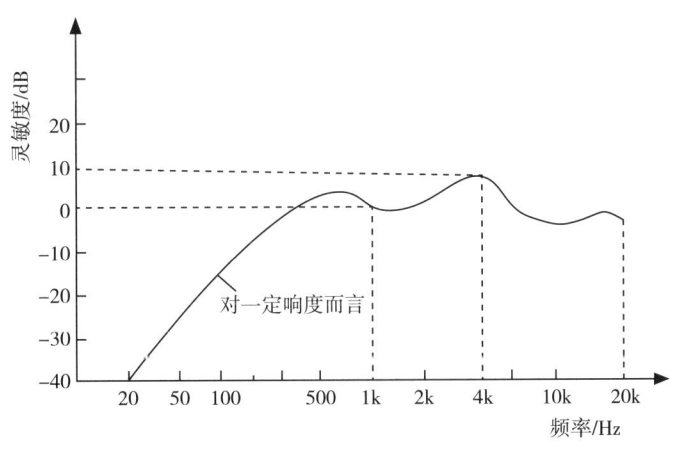

图1-14 人耳对频率的灵敏度

1.5.3 听阈与痛阈

当声音刚好能够被听见，我们就说这个声音为最低可听界限，这个值就是可听阈。在低音量电平时，人耳对于低于500HZ的频率不很灵敏。因此，一个40HZ声音的强度必须比500HZ的声音强度更大，才能达到最低的可听界限。

当一个声音到了使人震耳欲聋的时候，就说这个声音达到了最大可听界限，这个值就是疼痛阈，如图1-15所示。

如果继续增加声强，就会感觉到头痛。由于在听到声音与感到头痛之间没有明确的分界线，所以当某些高频声音即使离最大可听界限还有一段距离时，有些人或动物就会对这些声音表现出烦躁不安的神情。因此，疼痛阈是因人而异的。

听觉对声音的声压级变化能察觉到的最小变化值称为人耳的声压分辨力，一般为±3dB。

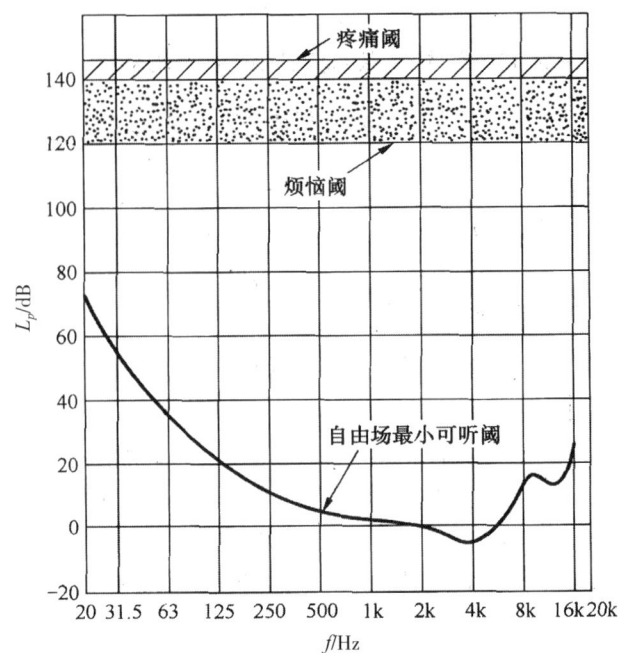

图1-15　人耳的听觉范围

1.5.4　双耳效应

人耳在头部的两侧，其作用首先表现在接受纯音信号的阈值比单耳阈值约低3dB，这可以理解为双耳共同作用的结果。

对强度和频率，双耳的辨别力都高于单耳。用声压级70dB的250Hz、1000Hz和4000Hz三种纯音实验的结果表明，双耳的差别感受性都强于单耳。两只耳朵接收声信号，无论时间、强度或者频谱都是互不相同的，但是听到的却是一个单一的声像，这个过程就称为双耳融合。双耳听觉大都是在立体声条件的声场中产生的，声音位于周围的环境中，而从耳机中听到的声音位于人的头部。在立体声场中，确定声源的空间位置称为定向；在用耳机时，确定声源的左右位置称为定位。

低频信号的定向，是以双耳的时间差为依据，而高频信号的定向，决定于两耳间的声级差。当波长大于声音从近耳传到远耳的距离时，两耳间的相位差也是有用的声源定向线索。声音绕经头部的路程为22～23cm，所以声音由近耳传到远耳约需660μs。这个时间差相当于频率1.5kHz，因此对更长的波长而言，两耳间将有一个显著的相位差，可作为有效的定向线索。

声源定位的方法是给听音者的两只耳朵送入一定差别的信号，以确定耳间差对定位的影响，即耳间时差对1.3kHz以下的频率最重要，而耳间强度差是高频定位的主要线索。由于人耳的左右对称分布，声源左右移动时，在两耳处引起的声压、时间和相位的差别比较明显，通常可以分辨出水平方向向上5°～15°范围以内的声像移动。但在垂直方向上，可能声像移动达到60°以上才能分辨出来。剧场的观众厅扩声系统中，扬声器置于台口上方，就是因为考虑到人耳左右水平方向的分辨能力远大于上下垂直方向。

双耳效应在厅堂声学设计中占有重要地位，特别是在录音和扩声方面，很多声学参数都需要考虑这一因素。立体声系统，就是根据人的双耳效应而发展起来的。

1.5.5　哈斯效应

当一个声场中两个声源（两个声源发出的声音是同一个音频信号）的声音传入人耳的时间差在50ms以内时，人耳不能明显辨别出两个声源的方位。人耳的听觉感受是：哪一个声源的声音首先传入人耳，那么人的听觉感觉就是全部声音都是从这个方位传来的。人耳的这种先入为主的聆听感觉特性，称为"哈斯（Hass）效应"。

当两个声音到达人耳的时间差不超过20ms时，人的听觉不会发现实际上存在有两个声源。当两个声源在方位上较接近时，时间差可达30ms而不被人的听觉所觉察。当时间差增加到35～50ms时，后到达人耳的声音将被感觉到，但此时人的听觉仍不能把两个声音分开。当时间差超过50ms时，若后到达的声音有足够的声级则会干扰先到的声音，形成回音效果。

图1-16所示，为"哈斯效应"的几种情况。图中A、B声源采用相同的声源信号。

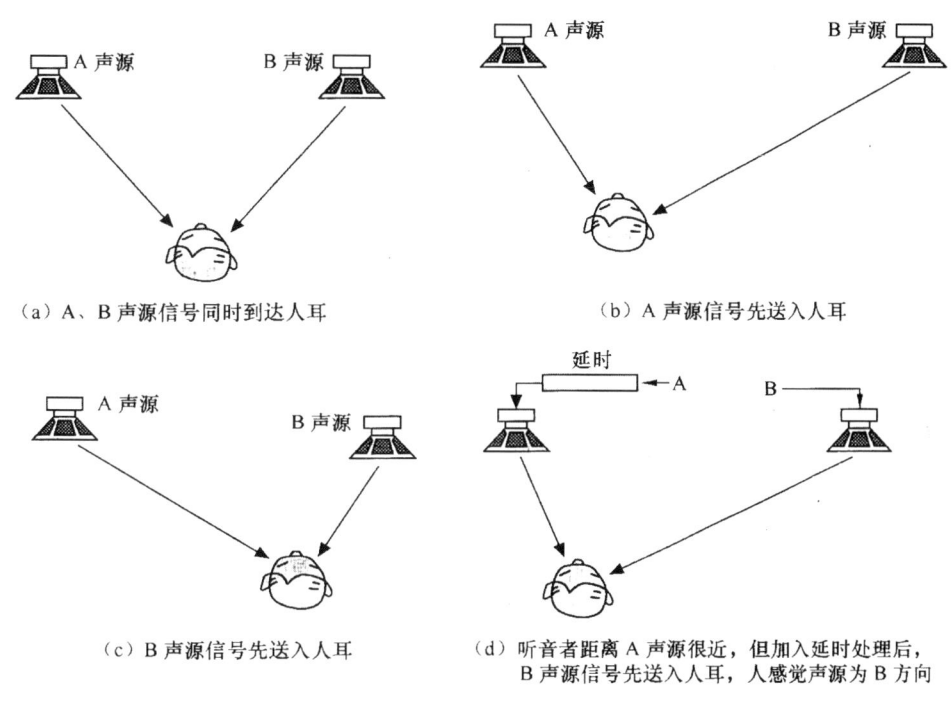

图1-16 哈斯效应示意图

图1-16（a）中，声源A和B距离人耳的距离相同，人不能明显地辨别出两个声源的准确方位，主观感觉是声音来自两个声源之间，增加了空间感，人们称之为假立体声。

图1-16（b）中，人听音的位置距A声源近，距离B声源远，听到A声源声音大，听到B声源声音小。但是，人们的心理感觉却是只有一个A声源的声音，而没有感觉到B声源的存在，即哪个声源声音强，人们就感觉全部声音都是由这个声源传出来的。

图1-16（c）中，人距离B声源近，距A声源远，感觉到全部声音都是B声源发出的，而忽略了A声源的存在。如果将B声源切断，人们才会发现A声源声音的存在，不过由于A声源距离人较远，听到的声音小一些。如果将A声源切断，仍然感觉到声音是由B声源发出的，不过听到的声音由于切断了A声源而变小了，其感觉的方位并没有改变。

图1-16（d）中，听音者距离A声源很近，但A声源加入延时处理后，B声源的信号先送入人耳，人感觉声源为B方向。

1.5.6 声音加倍

利用4～20ms（大约）的延时来将信号重复，被欺骗了的大脑，就会认为演奏乐器的数量加倍了，这个过程就叫作加倍。通常，将声音加2倍或3倍可以通过如下方法来实现，即记录一轨后倒回到开头，让演奏者听着第一遍录音的内容，再在其他声轨上录第二遍、第三遍。若没有条件实现这种方式，延时器就是最佳的选择，不但成本低，而且很容易就能实现加倍效果。

若选择长延时（大于35ms），听起来就像间断的回声，通过延时（一系列的延时反复）来创造密集的回声。当然，还有其他的效果能够用来对原始声进行加倍，如果想要自己的声音听起来像20世纪50年代流行巨星的嗓音的话。

1.6 声学环境

1.6.1 室内声场

声波所到达的空间称为声场。声场中各处都有一定的声能，我们在这里讨论的是闭室里的声场。

从声源发出并到达室内各处的声波，包括有直达声和从室内各处反射的反射声。反射声又可以分为早期反射声和混响声。

早期反射声紧接着直达声而来，混响声是从各个方向来的、以相同的概率到达每点的多次反射声。混响声中各个反射声波挨得很近，混响声延续的时间也较长。图1-17，表示从一个脉冲声源发出的声到达室内一点的先后和状况。

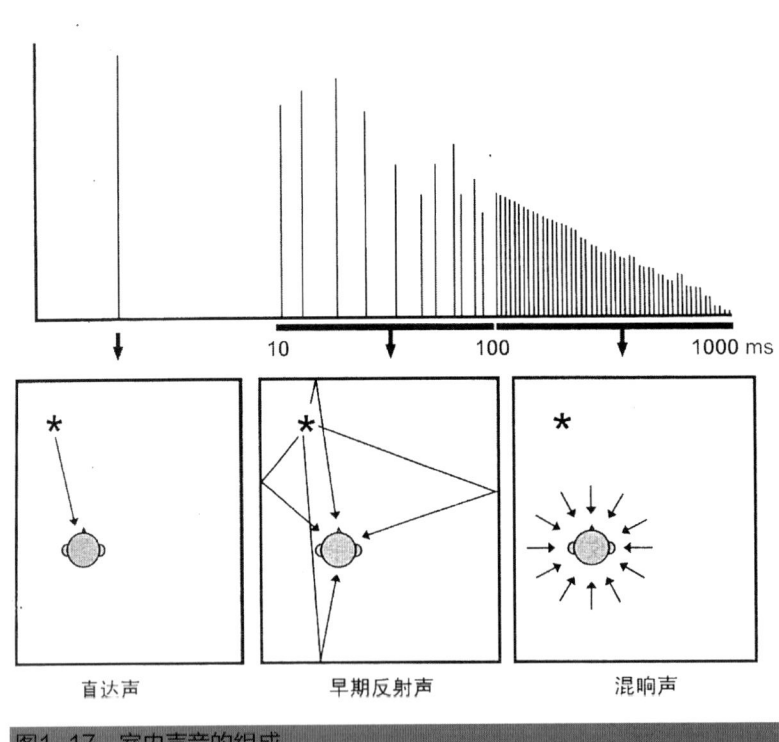

图1-17 室内声音的组成

（1）直达声

空气中，声音以340m/s的恒定速度传播，从声源直接到达人耳的声波就是直达声。直达声决定了人耳感知声源的定位和形状，并传达出声源的真实音色。

（2）早期反射声

声波在直接到达听音者位置后，还会经过房间中的各个反射面从多个方向反射回听音者，这些反射声被称为早期反射声。早期反射声反映了一个声学空间的反射率、形状和一般自然状况。早期反射声通常在人耳感受到直达声后，以迟于50ms以下时间到达人耳，它们来自房间最大边界和最突出界面的反射。这个介于听音者听到直达声后和开始听到早期反射声之间的时间间隔传达了房间的空间形状信息。通常，声学墙面距声源和听音者距离越远，反射回听音者的延时就越长。

伴随早期反射声而出现的另一种现象称为暂时融合。当早期反射声在直达声到达听音者后30ms以内到达人耳，不仅不会被听见，反而会与直达声混合在一起。事实上，人耳不能分辨出时间间隔太短的早期反射声，而认为是直达声中的一部分。30ms为最大的暂时融合时间并非绝对的，它还由声音的包络决定。这种融合有时候在清晰的滴答声中只有4ms，但是在有些包络线较平缓的声音中，甚至可以扩展到80ms（比如管风琴的持续音或小提琴连奏）。尽管有时候早期反射声会融合进直达声中，但是它仍然能够使人感觉到声音变得更大更丰满了。

（3）混响声

只要来自房间边界的反射不断持续，当声源停止发声后，人还能够听见声音以混响声的形式无方向地传播并且逐渐衰弱。强反射面在每次声音反射时不会吸收很多声能，使声音在停止发生后还能持续较长时间（反之亦然）。若声音在发声后50ms以后到达听音者，听音者感受到的是来自不同方向的一连串持续反射声。这种密集的空间反射在强度上逐渐衰弱，使人感受到声音的温暖和沁人心脾。由于经过了多次反射，混响声的音色与直达声的音色大不相同（最突出的不同就是高频的缺失和低频的加重）。

混响声衰减到比原声源强度小60dB程度的时间，叫作衰减时间或者混响时间，其值由房间的吸声特性决定。人的大脑能够感受到混响时间和混响的音色，并根据这些信息来判断周围环境界面的硬软程度。当听音者靠近声源时，能够感觉到直达声的音量迅速增大，而混响声的音量通常保持不变，这是由于房间的扩散基本上保持在一个常量上。直达声和混响声的比例，帮助了人们来判断与声源的距离。

通过同时运用人工混响器和延时器，录音师就可以在混音阶段通过设置相应的设备，为没有混响的原始信号添加必要的早期延时和随意反射。再通过控制各种必要的参量，来调整效果器上的延时量和延时时间，从而为人创造出对房间大小的新感知，同时衰减时间和频率平衡也能够帮助人判定房间的反射面。通过改变原始声与效果声的混合比例，录音师能够将声源设置在听音者前方或者后方，人为地创造了一个声音空间。

1.6.2 声染色

声染色是指信号传输过程中由于某种原因使声源中的某一频率得到过分加强或减弱，从而破坏了房间内音响效果均匀性的一种现象。其实，这种现象在许多电声系统以及传输系统都可能出现，只不过是出现染色的频率不同而已。

具体来说，小房间容易出现声染色现象，它是一种低频"嗡嗡"声，分布在100～300 Hz的范围之内。低于80 Hz而高于300 Hz的声染色很少出现。当然，声染色现象对语音的音色非常不利，所以必须要加以消除。分析声染色的原因，除了房间本身的因素以外，还与声源与话筒的位置有关，并且含染声色现象的语音，它的基频跟语言元音的共振峰有密切关系。要消除声染色现象，最简单的方法是增大房间的平均吸声系数，一般要求吸声系数应大于0.3。

1.6.3 声波的控制

总体来说，声波是相当杂乱无章的，这也是我们能够听到它们的原因。但是当声波开始叠加或相减时，问题就出现了。例如平行墙面能够累积声波能量，造成这一频率声音音量的近似加倍（由于声波在两个平行墙面之间来回反射，因此还会造成颤动回声现象）。从另一方面来说，凹面型结构，会将声波能量聚焦在某一点上，因此这两种类型的反射表面，都会给扩声工作带来困难。

对反射声波进行控制要远远好于试图消除这些反射声波。聆听那些很不自然的声音，会让人很不舒服，因此你需要对空间环境中传播的声波方向进行控制——通过将它们直接指向所需的方向（指向观众区域），或是对那些指向墙面和顶棚的反射声波进行吸收（或使用可控式扩散体）。同一声波的多次反射会造成该声波的混浊，使其清晰度大受影响，诀窍就是避免出现同一声波的多次反射现象。另外，避免驻波现象发生的唯一方法就是在场馆的墙面和顶棚仔细设置一些可调低音声陷，当然作为一名巡回演出音响工程师来说，这一点很难做到。幸运的是，驻波现象在大型场馆中发生的概率要比在小型场馆中发生的概率小得多，而且通过对低音扬声器重新摆放，可减少驻波现象所带来的影响。图1-18是对声波控制的声学处理实例。

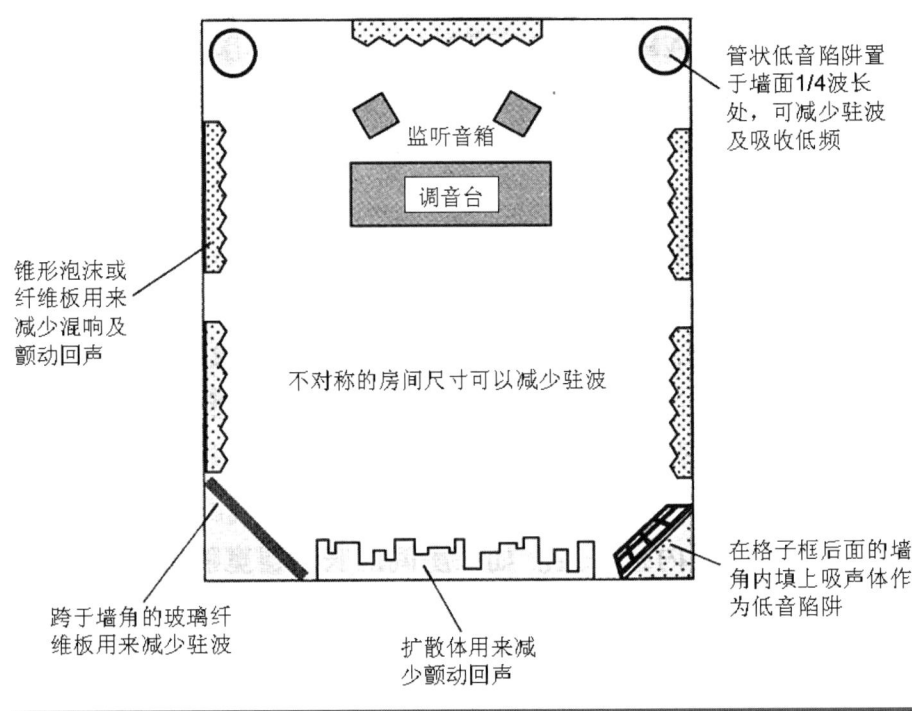

图1-18　声学处理

1.6.4　吸声与隔声

（1）常见的吸声材料

1）多孔材料

麻、棉、木丝、兽毛、玻璃棉、矿岩等纤维材料，加入适当的粘接剂制成板材或毡材等多孔材料，还有一些高分子材料，可制成连孔型泡沫塑料，主要吸收高频声波。

孔中空气在声波作用下振动，产生黏滞性摩擦，消耗能量。如在多孔材料的后面加一层空气，可以加强对声波的吸收作用。多孔材料的吸声系数在0.3左右，各种材料的吸声系数与吸声能力相关。

2）穿孔板材料

金属板、水泥板、薄木板或石膏板等上面穿一定宽度的圆孔，并在其后设多孔材料和空气层，构成穿孔板材料（图1-19）。

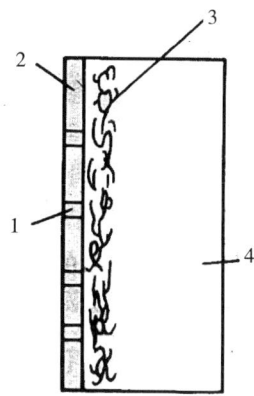

图1-19 穿孔板吸声材料

1—孔 2—穿孔板 3—多孔材料 4—空气层

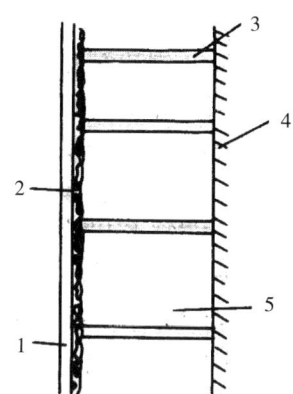

图1-20 共振板结构吸声材料

1—胶合板 2—软垫 3—龙骨 4—刚性墙 5—空气

板上孔中空气与后面物体组成了一个谐振系统，相当于一个亥姆霍兹振子。调整穿孔板、多孔材料或空气层的厚度及孔的大小，可以在一定范围内选择共振频率。石棉水泥穿孔板的吸声系数在0.7～0.9。

3）共振板结构 胶合板、木纤板等有一定弹性的板，垫上海绵、毛毡等，钉在龙骨上，支在刚性墙上，做成共振板结构（图1-20）。这个系统有一定共振频率。调整面板的厚度、重量和空气层的厚度，可以调整吸声系数，常用于吸收低频。共振板结构的吸声系数在0.5～0.6。

4）帘幕 用纺织品作帘幕。它本身是多孔材料，靠墙挂可吸收高频，离开一些则吸收中、高频。

5）吸声尖劈 常在消声室里、剧院里用。用尖劈打碎声波，有强吸声效果。

6）厅室里的人、家具等都是吸声材料。

（2）室内的噪声标准

对于室内噪声的允许标准，原则上的要求是要使有用的信号大于噪声。因此，不同用途的房屋就有不同标准。下面列出几种房间内噪声大体的允许值：

播音室、录音室　　25dB（A）

音乐厅　　　　　　30dB（A）

剧院　　　　　　　35dB（A）

电影院　　　　　　40dB（A）

办公室　　　　　　50dB（A）

体育馆　　　　　　55dB（A）

家庭　　　　　　　40dB（A）

dB（A）是A计数噪声级，是一种考虑了人的听觉特性的噪声计数标准。

（3）常用的隔声和隔振措施

要减小室内噪声，除了压低室内噪声声源以外，还要采取隔声和隔振的措施。一般对空气声叫隔声（Sound Insulation），对固体声叫隔振（Vibration Isolation）。常用的隔声措施有：

① 选择音乐厅、剧院在远距闹市区，至少是远离大街。

② 减少建筑物内各室之间的相互干扰。

③ 少开窗户。
④ 用专用的厚重隔声门、隔音墙。
⑤ 房间用双层结构或多层结构。
⑥ 减小固体噪声等。

还有，像北京音乐厅还专门改造了地基，采用减振措施，以减少由地面传入的外界振动。还专门修建了侧厅，作为隔离外界噪声的措施。

1.6.5 场馆声学环境

作为巡回演出的一部分，演出现场的声学环境，可能需要些许的调整和控制。但是，如果是在室内场馆进行演出的话，那么有些问题就需要认真地考虑了。不管所处的环境如何，都应该了解声音如何才能够传输到整个场馆之中以及如何获得声音的清晰感。同一声波的反射声会模糊声音的瞬态部分，因此，去除一定量的反射声，能够使听众获得更为纯净和清晰的声音效果。

首先，空场馆相比于坐满观众时具有更多的声学反射，这是因为观众的身体会对声音进行吸收并且阻挡反射的发生——也就是常说的"当坐满观众时声音效果会更好"。当然，这也是由场馆的空间结构来决定的。

关注一下场馆中扩声系统扬声器的设置，会发现，在场馆中存在一些声波被墙面以及那些未被声学处理的表面所反射回来的区域。例如，线阵列系统，往往被吊装在很靠近墙面的位置，同时它们还具有相当宽的辐射范围。这意味着来自扬声器的很多能量都会直接辐射到墙面上，从而这些能量会被墙面反射回来。另外，由于线阵列系统吊装的特点以及混音结果需要照顾到前排的观众等因素，可能会发现一些扬声器箱直接指向了地板——因此空旷的地板区域也会像墙面一样对声波反射。

接下来遇到的问题就是音响系统的设置方式，一般来说，这些音响系统的设置往往会受设置人员的影响，例如扩声公司的系统搭建工作人员，未必适合真正使用系统的操作人员。扩声公司的工作人员，往往都知道扩声系统的最佳搭建设置方式，但是并不一定了解场馆——并且没有固定的监管以及对扬声器的操控能力，因此所获得的最终结果一定会是一个非常模糊的声音效果。

那么，在这种类似情况下如何才能获得更为与众不同的声音效果呢？首先需要将那些位于看台或主扩混音调音台后方的扬声器全部关掉，然后再逐渐提升它们的音量，确保它们的声音仅仅是为主扩扬声器系统提供扩声补充，并且没有在这些位置增加任何不需要的声音频率。可以预想场馆中的观众能够在这些扬声器的声音遇到墙面反射回来之前就对其吸收，从而不会造成听音的影响。另外，如果场馆中一些区域在演出过程中根本没有被使用到的话，那么一定要确保这些区域中的扬声器一直处于关闭状态。

在每个场馆中，最需要考虑的事情就是反射到舞台上的声音。应该尽可能地避免这种反射的发生，不仅仅是因为这些反射声会被舞台上的话筒所拾取，而且更为重要的问题是，乐队成员无法清晰地听到乐曲的节奏和音符。很多情况下，观众会吸收掉大部分的反射声，但是可能会遇到那种看台距离舞台很近的情况，这会造成大量的反射（特别是在如果这些看台围挡是由玻璃制成的情况下）。如果可以的话，可以使用一些厚窗帘覆盖在这些围挡上。如果你够幸运的话，这些固定的围挡可以进行角度调整，这样就可以使反射的声音远离舞台或观众席了。

1.6.6 舞台声学环境

对于音响系统来说，最重要的因素是声源。信号的声音质量越高，在终端输出的声音效果就越好。性能优秀的前置放大器，有助于产生高质量的声音，但是，在前置放大器之前具有高质量的声源信号更为重要的。为了确保这一点，需要在每个话筒中获得最为清晰的声音信号电平——并且要保证话筒之间具有足够的隔离度，以避免话筒的声音信号之间串扰。但是，在舞台上拾音而不是在录音棚拾音——舞台上的反射是很常见的，而且在舞台上还具有许多不同的噪声信号干扰。为了降低这些噪声信号干扰，你可能需要使用均衡器来对其处理。由于在舞台上设置的话筒数量越来越多，从而它们所拾取到的环境声和背景声也越来越多，因此舞台声学环境也变得越来越重要。

除了使用不同的话筒拾音方式来获得所需的隔离度，还需要了解和掌握一些简单实用的舞台声学处理手段。可以为此而购买各种形状和尺寸的泡沫塑料。当然，相比于场馆自身的声学环境来说，通过使用一些简单的声学处理，可以有效降低舞台上的反射声，并且这些声学处理材料还可以很好地融入到演出设备和舞台布景之中。但是一样要牢记，不要期望将这些不利于演出的声学现象完全消除，事实上，仅仅需要考虑如何将它们降低或是转移。

实现这一目的最简单的做法是使用一块足够厚并且由不光滑材料所组成的背景幕布。接下来要做的则是在舞台地面上铺设一些地板材料，例如地毯等，这样可以减少舞台地面的声音反射。也可以使用舞台塑胶地板，它是一种乙烯基材料的地板类型，它并不具有很好的声学特性，但是由于它不是硬质界面，因此总比没有要好（舞台塑胶地板原本是用在舞台上避免演员滑倒的地板材料，但是很显然它也可以有助于舞台声学环境的处理）。

另一种有助于减少舞台反射的方法是使用声学障板。这些小型声学障板，采用木制框架围搭而成，框架所围区域填充吸声材料（例如矿毛绝缘纤维等），同时在其外部包裹各种不同类型的覆盖物（灰胶纸薄板、纸板、毛毡等），因此它可以尽可能地吸收大部分的反射声。不过在设置它们时稍有一些复杂，因为需要将它们更好地融入到舞台布景搭建之中。采用高7英尺（213cm）、宽3英尺（91cm）的声学障板最为合适。将两个声学障板放置在舞台左右中点的位置上，并对它们适当进行角度调整，然后在鼓手座位的两侧以及后方位置分别放置两个，同样进行适当的角度调整，这样可以有效降低舞台上的声音反射。使用声学障板的最大问题就是它们会占据较多的舞台空间——但是，如果更多的是面临舞台声音反射问题的话，那么它们应该是不错的解决方案。

还可以考虑在舞台上方平铺一个窗帘，直接吊在乐队头顶上，这样可以减少舞台上方大部分的声音反射。在一些场馆中，尤其是一些较为古老的剧院，它们会使用顶棚吊装布景的方式，从而具有更大的舞台上方空间，但是这样会造成环境声返回到舞台上的问题，这也意味着舞台上方应该具有足够的空间用来布置所需的窗帘。但是，这一点并不总是可行的，这是因为并不是所有场馆都具有相同的钢架结构或是吊装窗帘的空间。虽然不可能总是陷入到这种问题中，但是这些实用的技巧，确实能够为混音带来些许的帮助。基本上来说，就是在舞台上搭建一个录音棚而已。由于这些声学处理工作并不是直接为乐队的搭建设置而提供的，因此一些乐队可能并不赞同这样做。如果为了追求演出能够具有更好音响效果的话，那么这些方法确实值得一用。

到现在为止，已经基本上解决了舞台上各个位置可能出现的声音反射现象，同时必须确保舞台上的话筒仅仅拾取它们所需要拾取的声源信号。但总还是会有一些声源的声音会串入到其他话筒之中，因此，还需要采用一些声学处理手段，来降低这种话筒之间的串扰。

避免不同话筒之间的串扰，实际上考虑的就是如何将它们分别放置在各自的独立空间。一些最简单的方法，也是最有效的，例如，避免声音从一个区域传输到另一个区域的最好方法就是在其前方架设一个声学障板。

环境噪声的另一个主要来源是鼓手，他一般位于歌手的右后方，有时候会布置在一个搭台上，从而使得镲片的声音直接正对主唱话筒方向。在此也使用了同样的处理手段——使用一个鼓组挡板，来屏蔽鼓组所带来的干扰噪声（同时舞台上的整体音量也随之下降）。架设大型挡板的唯一问题是干扰了整体的舞台背景设置，这可能不会获得舞台主管、录音公司以及乐队成员的认同。如果不能采用大型挡板，也可以采用一些小型的挡板设置在镲片前方的位置。采用这种方法，至少能降低镲片的高频噪声串扰进入到主唱的话筒中。

  降低来自舞台之上的噪声串扰也是非常重要的，但是，这可能会给舞台上演出的乐手带来麻烦，因此在现场演出过程中，需要进行一定的折中考虑。一种解决方案是将吉他音箱转向舞台的一侧，或是直接面向舞台的后方。如果吉他手直接站在吉他音箱正前方的话，可以将吉他音箱的角度直接指向乐手的头部，这样乐手就不需要吉他音箱提供过高的音量了。

  最后一件要做的事是改善话筒的指向方向，从而避免扬声器的声音直接进入到话筒中。在设置舞台拾音系统时，需要关注主扩声系统所指向的辐射方向。除了考虑这些内容外，有时候可能还会发现一些扬声器正好侧对着舞台的正前方，以保证前排的观众也能听清扩声系统的内容。如果主唱话筒恰好设置在这一区域的话，在话筒发生声反馈（啸叫）之前很难对其电平进行提升，所以应该将话筒尽可能地放置在舞台靠里的位置。这一位置的唯一不足在于鼓组会直接位于歌手后方较近的距离——从而造成鼓组声音的串扰（但是，如果鼓组的声音不是很响或是位于歌手一侧的话，将会有一个不错的结果）。另一种可选的解决方案就是将扬声器移动到远离舞台和话筒的位置，同时使用指向性更强的话筒。

  综上所述，现场演出中舞台声学环境总体来说是一个相对比较嘈杂的区域，正因如此以及现场演出的要求，相应的声学处理也需要做一些妥协。但是仍然有很多方法可以用来对舞台上的声音质量进行提升，同时还能保持舞台上的视觉效果。一般来说，先采用一些细微的处理方式，如果仍然存在较大的问题时，可以尝试采用一些更为显著的处理手段。记住一点：有些时候需要对这些处理方式进行一定的装饰，毕竟并不是在录音棚进行录音工作。

第2章 电学基础

2.1 电子元器件

在电子线路中，构成电路的基本元器件主要有：电阻器、电容器、电感器、变压器等。下面对这些元器件做一简要介绍。

2.1.1 电阻器

电阻器是具有一定的阻值并专门用来控制电路中电流和电压大小的元件，简称为电阻。常用的电阻器有固定电阻器和可变电阻器。按构造可分为线绕电阻和非线绕电阻，其中，非线绕电阻按材料又可分为薄膜电阻和碳质电阻。固定电阻器是指阻值不发生变化的电阻，而可变电阻器是指阻值可在一定范围内调节的电阻，又称可变电位器，常用的有滑动式和转动式等。

2.1.2 电容器

在电子线路中，所应用的电容器可分为固定电容器、可变电容器和半可变电容器。其中，固定电容器是指电容量不能调节的电容器，按其介质不同，又可分为许多种，如云母电容器、纸质电容器及电解电容器等。可变电容器是指其电容量可在一定范围内调节的电容器，常用的有空气、真空和固体介质3种，其中以空气的应用最广。半可变电容器是指容量变化范围较小的可变电容器，有时又称为微调电容器，常用的有空气、陶瓷和云母介质3种。电容器的主要指标有：电容量、耐压、介质损耗和稳定性等。

2.1.3 电感器

将导线按一定规律缠绕在一起，可提供电感量的元件称为电感器。电感器有空心的、带铁芯的和带磁芯的3种。线圈的种类有很多，根据它的结构特征，可分为单层线圈、多层线固、蜂房式线圈、磁介质线圈和可变电感线圈等。

2.1.4 变压器

变压器是利用互感原理而工作的一种电磁器件，它的主要用途是进行交流电压（或阻抗）变换。常用的变压器有：低频变压器、中频变压器、高频变压器以及自耦变压器等。

2.2 电流、电压与阻抗

2.2.1 电流

电流指的就是在电路中流动的电子流。我们使用安培来对电流进行计量，一般也常把它简称为安

（amps）。常用的安培数量级为安培或毫安培，其中毫安培为安培的1/1000。

电流包括两种类型：交流电流（AC）和直流电流（DC）。交流电指的是在1秒钟内电流方向改变50次或60次，即电流具有正向和反向流动，这种电源就是我们在家用插座中所常用的类型。如果通过一台示波器观察交流电的话，会看到它与音频信号中的正弦波非常相似，这是因为它就是正弦波，并且采用了相同的振动方式。

而对于直流电来说，它是一种单方向、大小保持持续不变的电流类型，可以说所有的电子设备都使用直流电。位于电子设备内部的电源会将来自墙面插座中的交流电转化为设备使用所需的直流电。电池就是一种常见的直流电源。

2.2.2　电压

电动势（EMF）指的是电源内部推动电子在电路中进行流动的势能。我们用伏特来对这种势能进行计量。如果电路中电源提供的伏特数值越大，那么就意味着电源能够为电路提供更多的势能。

可使用万用表来对电压进行测量。在这种仪表中，会看到两种缩写标示：VDC和VRMS。如果电路是由直流电源进行供电的话，那么需要使用直流电压伏特表测量，即VDC。而如果电路采用其他类型电源进行供电的话，就需要采用均方根电压伏特表测量，即VRMS，或是交流电压伏特表（VAC）。我们使用VRMS可以测量交流电的均方根电压大小，其数值大小近似等于在整个时间内的平均值。

2.2.3　阻抗

阻抗是一种电路对于信号的交流电流的阻力，它用符号z表示，计量单位为欧姆（Ω）。阻抗是电路在通过交流电流时所受到的总阻力（包括电阻和电抗，其中电抗可分为感抗和容抗，分别用Xl和Xc来表示）。

每一种音响录音设备都有它的输入阻抗和输出阻抗之分。为在两台音响录音设备之间作最大的电压转移，几乎所有设备都采用桥接方法——低阻抗输出至高阻抗输入。所以，为获得最佳的声音质量以及最高的电压转移，所插入接插件的输入阻抗应该比信号源的输出阻抗至少高7倍。例如，话筒的阻抗为200Ω，把话筒接入到调音台上时，调音台的话筒输入阻抗应该为7~10倍高，即1400~2000Ω。如果查阅调音台话筒输入端的输入阻抗指标时，该典型值约在1500Ω。同样，一种电吉他微型粘贴话筒的阻抗通常在20~40kΩ。所以吉他放大器（或是直接耦合小盒输入，或是乐器输入）的理想输入阻抗应至少7倍高，也就是至少为280kΩ。如果把低阻抗的信号源接到了高阻抗的负载上去后，那么在用这种连接时，不会使信号引起失真和频率响应方面的变化。如果把高阻抗的信号源连接到了一个低阻抗的负载上去之后，则会使信号引起失真或改变频率响应。例如，将一把电贝司吉他（一种高阻抗设备）连接到一种卡侬型的话筒输入（一种低阻抗负载）上，那么信号的低频部分将会被切除，声音变得十分单薄。高频部分也会衰减，使声音变得灰暗。

我们需要的是把低音吉他连接到高阻抗的负载上，而且还需要调音台的输入由一种低阻抗的信号来提供。那么直接耦合小盒或阻抗适配器（简称DI小盒）就能胜任这一任务。

不过，在把功率放大器的输出与负载（扬声器）相连接时，则要求两者的阻抗必须相等，这叫作"阻抗匹配"。因为只有在阻抗匹配的情况下，才能从功率放大器那里把最大功率转移到负载（扬声器）上去。

2.3　电源与电路

2.3.1　直流电源

直流电是电荷运动时产生电流的大小和方向不随时间发生变化的电能，并向用电设备提供能量。常用的直流电源有干电池、蓄电池、燃料电池等。其直流电的波形图如图2-1所示。

图2-1 直流电的波形　　　　　　　　　　　图2-2 交流电的波形

2.3.2 交流电源

交流电是电荷运动时产生电流的大小和方向均随时间变化而变化的电能，并向用电设备提供能量。常见的交流电源有将水能转变为交流电能的，将热能转变为交流电能的。其交流电的波形图如图2-2所示。

2.3.3 电路

一个完整的电路通常由电源、负载（用电设备）、连接导线以及开关等组成，它的作用是实现电能的转化和输送。

在生产和日常生活中，所有的用电设备，它们在工作时都是通过导线、开关（控制器）和电源连接起来的，由此构成一个闭合回路，使电流不断流通来达到使用目的。这些用电设备，就是我们常说的电源负载，它们将电源提供的电能转化为我们所需要的其他形式的能量。开关（控制器）的作用，是用来接通或断开电路以控制或保护负载设备。导线的作用，是把电源和负载连接成一个闭合通路，为电流提供路径，在电路中起着传输和分配电能的作用。

2.3.4 接地

接地是电路连接中最基本的安全措施。它是将电路直接连接到大地，以保证所有的电流都能够通过这条最直接的通路流向大地。为了实现接地系统正常工作，我们往往会在大地中进行金属棒深埋，然后将电路中的地线与之相连。所有电路都应该采用接地连接，不管是在家庭还是场馆中，电源供应商一定都会在附近拥有一个地线连接点。如果你使用户外发电机的话，那么你也会看到一些线缆连接到与电源接口端子相近的金属电极上。如果电路中出现故障的话，这种接地系统能够防止使用者、动植物受到可能致命的电击伤害，或是防止产生电火花而烧掉房屋。一个接地金属棒会将故障导致的电流、静电堆积以及闪电所造成的电负荷分流到大地之中，同时它也可以有效降低电磁干扰和射频干扰。所有的电路系统都需要一个参考电压，最理想的参考电压是0V。大地就是电路中所设定的0V参考点。在交流电系统中，我们使用地线来作为参考电压是因为它几乎总是处于0V电压状态。在交流电系统中，每一点的电压都是与地线之间的相对大小。在音频电路中，电路中每一点的电压都是与称为接地的0V参考电压之间的相对大小，而不管它是否与地线相连。

2.4 分贝（dB）与信号电平

2.4.1 分贝的定义

分贝是一种非常有用的对信号进行描述的方法，运算也十分方便。录音的时候，我们谁都不会去研究这些公式和计算过程，当然那些把录音棚塞满了录音设备和效果器的硬件设计师和软件编程人员除外。不过，如果音频工程师想要熟悉掌握分贝的话，了解一些计算过程还是很有帮助的。分贝是一种对信号振幅进行表达的非常有意义的方法，一种我们的耳朵和大脑都便于接受和理解的方法。

分贝以不同形式出现在几乎所有录音棚中，信号处理设备的用户接口和面板上。了解分贝的含义，对理解声音的特性很有帮助。下面的公式对分贝进行了定义：

$$dB=10 \times \log10[powerA/powerB]$$

对公式做直接的文字解释可以表述为：分贝是两个信号能量的比值取对数（以10为底）再乘以10。表述虽然简单直接，但意义重大。

这个公式中有两个构成要素，首先是对数运算。数学意义就不在这里赘述了，但是要知道取对数的重要性在公式中是占据首位的。取对数使我们的分贝运算更加简便，经过对数运算，可以将在很大范围内变化的音频信号幅度变小，便于我们处理。

分贝公式中另一个构成要素是括号中能量的比值。公式中采用比值可以让分贝值与人耳对能量或对其他变量的感受保持一致。由于分贝非常有用，我们当然希望计算结果与人耳对声音特性的感受能够关联起来。公式力求通过计算得到一个数值，而该数值可以很好地对音乐波形的幅度进行描述。

以上这两个要素——对数和比值，使分贝成为在描述音乐波形幅度时通用和实用的方法。

最基本的实质就是分贝可以被用来作为一个参考数值，并且可以具有多种不同的形式和类型，既可以按照原始定义使用，也可以根据具体情况确定方式使用。我们可以彻底地改变从能量到声压以及电压中使用分贝的方式。作为一名音响工程师，仅仅需要知道我们所使用的分贝是哪种类型，而不是非常有必要去了解它们是如何计算出来的。当然，我们之所以使用它们，是因为其便利性，例如在陈述动态范围时，使用120dB要比使用20～0.00002dB容易得多。

对于这些不同的分贝类型，我们需要知道它们所代表的含义。我们还可以在dB符号之后，添加一些缩写来进行表示，例如dB SPL。这可以帮助我们更好地了解我们所关注的内容，至少来说，0dB SPL和0dB V存在着很大的不同。另一个问题是，大多数情况下在dB之后没有任何的缩写提示，因此你一定不能将它们都认为是相同的内容。

2.4.2 信号电平

（1）分贝单位

信号电平也用dB来计量。它是用两个功率值之比取对数后乘以10所得之值，单位用dB来表示：$dB=10\log(P/P_{ref})$

这里P为被测功率，单位是W；P_{ref}是参考功率，单位是W。

近年来，用dB来表示电压的比值也已开始通用：$dB=20\log(V/V_{ref})$

这里V为被测电压，V_{ref}是参考电压。此表达式与上一个等式在数学上是等效的。因为功率等于电压的平方除以电路的电阻：

$$dB=10\log(P1/P2)=10\log[(V1^2/R)/(V2^2/R)]=10\log(V1^2/V2^2)=20\log(V1/V2)$$

式中电阻（或阻抗）是假设在两次测量时相同，因而可以消去。以dB为单位的信号电平可以用多种方法来表示，可以用以下一些测量单位：

① dBm：以1mW为参考值的电平单位，并无规定负载阻抗

② dBu：以0.775V为参考值的电平单位

③ dBv：以0.7746V为参考值的电平单位

④ dBV：以1V为参考值的电平单位

（2）电压比值：dBV

当我们看到印制在调音台上的0dB时，它往往指的是电压的参考值。由于模拟调音台使用变化的电压来改变音量、均衡、增益以及其他各种能够使用电压进行改变的参量，因此我们采用1伏（V）来作为0dB参考值，然后根据变化的电压数值大于1或小于1来确定其+/-数值结果。

当使用数字设备系统时，这一点也非常重要，因为你需要理解0dB是最大电平而不是最好的信号电平。如果你观察数字表头的话，你会看到在表头顶部标注的是0dB，这就是该通道能够接受的绝对最大电平，这对于在过去的模拟调音台上我们所学习的0dB增益概念体系无疑是一个巨大的冲击。

（3）数字满刻度电平：dB FS

在dB FS中的缩写FS代表满刻度。当使用数字设备系统时，这一点真的非常重要，因为你需要理解0dB是最大电平而不是最好的信号电平。如果你观察数字表头的话，你会看到在表头顶部标注的是0dB，这就是该通道能够接受的绝对最大电平，这对于在过去的模拟调音台上我们所学习的0dB增益概念体系无疑是一个巨大的冲击。

2.5 线缆与接口

2.5.1 线缆

（1）平衡式线缆

用于模拟音频信号传输的线缆，在结构上包括两股被橡胶绝缘层包裹的绞线以及一股未经绝缘处理的铜绞线。在这三股导线的外部，围绕着一圈铝箔屏蔽层与橡胶保护层，如图2-3所示。一般，红色导线代表正极，黑色导线代表负极，未加隔离的导线作为屏蔽线或者接地线。正极线与负极线同时负责模拟音频信号的传输任务。这种类型的线缆被称为三芯线缆或平衡式线缆。

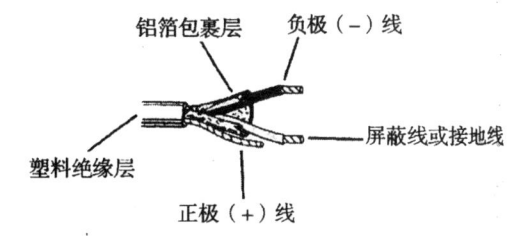

图2-3 平衡式线缆

由于平衡线缆中的两个信号都不直接与信号地连接，因此音频信号的交变电流将沿着两条独立的导线传输。从噪声的角度来看，只要有外界静电或电磁信号影响线缆，就一定会以等电位引入到两条音频单线中。由于平衡设备的输入只对两条导线间的电压差产生响应，因此不必要的噪声（大小相同但极性相反）就会被抵消。

假如在录音或扩声系统中平衡话筒线缆的正脚和负脚随意连接时，有些话筒线（或其他同样接法的设备）也许存在极性接反的情况。例如，假设某件乐器被两个线缆反相的话筒拾音，那么当将这两个信号混音为单声道时，部分信号甚至是全部信号就会相互抵消。因此，最好经常利用相位检测器或万用表来检测系统中的线缆。

（2）非平衡式线缆

高阻抗话筒和大部分线路电平乐器通常使用非平衡线缆在不同设备间传输信号。在非平衡电路中，独立信号只通过正端接入设备，而另一端和接地屏蔽（同时混合接到地上）仅用于构成线路的回路。若工作在低电平的信号下（尤其是话筒电平），一些噪声，"嗡嗡"声，及其他干扰就会进入到信号通道，并随着输入信号的放大而被放大。

另外一种非平衡式的线缆是1/4″无屏蔽层的扬声器线缆。它是由两股直径较宽的并行缆芯构成的，因为只有用直径较宽的线缆将功率放大器与扬声器连接起来,才能使传输信号功率的损失减少到最小。不过你还需要注意,由于用途不同,因此在使用时绝不可用扬声器线缆代替有屏蔽层的音频线缆。

2.5.2 接口

对于音频接口来说,其输入输出口的形式分为两类:模拟口和数字口。模拟口主要有小三芯、莲花口、卡农口、大二芯和大三芯等几种。数字口则有两种声道的AES/EBU、S/PDIF规格和八声道的ADAT、TDIF和R-BUS等规格。

（1）模拟接口

模拟音频信号分为平衡式和非平衡式。比如,所有专业话筒都有一个平衡输出端,由三芯电缆组成,其中两根主要传送相同的音频信号（异相）,第三条线是起地线作用的屏蔽。而非平衡只用两根线传送信号,一根线传送音频信号,另一根用作地线。非平衡线路对"嗡嗡"声及其他电子噪声要比平衡线路要敏感得多,所以平衡式的音质比非平衡式好。如果一套系统中有一个是非平衡式,整个系统就是非平衡式的。例如你的声卡输出是平衡式,但前面的功放的输入却是非平衡式,那么你的声卡也就等于作为非平衡式在使用。

① 小三芯

小三芯的插口主要用于家用级的多媒体等音频卡,在专业领域现在已很少使用。

② 莲花口

莲花口用于普通的专业设备,它提供的信号电平为－10dB

③ 卡农口

所有平衡式话筒和连接线都使用三孔连接器,也称为XLR连接器,俗称为卡农口。各部件名称如图2-4所示。

④ 大二芯和大三芯

大二芯和大三芯用于高级的专业设备,它提供的信号电平通常为+4dB。其中大三芯的插口和卡农口一样是平衡式的,是在信号电缆的外层又包一个屏蔽层,可以提高音频信号在传送过程中的抗干扰能力。如果工作室中的设备很多,各种音频线电源线经常纠缠在一起,那么使用平衡式的插口和线缆,就可以减少噪声出现的可能性。大三芯插头各部件名称如图2-5所示。

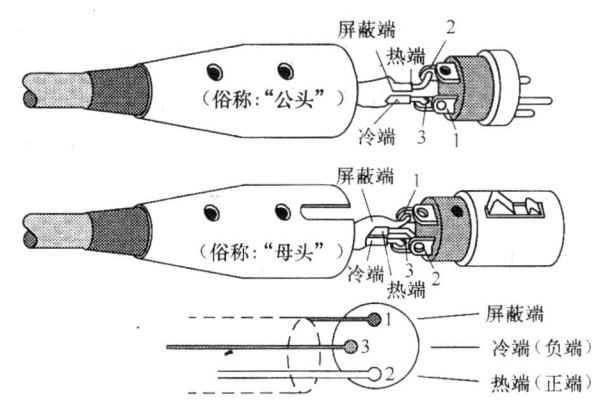

图2-4 XLR（卡农）插头

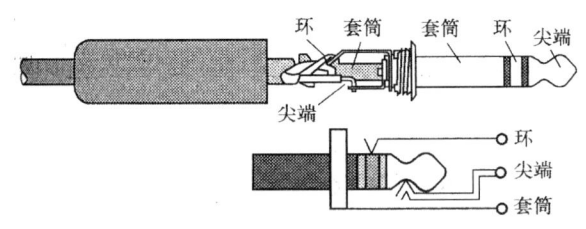

图2-5 TRS（大三芯）插头

（2）数字接口

① AES/EBU　AES/EBU的全称是Audio Engineering Society/European Broadcast Union（音频工程师协会/欧洲广播联盟）,它是美国和欧洲录音师协会制定的一种高级的专业数字音频数据格式,现已成为专业数字音频较为流行的标准。大量专业音频数字设备,如专业DAT、顶级采样器、大型数字调音台、专业数字音频工作站等都支持AES/EBU。AES/EBU是一种通过基于单根绞合线对于传输数字音频数据进行传输。非均衡的状态下可在长达100米距离上传输数据,均衡状态下可传输更远的距离。AES/EBU的普通物理连接媒质有三种:其一是平衡和插分连接,使用XLR连接器的三芯话筒屏蔽电缆;其二采用单端非平衡

连接，使用RCA插头的音频同轴电缆；其三是光学连接，使用光纤连接器。

② S/PDIF　S/PDIF的全称是Sony/Philips Digital Interface Format，它是Sony公司和飞利浦公司制定的一种音频数据格式，主要用于民用和普通专业领域。由于被广泛采用，它成为事实上的民用数字音频格式标准，大量的消费类音频数字产品，如民用CD机、DAT机、MD机、计算机声卡数字口等都支持S/PDIF，在不少专业设备中也有该标准接口。S/PDIF通过同轴电缆或光纤进行数字音频信号传输，取代了传统的模拟信号传输方式，因此可以取得更好的音质。就传输方式而言，S/PDIF口技术应用在声卡上表现为输出（S/PDIF OUT）和输入（S/PDIF IN）两种。其接口通常也有两种，一种是RCA同轴接口，另一种则是TOSLINK光纤接口。其中RCA接口是非标准的，它的优点是阻抗恒定、有较宽的传输带宽。而使用光纤其主要优势在于无需考虑接口电平及阻抗问题，接口灵活且抗干扰能力更强，可以获得优于同轴接口的音质。插口硬件使用的是光缆口或同轴口。支持S/PDIF技术的声卡芯片常见的主要有CMI8738\YMF-744、FM801、AU8830等，并且它们通常都会在声卡上有明确的标注。

③ ADAT　ADAT（又称Alesis多信道光学数字接口）是美国Alesis公司开发的一种数字音频信号格式，因为最早用于该公司的ADAT八轨机，所以就称为ADAT格式。该格式已经成为一种事实上的多声道数字音频信号格式，越来越广泛使用在各种数字音频设备上，如计算机音频接口、多轨机、数字调音台，甚至是MIDI乐器上（像KORG公司的TRINITY合成器和Alesis公司的QS系列合成器和音源）。目前，许多公司的多声道数字音频接口，像Frontier公司的一系列产品，使用的都是ADAT接口。

④ TDIF　TDIF是日本Tascam公司开发的一种多声道数字音频格式，使用25针类似于计算机串行线的线缆，来传送八个声道的数字信号。TDIF的命运与ADAT正好相反，在推出以后TDIF没有获得其他厂家的支持，目前采用它的数字设备越来越少。

⑤ R-BUS　R-BUS是ROLAND公司推出的一种八声道数字音频格式，也被称为RMDB II。它的插口和缆线都与Tascam公司的TDIF相同，传送的也是八声道的数字音频信号，但它有两个新增的功能：第一，R-BUS端口可以供电，这样当你将一些小型器材（如ROLAND公司的DIF-AT，它可以将R-BUS格式的数字信号转换成ADAT和TDIF格式）连接在其上使用时，这些器材可以不用插电。第二，除数字音频信号外，R-BUS还可以同时传送运行控制和同步信号。这样，当两件设备以R-BUS口连接时，在一台设备上就可以控制另一台设备。比如，你将ROLAND公司最新的VSR-880多轨机通过R-BUS连在ROLAND的VM系列调音台上时，就可以在VM调音台上，直接控制多轨机的运行。图2-6是各种常用的音频插头种类。

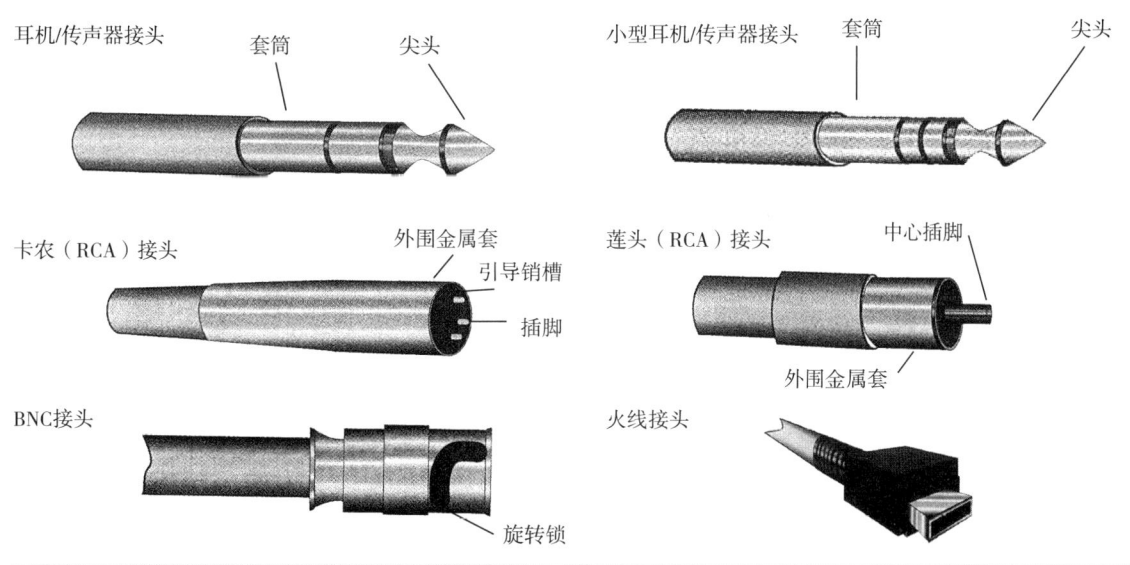

图2-6　常用的音频插头种类

2.6 音响录音设备的主要性能指标

音响录音设备器材按其性能指标来分类，大致可以分为专业（专业广播影视）级、业务（工厂、机关、学校等）级及民用（个人、家庭）级。在选购设备器材及搭建音响录音系统时，通常要根据系统的功能需要以及资金财力来作出计划，这时的计划通常以设备器材的电声性能指标为重要依据。查阅音响录音设备的技术资料或产品说明书时，会发现有诸多的电声性能指标。不同的设备器材会有不同的指标。但是，在这些指标中比较常见通用、比较关键性的大致有四种指标：频率响应、总谐波失真、信号噪声比、动态范围。理解这些指标的含义，对选购及操作使用这些设备器材具有重要意义。

2.6.1 频率响应（Frequency Response）

各种音响设备器材，有的把声波产生为信号（例如话筒），或把信号进行放大或处理（例如调音台），或者把信号转换为声波（例如扬声器）等功能。在声波与信号的转换过程中，或在信号通过设备器件时可能会改变信号或声波，它们可能会改变某些频率的电平（幅度）。这种电平（幅度）与频率之间的关系就叫作频率响应。

假定在所有频率上的电平都相同，那么图形是一条水平直线，称之为"平直频率响应"，在所有的频率上产生相同的电平。换句话说，通过所有频率的设备器件不会改变它们的相对电平。经过设备器件之后，可得到等量的低音和高音。所以平直的频率响应，是不会影响所送达声音的音质平衡的。

许多音频设备器件不会在整个音频频段20Hz～20kHz范围内都有平直的响应，它们都只能在限定的频率范围内产生相等的电平（在一个允许范围内，例如±3dB）。在图2-7中，由实线所示的频率响应是50～12000Hz±3dB。这意味着通过自50～12000Hz内的所有频率时的音频设备器件有接近相等的电平——在3dB之内。它所产生的低音和高音同等且良好。图2-7中可见，在50～12000Hz时响应下降3dB，而在5000Hz时则提升3dB。

通常，越是有展扩的或"宽广"的频率范围，那么所录得的声音会更自然和真实。宽广而平直的频率响应，能给出精确的重放。200～8000Hz（±3 dB）的频率响应较窄（较差的保真度）；80～12000Hz的频率响应较宽（较好的保真度）；而20～20000Hz的频率响应则最宽（有最好的保真度）。

同时，频率响应愈是平直，则保真度或是精确度会愈好。±3dB的响应偏差尚好，±2 dB的响应偏差较好，而±1dB的响应偏差则非常好。当在均衡器、调音台的均衡部分或立体声功放上转动低音或高音旋钮时，这时候实际上是在改变频率响应。如果提升低音，则要提升低频处的电平。如果提升高音，则要使高频成分得到增强。人耳会把这种效应感觉为在音质方面的变化——更温暖、更明亮、更单薄、更灰暗等。

图2-7所示的是一种不平直的频率响应。这条频响线的右端，在高端频率处"滚降"或下垂。说明高频谐波成分较弱，其结果是一种灰暗的声音。在频响线的左端，在低端频率处"滚降"，说明基波成分被减弱，结果会呈现出一种单薄

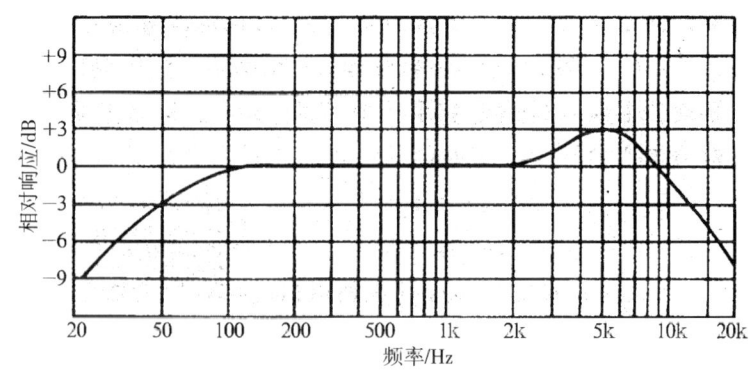

图2-7 一种频响曲线例子

的声音。

某种音频设备器件的频率响应可以根据用途来做成非平直形状。例如，可用一台均衡器来切除低频，以便降低来自对话筒喘气时的"噗噗"声。同样，用非平直响应的话筒，也可得到最好的声音，例如提升了的高频，可以附加现场感和亲切感。

2.6.2　总谐波失真（THD）（Total Harmonic Distortion）

总谐波失真是指信号通过设备器件后，由于信号幅度超过了设备器件所允许的上限（削波电平）值，或是设备器件本身的非线性缺陷而产生了输入信号所没有的那些谐波信号。总谐波失真定义为所产生的所有谐波幅度的均方根值除以基波幅度，单位为百分率。总谐波失真可以用音频综合测试仪测得。对于模拟设备器件而言，THD小于1%时，已属优良指标，这时人耳已很难分辨失真的大小。对于数字设备器件而言，THD值要远远小于1%，许多数字音响录音设备的THD指标经常为十万分之一、百万分之一甚至测不出来。

如果把信号电平调得过高，信号就会失真，可以听到一种沙砾般的、颗粒状的或是嘶哑般的声音。这类失真有时叫作"削波失真"，是因为信号的波峰被削去以后成为平顶形的波形。所以在音量、电平表头，或在增益旋钮、音量推子上方都设有一个削波指示灯（Clip LED）。当红色的LED灯闪亮或常亮时，说明信号已经开始削波，音质变坏，这时应设法降低电平增益或电平幅度。当然在大音量时，LED指示灯偶尔出现少许瞬间的闪亮还是允许的。

2.6.3　信号噪声比（Signal-to-Noise Ratio）

信号噪声比是音响录音设备器材本身的一项重要电声指标，由于设备器材本身的元器件质量的高低及其装配工艺等因素，它们都会产生一些噪声，这些噪声会附加在信号上，如果噪声过大，会令人厌烦，严重时会影响声音的可懂度和清晰度。每种设备器材或整个音响录音系统都有它们的固有噪声，我们称之为本底噪声。当然我们希望这种本底噪声愈小愈好。

正常工作信号电平与本底噪声电平之间用dB来表示的电平差叫作信号噪声比或S/N。信号噪声比愈高，则声音愈清晰。60dB的信号噪声比可以说比较好，70dB时算优良，80dB或以上才称得上为极好。数字音响录音设备的信号噪声比一般都大于80dB。在优良的数字音响录音系统上来监听时，几乎听不到系统的本底噪声。

在音响录音系统内，可以用把设备器件中的信号电平保持在相对较高的方法来使噪声不易察觉。如果电平很低，为了能较好地听到信号，就必须调高监听音量。在调高信号音量的同时，也调高了噪声的音量，所以，听到的噪声也随同信号的增大而增加。但是，如果信号电平本身已经很高，就不需要太多地调高监听音量，而把噪声维持在背景声之中。

2.6.4　动态范围（Dynamic Range）

音响录音设备的动态范围，是指在设备器件内电平不产生失真，或者信号电平不被本底噪声所掩盖的工作范围。用dB作为动态范围的单位，不同的设备器材有不同的动态范围。当把设备器件组合在一起成为一个系统后，系统的动态范围等于系统中某设备器件所具有的最小的动态范围值，也即最大不失真电平与本底噪声之间用dB表示的量值。

2.7 数字音频

2.7.1 数字音频概述

数字化记录声音和画面的技术和现代科技紧密相关，但它的原理却要追溯到古老的机械运算装置。一切都基于一个简单的原理：任何运算都可以使用两个数字"1"和"0"来完成。这些原理也使得从古老的运算机械到今天快如闪电的计算机都使用同样的运算方法，而今天计算机的运算能力都源于"芯片"。

那些电子硅芯片的运算能力和速度自1970年以来突飞猛进，但直到最近几年，它们的存储能力和速度才满足了后期声画制作的需要。

无论是声音还是图像，所谓的数字化革命都依赖于称为模拟—数字转换器的设备（也称为A/D转换器或者ADC），这是一个将输入的模拟信号转换成数字信号输出的装置，其工作原理为，首先将声音信号分解成两个独立的信息：一个记录声音信号的位置，即每经过一段特定的时间就记录一次。另一个则记录时刻信号的强度，即在该时刻声音有多响。这种对位置和幅度的测量每秒进行数万次。这个时间参数，也就是声音被取样的速度，叫作采样频率，记录下信号幅度的过程称为量化。

数字信号工作时只可能取两个值：开或关，这使得记录下的信息非正即负，系统中引入的噪声可以完全忽略不计，因为它们不会影响记录下来的那两个值。基础的数字信息单元是"位"（二进制元），其状态只可能是"0"或者"1"，或者对于工程师来说是"低"和"高"，这两种状态可以用很多种方式表示，如电压值或者光盘上深度不一的凹坑（DVD就是这样记录信息的）。

数字信息可以借助电子线路记录到磁带和光盘上，然后毫无损失地还原，但必须和最初使用的采样频率一致。即使频率只是有一点小小的变化，系统也会工作不正常——就会产生同步的"时钟错误"，可能会导致信号无法还原。

除非信号过载，数字记录声音（和画面）是无失真的。一旦信号过载就会造成严重的失真，甚至是无声。实际上，数字录音最大的优势在于不断复制的过程中，音质不会有任何损失，而这一点则恰恰是后期制作过程中最理想的需求。

2.7.2 数字音频的质量参数

（1）采样率

录音比特数据流的采样率直接影响了音频数字化过程中对所录制声音的解析力，就如同捕获动态图像一样，如果你在移动它的过程中进行更多的采样，你就能更准确地去描述这个图像。一方面，如果你采样的数量过少，那么它的解析力就会不合标准甚至导致损耗。另一方面，采样率过高会导致声音文件频率响应超过人耳所能察觉到的频响范围，造成文件占用过大的硬盘空间。除了采用业界标准的采样率外，你还要自己决定哪一种采样率最符合你的制作要求。虽然还有一些其他的采样率标准存在，但是以下这些是最常应用在专业工作室、中小型工作室和一般音频节目制作的标准：

① 32kHz——这种采样率常用于广播电台通过卫星来传送和接收数字信号。由于它的总带宽只有15kHz，对数据存储容量的需求也不高，因此有些设备也用它来节省内存。虽然这种采样率一般不用于专业领域，但是，如果使用高质量的AD转换器的话，32kHz所能达到的声音质量还是能够给人以惊喜。

② 44.1kHz——长期以来专业音频及消费产品的标准采样率，是CD唱片标准规定的采样率。由于带宽可以达到20kHz，44.1kHz的采样率被认为是专业音频里的最低采样率。如果有高质量的A／D转换器，这种采样率能够无损地录制声音并且占用存储空间最少。

③ 48kHz——广泛应用于电视节目的后期制作，这种采样率标准很早就开始在专业音频应用中使用

（尤其对于硬件数字音频设备而言）。

④ 96kHz——随着24bit录音能力的实现，更高采样率和量化精度的录音变为可行，能够以96kHz甚至更高的采样率进行编码（如96kHz／24bit）。同时，96kHz也是DVD-audio产品所支持的采样率。

⑤ 192kHz——这同样也是DVD-audio产品所支持的采样率。

（2）比特率-量化精度

数字声音文件的比特率直接影响了编码到比特数据流里的量化电平数量。因此，比特率（或者叫作比特深度）直接关系到对一个采样点的电平进行编码时所能达到的精确程度以及信号噪声比的大小（这直接影响到所录制信号的整体动态范围）。量化精度是录音作品动态范围的重要指标，数字录音的编码方式是线性脉冲编码调制技术（LPCM）。在这个系统中，每增加一个比特的量化数，就可以提升6dB的信噪比。

虽然还有其他的比特率标准的存在，但是以下这些是最常应用在专业工作室、中小型工作室和一般音频节目制作的标准：

① 16bit——同44.1kHz声音采样率一样，16bit是专业音频和消费产品的标准，同时也是CD唱片的量化精度标准（在理论上提供97.8dB的动态范围）。16bit被认为是专业音频产品领域里最低的比特率标准。同样，如果有高质量的A／D转换器，这种比特率能够无损地录制声音并且占用存储空间最少。

② 20bit——在24bit出现之前，20bit被认为是高质量量化精度的标准。虽然现在已经不太常用，但还是在一些高解析度的录音中有所使用（理论上提供121.8dB的动态范围）。

③ 24bit——理论上提供145.8dB的动态范围，这种比特率标准被应用于专业音频、高解析度及DVD-audio领域。

2.7.3 数字音频的文件格式

不同的记录文件格式往往采用了不同的压缩编码算法，我们可以通过比较各种文件格式的特点，同时考虑到各种音频播放时不同的应用范畴，从而作出不同的选择。基于Windows操作平台的常见音频文件格式如下：

（1）Broadcast wave（.wav）

在声音内容方面，Broadcast wave 文件与常规wave文件一样。然而不同的是，其提供的附加信息文本串也可通过标准化数据格式嵌入到文件中

（2）Wave64（.w64）

该格式由Sonic Foundry公司开发（如今已经归属到Sony麾下）。在音质方面，Wave64格式与wave格式相同，不同的是它能够支持64bit（而wave只能支持32bit）。因此Wave64的文件比标准wav文件大很多，也适合于长时间的录音（比如环绕声文件或超过2GB的文件）。

（3）WAV

WAV格式是微软公司开发的一种声音文件格式，也叫波形声音文件，是最早的数字音频格式，被Windows平台及其应用程序广泛支持，也成了PC世界数字化声音的代名词。WAV格式支持许多压缩算法，采用PCM编码、AD-PCM编码等生成的数字音频数据都以WAVE的文件格式存储，以"．WAV"作为文件扩展名。WAVE文件由三部分组成：文件头（标明是WAVE文件、文件结构和数据的总字节数）、数字化参数（如采样率、声道数、编码算法等），最后是实际波形数据。

CD激光唱盘中包含的就是WAVE格式的波形数据，只是不存成"．WAV"文件而已。但是通过一些抓轨软件，可以从CD直接得到WAV格式的文件，CD-DA音质信号每分钟需10MB以上的存储容量。

这种文件的特点是易于生成和编辑，由于无压缩的音频数据量大，对数据的存储和传输都造成压力，所以不适合在网络上播放。

（4）AIFF（.aif或.snd）

该格式是由苹果公司推出的标准声音文件格式，它支持单声道和立体声8bit或16bit的量化精度以及各种采样率。就像broadcast wave格式一样，AIFF也支持将文本串嵌入文件内部。

（5）Sound Designer I和II（.sd1及.sd2）

Sound Designer是Digidesign公司推出的音频文件格式。SDI最早于1985年发布，至今还能够在很多CD-ROM和音频光盘中看到，主要用来存储16bit、单声道、短时间（一般只有几秒）的采样。在最新的版本里面，SDII能够编码不同采样率下16bit或24bit量化精度的声音文件，而不受时长的限制。

（6）Avanced Authoring Format（AAF）

是一种多媒体文件格式，用于在不同系统和应用程序之间跨平台交换数字媒体数据及元数据。该格式由顶级媒体软件公司设计，它能够帮助不同类型的媒体创作者在不同应用程序之间交换工程文件，且不会丢失诸如淡入淡出、自动化及效果处理信息等细节元数据。

（7）Open Media Framework Interchange（OMFI）

是一个不依赖于任何平台的工程文件格式，用于在不同数字音频工作站应用程序之间传输数字数据，以OMF扩展名储存。OMF（俗称）文件有两种保存方式：①"将所有文件输出为一个文件"，就是能够将所有的声音文件和工程文件参数信息储存在一个文件里（该文件会占用较大的硬盘空间）。②"输出文件参考信息"，OMF文件不包有声音文件本身，而是包含了工程文件中的分区、编辑和混音设置信息，以及效果设置（与接收工作站的可用插件和效果分配能力有关）和I/O设置信息。第二类的OMF文件相对来讲占用硬盘空间较小，然而，原始声音文件必须要转移到同一个工程文件内。

（8）AES31

AES31标准是由美国音频工程师协会（AES）提出的一个开放式文件交换格式，用来解决软件与硬件系统之间格式不兼容的问题。被传输的文件会保留音频块的位置、混音设置及淡入淡出等信息。AES31利用微软的FAT32文件系统，以broadcast wave作为默认的声音文件格式。这意味着AES31文件可以在任何一个支持AES31的数字音频工作站中调用，无论硬件或软件是何种类型，只要音频工作站能够读取FAT32文件系统、broadcast wave或常规wave文件就可以。

（9）MP3

MP3的全称是Moving Picture Experts Group Audio Layer III。简单地说，MP3就是一种音频压缩技术，由于这种压缩方式的全称叫MPEG Audio Layer3，所以人们把它简称为MP3。MP3是利用MPEG Audio Layer3技术，将音乐以1∶10甚至1∶12的压缩率，压缩成容量较小的文件，当然这是一种有损压缩，但是人耳却基本不能分辨出失真来，音质几乎完全达到了CD的标准。按照这种算法，10张CD-DA的内容，可以压缩到一张CD-ROM中，而且视听效果相当好。

MP3文件是采用MP3算法压缩生成的数字音频数据文件，以"．MP3"为文件后缀。使用MP3播放器对MP3文件进行实时的解压缩（解码），无论是软件播放器还是随身听，高品质的MP3音乐就播放出来了。每分钟CD音质音乐的MP3格式只有1MB左右大小，这样每首歌的大小只有3~4MB。正是因为MP3体积小、音质高的特点，使得MP3格式几乎称为网上音乐的代名词。

（10）MP3Pro

MP3Pro是MP3编码格式的升级版本。MP3Pro是由瑞典Coding科技公司开发的，在保持相同的音质条件下，可以把声音文件的文件容量压缩到原有MP3格式的一半大小，而且可以在基本不改文件大小的情况下改善原先的MP3音乐音质。当制作MP3Pro文件时，编码器将音频分为两部分。一部分是将音频数据中的低频段部分分离出来，通过传统的MP3技术而编码得出的正常MP3音频流。用这个方法，可以使MP3编码器专注于低频段信号从而获得更好的压缩质量，而且原来的MP3播放器也可播放MP3Pro文件。另一部分则是将分离出来的高频段信号进行编码并嵌入到MP3流中，传统的MP3播放器会将其忽略掉，而新的MP3Pro播放器，则可从中还原出高频信号，并将两者进行组合，得到高质量的全带宽的声音。

经过MP3Pro压缩的文件，扩展名仍旧是".MP3"，可以在老的MP3播放器上播放。老的MP3文件可以在新的MP3Pro播放器上进行播放，它能够在用较低的比特率压缩音频文件的情况下，最大限度地保持压缩前的音质。

（11）MP4

如同MP3一样，MPEG-4（MP4）编码，如今也已大量应用在网络数据流传播和便携式媒体播放器中。基于Apple QuickTime"MOV"格式的MP4能够将不同比特率的音视频媒体数据进行编码，也拥有编码多声道（环绕声）的能力。

（12）AAC

AAC高级音频编码（Advanced Audio Coding）是由Dolby实验室、SonyATT和F raunhofer研究所共同研制开发的，针对于网络安全教字音频传输的一种多声道音频编码格式。相对于其他音频编码格式，AAC声称可以在低比特率条件下达到CD的音质。此外，AAC不仅能够对单声遒、双声道及5.1环绕声进行编码，还能够用24bit/96kHz的单比特流编码高达48声道的音频格式。AAC格式也遵循安全数字音乐协会（Secure Digital Music Initiative或SDMI）的规范，对有版权的节目提供保护，防止其在没有授权的情况下被复制和传播。

（13）FLAC（Free Lossless Audio Codec）

是一种无损压缩格式，能够在保证原始双声道立体声和多声道音频节目音质无损的情况下，将原文件的数据量压缩40%~50%。正如其名字的含义，FLAC是自由开放源代码的编码格式，可以完全免费地被软件开发者来使用。

（14）WMA

WMA的全称是Windows Media Audio，是微软力推的一种音频压缩格式。WMA格式是以减少数据流量但保持音质的方法达到更高的压缩率目的，其压缩率一般可以达到1:18，生成的文件大小只有相应MP3文件的一半。

WMA文件可以在仅仅20KB/ps的数据流量下提供可听的音质，因此WMA常常当作用于在线收听和广播的首选，微软早就在Windows Media Player中提供了播放支持。此外，WMA还可以通过DRM（Digital Rights Management）方案加入防止拷贝，或者加入限制播放时间和播放次数，甚至是播放机器的限制，可有力地防止盗版。

WMA和MP3的优劣一直是大家争论的焦点，其实这是一个无法回答的问题。这要看你的实际需要，是追求高音质（MP3）还是高压缩率（WMA）。

（15）Real Audio（.RA或.RAM）

Real Audio是Real networks推出的一种音乐压缩格式；压缩比可达到1:96，因此在网上比较流行。经过压缩的音乐文件，可以在通过速率为14.4KB/s的MODEM上网的计算机中流畅回放，也就是说边下载边播放。Real Audio编码的音频文件采用".RA"为后缀。另一种以".RAM"为后缀的文件是控制".RA"流式媒体播放的发布文件，它的容量非常小，其功能是控制".RA"文件边下载边播放的过程。目前使用较广的播放软件是RealPlayer，就是支持流媒体的播放器，它同时支持MP3和RAM等多种音频文件的播放。

（16）MIDI

在多媒体环境中（或不同制造商的音序器之间），我们所广泛接受的用来传输实时MIDI信息的文件格式是标准MIDI文件。标准MIDI文件（以.mid或.smf为扩展名）用于向大众传输MIDI数据、曲目、音轨、拍号以及速度等信息。标准MIDI文件能够同时支持单声道和多声道音序数据，并且几乎能用所有的音序器对其进行读取、编辑和存储。

标准MIDI文件可分为两种基本类型，即类型0（type0）和类型1（type1）。类型0（type0）用于一个音序中的所有音轨合并到一个独立的MIDI音轨之中。所有的音轨都附带一个通道号码（也就是在一个序列里播放不同乐器），但数据没有明确的音轨分配。因此0类型是针对互联网制作MIDI音序（这时音序器和MIDI播放器应用程序可能并不需要处理多轨信息）的最佳选择。

类型1（type1）与0类型相反，它保留其原有的音轨信息结构，并可附带着其原有基本音轨信息和编排顺序输入到另外一个音序器中。

2.8 立体声

人的听觉器官有定位功能。在一个声场里，人耳通过对声源的不同频率、不同音色、不同位置（距离、角位）的辨认（双耳效应），而产生立体声感。

通过电声换能系统，再现原发声场声源的空间特性，就是立体声再现。当然，再现只能是近似的，而不能还原。立体声的类型主要包括二声道立体声、三声道立体声、四声道立体声、5.1声道立体声及多声道立体声等，下面分别做简要说明。

2.8.1 二声道（2-0）立体声

如果用声道数量来描述立体声格式类型的话，按国际标准应表示为"n-m"立体声，其中第一个字母代表听众前面的扬声器数量，而第二个字母代表听众身后或侧面的扬声器数量，所以我们将二声道立体声称为"2-0"立体声，代表只在听众前面存在有两个扬声器来传输信号并还原一个三维立体声声场。在实际声场中的声源定位应在两个扬声器之间得到较为准确的还原，并将还原后的声源称为幻象声源。图2-8是标准的二声道立体声喇叭设置。

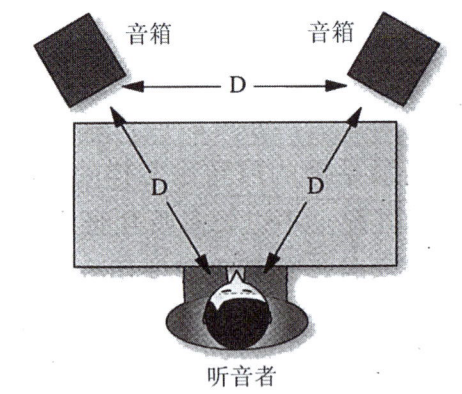

图2-8 标准二声道立体声喇叭设置

2.8.2 三声道（3-0）立体声

三声道立体声目前主要用于其他多声道立体声制式的基础还音设置，所以很少被单独使用。三声道立体声系统由左（L）、中（M）、右（R）三个扬声器来还原位于听众前面的声场，并根据ITU标准，L、R扬声器和听众之间的关系仍为等边三角形，M扬声器则位于中心法线的位置上，如图2-9所示。

2.8.3 四声道（3-1）立体声

四声道立体声按国际标准被称为3-1立体声，也可以遵从其他的习惯被称为LCRS立体声（LFE声道可作为选择进行添加）。3-1立体声开发的主要目的是通过在3-0立体声系统的基础上增加一个效果声道（或者说是环绕声道）来扩大在影院中观众听音的角度。该技术首先由Holman在20世纪50年代美国20世纪福克斯电影公司的产品中加以应用，并由此发展为后来的家庭电视娱乐系统。由于3-1立体声中的环绕声道信号为单声道信号，所以基本上无法全面实现360°真实的声场定位效果。如图2-10所示。

2.8.4 5.1声道（3-2）立体声

3-2环绕立体声目前不管其中的LFE声道是否存在均被广泛称为5.1环绕立体声，所以本书也直接称这种立体声制式为5.1环绕立体声系统。5.1立体声中的".1"代表经过带宽限制处理的信号声道，通常被称为低频效果声道即LFE（Low Frequency Effect）或是超低音声道。目前有国际标准组织将5.1立体声命名为3-2-1立体声，其中最后一位数字"1"代表LFE声道。与3-1立体声不同，在5.1立体声格式中，环绕声道是由两个扬声器进行重放的立体声信号，同时与前置三个声道（等同于上述3-0立体声）结合，形成以前置为主的还音模式。这种前置为主的还音模式，意味着环绕声道只负责为前置信号提供一种"空间印象"或是"效果"的支持，所以从这一点上说，尽管目前存在有许多环绕声拾音制式或通过一些信号处理设备来完成环绕信号的制作，但5.1声道标准本身并不直接支持信号在360°范围内的定位处理。同时这也是很多组织坚持使用3-2立体声模式而不是单纯的5声道立体声来对5.1环绕立体声进行标示，如图2-11所示。

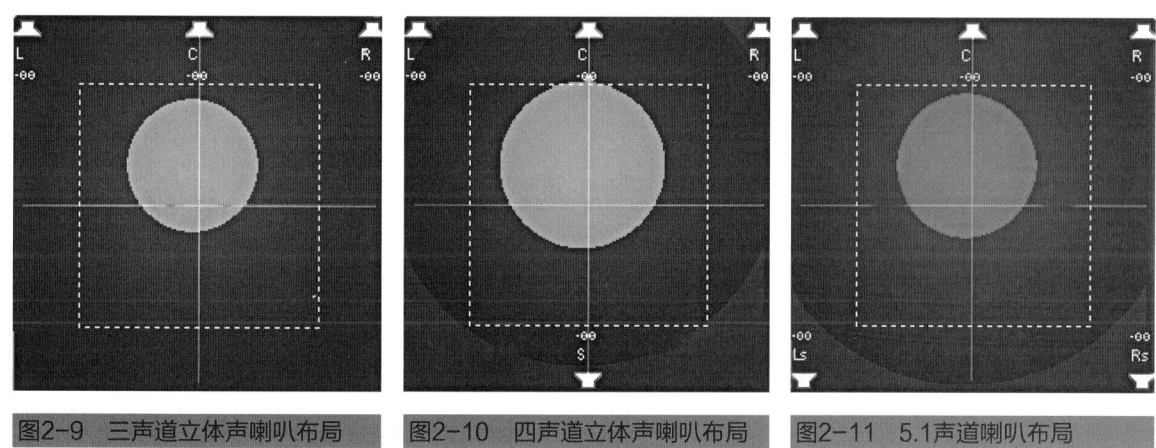

图2-9　三声道立体声喇叭布局　　图2-10　四声道立体声喇叭布局　　图2-11　5.1声道喇叭布局

2.8.5 其他多声道音频格式

尽管5.1系统目前被广泛采纳，但其他多声道格式仍然存在，尤其是采用更多的声道和扬声器数量对节目信号进行返送，以求在声音重放时覆盖更大的听音范围。这里主要介绍7.1和10.2环绕模式。

7.1声道环绕模式主要以宽银幕电影的发展为基础，为了覆盖更大的监听范围，增加了左中（CL）和右中（CR）扬声器，但主要用于剧院场所中，并不被家庭影院所采纳。采用这种还音模式最多的为SONY-SDDS影院格式，还有70mm Dolby立体声格式（最早70mm Dolby立体声格式在模拟时期只有一个环绕声道）。7.1声道环绕模式的喇叭布局如图2-12所示。

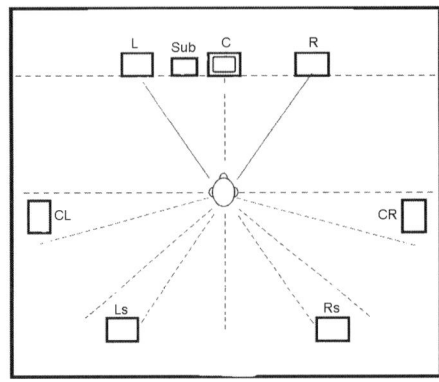

图2-12　7.1声道喇叭布局

　　10.2声道环绕模式主要由Tomlinson Holman开发，但并没有成为一种格式标准，10.2环绕在原5.1环绕扬声器摆放的基础上，另架设两个侧向音箱，来拓宽两侧声场的宽度和一个后中置音箱来补偿听众正后方的中空效应。还有两个在听众上方的扬声器，来还原声场高度的信号，以及根据Griesinger的建议附加一个超低音箱来覆盖更宽的听众范围，并加强低频信号的空间感。

第3章 设备

3.1 话筒

话筒又称传声器，也是传声器的俗称，音译作麦克风，是一种声电换能部件，其作用是将音频声信号转变成音频电信号。

3.1.1 话筒的分类与工作原理

（1）话筒的分类

话筒按换能原理可分为动圈话筒和电容话筒两大类，其中电容话筒又可分成非驻极体电容话筒和驻极体电容话筒两类。此外还有一种带式话筒，但是使用条件比较苛刻。

话筒按指向性又可分为三大类，即全指向型（又称圆形指向型、无指向型）、单指向型、双指向型（又称"8"字型指向型）。其中单指向型话筒中常用的主要是心型和超心型两种指向型。

（2）动圈话筒工作原理

动圈话筒的结构如图3-1所示。当振膜受到声压P的作用时会产生振动，处在磁场中的粘在振膜上的音圈（由外面包有绝缘漆的导线绕成，一般是漆包铜线绕成）也会跟着振动。这样，音圈在磁场中做切割磁力线运动，音圈导线两端就产生感应电动势，从而将声信号转变成电信号。其中振膜和音圈构成振动系统，磁体、瓷碗、磁靴构成磁路系统。

（3）电容话筒工作原理

电容话筒是一种靠电容量变化而起换能作用的话筒，如图3-2所示为最简单的压力式电容话筒换能部分的示意图，振膜和背极形成的电容，就是它的换能系统，它的振动部分就是振膜。当声压P作用在振膜的一侧时，会产生正比于声压的力，使振膜振动，引起声电换能元件的电容量变化，产生正比于声压的电压输出，实现将声信号转变成电信号的功能。

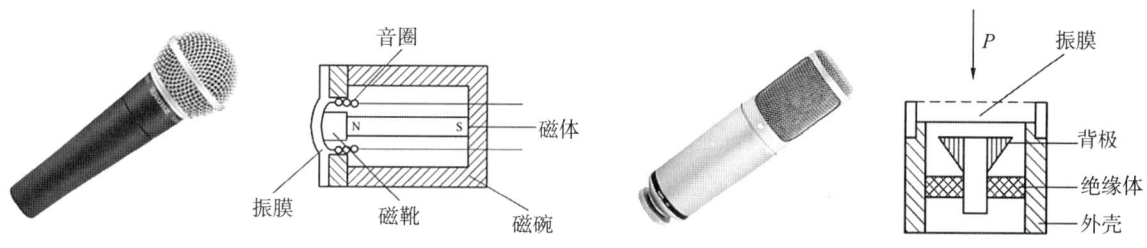

图3-1 动圈话筒及其结构图　　　　图3-2 电容话筒及其结构图

（4）驻极体话筒工作原理

早期的驻极体电容话筒结构示意图如图3-3所示，这是用驻极体高分子薄膜材料作振膜的结构。后来出现了在背极上覆以驻极体高分子材料，将电荷驻在背极上的，称为背极驻极体。这种背极驻极体电容话筒要求工艺复杂，但是性能稳定。目前，背极驻极体电容话筒已是音响设备中使用的驻极体电容话筒的主流产品。驻极体电容话筒，不用外加极化电源，它的极化电压在制造时已经通过特殊的高温、高电压方法，将电荷驻在话筒内部的塑料膜上了，形成了自备的极化电源。图3-4是驻极体电容话筒工作电路原理图，在驻极体电容话筒中包含了音头和场效应晶体管，它的两个端子中，一端是公共地端，另外一端既是外加电源端，又是信号输出端，其中R是外加的负载电阻，C用于隔断直流，仅使交流音频信号可以通过，然后输出到调音台输入口等。常见的鹅颈话筒（俗称会议话筒）就是用驻极电容话筒作为拾声音头的。还有无线话筒中，也经常采用驻极体电容话筒作为拾声的音头，尤其是领夹式和耳麦式无线话筒中所用的音头。

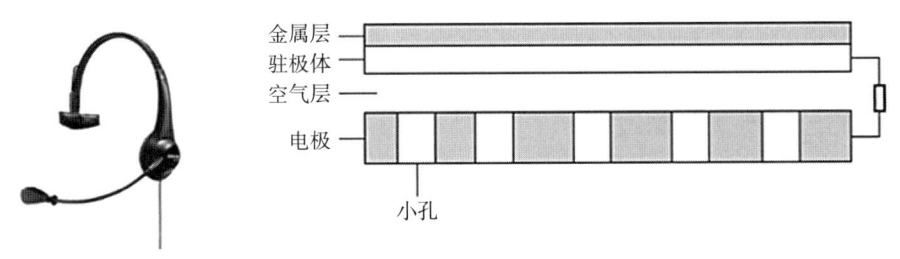

图3-3　驻极体话筒及其结构图

（5）界面话筒工作原理

压力区话筒（PZM）是界面话筒的主要类型，和其他类型界面话筒，如相位相干心型话筒（PCC）一样，是近年来发展起来的，具有独特结构及技术特性的新型话筒。它的性能优良、放置方便、安装隐蔽性好，有宽而平坦的频率相应、较高的灵敏度、纯正的音质及小体型，很受音响界青睐。放在墙壁上、天花板上、地角上、桌面上、乐谱架上都很方便。

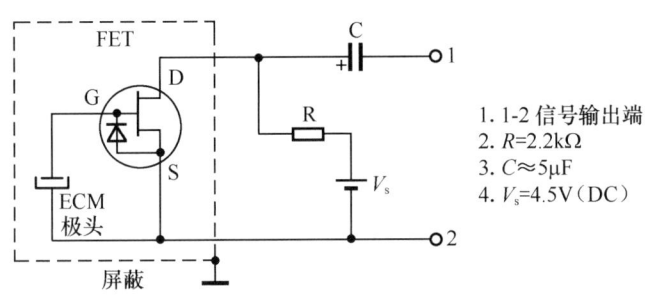

图3-4　驻极体话筒工作电路原理图

话筒在拾音过程中除了拾取到直达声外，也拾取了从各个界面来的反射声，这样，由于直达声和反射声到达话筒振膜的时间差（不同频率有不同相位差），直达声和反射声的叠加，发生声干涉，有可能出现梳状滤波现象，在高频段出现周期性峰谷，最终使话筒的频响特性表现出明显的起伏，影响了拾音质量。界面话筒的设计是在话筒受声面附近人为地设置一个质地坚硬、表面光滑的全反射面，使声波从这个反射面到达话筒的反射波比其他反射面的反射波强，并且保证这反射波在话筒有效频率范围内不与直达声产生干涉。这就要求反射面的线度要大于声波半波长，反射面与话筒受声面之间的距离应小于声波半波长。

图3-5所示为PZM界面话筒外形和使用状态。压力区话筒采用无方向话筒单元，并使话筒振膜平行于平反射板安装。由于结构设计合理，使声源的直达声和反射声几乎同时达到PZM的振膜上，理论上灵敏度相对可以提高6dB，其指向特性为半球状方向性。相位相干心型话筒（PPC），采用单方向话筒单元，并使话筒振膜垂直于平板安装，在正面方向上灵敏度提高了3dB，其指向特性为心型。界面话筒基本上没有非轴向声染色现象，灵敏度高，有效拾音区域大。

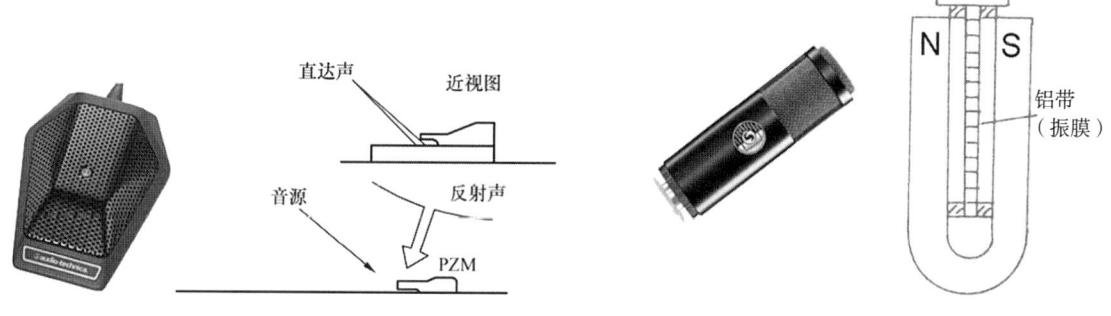

图3-5 PZM界面话筒外形和使用状态　　图3-6 铝带话筒及其结构示意图

（6）铝带话筒工作原理

目前市场上出售的带式话筒主要是铝带话筒，其工作原理和动圈话筒相似，只不过它的振动系统不是音圈和振膜，而是一条悬挂在磁场中的有波纹的薄铝带，它兼有受声面（振膜）和音圈的双重身份。铝带受声波作用而发生振动，并切割磁力线而产生感应电动势，达到声电转换的目的。铝带话筒的振动系统质量小，因而它的瞬态效应好，振动系统的谐振频率很低，使得话筒的有效频率范围处于质量控制区，话筒的灵敏度几乎不随频率变化，所以频响曲线比较平直。由于铝带的长度远远小于动圈话筒音圈的长度，所以灵敏度也远远低于动圈话筒，并且铝带呈现的阻抗非常小，为此，需要附加一个音频升压变压器来提高灵敏度和输出阻抗。铝带话筒的音质柔和，受到外界振动容易损坏，并且不适合在有风的环境使用，一般适合固定悬挂在录音棚内使用，而不适合作为经常移动的场合使用。铝带话筒的结构示意图如图3-6所示，悬挂在磁场中的波纹铝带，既是振膜又是音圈。

（7）无线话筒工作原理

无线话筒工作过程大致如下：话筒将声音的声波转换成音频信号，以调频的方式调制成一个超高频信号，并通过天线向空间发射出去。接收时，采用一个调频接收机，用天线接收载波信号并经过高放、解调、中放、比例鉴频、前置级、放大级，最后输出一个音频信号。

无线话筒从结构上可分两类：一是领夹式话筒，将话筒极头用领夹夹在衣领上或用别针别在下颌部位的衣服上，适合在艺术舞台中使用，如歌剧、话剧、戏曲演出中，主要演员常佩戴这种话筒。二是手持近讲话筒，适合主持人和通俗流行歌手演唱使用。两种无线话筒的接收机都是相同的。

无线话筒发射机各单元见图3-7。其中，话筒用于拾取空间的声波。话筒极头可选用动圈式话筒极头，也可以选用驻极体话筒极头和电容式话筒极头。音放为音频放大电路，它将由话筒极头拾取的音频信号电平加以放大并进行调制，成为调频信号，送入混频电路。本振为本机振荡器，采用石英晶体振荡器，产生甚高频载波信号，送入混频电路。混频电路将音频信号和载波信号叠加混合，送入高频放大电路中。高频放大电路将带有音频信号的载波的电平加以放大。隔离发射电路把载波信号的电流（即功率）加以放大，才能够通过天线向空间辐射。

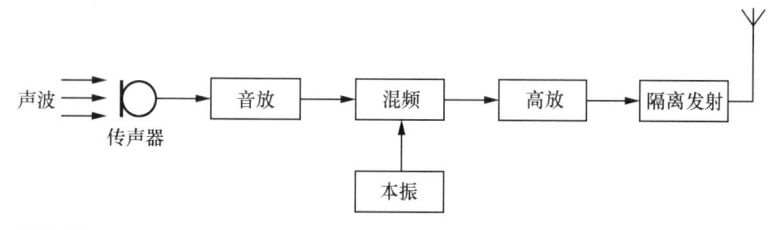

图3-7 无线话筒发射机电路框图

无线话筒接收机各单元见图3-8。其中，天线用于接收空间的甚高频载波信号。高放为高频放大器，它将通过天线接收的高频信号加以放大，送入混频器。本机振荡器采用石英晶体振荡器，产生比发射机高465kHz的载波信号，送入混频电路中去。混频电路把带音频信号的载波信号和本振载波通过混频电路在相位上进行相差，即把载波信号差掉，留下中频的信号。中频信号通过中放（一级、二级和三级中放）把音频信号进行高倍数放大，然后通过鉴频电路把调频方式的音频信号转换成为调幅方式的音频信号，再经前置放大把音频信号再加以放大，以满足下一级工作的要求。最后通过小型功率放大电路，将音频信号的能量加以放大，使音频信号的电压达到0～4dB的电平，送到调音台的输入端。

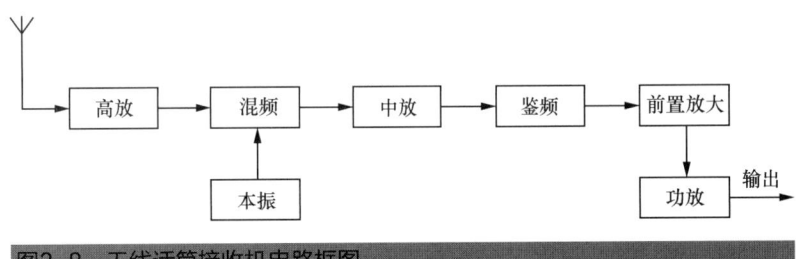

图3-8　无线话筒接收机电路框图

对无线话筒的使用要求：

① 舞台上使用的无线话筒载频，都选在甚高频或超高频频段。因为超短波都是以视线方式传播的，所以接收机的天线尽量要与发射机近一些。

② 其间最好没有障碍物，尤其要避开金属结构，如台口灯光架、通风管道等金属框架，否则信号会被吸收掉或引起超短波的反射，使接收机上的天线感应场强下降，使噪声增大。

③ 发射机天线一定要顺着人体垂直于地面。

④ 所有发射机天线不能与外壳相碰，否则会产生"喀喀"声。

⑤ 避开死点区：无线话筒在舞台上有时会听到"沙沙"声，拾音消失。这就要求在演出前调试时找出死点区，并做记录，让演员在舞台上避开死点区，还可以调整天线角度来消除死点区。

⑥ 双接收式天线话筒：为了提高无线话筒的质量，目前各厂家都选用石英晶体振荡器，这样频率在较大的温度变化环境下，能够取得比较稳定的工作状态。为了更好地保证接收稳定性，采用了双接收机，即用两根天线同时接收一个频率的信号，进入两个高放电路中，然后进行比较，将其中信号大的一路送到下一级。将另一路电路关闭，电子开关速度很快，人耳辨别不出来，从而减少了在舞台上出现死点的现象。

⑦ 选用无线话筒时，发射功率尽量要大一些，它的接收频率范围也就大一些，可相对地减少死点的出现。但是，过大的功率消耗也会很费电，一般选在50mW就可以了。

⑧ 使用无线话筒不要过多：一般不超过4只。使用过多的无线话筒，由于其频率接近，所以会产生相互干扰，影响整体的接收效果。

⑨ 音响师不仅要自己会使用无线话筒，而且要能指导演员，如佩戴话筒时如何操作，包括位置、距离、角度等。

⑩ 话筒拾取声音的大小与话筒和音源之间的距离2次方成反比，所以演员在演唱时，嘴和话筒之间要保持一定的距离，以保证语言、歌声动听而又不模糊。如果距离不合适，会产生以下几个方面的缺陷：一是距离太远，话筒输出信号电压过低，噪声相对增大，声音轻微，其音色细节难以表现，缺乏亲切感。二是距离过近，低音容易失控，产生近讲效应，造成声音模糊不清，在大信号时，喷口容易使话筒过载，使

音色严重失真。一般距离应在10～20cm范围内。话筒与音源的距离还需通过对不同演员进行不同歌曲的试听来选定。

3.1.2 话筒的特性

（1）灵敏度

话筒的灵敏度以话筒输出端的输出电压和输入端的声压之比表示，单位为mV/Pa，该指标表征了话筒的声-电转换能力。话筒灵敏度有空载灵敏度、有载灵敏度、声压灵敏度、声场灵敏度之分，一般音响工程中使用的是声场有载灵敏度。

灵敏度可用分贝值表示，计算公式为：

$$S = 20\lg\frac{n\mathrm{mV/Pa}}{1\mathrm{V/Pa}} = 20\lg\frac{n\mathrm{mV}}{1\mathrm{V}} = 20\lg\frac{n}{1000} \text{（dB）}$$

式中，n为用mV/Pa表示的灵敏度数值；1V/Pa为灵敏度基准值。

例如，灵敏度10mV/Pa转换成分贝值为：

$$S = 20\lg\frac{10}{1000} = 20\lg 10^{-2} = -40\mathrm{dB}$$

（2）频率响应

频率响应是指话筒的正向灵敏度随频率变化的一条特性曲线，表征话筒灵敏度随频率变化情况，如图3-9所示。

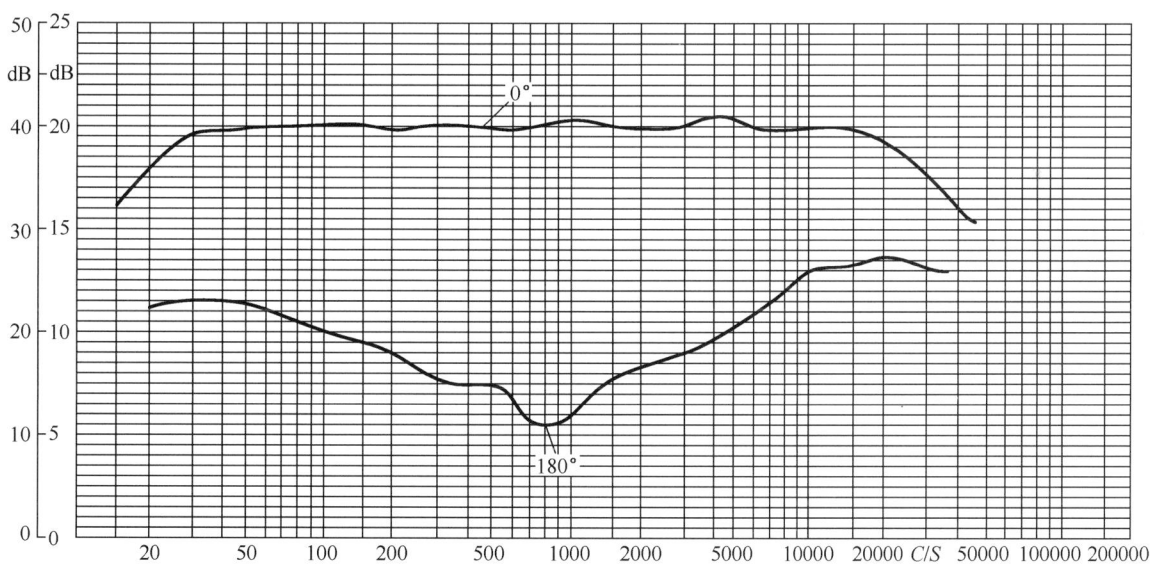

图3-9 话筒频响曲线

（3）指向性

话筒的指向特性是指话筒的灵敏度随声波入射的方向而变化的特性。在专业性较强的话筒技术说明书中，话筒的指向特性通常用指向性图案来表示，并用圆形极坐标纸标出，如图3-10所示，可直观地看出话筒的指向特性。

指向性指标一般用话筒正面0°方向和背面180°方向的灵敏度之差来表示，图3-9就是0°和180°时话筒灵敏度的频率响应曲线。这个差值越大，说明话筒单指向性越好。差值大于15dB称为强方向性话筒。

图3-10所示为典型的心型指向性图案,实际图案一般不是这样规范,是不对称的心脏型。

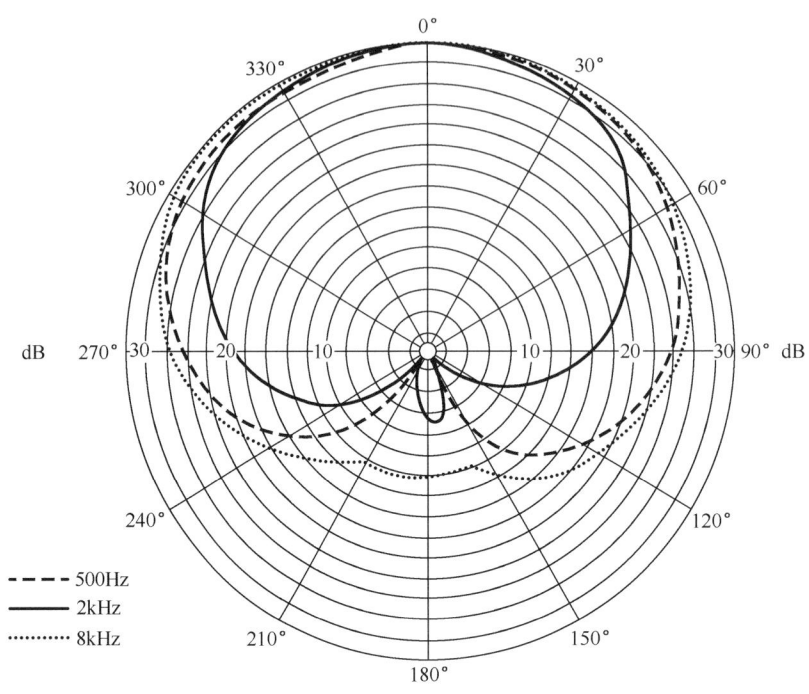

图3-10 话筒指向性极坐标图

常用的话筒指向特性有三大类,即全指向型、单方向型和双方向(8字)型。全指向型表示无论声波从什么方向入射到话筒,话筒的灵敏度均不变,所以也称圆形指向型或无指向型。单方向型特性表示声波从0°方向入射到话筒时灵敏度最高,偏离0°方向时灵敏度降低,在180°左右的灵敏度最低,例如心型、亚心型、超心型、锐心型指向特性。双指向型指向特性表示声波从0°和180°方向入射时灵敏度最高,随着偏离这两个角度灵敏度降低,在90°和270°时灵敏度最低,其指向特性曲线类似于8字,故也称"8字型"指向性。表3-1所示为常见的话筒指向性图案和相应的极坐标方程。此外还有强指向型、超强指向型、宽角度指向型等,是为特殊场合使用而专门设计的。

表3-1　　　　　　　　　　话筒指向特性图和极坐标方程

指向特性	全指向型	双指向型	亚心型	心型	超心型	锐心型
指向性图案	○	∞	♡	♡	♡	♡
极坐标方程	1	$\cos\theta$	$0.7 + 0.3\cos\theta$	$0.5 + 0.5\cos\theta$	$0.37 + 0.63\cos\theta$	$0.25 + 0.75\cos\theta$

对于不同指向性话筒,声波从不同角度入射,大致的灵敏度可以从公式计算得到,当然具体到某厂家生产的某型号话筒的指向性特性会与计算结果有些差别。另外,频率不同,其指向特性也会有变化。

(4)谐波失真

当一个声频信号作用在话筒振膜上时,在输出端的声频电信号中也会出现一些输入声信号频率以外的新频率成分,这些新频率成分,就是新增加的谐波成分。这种现象称为谐波失真,一般用谐波失真度来表示，计算公式为：

$$\gamma = \sqrt{\frac{E_2^2 + E_3^2 + \cdots + E_n^2}{E_1^2}}$$

式中，E_1为信号电压基波的有效值；E_2、E_3……E_n为谐波成分的有效值。

现在国内外话筒说明书中标注的失真全部为电失真，不包括膜片和声路的声失真。声失真（包括动圈话筒）测试需要失真极小的声信号作为测试用信号，而要产生失真极小的声信号本身就很难，测试成本高。

（5）固有噪声

在理想条件下，作用于话筒的声压降至为零时，话筒输出端的电压为噪声电压，即话筒没有声波入射时输出电压的大小。这项指标在动圈话筒中一般不标注，因为动圈话筒只有屏蔽不好时，在可控硅灯光等强电磁场环境中才会出现噪声。而电容话筒，由于受电子元器件的热噪声影响，再精心设计和精心制作，也会出现噪声，只不过能够做得噪声越小越好。噪声电压通常没有突出的频率，而是一个较宽的噪声频带，它决定着话筒所能接收的最低声压级的拾声能力。

（6）等效噪声级

将声波的声压作用在话筒上，使其产生的输出电压同话筒固有噪声产生的输出电压相等，则该声波的声压级等于话筒的等效噪声级。也就是说，在没有给话筒加声时，由于话筒电路产生的噪声电压的大小，相当于在话筒上加了多少声压级的声信号所产生的电压。等效噪声级的计算公式为：

$$等效噪声级 = 20\lg\frac{u}{SP_0}$$

式中，u为噪声电压，单位为mV；$P_0 = 2 \times 10^{-5}$Pa，为基准声压；S为话筒灵敏度，单位为mV/Pa。

例如某话筒的噪声电压是5μV，灵敏度为10mV/Pa，那么其等效噪声级为28dB。对于电容话筒的等效噪声级要求不大于6dB（A），这里指的是A计权等效噪声级，也就是噪声电压是用A计权测量的，等效噪声级比固有噪声更加确切。单独标出话筒的固有噪声，还不能反映话筒真正的噪声水平。因为噪声和灵敏度直接相关，灵敏度越高，噪声相对就大，同样一个3μV噪声的话筒，对30mV/Pa的话筒来说，等效噪声级就显得很小，只有14dB，但对10mV/Pa的话筒来说，等效噪声级就高了，大概为23.54dB。换句话说，5μV噪声电压的话筒的噪声听起来不一定就比3μV噪声电压的话筒大，其道理就在这里。

（7）最大声压级

当话筒输出电信号的谐波失真大到一定允许值时，输入话筒的声压级称为话筒的最大声压级。一般电容话筒的最大声压级为126dB左右，谐波失真在0.5%以内就是比较专业的话筒了。这里也要说明，所谓的谐波失真在0.5%或1%以内的测量，也只是指的对电容话筒的电路部分的测量，并不是真的通过加声信号来进行测量。

（8）动态范围

话筒的动态范围是指话筒最大声压级减去等效噪声级，一般可以达到100dB。它反映了话筒所能接收声音大小的范围，上限受谐波失真限制，下限受固有噪声限制。

（9）信噪比

目前有一些生产商在话筒的技术指标中标出了信噪比，却不标等效噪声级，这种情况一般指额定信号声压为1Pa时的信噪比。例如，标明信噪比为74dB，则表明等效噪声级为20dB。

（10）瞬态响应特性

话筒的瞬态响应特性是指话筒的输出电压跟随输出声压级急剧变化能力的特性，目前还没有固定的测量方法。通常认为，输出电压频率特性在较宽频带内平直，不含有尖锐的峰谷是瞬态特性良好的条件。

（11）输出阻抗

输出阻抗又称为话筒的源阻抗，它是话筒对1kHz信号的交流内阻。源阻抗在150～600W之间的话筒是低阻抗型的，在1000～4000W之间的话筒是中等阻抗型的，高于25kW的话筒是高阻抗型的。广播用话筒通常是低阻抗型的，以免用长电缆来连接时成为混入交流声或造成高频损失的原因。话筒的负载阻抗，即调音台或录音机的输入阻抗应大于话筒输出阻抗的5倍以上，以进行电压匹配。例如，话筒输出阻抗为200Ω时，所接负载的输入阻抗应等于1kΩ，这一数值就是目前大部分调音台的输入阻抗数值。

（12）极性

话筒的极性指话筒的输出电信号的极性与声学输入信号之间的关系。意为当声压将话筒振膜向里面推进时（正声压），卡侬头上2脚产生一个正电压。

如果有些话筒的极性连接正确，而有些极性连接不正确，那么在把这些话筒线混合为单声道时，其低音会消失。

3.1.3 话筒的选用

话筒是拾音工艺中的重要部件。在拾音过程中如何正确选择各种话筒，如何安排好话筒的位置、高低、远近、角度是非常重要的。话筒使用得当与否，会直接影响到拾音艺术效果的好坏。所以，在各种不同的拾音过程中，要根据不同声源的声压级、动态范围、频率范围、声场的音响条件等来选择话筒和安排话筒的布局，同时还要了解各种话筒的特性。

（1）动圈话筒

1）动圈话筒的优点：

① 体积小，便于手持，在舞台上和KTV中，都使用动圈话筒（体积小就是原因之一）。

② 价格比较合理，普通的动圈话筒价格都在几十元到几百元不等，超过千元的都属于高级的动圈话筒。

③ 指向性比较好，超心型的指向性不易产生啸叫。

④ 比较结实，不易损坏，一般的磕磕碰碰是奈何不了动圈话筒的。

2）动圈话筒的缺点：

① 高频不够，低频过多，声音稍显憋闷。

② 声音频响范围较差，只有50H_z到16kH_z。

③ 灵敏度较低，无法捕捉声音细节。

（2）电容话筒

1）电容话筒的优点：

① 声音非常真实、有力、饱满。

② 各个频段的拾音状况良好。

③ 灵敏度比较高，可以捕捉到歌手演唱与乐器演奏的很多细节，例如歌手的嗓音特质、乐器的演奏手法等。

④ 可以承受的声音动态范围更大，这都要归功于那个大面积的膜片，一些电容话筒可以内置电子管，让声音更加温暖，这种话筒可以叫作"电子管话筒"。

2）电容话筒的缺点：

① 工艺复杂、生产成本较高、导致市场价格较高。一般性能说得过去的电容话筒都要在1000元甚至更高的价位，真正能够进行出版级电容话筒，价格以万元单位来计算。

② 电容话筒比较娇贵，膜片容易受潮，更加速受潮程度。电容话筒可能被修复，但是最大的可能是

音质性能急剧下降甚至干脆报废，所以我们一定要正确使用电容话筒。

（3）无线话筒

1）无线话筒的优点：

① 具有频带宽、音色好、失真小、动态大。

② 无线话筒很小巧，无需导线与放大器等设备相连接，所以使用者可将它佩戴在身上，自由走动而不受限制。

2）无线话筒的缺点：

① 很难放在理想的位置，由于演员服装的厚度及材料等不同，对发射机工作频率响应有较大的影响。一般来说，服装越薄越好，服装越厚高频损失越大，严重时会感到演员的声音发闷或不清晰。

② 要注意发射天线与接收天线之间的关系，金属反射物越少越好，这有利于无线电波直接传播，接收电磁波强了，噪声也就相对减小了，接收死点也可以得到进一步的改善。特别要注意防止干扰，晶闸管调光器、电风扇、变压器、日光灯以及电台或电视现场实况转播对发射机和接收机都会有干扰。

③ 所拾取声音无远近感和环境感，同时声音的透明度较差。

（4）鹅颈会议话筒

因为这种话筒支撑音头的托杆比较像鹅颈，故得其名如图3-11，鹅颈式会议话筒与耳麦基本相同，都是采用驻极体结构的，所以也没什么本质的区别，一般使用干电池供电并有开关。

图3-11　JSL鹅颈会议话筒

（5）手拉手会议话筒

它采用话筒首尾串联连接的方式，即第一只话筒接到会议主机后，从第一只话筒引出一根线接上第二只话筒，然后从第二只话筒引出一根线接到第三只话筒，依次串联几十个，因此得名手拉手话筒，如图3-12。优点是采用串联连接，接线简单，有互控功能。缺点是中间一个话筒坏了后，其后接话筒可能会失效。

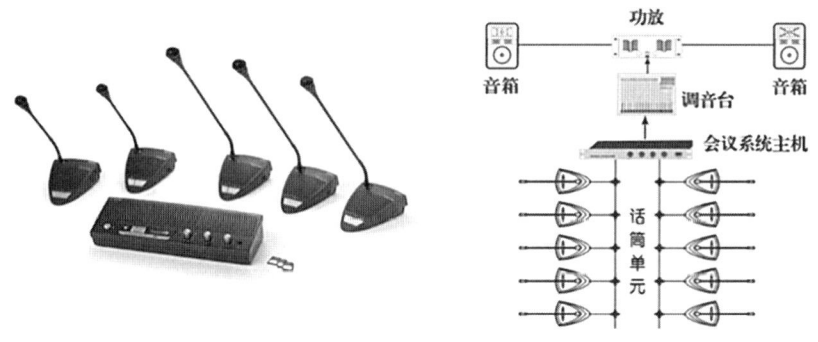

图3-12　BOSE手拉手会议话筒及其连接图

（6）数字无线话筒

随着音频设备从模拟到数字的升级，无线话筒也进入到数字时代，其突破性的技术成为大型演出中的首选，如图3-13。延展的平坦频率响应，使数字无线话筒能够传输细节更丰富声音。为追求射频频谱的高效率而设计，与同类其他无线系统相比，能够可靠运行更多的无线通道。自动频率扫描和红外线同步功能，可以实现简便迅捷的开放频率查找和分配。以太网连接能实现多接收机联网通道扫描，并利用数字无线话筒控制软件，实现先进的频率协调。AES-256加密成为标配，可轻松启用，实现安全的无线传输。

 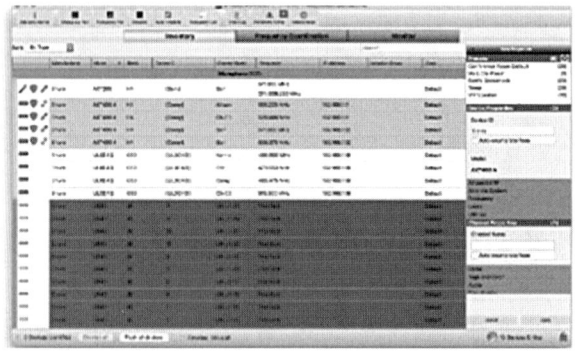

图3-13 舒尔数字无线话筒及其软件界面

3.1.4 话筒的附件

有许多器件与话筒一起使用,以便分配它们的信号或把信号变成更为有效。

（1）扑声滤波器

歌手用话筒最需要用到的一个附件就是扑声滤波器或是防风罩。它通常是一种盖住话筒的泡沫材料"衬底"。有些话筒设有扑声滤波器或内置有球状格栅。因为歌手唱词中带有"p""b"或"t"的起始音时,由口腔迸发出急促的气流。当紧挨嘴边的话筒受到气流的冲击后,就会形成称之为扑声的那种"砰砰"声或一些爆破声。防风罩也为缓解这一问题而设置的。

扑声滤波器的最佳形式为固定在圆箍内的尼龙网罩,或者是一个金属穿孔盘,置于话筒前几厘米。把话筒稍微置于嘴的上方或侧面,或者用一只全指向型话筒也可降低扑声。靠扑声滤波器或话筒的摆放来避免急促的扑声。

（2）话筒架和话筒杆

话筒架和话筒杆可把话筒固定在所要求的位置上。话筒架有很重的金属底座以支持起垂直部分伸缩杆。杆的上部有一个可旋转的螺帽锁扣,用于调节嵌入在大套杆内小套杆的高度。小套杆的顶部有一个标准的27号螺纹,把它旋入到话筒夹的转接头上。话筒杆是一根水平方向的长杆,它附着在垂直杆上,杆的角度和长度可调。杆的末端可拧上话筒夹转接头,杆的另一端为重物,用来平衡话筒的重量。

（3）防震架

防震架将话筒悬挂在有弹性的架子内,使话筒免受由于地板的震动和话筒架被撞击后的机械振动。许多话筒具有内部防震架,它把话筒头与话筒外壳隔离,这样可降低来自话筒操持时以及地板震动所引起的噪声。

3.2 功放

3.2.1 功放的分类与工作原理

功率放大器,简称功放,是声频系统中十分重要的设备之一。功率放大器,是由前置放大、功率放大、电源及各种保护电路（短路保护、过热保护、过载保护、自流漂移保护等）几部分组成。

（1）功放的分类

1）按输出级与扬声器的连接方式分类

① 变压器耦合输出电路：这种方式由于效率低,失真大,一般在高保真度功放中使用的较少。

② OTL电路：这是一种输出级与扬声器之间采用电容耦合的无输出变压器方式。

③ OCL电路：这是一种输出级与扬声器之间不用电容器而直接耦合的方式。

④ BTL电路：这是一种平衡式无输出变压器电路，又称为桥式推挽功率放大电路，它的输出级与扬声器之间以电桥方式连接。

2）按功率管的偏置工作状态分类

① 甲类：又称A类，在输入正弦波电压信号的整个周期中，功率输出管一直有大电流通过，需要大容量的电源电路，功率管热量很高，并且容易击穿烧坏。优点是音质好，失真小；缺点是输出功率和效率低，消耗电量大。

② 乙类：又称B类，输出功率管只导通半个周期，另半个周期截止。也就是说，正半周由一个管子工作，负半周由另一个管子工作，在输出端合成一个完整的波形与输入的波形完全相同，用来驱动扬声器系统。一个输入信号由两路分别进行放大是B类放大器的特征。B类放大器的特点是输出功率大，效率高，但失真比较大，不适宜在要求高的场所中使用。

③ 甲乙类：又称AB类，即功率输出管导通时间大于半个周期，但又不是一个周期，较短时间截止。为获得不失真的信号输出必须采用由两个管子组成推挽放大的电路。

3）按放大器所用器件分类

按放大器所用器件可分为电子管功率放大器、晶体管功率放大器、集成电路功率放大器。这里顺便提一下，目前市场上电子管功率放大器比较少。这主要是由于电子管的放大器制作成本高，体积重，耗电量大。由于电子管电路具有独特的音色，电子管爱好者及一些发烧友仍然喜欢使用电子管功率放大器。

（2）功放的作用

功率放大器简称功放，是对音频信号进行电压、电流综合放大，实现功率放大。功率放大器一般位于扬声器系统前面，它的输出直接送到扬声器系统，用于驱动扬声器系统。由于功率放大器的输入灵敏度一般在0dB左右，所以加到功率放大器的输入信号一般取自调音台或周边设备的0dB输出信号。而对于像话筒等低电平的输出信号，必须经过前置放大器放大或调音台进行电压放大后才能推动功率放大器。前置放大器、调音台或周边设备输出的都是电压信号，只能输出极小的电流，不是功率信号，所以它们不能用来驱动扬声器系统，必须经过功率放大器将音频电压信号进一步做电压放大，最后对电流和功率进行放大，使其具有足够的功率输出才足以推动扬声器系统工作、辐射声音，也就是推动音箱正常工作，这就是功率放大器的任务。

（3）功放的工作原理

功率放大器可用图3-14所示的OCL功率放大器的方框图来简要说明。

① 平衡输入、不平衡输入插口：视前级设备是平衡输出还是不平衡输出，选择相应的输入口将信号输入功率放大器。

② 平衡—不平衡转换级：其作用是将平衡输入信号转换成不平衡信号，然后送到放大电路去。

③ 线路输出隔离级：其作用是将输入到本功率放大器的信号通过有源隔离级后再向外输出。当一路信号要同时驱动多台功率放大器时，采用简单并机方式会降低总的合成输入阻抗，其结果是使得前级设备的实际输出信号幅度降低，也就是各个功率放大器实际得到的输入信号幅度降低。如果采用这种转接方式后，每一路输出信号的负载阻抗都相当于一台功率放大器的输入阻抗，这种功能在大型演出，需要很多台功率放大器推动很多音箱时，优点尤其明显。

④ 音量调节级：实际上是通过调节音量电位器控制从总输入信号中取需要的量加到后级放大电路去，使输出电压（功率）为需要的值。

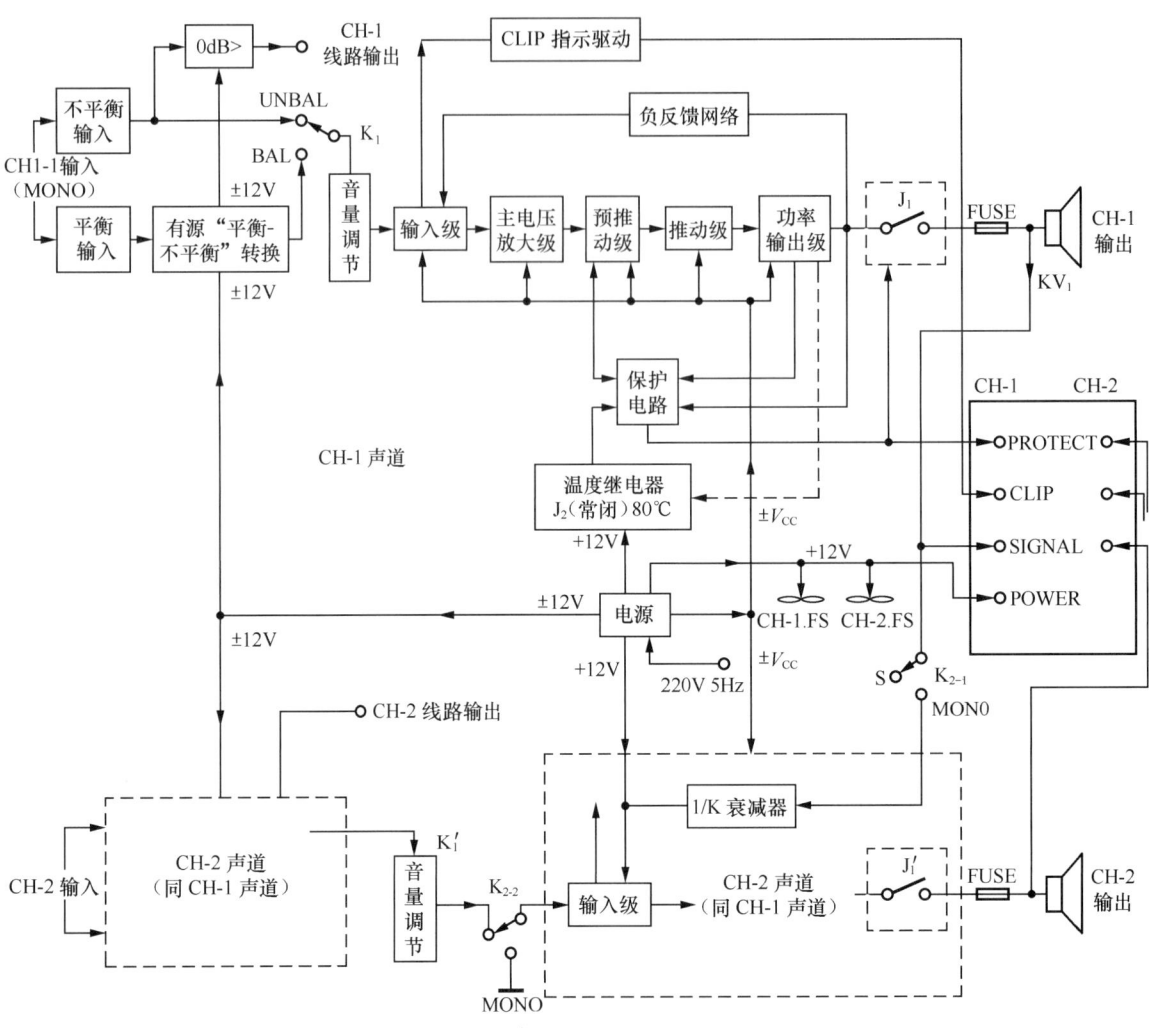

图3-14 OCL功率放大器电路

⑤ 输入级：此级的主要任务是起缓冲作用，同时提供一定的电压放大量，并且，如果功率放大器出现削波现象时给出削波指示，以便操作者将音量控制旋钮适当调小，这一级往往采用差分放大器电路形式。

⑥ 主电压放大级：本级提供大的电压放大倍数对加到本级的电压信号进行放大，整个功率放大器的开环电压放大倍数主要靠本级提供。

⑦ 预推动级：由于主电压放大级只能提供极小的输出信号电流（一般超不过5mA），所以本级主要是将主电压放大级提供的微小信号电流进行初步放大，将信号电流放大几10倍到100多倍，而对信号电压不仅没有放大，反而稍微有一些降低。这一级采用射极跟随器电路，也就是共集电极电路。

⑧ 推动级：将已经被预推动级放大了的信号电流进一步放大，对信号电流的放大倍数大约在几10倍到100多倍，以便给功率输出级提供足够的信号驱动电流。与预推动级一样，本级对信号电压不仅没有放大，反而稍微有一些降低，这一级也采用射极跟随器电路。

⑨ 功率输出级：本级将再一次对信号电流进行放大，与预推动级和推动级一样，对信号电压不仅没有放大，反而稍微有一些降低，这一级也采用射极跟随器电路。本级是整台功率放大器这一通道的最后输出级，其输出电压取决于加到本级的驱动信号电压，而输出电流则主要取决于输出信号电压与负载阻

抗的比值。这里说主要取决于的意思是输出电流不能随负载阻抗的无限减小而无限增大，如果超过本级的电流放大倍数与加到本级的驱动信号电流之乘积，则本级将无力提供，最大输出信号电流也受到本级工作提供的直流工作电源输出电流的限制。实际上更主要的是受输出功率晶体管的参数限制，所以使用功率放大器时一定要注意不使功率放大器过载，否则有可能超过输出功率晶体管的能力而使功率放大器损坏。

⑩ 负反馈网络：其作用是控制功率放大器的电压放大倍数为预定值，并且改善放大器的各项性能，例如降低失真，展宽频带等。绝大部分功率放大器的电压放大倍数在20～40倍，并且多数在30多倍。所谓负反馈是指取输出信号中的一部分（取自输出电压或输出电流）加到输入端，其相位与输入信号反相，起到抵消部分输入信号的作用，这种反馈称负反馈，负反馈对放大电路有如下影响：提高放大电路放大倍数的稳定性；减小放大器本身产生的非线性失真和抑制干扰；展宽通频带；改变输入电阻和输出电阻。

⑪ 保护电路：一般包括输出过载保护、输出端直流电位偏移保护、输出功率晶体管过热保护、开机延迟接通负载保护等。其中后三种保护最后都将功率输出级与输出接线柱之间的继电器触点脱开，从而使功率输出级与负载断开，达到保护负载、保护功率放大器的目的。

⑫ 削波指示驱动电路：本削波指示器是真削波指示，当输出有削波时，输出波形与输入波形比较后驱动指示发光二极管亮。

（4）功放输入电平旋钮的工作原理

功放面板上的电平调节旋钮用来调节输出信号电压的大小，而不是用来调节功放的电压放大倍数的。因为一台功放一旦设计制造完成后，它的电压放大倍数已确定下来了，一般功放的电压放大倍数在30～40之间。功放的电压放大倍数是由负反馈深度来决定的，在功放装配调试完后，其负反馈电阻值就定下来了，所以电压放大倍数也就定下来了。而面板上的输入电平旋钮的作用是通过改变电位器动触点的位置，将送入功放输入口加到电位器的信号电平中取出百分之多少来往后面的放大电路送，将输入电平旋钮顺时针拧到头，也就是最大电平位置，是将输入口的信号百分之百送到后面的放大电路；将输入电平旋钮反时针拧到头，也就是最小电平位置，是没有从输入口取信号往后面的放大电路，旋钮的其他不同位置是从信号输入口分别提取相应百分比的信号送到放大电路去进行放大、输出，从而调节输出功率的大小（实质上是调节加到负载上的电压大小）。

（5）数字功放的工作原理

数字功放其实就是D类功率放大器。传统功放都是模拟功放，也就是说利用模拟电路对信号进行功率放大，放大处理的是连续信号，而D类功放是一种数字功放，其功率输出管处于开关工作状态，即在饱和导通和截止两种状态间变化，用一种固定频率的矩形脉冲控制功率输出管的饱和导通或截止。一般D类功放中的矩形脉冲频率（其作用相当于采样频率）为100～200kHz，每台D类功放生产出来后，其矩形脉冲的频率就固定为一具体频率了，也就是脉冲周期固定了。矩形脉冲在一个周期内的宽度（或者说占空比）受到音频模拟信号的控制而改变，从而改变了功率输出管在一个脉冲周期内的导通时间，脉冲越宽（占空比越大），功率输出管在一个（采样）脉冲周期内导通时间越长，则输出电压就越高，输出功率就越大。

数字功放的特点是效率远远比传统的模拟功放高得多，可以达80%甚至90%之多。由于D类功放比AB类功放在功率输出管上损耗的功率小得多，产生的热量也少得多，所以D类功放的散热器可以减小，重量可以减轻。数字功放的电源部分采用开关电源，因此整机效率将进一步提高，所以可以设计出输出功率相当大的数字功放。早期的D类功放的失真比较大，经过不断改进，目前失真已经降到比较低的水平，可以满足专业音响的要求。但是，由于D类功放功率输出管的开关频率很高，功率又很大，所以难免会有信号泄漏，这样也就容易引起信息的泄露，所以在一些需要保密的场合，还是以不采用D类功放为好。目前一些数字功放产品已经同时具有模拟输入口和数字输入口，既适合模拟信号输入，也可以数字信号输入，应用更灵活。

3.2.2 功放的特性

（1）额定功率

是指在一定的谐波范围内功放长期工作所能输出的最大功率（严格说是正弦波信号）。经常把谐波失真度为1%时的平均功率称为额定输出功率或最大有用功率、持续功率、不失真功率等。

（2）频率特性

频率特性是指功率放大器对不同频率表现的放大性能，实际上就是测量对高频、中频、低频各频率信号的放大倍数是否均匀，理想的频率特性曲线应是平直的，通常从20Hz～20kHz的均匀性在±0.5dB之内。

（3）最大输出功率

是指当不考虑失真大小时，功放电路的输出功率可远高于额定功率，还可输出更大数值的功率，它能输出的最大功率称为最大输出功率。

（4）信噪比

噪声主要是由晶体管（电子管）、集成块及电阻等元件产生的，输出信号电压与同时输出的噪声信号电压比，就是信号噪声比，简称为信噪比。信噪比越大，表明混杂在信号中的噪声越小，放音质量就越高，高质量的功率放大器信噪比大都在100dB以上。

（5）动态范围

通常，信号源的动态范围是指信号中可能出现的最高电压与最低电压之比，以dB表示，而放大器的动态范围则是指它的最高不失真输出电压与无信号时输出噪声电压之比。显然，放大器的动态范围必须大于节目信号的动态范围，这样才能获得高保真的重放效果。目前CD唱片的动态范围已达85dB以上，这就要求功率放大器的动态范围要更大。

（6）输出阻抗

通常有8Ω、4Ω、2Ω等值，此值越小，说明功率放大器负载能力越强。

（7）失真度

音频信号通过功率放大器后，由于非线性元件所引起的各种谐波成分，新增加总谐波成分的均方根与原来信号有效值的百分比来表示。普通功放约1.2%；优质功放0.01%～0.003%。由于测量失真度的现行方法是单一的正弦波，不能反映出放大器的全貌。实际的音乐信号是各种速率不同的复合波，其中包括速率转换、瞬态响应等动态指标。故高质量的放大器有时还注明互调失真、瞬态失真、瞬态互调失真等参数。

同一放大电路中，允许的失真度越大，功放的输出功率就越大；允许的失真度越小，功放的输出功率就越小，如从0.01%增大的0.1%，功率增加20%左右；如从0.01%增大的1%，功率增加50%左右。

（8）输入灵敏度

一台功放能接受的最大输入电压可以称为输入灵敏度。它是一个信号电压的概念，单位为dB，而灵敏度电压则用V来表示。

常见的专业功放的输入灵敏度的选择开关通常为:0.775V、1.0V和1.44V。它们之间的关系是：灵敏度电压越高，输入灵敏度越低。

3.3 音箱

3.3.1 音箱的分类

(1) 扬声器与音箱

扬声器又称喇叭，它是把信号电流转换成声音的一种器件。人们说话的声音和乐队演奏的声音经过话筒变成电能，再由放大器放大，我们所得到的是放大了的电能，而不是声音，必须将电能变成声能，而将电能变成声能的就是扬声器。扬声器中，使用最多的是永磁电动式扬声器，它的构造与动圈话筒的构造相似。在永久磁铁的圆环形隙缝中，放置一个动圈，叫作音圈。音圈与纸盆相连接，并装有布质或纸质的定心支片，定心支片固定在盆架上。纸盆的四周边缘也固定在盆架上，这是为了音圈在磁隙缝中能够保持准确位置。让音圈和纸盆沿着轴心振动，振动时音圈与隙缝内外绝对不能相碰。

当信号电流流过音圈时，根据电动机的原理，信号电流产生的磁通量与永久磁铁的磁通量发生相互作用，使音圈带动纸盆振动而发出声音。

永磁电动式扬声器又可分为两种：一种为直射式又称纸盆扬声器，它是把声音直接辐射出去。另一种为间接辐射式又称号筒式扬声器（高音喇叭），号筒扬声器的工作原理与永磁电动式扬声器一样，但辐射的方式不同，号筒扬声器的发音头（又称高音头）振膜振动后，声音经过号筒，然后再逐渐扩散出去，所以它是间接辐射扬声器。号筒扬声器也称高音喇叭，它是由一个发音头和号筒组成的，特点是效率高，缺点是不仅频带范围较窄，而且指向性也窄。

扬声器的音圈是绕在一个圆形纸管上的，国内生产的扬声器，大都采用圆漆包线作为音圈的导线。而先进的扬声器，都采用了特制的方形截面铝合金导线。这种导线加上特别配方的绝缘漆皮，使音圈既轻又密，提高了功率容量，也提高了声音灵敏度。图3-15所示为永磁电动式纸盆扬声器的构造图，图3-16所示为号筒扬声器构造图。

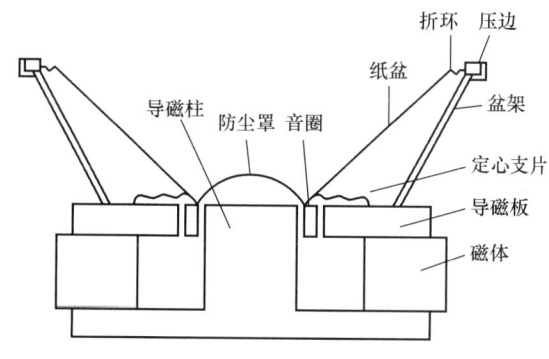

图3-15 永磁电动式纸盆扬声器的构造图

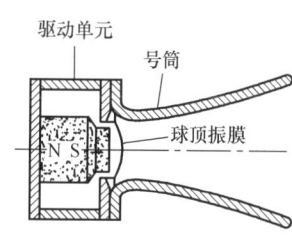

图3-16 号筒扬声器构造图

音箱又称扬声器箱，它是将高、中、低音扬声器组装在专门设计的箱体内，并经过分频网络将高、中、低频信号分别送至相应的扬声器进行重放。

扬声器安装在音箱内后，可以利用音箱内部的声音传播特性，扩展扬声器低频重放范围，使重放声产生较宏大的声场。

(2) 音箱按分频的方式分类

按分频的方式分类音箱，主要有号角式音箱、全频音箱和超低音音箱。

1) 号角式音箱 如图3-17所示，号角式音箱是一种典型的高效率大动态音箱系统，我们知道当大声喊话时，如用双手呈号角状放在嘴边，会明显地提高声压级，使音量增大且传播的距离更远，这证明了号角系统能提高喇叭的还原效率。制成合理的号角式音箱，在放送音乐的过程中，音乐的细节分辨率及微弱信号的再现都能充分体现在我们的面前，且有明显的真实感和定位感。立体声效果十分显著，不管对强信号与弱信号的线性对比，都具有庞大的动态范围。号角音箱的失真之小，也是其他类型音箱所不能比拟的，因为在同样的声压级内，号角音箱所需的驱动功率比其他类型的音箱要小得多，它可以在微小的振动下，发挥出很大的声音能量来，喇叭的音圈移动很小，使喇叭保持在活塞的振动区域内，因此失真极小，是高质量音响系统的佼佼者。

图3-17　JSL号角式音箱

图3-18　JSL 2分频音箱

图3-19　JSL 3分频音箱

2）全频音箱　全频音箱一般是指可以重放40～15000Hz的音箱产品，简称全频音箱。很少有单只喇叭能够重放这么宽的频率，所以多采用几只喇叭互相衔接频率范围的形式。比如通过一只低音喇叭和一只高音喇叭加上内部的滤波器形成2分频（2——Way）音箱，还有采用高、中、低四只喇叭和内部的滤波器组成的3分频（3——Way）音箱，高端的场所还有巨大的4分频（4——Way）音箱。图3-18所示是2分频音箱，图3-19所示是3分频音箱，图3-20所示是4分频音箱

图3-20　4分频音箱

图3-21　JSL同轴音箱

图3-22　JSL超低音音箱

全频音箱还有一种称作同轴音箱，它是用的是同轴单元，这种单元实际上是高音单元和低音单元的组合体，高音巧妙地放置在低音振膜的中心处，因此能保证高、低音的声学中心是同一个点，如图3-21所示。

3）超低音音箱　低音音箱根据它的频率还原范围来确定的，一般都能较好地还原20～200Hz，甚至可以还原20Hz以下的频率，低音音箱多采用大口径的纸盘单元，口径越人，重放的频率下限就越低。如图3-22所示。

(3)音箱按用途分类

按用途分类音箱主要有监听音箱、影院音箱、线阵列音箱及网络有源音箱等。

1)监听音箱 监听音箱是一种专业用的音响器材,它的特点是能够平衡还原高、中、低三个频段的声音,对声音的回放不进行任何的修饰、渲染,忠实地还原音频信号,如图3-23所示。

图3-23 真力监听音箱　　图3-24 JSL影院主音箱　　图3-25 JSL影院环绕音箱

2)影院音箱 现今普遍的影院音箱的高音号角都比较大,而且单独置于音箱体的上方,低音单元一般有2~4个,口径都在15英寸(38cm)以上,且低音箱体不设有网罩,如图3-24所示。环绕音箱其前面板均为向下倾斜的,如图3-25所示。

3)线阵列音箱 简单来说,可以把线阵列扬声器系统看成是一个"大型的全频扬声器"。它是借助线阵列(Line Array)的基本理论,在一定条件下予以近似而开发出的扬声器系统。需要注意的是,不能简单地把"线阵列"等同于实际的线阵列扬声器系统。线阵列基本上是由一组排列成直线、间隔紧密的辐射单元构成。这些辐射单元的声辐射,应具有相同的振幅和相位(如图3-26)。

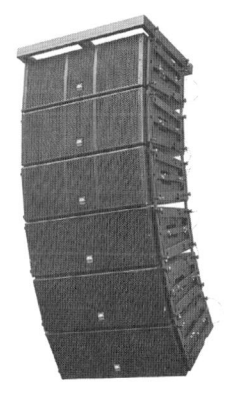 

图3-26 JSL线阵列音箱　　图3-27 JSL网络有源音箱

4)网络有源音箱 网络有源音箱,顾名思义就是基于网络来传输的有源音箱,这里所指的网络即数字网络,也就是我们通常所说的局域网、以太网、广域网等,传输协议是标准的TCP/IP协议。网络有源音箱是整个数字网络音响系统的终端设备(如图3-27)。

网络有源音箱是一款集网络传输、全D类数字功放和带有远程控制监测及DSP信号处理为一体的全频音箱。具有高效率高声能输出、出色的音质、完善的保护功能和良好的电磁兼容特性,可通过PC用一根

CAT5网线对该产品进行远程监控和DSP调节,并可实现网络音频信号接收。

(4)音箱按内部结构分类

按内部结构音箱要有密闭式、倒相式、迷宫式及哑铃式等。

1)密闭式音箱 密闭式音箱是目前使用最多的音箱之一。所谓密闭式音箱,就是将扬声器安装在一个完全封闭的箱体中,它是用箱体将扬声器前后的声辐射隔开,以防止声短路。密闭式音箱内的空气对于扬声器来说好比是一个弹簧,从而改善了扬声器的低频响应,如图3-28所示。密闭式音箱的重放特点是低音深沉,低音的解析度较好。但是,由于密闭箱内的空气对扬声器的运动同时也有一定的阻尼作用,因此对音箱的共振频率f和品质因素Q有一定的影响,如果箱体较大的话,这种影响还较小,但在实际使用中,一般主要在选择扬声器的f和Q下功夫。另外,由于密闭式音箱只利用了扬声器一面的声辐射,因此效率较低,一般比其他种类的音箱低3～5dB。

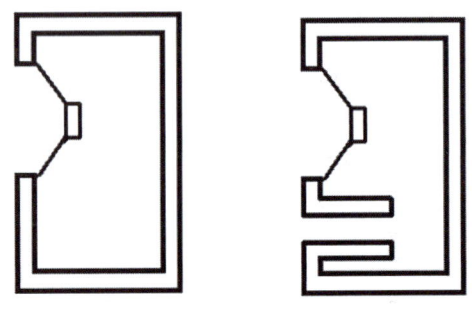

图3-28 密闭式箱体结构　　图3-29 倒相式箱体结构

密闭式音箱为了把气垫作用发挥得最好,扬声器振动膜的厚度往往都增加了很多,在这种条件下,音箱的效率会相对下降一些,输出亦会降低,所以比起大多数倒相式音箱要难推动一些,这是密闭式音箱不足的地方。但密闭式音箱与其他类型音箱相比,失真最低,速度快,低音准确、深沉,控制力好,相位特性也是其他形式音箱所无法比拟的。

2)倒相式音箱 倒相式音箱又称低频反射式音箱,是目前使用较为广泛的一种音箱。倒相式音箱的理论是A.L.Thuras早在1932年提出来的,到了1952年,B.N.Locanthi提出了振膜与倒相孔的气体互相作用的计算方式,推动了倒相式音箱的发展。而真正让倒相式音箱得到成熟的实用设计,是1961年A.N.Tniele运用Novak确定的简化模型,较细致地发表了许多实际性的设计方法的文章,而后来的R.H.Small,对倒相式音箱的全方法设计也发表更有实际性意义的文章。在几十年的发展过程中,倒相式音箱渐渐成熟起来。

它和密闭式音箱的区别在于,在音箱的面板上安装了一个倒相管,如图3-29所示。当扬声器工作时,背后辐射出的声波经过倒相管后辐射到前方,与扬声器前面的声波相叠加,然后共同向前辐射,使低频效果增强。倒相式音箱的特点是:可以利用箱体和倒相管的共振,在扬声器的声压不变的情况下扩展了低频,其低频可以扩展至扬声器共振频率的0.7倍。倒相式音箱和重放同一频率的密闭式音箱相比,体积比密闭式音箱小70%,因此对功率放大器输出功率的要求比密闭式音箱低。倒相管可以减小低频下限频率附近的扬声器的振幅失真,但是,倒相式音箱的瞬态特性较密闭式音箱差。

设计良好的倒相式音箱,能够在音量不下降的情况下,进一步扩展低频平衡重放时的下限频率。我们知道,喇叭单元都有一个基本的共振点频率,在这一频率上,输出的声音将最大,同时失真也最大,如不加以控制,势必造成声箱低频带重放的不均匀度加大,平衡变坏,失真急剧增加。而制作合理的一个倒相式音箱,应能将喇叭基本谐振峰压低,使其变为左右分开的两个小峰,且两个小峰的大小相等,这样向低端扩展的小峰,也会使音箱的频响进一步向低扩展。显然,基本谐振峰压低后,失真也明显减少了,这是因为喇叭在这点上的振幅呈反共振状态,在该频率附近,振动的幅度变小所致。要想利用倒相式音箱的这些优点,设计者必须要清楚了解所选用的精心设计才能得到理想的重放效果,并不是随便开一个倒相孔就能成功。倒相式音箱对单元的阻尼状态,简称Q_o,也有严格的要求,不取特定的Q_o值,就不能充分发挥出倒相式音箱的长处,同时调整的手续也比较复杂。

倒相式音箱虽然有效率高，低频特性好及体积小等优点，但也有不足的一面。主要在于设计制作调整难度较大，例如倒相孔不能只为了效率而开得太大，否则会形成峰值。同时倒相孔的长度也会对低频有较大的影响，设计不好，容易产生低音太沉重或速度变慢的问题，也可能会有气流声太响等问题。与密闭式音箱比较，倒相式音箱在低频段的瞬态特性较差，声音的表现有些混浊。由于倒相式音箱要利用喇叭背面的声波，要在箱体内经过一段时间才反射出来，所以相位并不是十分准确的，同时反射出来的声波在速度上肯定比喇叭正面的直达声慢了一步，所以说倒相箱发出来的是一种"假"低频，没有密闭式音箱来得准确。

3）迷宫式音箱　迷宫式音箱，顾名思义是其内部的结构较为复杂，好似迷宫一样。迷宫式音箱，音箱是在喇叭单元的振动膜后面，制作了一条矩形截面的折叠反射管道，而同周围的介质相耦合，放声管道的截面积一般等于喇叭单元振膜的有效面积，如图3-30所示。这种结构形式的音箱与传统的密闭式音箱及倒相式音箱在设计时完全不同，这类音箱的设计要点主要有两个原则：一是要求迷宫式音箱在工作时应该有效控制喇叭单元的基本共振频率f_0；二是要求迷宫系统的放声管道能提升所设计的低频下限频率与能量。

迷宫式音箱，实际上是把喇叭单元反面的声波经过一条长长的管道反射出来，而放声管道的长度是迷宫式音箱的设计焦点。设计合理的迷宫式音箱，在扬声器单元工作时，辐射出的声波如与喇叭单元前面的声波相位相反，迷宫内的放音管道，应该起抑制作用。当辐射出的声波与喇叭单元前面的声波相位一致时，迷宫式音箱的放声管道要起提升的作用，这是迷宫式音箱的主要出发点。如果设声管的长度为辐射声频率的1/2波长，则相位便会移动，等于180度，这时，迷宫式音箱放声管道的末端开口处所释放出的声波，就会与喇叭单元前面的发声处在同一相位。同样道理，如果设声管的长度为1/4波长，上式同样成立且能缩短声管的长度，一般取偶数值，是设计迷宫箱的正确做法。如果取共振频率f_0的3/4波长，或是其倍频的3/4波长时，输出的辐射就会降低，这是因为声管出口处的辐射波与喇叭单元后面的声波呈反相位关系所致。

迷宫式音箱虽然重放效果很好，但结构比较复杂，限制了它的大量发展。设计这种音箱要注意减少放音声管内的高频谐波振荡频率对迷宫系统所产生的频响特性不良的影响，因此应在声管内铺以吸音材料，并力求让音箱的各部位结构牢固可靠，避免内部管道的漏气现象产生。还要求放声管道的各部位截面积不得小于所使用扬声器单体本身振动膜有效面积。

4）哑铃式音箱　传统的3分频音箱的扬声器安装时由上至下分别为高音扬声器、中音扬声器和低音扬声器，因而出现各种频率的音源的重放声高度不一致现象。当欣赏者靠近音箱时会产生一种各种音源频率的分离感，哑铃式音箱则较好地解决了上述问题。它采用了2分频完全对称的形式，两只低音单元扬声器的型号一样，采用并联或串联接法，重放时两只低音单元的振幅及相位完全一样。在两只低音单元的中间安装了一只高音扬声器，这样在重放时所产生的声源位置定位于两只低音单元的对称点上，即高音扬声器的位置，如图3-31所示。

哑铃式音箱在大动态信号工作时非线性失真较小，由于低音单元采用并联或串联接法，因此在一定的输入功率时，与普通的音箱相比，扬声器的振幅只有普通音箱扬声器的1/2，所以，它可以承受较大的输入功率，同时哑铃式箱的重放声的低频力度感较好。

3.3.2　音箱的摆放

（1）音箱摆放原则

① 保证整个声场中应有足够的声压级、较小的声场不均匀度和良好的语言清晰度。

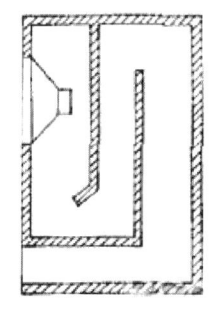

图3-30　迷宫式箱体结构　　图3-31　哑铃式箱体结构

② 观众席上的声源方向感良好。
③ 控制声反馈，防止啸叫，尽可能避免出现多重回声。
④ 扬声器辐射角应交叠覆盖全部观众席。

（2）音箱摆放方法

音箱的摆放可分为集中式、分散式和混合式3种。

1）集中式摆放　集中式摆放是将一组或多组音箱集中布置在靠近需要放大的原始声所在的表演区（舞台）附近，如剧场、报告厅的台口上方或两侧，体育馆比赛场地中央上方等位置。集中式摆放适合容积不大、体型比较简单的厅堂。

① 观众席感到声像来自舞台方向，方向性好，清晰度高。
② 没有次级扬声器延时声，不会在表演区产生干扰。
③ 扬声器在声源两侧，容易引发声反馈。
④ 扬声器安装高度和角度影响声场的均匀度。

2）分散式摆放　分散式摆放是把音箱分散布置在吊顶或侧墙上的布局方式。当房间面积较大、平面较长、顶棚又低，采用集中式布局不能满足声场分布均匀的要求时，或者厅堂混响时间很长，无法获得理想的清晰度时，可以采用音箱的分散式布局。

分散式摆放对于声音的方位与自然声的方位较难取得一致，为了改善方向感，可以对各路音箱进行分别延时处理，使来自自然声源方向的声音先到达观众。

3）混合式摆放　对于一些多功能厅以及一些大规模的厅堂，常常采用集中与分散相结合的扬声器布局方式，这样可以使大厅的后部或较深的挑台下空间等处也能获得足够的声压级。采用混合式布局时，辅助扬声器的音量要调小一些，必要时进行一些延时。同时，可在台口两侧和舞台边增加扬声器，以改善前区观众的方向感。

3.3.3　音箱叠加的计算方法

音箱叠加后声压级增量公式：

$$SPL=音箱灵敏度+10\log 功率+20\log 音箱数量$$

假设两只都是灵敏度100dB的音箱，各输入100W的功率，叠加后的声压级为：

$$SPL=100dB+10\log100+20\log2=100+20+6=126dB$$

假设一只灵敏度100dB的音箱，输入200W的功率，输出的声压级为：

$$SPL=100dB+10\log200=100+23=123dB$$

那都是输入200W的功率为什么增量不一样，因为这两种状态其实是不一样的，虽然输入音箱的功率加起来都是200W，但第一种状态功率是分开输入两只音箱的，两只音箱的转换效率比同样的一只音箱要高了，所以，第一种状态会比第二种得到更高的声压级输出。

在功率计算时适用10log公式，是因为欧姆定律，电压和功率的关系是平方关系，$P=U^2/R$。所谓功率增加一倍，声压上升3个dB的说法，一定要看是什么条件，是一只音箱，还是两只音箱的状态，也就是上述的第一种情况还是第二种情况，不能混为一谈。线阵列的叠加也是6dB，但在高频段叠加的区域非常小，因为每一只线阵列音箱的高频垂直指向都是非常窄的，测试话筒稍微偏移两只音箱之间的中点，就会发现在12K以上是不会叠加的。

在高频段如果形成线阵列的话，因为线阵列的扩散形式是柱面波，所以是3dB衰减，但实际上现实中是无法测到这一结果的，在户外测试的时候会发现，在高频段连6dB衰减都不符合，会衰减得更多，因为温度、湿度，尤其是风的影响会更大。

3.4 调音台

3.4.1 调音台的基本功能与组成

（1）调音台的基本功能

调音台是音频节目制作和播出系统中最关键也是最昂贵的设备。随着节目制作工艺的改进以及播出控制要求的多样化，调音台变得越来越复杂、功能日益增多。以一般的调音台为例，从话筒输出的微弱电信号，首先要送入调音台放大，然后才能进行各种加工处理。因此调音台是连接拾音、监听监视、周边和记录设备以及返送、对讲部分的枢纽，是音响系统的核心设备。因此，它的电声指标直接影响着制作的节目质量，它的功能基本上决定了系统的功能。

但不管调音台如何复杂，对它的基本要求都可归纳为以下三点，只不过在不同用途的调音台上侧重点有所不同。

第一，要求有很高的电声指标。话筒送入的电信号非常微弱，因此要求调音台的前置放大器噪声极低。话筒的动态范围可达120dB，为了能保留声源大动态的特点，要求调音台的动态范围必须尽可能大。声音信号进入调音台后，要经过许多调整和处理，从始至终都要求失真极小，这样就要求各部分的失真非常小才行。特别是对频率均衡器和滤波部分的要求更高，有的台子为了减小失真甚至不用电压控制放大器（VCA）。为了能充分保留声源的所有频率成分，现在许多调音台的下限频率已经做到20Hz以下，上限频率则超过20kHz。

第二，要求自动化程度高、音质修饰功能丰富。现代的录音制作工艺要求各部分可以分期在不同地点录音，加工制作可以异地完成。这样就要求调音台必须有状态记忆和存储功能，调音台内部要有很强的自动控制功能，以保证在不同时间、地点能衔接得上，状态和参数能自动恢复。自动化程度高还可以提高录音制作的效率和质量，缩短设备和录音室占用时间。正因为有这些高效率制作的要求，调音台有向每个通道都有很强的音质加工能力的方向发展，相当于把原来装在外部的延时器，混响器、压/扩器、噪声门等最常用的周边设备，装进了调音台的通道，使节目的录制更为方便快捷。

第三，要求和周围设备的联网和控制能力强。联网能力越强，系统的功能就越丰富，这些都是由调音台自身的结构决定的。实际上，现代的大型录音制作用调音台，已经演变成一部极其复杂的设备，具有多方面的功能。例如，现代的大型录音调音台有24～48路的输入/输出通道，可以直接配接24通道或48通道的录音机。每个输入通道，都可以外送若干组信号到周边设备（也称为效果设备），并能把加工后的返回信号，按需要的比例与原音混合。台子的各个通道间，可以进行灵活配接。系统和监听部分，通过调音台可进行多种形式的切换。

（2）调音台的组成

调音台类型很多，但从基本结构来看都是由输入部分、母线部分和输出部分三部分组成的，如图3-32所示。母线部分的作用是把输入部分与输出部分联系起来。声信号先进入输入部分，它由多通道组成，各通道的声信号经过艺术加工后送往不同母线，做各种混合，混合后的声信号，通过输出部分放大，或再混合、电平控制，再由输出端口送出。

大部分的母线不是单声道的就是立体声的，但是环绕声调音台也能够支持多声道母线，比如7.1声道总输出母线。普通的大型调音台上的母线包括：总输出母线（Mix bus）、编组母线（Groupbus，或者在小型调音台上只有一条录音母线）、辅助母线（Auxiliary bus）、独奏母线（Solobus）等。

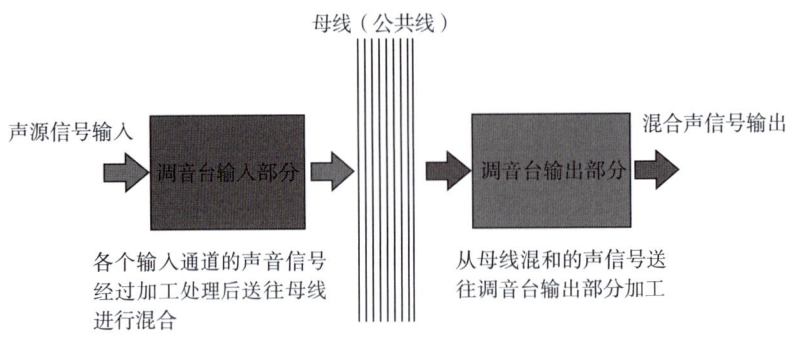

图3-32 调音台的组成

1）输入部分

模拟调音台输入部分通常可分为如图3-33所示的7个单元件。

① 插孔部分组件（含话筒输入插孔、线路输入插孔、Insert插孔）。

② 输入声音信号放大单元（包括定值衰减件、增益提升旋钮）。

③ 参量均衡器件（含低切按键、分频段提升衰减、中频扫频调节等）。

④ 推子前或后的辅助发送旋钮。

⑤ 声源左右定位的声像调节钮。

⑥ 调节输入通道声音信号混合比例的推子。

⑦ 输入通道声信号送进各公共母线的发送键。

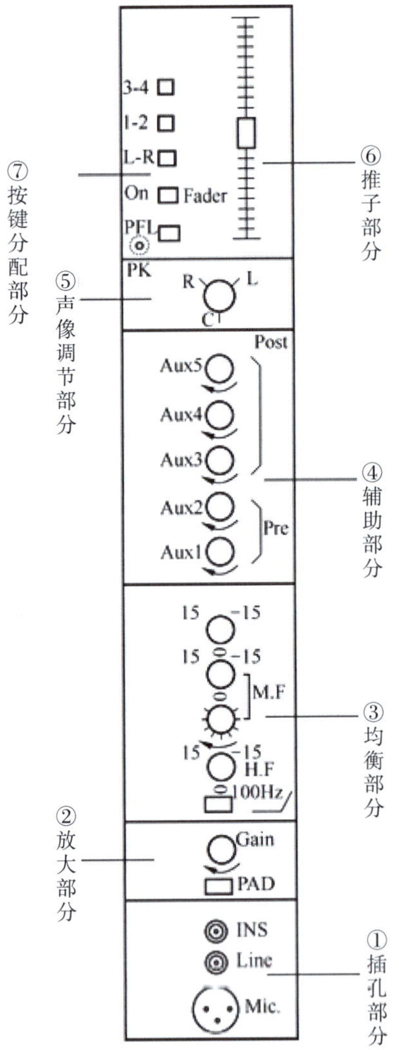

2）输出部分

现在专业调音台的输出部分有很多插口，而且各有分工，不像输入部分虽然插口多却相对简单，因此连接输出信号时要慎重。通常调音台主要的输出部分还是指总音量输出、编组音量输出、AUX输出等，大体上调音台输出部分按功能分一般可以分6个部分：

① 编组输出

② 主声道输出

③ AUX输出

④ Direct直接输出部分

⑤ 录音输出

⑥ 矩阵输出

3）母线部分

母线（bus，又称总线）是一种普通的信号通路，在这个通路上，很多信号被混合在一起。比如说，母线就像是将很多小的道路汇集在一起的高速公路。混合放大器是一种能够将多个输入源的信号合并（混合）为一个信号的电子设备，它所合并得到的信号就是母线信号。调音台上除了每一路的直接输出之外，别的输出都可以算作母线输出。

图3-33 调音台输入通道各功能模块

3.4.2 调音台的分类

调音台种类可分为模拟调音台、数字调音台和软件调音台3大类。

（1）模拟调音台

模拟调音台是目前最常用的调音台（如图3-34），从最小的4路到最大的96路，由于模拟调音台自身功能受限，所以需要配备大量的周边设备和线材才能完成一场演出，并且使用时间长后会产生硬件的老化，影响声音的质量。

图3-34 声艺模拟调音台

（2）数字调音台

由于数字信号在总谐波失真和等效输入噪声这两项指标上可以轻易做到很高的水平，并且其所有功能单元的调整动作都可以方便实现全自动化，因而数字调音台常被用于主流演出场合（如图3-35），数字调音台的主要特点如下：

① 操作过程的可存储性。数字调音台的所有操作指令都可存储在一个磁盘上，从而可以在以后再现原来的操作方案。

② 信号的数字化处理。调音台内流动的是数字信号，可以方便直接地用于数字效果处理装置，而不必经过数/模转换和模/数转换。

③ 数字调音台的信噪比和动态范围高。变通的噪声干扰源对数字信号是不起作用的，因而数字调音台的信噪比和动态可以轻易做到比模拟调音台大10dB，各通道的隔离度可达110dB。

④ 20bit的44.1kHz取样频率。可以保证20Hz～20Hz范围内的频响不均匀度小于±1dB。

⑤ 每个通道都可方便设置高质量的数字压缩限制器和降噪扩展器。可用开对音源进行必要的技术处理。

⑥ 数字通道的位移寄存器。可以给出足够的信号延迟时间，以便对各声部的节奏同步作出调整。

⑦ 立体声的两个通道的联动调整十分方便。因为通道状态调整过程中，所有的数据可以方便地从一个通道复制到另一个通道上。

⑧ 数字式调音台设有障自动诊断功能。

图3-35 AVID数字调音台

（3）软件调音台

计算机的发展改变了我们的生活，也改变了音频混音的手段。软件化调音台，可以不需要任何外部硬件设备而完成全部的混音工作，越来越多的设备，都内置了软件化调音台，如数字调音台就包含软件控制，还有各种矩阵处理器等（如图3-36）。

图3-36 软件调音台

3.5 声音处理设备

3.5.1 均衡器

在音响扩声系统中，对音频信号要进行很多方面的加工处理才能使重放的声音变得优美、悦耳、动听，满足人们的聆听需要。均衡器（Equalizer，简称EQ）就是一种将音频信号分为多个不同频段，然后通过不同频段的中心频率，对各频段信号电平按需要进行提升或衰减，以期达到听觉上的频率平衡的频率处理设备（即一个多频段的频响处理设备）。它也是在扩声系统中应用最广泛的信号处理设备。

（1）频率均衡处理的意义

频率均衡器在音响调音中具有重要的意义，主要有以下几方面。

1）对声源的音色进行加工处理

扩声系统中，声源的种类很多，不同的话筒拾音效果也不同，加之声源本身的缺陷，可能会使音色结构不理想。通过均衡器，对声源的音色加以修饰，可得到良好的效果。

2）改善声场的频率传输特性

改善传输特性，是均衡器最基本的功能。任何一个厅堂，都有自己的建筑结构，其容积、形状及建筑材料（不同的材料有不同的吸声系数）各不相同，因此构造不同的厅堂，对各种频率的反射和吸收的状态也不同。某些频率的声音反射得多，吸收得少，听起来感觉较强。某些频率的声音反射得少，吸收得多，听起来感觉较弱，这样就造成了频率传输特性的不均衡，所以就要通过均衡器，对不同频率进行均衡处理，才能使这个厅堂把声音中的各种频率成分平衡传递给听众，以达到音色结构本身完美的表现。

3）满足人们生理和心理上的听音要求

人们对声音在生理上和心理上会有某些要求，而且人对不同频率的信号听音感觉也不一样。通过均衡器，可以有意识地提升或衰减某些频率的信号，以取得满意的聆听效果。

4）改善音响系统的频率响应

音响设备是由电子线路构成的，而一个音响系统又是由许多音响设备组成的，声频信号在传输过程中会造成某些频率成分的损失，通过均衡器，可以对其进行适当的弥补。均衡器还可以用来抑制某些频率的噪声或干扰，例如衰减50Hz左右的信号，可以有效地抑制市电交流干扰等。

5）对频率特性进行均衡、补偿

可对房间的频率特性进行均衡和补偿，抑制声反馈产生的啸叫。多频段均衡器具有许多用途，和其他信号处理设备配合，会收到非常理想的效果，这需要在实践中深刻体会。

（2）多频段图示均衡器的工作原理

均衡器是通过改变频率特性来对信号进行加工处理的，因此必须具有选频特性。多频段均衡器是由许多个中心频率不同的选频电路组成，而且均衡器对相应频率点的信号电平既可以提升也可以衰减，即幅度可调。

多频段图示均衡器（Graphic EQ）也称多频段图形均衡器，是现代音响扩声系统中最常用的一种音质调节设备。它把音频全频带或其主要部分分成若干个频率点（中心频率）进行提升或衰减，各频率点之间互不影响，因而可对整个系统的频率特性进行细致的调整。由于多频段均衡器普遍地使用推拉式电位器作为每个中心频率的提升和衰减调节器，推键排列位置正好组成与均衡器的频率响应相对应的图形，因此称之为图示均衡器。

一般常用的专业多频段图示均衡器有，单通道15段和31段及双通道15段和31段4种。双通道均衡器两个通道的频率特性独立调整，互不影响。一般15段均衡器和31段均衡器的中心频率分别按2/3倍频程和1/3倍频程选取，各频率点的最大提升和最大衰减因均衡器不同而异，一般多为±15dB和±12dB。

图3-37为LC型多频段均衡器原理图，它由运算放大器和多个不同中心频率的LC串联谐振回路（选频电路）组成，其频响曲线为钟型，如图3-38所示。其简要工作原理如下。

LC串联谐振回路连接在R_{P1}电位器活动臂与"地"之间，当活动臂向上移动时，串联谐振支路将反馈谐振频率通过R_{P2}短接，使负反馈至输入端的量减少，于是在运放输出提升了该频率的信号。当活动臂向下移动时，则由于负反馈至输入端的量增大，故在运放输出使该信号得到了衰减。显然，当活动臂移至最上面或最下面，可分别得到谐振频率信号的最大提升或最大衰减，这样就使谐振频率信号有一定的调节范围。串联谐振回路中的R_{P2}电位器用来调节电路的Q值，决定提升或衰减的单频频带宽度。有许多均衡器不设此电阻，这样其选频电路的Q值及带宽就是恒定的。

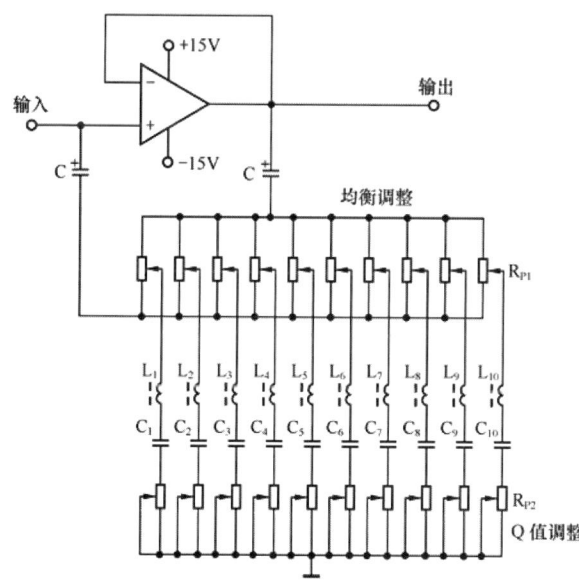

图3-37　LC型多频段均衡器原理图

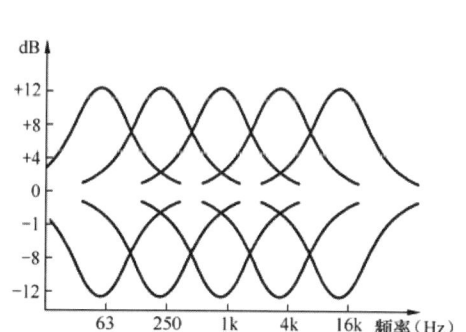

图3-38　均衡器频响曲线

（3）高、低通滤波器

在均衡器设备或其他音响设备中，通常都设有高通或低通滤波器。它们常用二阶有源或高阶有源滤波器。图3-39（a）、（b）分别给出典型的二阶高通和低通有源滤波器。

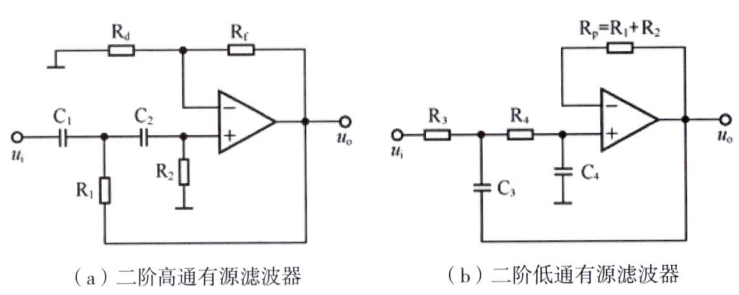

（a）二阶高通有源滤波器　　　　（b）二阶低通有源滤波器

图3-39　二阶有源滤波器

对于高通滤波器，取$C_1=C_2$，$R_2=(3\sim5)R_1$，截止频率f_H为：$f_H=1/2\pi\sqrt{R_1R_2C_1C_2}$，对于低通滤波器，取$R_3=R_4$，$C_3=(3\sim5)C_4$，截止频率$f_L$为：$f_L=1/2\pi\sqrt{R_3R_4C_3C_4}$，高通滤波器可以提升信号高频成分，低通滤波器可以提升信号低频成分。

3.5.2　压缩器

压缩器实际上是一个自动音量控制器，它是由带有自动增益控制（AGC）的放大电路组成。当输入信号超过称为阈值（Threshold）的预定电平（也称压缩阈或门限）时，压缩器的增益就下降，使信号被衰减，如图3-40所示。为了使压缩器的输出信号增加1dB，所需增加输入信号的dB数，称为压缩比率（简称压缩比）或压缩曲线的斜率。因此，对于4∶1的压缩比率，输入信号增加8dB，其输出值将增加2dB。因为音频信号的响度是变化的，因此在某一瞬间可能超出阈值电平，而接着又低于阈值电平。所以，在信号超出阈值电平后，压缩器降低增益和在输入信号降至低于阈值电平之后，压缩器恢复增益的速度必须确定，也就是它们应按要求跟上信号的变化，可见，此速度分别取决于信号的建立时间和释放的时间。

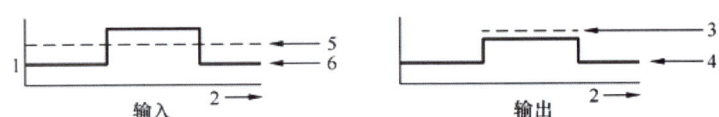

图3-40　压缩器衰减超过压缩阈部分的信号电平

1—信号电平　2—时间　3—信号衰减量　4—压缩器　5—压缩阀

图3-41是一种压控型压缩器的框图，它由检波器和压控放大器（VCA）组成。

检波器不仅用来检出与信号电平相对应的直流电压或电流，以便控制压控放大器的增益（似AGC原理），而且决定动作时间和恢复时间的长短。因此，检波器对压控器的性能影响很大。检波方式有

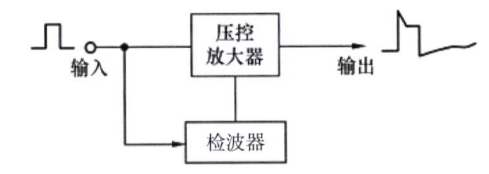

图3-41　压控型压缩器框图

峰值检波和有效值检波。前者反应速度快，但压缩量与响度之间的对应关系不好；后者反应速度慢，但压缩量与响度之间的对应关系较好。为了兼有二者的优点，可以同时采用峰值检波和有效值检波。检波器的输入信号可以取自放大器的输出端，也可取自放大器输入端。

压控放大器一般都采用压控可变电阻来控制增益。图3-42（a）为场效应管压控可变电阻原理图。当加在漏极D与源极S之间的信号电压小于0.1V时，漏、源极之间的等效电阻R_{DS}将随由上述检波器检波电压

得到的栅源负偏压U_{GS}而变，二者之间的关系如图3-42（b）所示。当U_{GS}=0时，R_{DS}最小，约为几百欧姆到几千欧姆；栅源负偏压越大，R_{DS}也越大；栅源负偏压等于场效应管的夹断电压U_P时，R_{DS}可达$10^7\Omega$以上，漏、源之间的等效电阻随栅源负偏压变化范围可达10^4倍。用这种压控可变电阻，控制放大器增益，很容易使压控放大器的增益控制范围做到50dB以上。

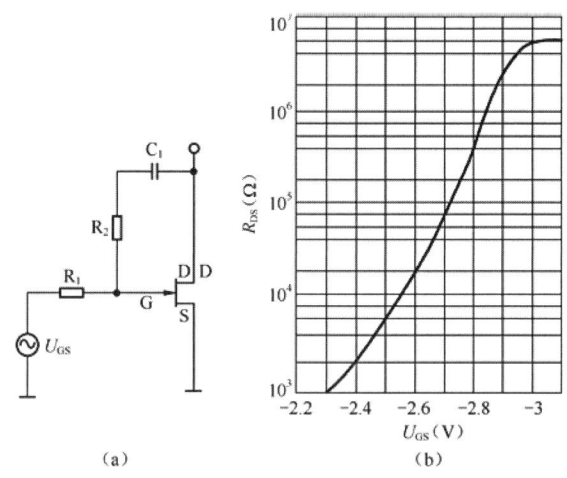

图3-42 场效应管压控可变电阻

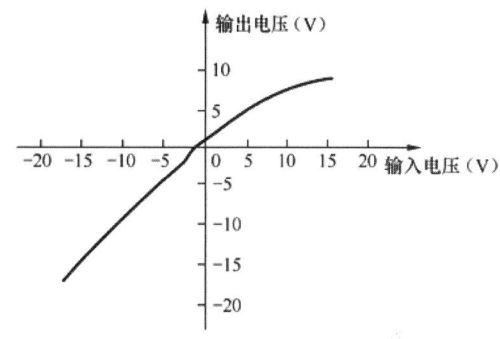

图3-43 压缩特性

上述压缩器的压缩特性如图3-43所示。压缩比连续变化，压缩输入门限（阈值）电压约为30mV，输入大于100mV后进入限幅区。低于限幅区的范围，非线性失真小于1%。

当压缩器的压缩比足够大时，压缩器就变为限幅器，所以压缩器和限幅器实际构成如同一台信号处理设备——压缩/限幅器，也称压限器，其特性如图3-44所示。限幅器实际上是压限器的极端使用情况，此时压限器的压缩比率很大，使超过设定门限阈值的信号不再放大，而是被限制在同一个电平上，即超过阈值的电平信号波形的顶部被削掉，这类似于"电子线路中的限幅器"。大多数压限器都有10∶1或20∶1的比率，它们可利用的比率甚至可高达100∶1。

压限器的技术指标主要包括阈值、建立时间、释放时间、压缩比、输出增益、信噪比、频率响应及总谐波失真等。

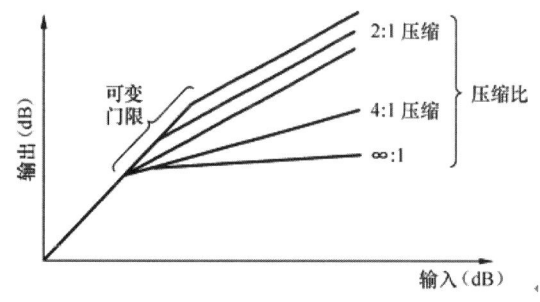

图3-44 压限器特性

3.5.3 扩展器与噪声门

扩展器是一种声音信号动态处理设备，它可以扩展声音信号的动态范围，其功能正好与信号压缩器完全相反。当输入扩展器（高电平扩展器）的声音信号小于一定值（阈值）时其增益较小，输入信号大于阈值时增益较大，这就使得高于扩展阈值的信号增加增益，低于阈值的信号减少增益，即响度大的信号更强，响度小的信号更弱，增加了信号的动态范围。

扩展器有高电平扩展器与低电平扩展器两类，它们的原理与作用不甚相同。高电平扩展器是用来解除信号压缩的扩展器，信号小于阈值时正常输出（扩展比为1∶1），大于阈值时信号被扩展。高电平扩展器可以将录音时记录在磁带上被动态压缩的信号恢复成原来动态范围的信号，这种处理被称为解压缩。低电平扩展器是当输入信号小于阈值时，输入信号被扩展高于阈值时，输出信号与输入信号的关系仍维持在1∶1，即正常输出。噪声门就是利用低电平扩展器的原理而制成的，是低电平扩展器的一种特殊形式，它要求低电平扩展器的扩展比为∞∶1或较大比值（3∶1以上），如果扩展比太小，低电平扩展器就不能很好地充当起噪声门的作用。

如果用低电平扩展器的原理来解释噪声门，即输入的声音信号小于一定程度（阈值）时，扩展比很大，信号无法输出或输出很小。输入的声音信号大于一定程度（阈值）时，扩展比为1∶1，输入增加多少输出就增加多少，即输出信号等于输入信号，从这一点不难看出，几乎所有的低电平扩展器都可以充当噪声门使用。

3.5.4 混响器

混响器在音响系统中用来对信号实施混响处理，以模拟声场中的混响声效果，给发"干"的声音加"湿"，或者人为地增加混响时间，以弥补声场混响时间的不足。混响器主要有两大类，即机械混响器和电子混响器。其中，机械混响器主要包括弹簧混响器、钢板混响器、箔式混响器和管式混响器等。由于它们功能比较单一，音质也不很理想，且存在因固有振动频率而引起的"染色失真"现象，因此目前很少使用。而电子混响器是以延时器为基础，通过对信号的延时而产生混响效果，它往往兼有延时和混响双重功能，混响时间连续可调，且功能较多，能模拟，如大厅、俱乐部等多种声场，并能产生一些特殊效果，使用也十分方便。特别是以数字延时器为核心部件的数字混响器，具有动态范围宽、频响特性好、音质优良等优点，主要用于专业音响系统。

在闭室内形成的直达声、前期反射声和混响声中，除直达声外，前期反射声和混响声都经过了延时，而混响声的延时时间最长，并且是逐渐衰落的。为了模拟闭室内的音响效果，就需要产生上述不同的延时声，特别是混响声。因此，首先要对主声信号进行不同的延时，然后将各信号进行混合，从而模拟出闭室内的声响效果。图3-45即为以数字延时器为基础的数字混响器原理图。

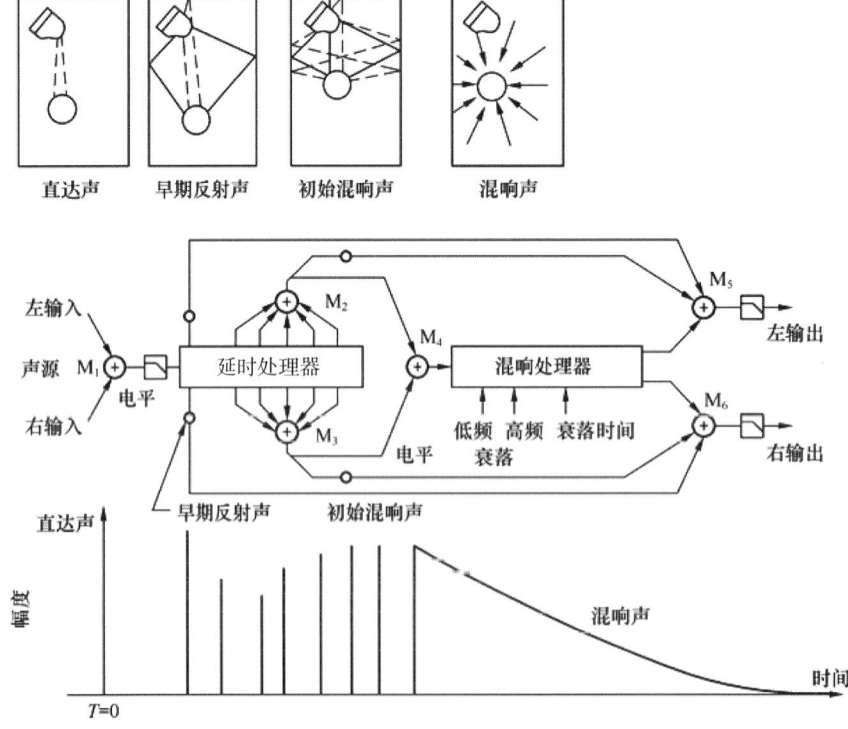

图3-45　混响器工作原理

从图3-45可以看到，延时器起着非常重要的作用。经过较短延时的信号取出后作前期反射声，它通常与主声间隔小于50ms。从经过多次不同延时的信号取出一部分混合成初始混响声，它实际是声音的中期反射声，使声音有纵深感。将初始混响信号再经混响处理后就形成混响信号。这里的混响处理主要还是起延时作用，它将初始混响再进行适当延时，同时模拟混响声的衰落（即混响的持续时间）以及多次反射的高频丢失现象（由于低频信号有绕射现象，所以混响声中低频成分要多一些）。混响声也可看成是声音的后期反射声，它使声音有浑厚感。最后将直达声，前期反射声，初始混响及混响信号混合，作为数字混响器的输出，这样就产生了模拟闭室声响的效果。

3.5.5 延时器

延时器（Delay）是一种人为地将音响系统中传输的声频信号延迟一定的时间后再送入声场的设备，是一种人工延时装置。它除了能对声音进行延时处理外，还可产生回声等效果。目前，延时器普遍采用电子技术来实现，通称为电子延时器。它是把声频信号储存在电子元器件中，延迟一段时间后再传送出去，从而实现对声音的延时。

数字延时是先将模拟信号转换成数字信号，再利用移位寄存器或随机寄存器将数字信号储存在存储器中，直到获得所希望的延时时间以后再取出信号，然后将数字信号再还原成模拟信号送出，此时的模拟信号就是原信号的延时信号，其原理框图如图3-46所示。

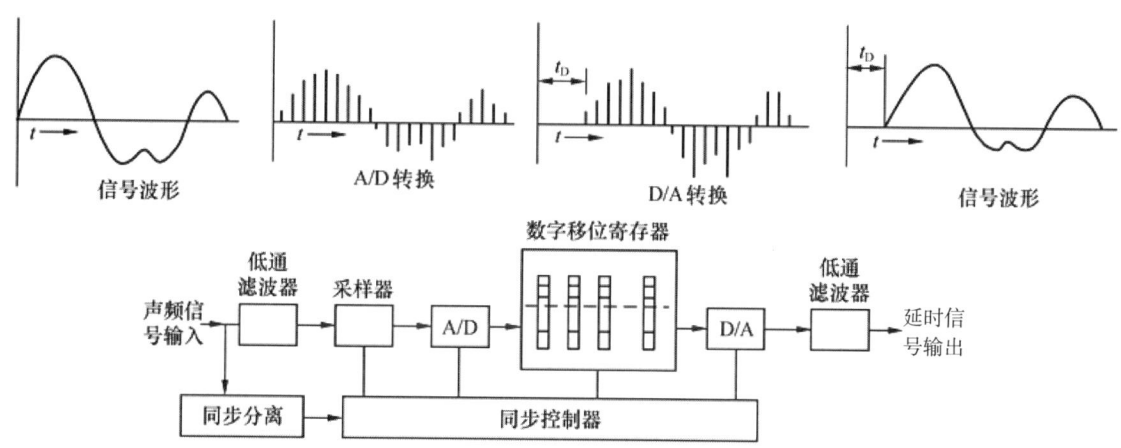

图3-46 延时器工作原理

在图3-46中，输入端的低通滤波器用来限制信号中的高频分量，以防止采样过程中的折叠效应。输入信号经模数（A/D）转换后得到的数字信号通过多个相互串联的移位寄存器，使每个数字信号在采样时间间隔内移到下一级，直到经过所希望的延时时间。然后把信号从寄存器中取出并经数模（D/A）转换和低通滤波器平滑，还原为模拟信号送出。延时时间长短的选择则通过存储容量的变换来实现，主同步控制器产生时钟信号，使上述所有功能同步。

数字延时是数字延时器设备的基本单元，在有些具有特殊效果的数字延时器中，还要将延时信号（延时声）和原输入信号（主声）按比例混合后作为延时器的输出。这样，既可以听到主声，也可听到延时声，从而得到几种不同的特殊效果，如拍打回声、环境回声、多重回声、静态回声、长回声、变调效果和动态双声等。这种延时器在扩声系统中主要用来产生某些特殊效果。

在专业音响设备中，还有一类数字延时器，其延时声不与主声混合，不产生特殊效果，只对扩声系统中传输的信号作延时处理，以补偿由于声波传输路径不同而造成的声音信号的时间差。这类延时器通常称为数字式房间延时器，其调整方法简单，一般只有输入/输出电平控制和延时时间控制。

3.5.6 多功能效果处理器

多功能效果处理器又称为数字音频处理器，就是对数字信号的处理。其内部的结构普遍是由输入部分和输出部分组成。输入部分一般会包括：输入增益控制，输入均衡（若干段参数均衡）调节，输入端延时调节，输入极性转换等功能。而输出部分一般有，信号输入分配路由器选择，高通滤波器，低通滤波器，均衡器（极性，增益，延时），限幅器启动电平等功能，用以连接调音台到功放之间，取代模拟周边设备，作信号处理用途。

3.6 分频器

分频器是指使输出信号频率为输入信号频率整数分之一的电子电路。在许多电子设备中如电子钟、频率合成器等，需要各种不同频率的信号协同工作，常用的方法是以稳定度高的晶体振荡器为主振源，通过变换得到所需要的各种频率成分，分频器是一种主要变换手段。早期的分频器多为正弦分频器，随着数字集成电路的发展，脉冲分频器（又称数字分频器）逐渐取代了正弦分频器，即使在输入输出信号均为正弦波时，也往往采用模数转换——数字分频——数模转换的方法来实现分频。正弦分频器除在输入信噪比低和频率极高的场合使用现已很少使用。

对于任何一个N次分频器，在输入信号不变的情况下，输出信号可以有N种间隔为$2\pi/N$的相位。这种现象是分频作用所固有的，与分频器的具体电路无关，称为分频器输出相位多值性。

3.6.1 分频器类型

分频器有两大类：一类是功率分频器，亦称被动分频器；另一类是电子分频器，亦称主动分频器。

功率分频器，位于功率放大器之后，设置在音箱内，通过LC滤波网络，将功率放大器输出的功率音频信号分为低音、中音和高音分别送至各自扬声器。连接简单，使用方便，但消耗功率，出现音频谷点，产生交叉失真。它的参数与扬声器阻抗有直接关系，而扬声器的阻抗又是频率的函数，与标称值偏离较大，因此误差也较大，不利于调整。

电子分频器，将音频弱信号进行分频的设备，位于功率放大器前，分频后再用各自独立的功率放大器，把每一个音频频段信号给予放大，然后分别送到相应的扬声器单元。因电流较小故可用较小功率的电子有源滤波器实现，调整较容易，减少功率损耗及扬声器单元之间的干扰，使得信号损失小，音质好。但此方式每路要用独立的功率放大器，成本高，电路结构复杂，运用于专业扩声系统。

3.6.2 分频器的工作原理

分频器本质上是由电容器和电感线圈构成的LC滤波网络，如图3-47所示。高音通道是高通滤波器，它只让高频信号通过而阻此低频信号。低音通道正好相反，它只让低音通过而阻此高频信号。中音通道则是一个带通滤波器，除了一低一高两个分频点之间的频率可以通过，高频成分和低频成分都将被阻止。在实际的分频器中，有时为了平衡高、低音单元之间的灵敏度差异，还要加入衰减电阻。另外，有些分频器中还加入了由电阻、电容构成的阻抗补偿网络，其目的是使音箱的阻抗曲线平坦一些，以便于功放驱动。

由于现在的音箱几乎都采用多单元分频段重放的设计方式，所以必须有一种装置，能够将功放送来的全频带音乐信号按需要划分为高音、低音输出，或者高音、中音、低音输出，才能跟相应的喇叭单元连接，分频器就是这样的装置。

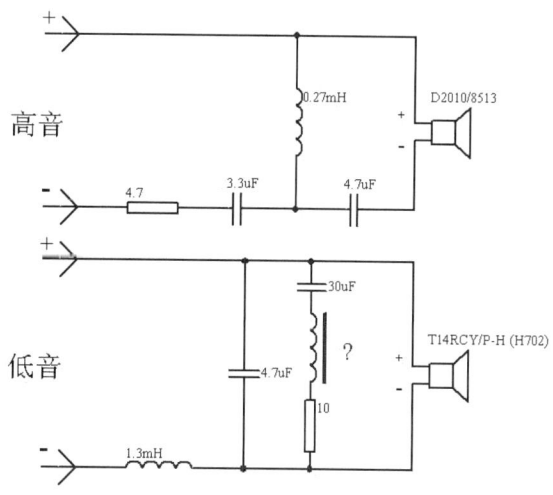

图3-47　电子分频器工作原理

3.7　数字音频矩阵处理器

3.7.1　基本概念

矩阵是近年开发出来的一种专业控制设备，它由硬件和软件两部分组成，然后通过电脑将这两部分组合在一起，组成一台智能化专用控制中心，担负调整、控制、设计、组合或运行及参量比较等任务。

该设备的数据设备库中存有各种不同种类的自动调音台、信号路由器、自动反馈抑制器、自动语音播放器、逻辑门、信号显示器、数字式可调整参数均衡器和图示均衡器、2分频至多分频的分频器、延时器、激励器、压缩限幅器、扩展器、噪声门、自动哑音器、解码器、接线分配器、信号发生器、测试仪等超过250种音频信号处理器，通过软件将它们集成在一部主机之中。使用时，通过一个高解像度的电脑图形界面，显示色彩鲜明，界面非常友好，可以显示一个或多个子系统界面的编辑、运行和变化，并可以在系统设计时引入其所需的图片进入界面，图文并茂，生动活泼。可以提起使用者的兴趣，提高注意力，更准确，更直观地工作。将所需的设备调出，进行不同设计选择编排后，就立即自己生成一套专业音响系统，投入工作。

该设备的各种设计、编辑命令、文件，可以根据自己需要重新命名之后，都可以存储磁盘中，记忆和调出都非常方便。该设备可以根据DSP卡和A/D、D/A接口硬件数量的多少其输入/输出通道，可以从8×8直至256×256矩阵。

总体来说，媒体矩阵比数字音频处理器处理能力更强大，芯片组更强大，并且能多房间控制，能扩展。数字音频处理器仅仅是对单套系统内的信号进行处理而已，仅仅是一些周边设备功能的集合体而已。

3.7.2　数字音响处理系统的特点

数字音响处理系统，是一种除音源、调音台、功放、音箱、效果机之外，把扩声系统的周边设备（包括均衡器、延时器、移相器、压限器、电子分频器等）以数字化形式组合在一起的系统。它能精确地进行音频处理和扬声器管理功能，简化扩声系统设备的连接，具有两路模拟输入，多路模拟输出（有4路、6路、8路等），同时还采用数字输入和数字输出方式。其调试方法可以通过机器面板功能键进行，也可以在电脑上利用提供的软盘进行。数字音响处理系统有以下特点。

① 2路、3路或4路进，多路输出，根据扩声系统的需要，或现有的音箱情况配置相应的输出。

② 在2个或几个输入通道上装有高精度的模数转换，设置了图表均衡器、延迟器。在输出通道上装有高精度的数模转换，设置了电子分频、动态参量均衡器、延迟器、移相器和压限器。

③ 配有软件闪速存储器，可通过串行接口，更新修正预置调节值。

④ 装有标准MIDI接口和计算机RS232接口，可运用计算机调节有关各参数。

⑤ 能方便进行编程、传输、储存以及密码锁定，确保系统安全。

3.8 录音放音设备

3.8.1 数字录音机

（1）数字磁带录音机

数字磁带录音机，是运用数字技术进行记录和重放的磁带录音机。它可分为旋转磁头式和固定磁头式两类。旋转磁头式是利用一个脉冲编码调制（PCM）处理器，把模拟声频信号变为数字信号后转换为伪视频信号，再用U-matic或专业用VHS录像机，进行记录。固定磁头式大多是多轨机，有两声道12轨机和16声道、24声道、32声道机，又分为PD格式和DASH格式，彼此不能兼容。

小型盒带旋转磁头数字录音机（DAT）是把PCM处理器与旋转磁头记录器合二为一的机种。它的体积较小，有便携型，可供流动录音用。小型盒带固定磁头数字录音机（DCC）是一种带盒，大小与普通带盒一样，也可以重放普通模拟盒带的数字录音机。它采用精密自适应子频带编码（PASC）系统，利用人耳听觉特征，大大压缩了码率。数字磁带录音机的动态范围、信噪比都在90dB以上，无抖晃，频响为20Hz～20kHz，音质优美。

（2）闪存卡数字录音机

闪存式储存卡具有容量大，可靠性强，价格更低廉的特点。近年来也被一些便携式录音机、录音笔所采用。这些闪存式便携机，采用的存储卡有CF卡、SD卡、记忆棒等多种形式，具有体积小、重量轻、耗电省、功能全、可靠性高等许多优点，成为继便携式DAT、MD以来最受瞩目的便携式数字化录音设备。如图3-48所示。

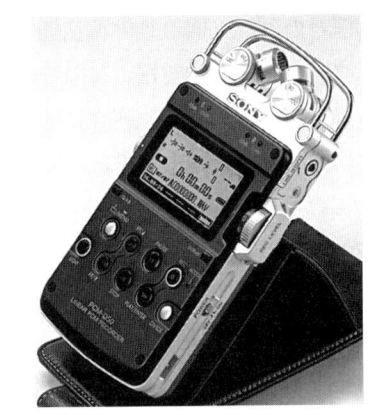

图3-48 SONY PCM-D50闪存卡录音机

闪卡便携录音机可以连接多种音源，除了本机的小型立体声话筒之外，还可以通过平衡式话筒输入端口连接专业的电容话筒（提供48V幻象供电）。线路输入端可以连接电子乐器和各种模拟音频设备，可以非常方便地将磁带、胶木唱片、电子琴等声音捕捉为WAVE、MP3等数字格式。同轴数字端口用于连接CD、DAT、MD等数字设备，获得几乎没有损耗的复制效果。USB端口可以将便携录音机与电脑连接在一起，无论上传还是下载，都非常方便，节省了将声音信号送入电脑所需要的时间。

闪存卡便携式录音机的录音格式非常丰富，可以选择使用单声道或是立体声的录音方式，有些机型已升级，提供了四声道录音方式。除了可以进行不加压缩的PCM录音，也可以选择MP3的压缩格式，以获得更长的录音时间。

闪存式便携录音机的运用范围是非常广泛的，在演讲、会议、电台采访、音乐会实况录音、户外音效采集、影视作品同期录音等场合，都可以有它的用武之地。

3.8.2 激光唱机与唱片

（1）激光唱机

激光唱片、唱机作为一种数字声频系统，其中，CD唱片是记录媒介，唱片的录音过程（编码过程）也就是唱片的制作过程，是由生产厂家完成的。唱片的放音过程（解码过程）是由CD唱机实现的。它主要由激光拾音器及唱盘系统、伺服系统、信号处理系统、信息存储与控制系统等组成。

（2）激光唱片

激光唱片又称CD唱片，是一种利用激光重放的小型数字声频唱片，是一种集中了光、机、电于一体的高科技产品。由于激光的英文Laser的音译为镭射，所以激光唱片在港台等地区又称镭射唱片。

唱片的直径为120mm，中心孔的直径为15mm，厚度为1.2mm，最里面直径46mm的圆面积内没有数据，供夹片用，数据信号只记录在直径50~116mm的范围内。数据记录从最里面开始，结束在最外面的节目引出区。CD唱片的圆盘体是透明塑料（聚碳酸酯树脂），在压制的一系列小突起上面蒸镀上一层厚约0.1mm的铝膜作为反射膜，然后在上面铺上塑料保护涂层。小突起的有无就对应于数字信号的"1"和"0"，这就是信号层。唱机里的激光束从下面射向唱片，透过透明的片基后聚焦到信号层。原来约0.8mm直径的激光束，经片基折射后，到达信号面时变成直径仅1.7mm的光点，然后反射读出。这种非接触方式读出不同于传统的模拟唱片唱机，因此，有多次放音而不损伤唱片的特点。

代表数字信号的小突起，深为0.12μm，宽为0.5μm，长为0.9~3.3μm共9种，可见其精细的程度。唱片的记录范围分为导入区、节目区和导出区。数字化的声音信号就记录在节目区内。导入区记录的是唱片中节目的索引（节目目录），唱机可读出和存储这些索引并用于程控放唱，可选择需要的节目放唱，或显示唱片的曲目总数和每曲放唱的时间等。导出区是在整盘的节目播完后告诉机内微处理机复位或重播。唱片中所记录的信号，除了音乐节目信号外，还有同步信号、纠错信号和子码等。

3.8.3 DVD与蓝光

（1）DVD

DVD是Digital Video Disc的缩写，它是采用MPEG-2标准实现数字压缩编码的。

DVD系统与VCD系统相类似，其播放系统的结构与VCD系统的结构相差不大。就播放机来说，DVD主要由下列几个部件组成：

① DVD读盘机构：它主要由马达、激光读出和相关的驱动电路组成。马达用于驱动DVD盘作恒定线速度旋转；DVD读出头用于读光盘上的数据，使用的是红色激光，而不是CD机上的红外激光。

② DVD-DSP：这块集成电路，用来把从光盘上读出的脉冲信号，转换成解码器能够使用的数据。

③ 数字声音/图像解码器

④ 微控制器：它实际上是一个微型计算机芯片，用来控制播放机的运行，管理遥控器或面板上的用户输入信息。

（2）蓝光

也称蓝光光碟，英文翻译为Blu-ray Disc，经常被简称为BD。是DVD之后下一时代的高画质影音储存光盘媒体（可支持Full HD影像与高音质规格）。蓝光或称蓝光盘，利用波长较短的蓝色激光，读取和写入数据，并因此而得名。蓝光极大地提高了光盘的存储容量，对于光存储产品来说，蓝光提供了一个跳跃式发展的机会。

3.8.4 媒体播放器

（1）Q Cart

Q Cart是一款Mac平台使用的现场音效播放控制工具，软件拥有一个简单漂亮的界面，只需按下一个按钮，无论是体育、播客、收音机还是其他任何你需要的音频播放都能给你增强。Q Cart使用低延时的音频引擎，用户可以自定义快捷键，或者使用MIDI触发器。独有的波形调整工具，能让你任意调整歌曲的播放起始点与音量，并且带有多种可以实时使用的效果插件，如图形EQ，参数EQ，低通、高通，混响等效果器，支持手机远程控制。

（2）Sound board

Sound board（音板）是一款Mac平台专为现场演出播放程序，直观易用的操控界面，通过快捷键或MIDI键盘快速播放你的演出背景音乐、伴奏、音效或音频编辑。支持使用苹果效果器插件，可使用Ipad版本远程控制播放。

（3）Sports Sounds Pro

Sports Sounds Pro国内称它为体育播放器，适合用在演出现场，具备现场播放的绝大部分功能。比如单曲播放完自动停止，多首乐曲同时播放，淡入淡出，速度和音调实时变化，自由设定乐曲播放快捷键、广播功能等等。

支持ASIO专业驱动，仅支持Wav、Flac、Mp3、Wma、Ogg等常用音频格式。播放声音清晰干净，具有专业音频的品质，Sports Sounds Pro这款软件，适合做现场，目前支持Windows8系统，配备触摸屏就更为方便。

（4）Good pad

安卓演出播放器（Good pad），是一款界面和Sports Sounds相似的安卓手机/平板音乐播放器，功能很简单，使用方便。支持无限分类播放列表，每个列表可放置无限音乐Pad按钮并可设置Pad尺寸，每个Pad按钮可单独设置颜色/音量与声相，黑暗与明亮布局。可快速导入文件夹或导入单个音乐文件，可添加录音文件到Pad按钮。

3.9 D.I盒

DI（Direct Input）盒是一种将电子乐器的高阻抗非平衡信号转换为低阻抗平衡信号的设备，它可使电子乐器更容易与话筒前置放大器相连接。

DI接口盒具有两种类型：无源和有源DI接口盒。这两种类型的主要差别在于无源DI接口盒不需要电源供应，而有源DI接口盒需要电源供应。这种差别就像动圈传声器和电容传声器一样。两种类型的DI接口盒都具有各自的两个主要优势，无源DI接口盒能够为输入信号与输出信号提供极佳的隔离，这是因为在其内部使用了基于变压器类型的电路设计，这意味着它们能够更为有效地降低信号线路中的低频嗡声或电流噪声；有源DI接口盒工作时需要电源供应，可以通过幻象供电方式或电池方式来为其供电。有源DI接口盒相比于无源DI接口盒来说，能够实现更好的高频响应，这是因为有源DI接口盒的输入端具有很高的输入阻抗，而这一阻抗远远高于吉他输出阻抗和拾音器的输出阻抗。而无源DI接口盒所具有的较低输入阻抗则会对具有较高输出阻抗的输入信号造成高频或低频响应的衰减。

3.10 数字音频工作站

数字音频工作站全称Digital Audio Workstation，简称DAW。是一种用来处理、交换音频信息的计算机系统。它是随着信息数字技术的发展和计算机技术的突飞猛进将两者相结合的新型设备。数字音频工作站的出现，实现了高质量的音乐、广播节目录制与播出，同时也创造了更加良好、高效的工作环境。

从硬件角度来说，数字音频工作站的构成可以归结为以下几个部分：计算机控制部分，核心音频处理部分，数据存储设备及其他外设设备。从软件角度来说，数字音频工作站可分为以下几个模块：操作平台、音频处理界面、文件格式、第三方软件及其他相关软件。

第4章 话筒技术

4.1 话筒的声学特性

许多的因素都会对话筒的声学特性造成影响，诸如是动圈话筒结构还是电容话筒结构以及用于拾取声波的话筒振膜所使用的制作材料。每一只话筒都是不同的，甚至是同一型号、同一批次制造的话筒之间，都可能具有不同的声学特性（通常是由于使用的频次或是损伤的不同程度所造成的）。一般来说，由于使用的年限，话筒拾取的声音效果也会逐渐发生变化，同时一些灰尘可能也会进入到话筒的换能器中。

造成每一只话筒产品具有不同声学特性的结果还有其他一些原因，以及话筒自身的自然老化。下面我们先来关注一下影响话筒声学特性的一些其他因素。

（1）近讲效应

当具有指向性的话筒逐渐靠近声源位置的时候，话筒的低频响应也会随之增强，这一现象被称为近讲效应。具有全指向性或无指向性的话筒，不具有这种低频近讲效应现象。

（2）临界距离

一般来说，采用近距离拾音方式基本不会遇到临界距离的问题。临界距离指的是房间内部声源直达声的声压级与该声源反射声的声压级大小相同的位置。如果话筒刚好设置在临界距离位置之上的话，那么话筒拾取的直达声和环境声具有相同的声压级。如果话筒移动到距离声源更近或是更远的位置时，则会相应地拾取到更多的直达声或是更多的环境声。

4.2 话筒摆放的原则

话筒的摆放会明显地影响拾取声音的质量，即使是一只高质量、高性能而且经过正确选择了的话筒，如果话筒的摆放不当，也不一定能保证拾取声音的本色。所以，话筒的摆放技术对于音响录音人员来说是至关重要的必须掌握的技艺。

要真正掌握话筒摆放技术，就要不断地动手试验、审听、分析比较，把基本要点、理论概念与实践结合成为自己的经验。话筒摆放的重要原则就是3∶1原则。

图4-1 话筒摆放的3∶1原则

在使用多只话筒分别为乐器或人声拾音时，应该遵循话筒摆放的3∶1原则：话筒之间分隔的距离，至少为话筒至声源距离的3倍以上，如图4-1所示。话筒摆放的3∶1原则可以避免话筒信号之间的相位干涉及泄漏声。

4.3 话筒摆放的距离

4.3.1 通用距离

话筒与声源之间的摆放距离的远近，会产生不同的效果。近距离拾音使声音严实，远距离拾音使声音遥远。因为近距离话筒主要拾取直达声，因而得到坚实的音质。远距离话筒主要拾取反射声，从而得到一种遥远的音质。古典音乐的拾音，则总是要保持一定的距离（1.2～6m），这样可以拾取音乐厅的混响声，因为这种混响声正是所希望得到的古典音乐声音中不可分割的一个部分。

但是话筒距声源不能过分靠近，如果有太近距离的摆放，那么所拾取的声音中会加重被贴近乐器的那个部件的声音，这样所拾取到的声音，并不能正确反映整件乐器的音质。一般来说，如果话筒与声源之间的摆放距离与声源的尺寸大小相当时，那么话筒将会拾取到声源的自然声音。在这种方式下，话筒对乐器的各个声音辐射部件的拾取差不多相等。例如，一把原声吉他的长度为46cm，将话筒摆放在距离吉他46cm处所拾取的声音，有自然而平衡的音色。如果这时感到声音有些遥远或空旷，则可把话筒少许移近一些。

4.3.2 听觉试验距离

话筒与声源之间的摆放距离没有绝对正确的规定，只要把话筒摆放在取得最佳声平衡的位置上，就可认为摆放合理。这里提供两种试验方法：

（1）把话筒摆放在离乐器一定的距离的位置上，再把话筒在摆放位置附近向上、下、左、右方向移动，这就意味话筒在改变着所拾取的不同音质。在某一位置可能听到的声音是沉闷的，在另一个位置时，可能听到很自然的声音。要找到最佳摆放的位置，简单的方法是将话筒摆放在不同的位置后加以监听其结果，直至找到一个认为最佳声音时的位置为止。

（2）用手指堵住一只耳朵，用另一只耳朵来监听乐器声，在乐器周围边走边听，直至认为声音为最佳时的位置为止。然后把话筒固定在那个位置上，再进行录音并重放其声音。如果听其录音与听现场的声音相同，这就是话筒的最佳摆放位置。但是，这种方法不适用于低音鼓或尖声刺耳的吉他放大器。

4.3.3 远距离拾音

在远距离话筒的摆放（如图4-2所示）中，一个或几个话筒通常放置在距离音源91cm以上的范围内。这种方法（这距离可以根据房间和乐器的尺寸进行改变），通常能产生两种效果。

第一，这种方法能够拾取某件乐器

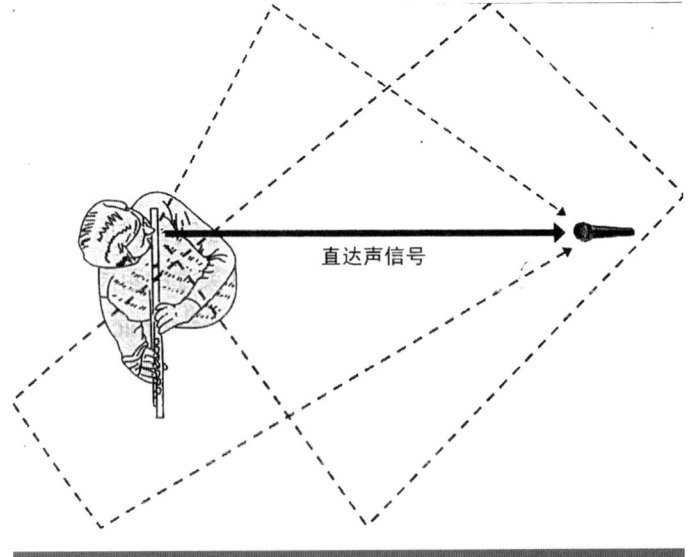

图4-2 远距离拾音实例

或整个乐队的整体声音，因此就能把原始音源整体的平衡保留下来。通常，将话筒的距离设置在大约等于乐器或音源尺寸的位置，就能够拾取到声音自然的平衡。第二，伴随着直达声还能够拾取到房间的声学环境（并自然混合在一起）。

远距离拾音，常用于拾取整体大型乐器（例如交响乐队或合唱）。此时，拾音主要依靠声学环境来得到具有包围感的自然环境声。话筒设置的位置，要达到音源整体直达声和房间声学环境之间的平衡。平衡由多种因素决定，包括音源的实际大小、整体音量、话筒的距离和摆放，以及房间的混响特性。

远距离拾音技术意在录制一种自然的，具有包围感、临场感的声音。但是，假如厅堂、教堂或录音棚的音质并不好的话，远距离拾音的效果就不好。不合适或不理想的房间反射，会使录音听起来混浊。为了避免这种情况发生，录音师可以使用吸声板和抑制反射板来临时纠正房间的不良反射，或者将话筒靠近音源摆放，并加入人工混响。

假如一个远距离话筒用来拾取部分的房间声，如果任意摆放其高度，那么就会发生直达声和由地面及其他附近表面反射回的反射声相位抵消，而录制到空洞的声音。假如这些延时的反射声到达话筒的时间与半波长的（或半波长奇数倍）传播时间相同，那么反射信号与直达声信号就会存在180°的反相，使得拾音响应中信号出现凹陷，产生声染色。由于反射声比直达声的电平低很多（因为传播距离远且每次反射都会损失一定能量），因此，通常只会抵消部分声音。升高话筒，会减少反射（由于增加了反射声传播的距离），而将话筒靠近地面则会减小路径长度，提高发生频率抵消的范围。

4.3.4 近距离拾音

在使用近距离拾音时，话筒通常摆放在距离音源2.5~91cm的距离之内。这种拾音方式通常能够得到"结实"清晰的声音，也能排除周围声学环境的影响。

由于声音的大小与音源距离的平方成反比，因此距音源7.7cm远的话筒比距音源1.8m远的话筒拾取到的声压级大很多（见图4-3）。所以，当使用近距离拾音时，只有所想要的主轴上的声音可以录制到，这样就可以排除掉远处无关的声音了（根据各种实用目的）。远距离所拾取到的声音，将有效地被近距离的声音所掩盖，同时比主拾音拾取到的声压级要小。

事实上，某个乐器的话筒同时会拾取到与它邻近乐器的声音，这也就是串音的发生（见图4-4）。当某件乐器信号被其专属话筒和邻近话筒（或话筒组）共同拾取到，在混音过程中就很容易看到信号是如何叠加的。在有串音的情况下，由于电平和相位抵消的存

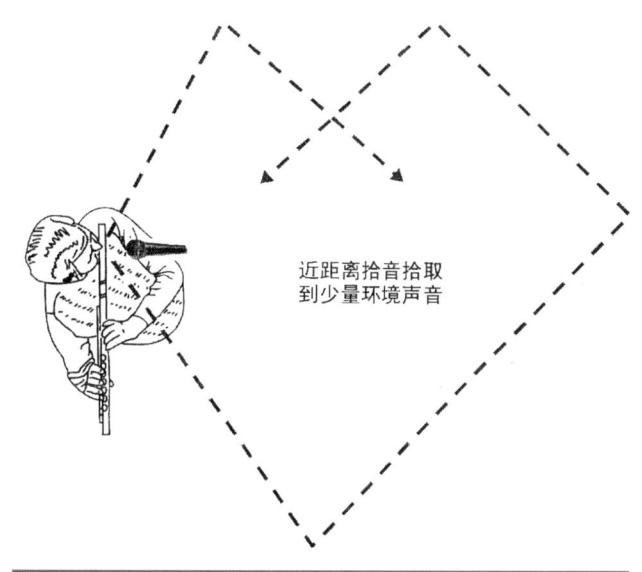

图4-3 近距离拾音实例

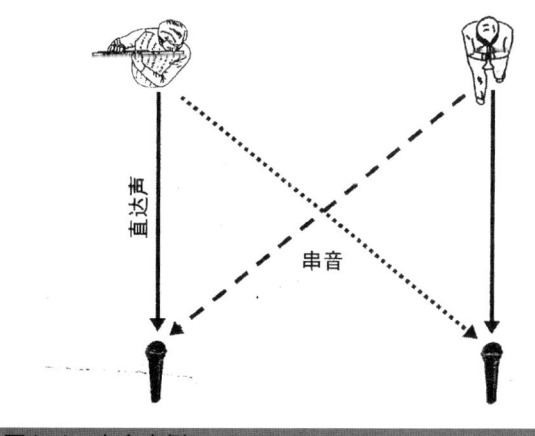

图4-4 串音实例

在，在混音时对该乐器声道的音量和音色的控制就很困难。

为了避免由于串音产生的麻烦，可以尝试以下几种方法：

① 将话筒尽量靠近目标乐器。

② 使用单指向性话筒。

③ 在两个不同乐器之间放置声学障板（如板、布或屏风）。此外，话筒或乐器可以通过声学障板围绕在周围和天花板（如果需要的话）上，来将它们包围起来。

④ 加大该乐器与其他乐器之间的距离。

⑤ 特别是一些声压级较大（或者较弱）的乐器，可以将它们放置在独立的、人声或特殊乐器录音室中。如一些声压级较大的电声乐器扬声器，就可以放在独立房间中录制。乐器扬声器和话筒也可以使用毯子或其他灵活的声学障板材料进行隔离，使得扬声器和话筒之间不受其他声音干扰。

⑥ 为了实现隔离，还可以将声压级较大的电声乐器通过插入DI盒直接接入到调音台上，从而省去话筒拾音这个环节。

显然，这些例子只是当在录音阶段遇到这些可能时的建议吧。例如，你可以选择不将各乐器用声学障板相互隔离，而是将它们放在声学条件较活跃的房间中录制。但是，此时就要求较严格的话筒设置以便控制串音。然而，这样录制出来的效果更具包围感和临场感。作为录音师、制作人和艺术家，如何选择在于你们。记住，在此之前要仔细阅读技术手册和相关技术说明，因为"墨菲定律"会出现在任何时候。

当各个乐器近距离拾音时（或较近距离），通常需要遵守3∶1原则。为了防止疏忽和避免串音，甚至可以采用5∶1原则。经验始终是最好的老师，尽管近距离话筒设置有很多优点，话筒与音源距离需尽可能近，但也不是越近越好。太近会使录音的音源音质产生声染色，除非经过大量试验。

应该注意的是，有时候话筒之间微小的一点"bleed"（声染色的俚语）反而是一件好事。如果将话筒间的间距减少一半，甚至使用多个话筒拾音，能够增加某件乐器声音的纵深感和空间感。在房间中设置拾取总体音响的远距离话筒组，有助于获取较为自然的空间环境感，便于在混音阶段与主话筒声音相混合。在混音中出现微小的相位抵消和串音，有时候并非是可怕的事情。应该注意的是，拾取到的声音在混音中的效果，并使这些知识成为你的优势。

由于近距离拾音技术的距离一般在（2.5~7.6cm），因此常常不能拾取到整个音源的音色平衡。话筒甚至可以近到只拾取乐器表面部分特定区域的音色平衡（像通过声学显微镜来听到该乐器的这个部分），在这个近距离拾音位置，将话筒仅移动几厘米就能够改变拾取到的音色平衡。

4.4 乐器拾音的话筒摆放

4.4.1 电声乐器的拾音

（1）音箱拾音法

当对音箱扬声器单元重放的声音进行近距离仔细聆听时，会感受到从中心到边缘所出现的音调变化。因此，当需要使用话筒对其进行声音拾取时，有很多因素都会对话筒的设置产生影响。如果将话筒设置在更靠近中心区域的话，那么会发现所拾取的声音更具明亮感或锐利感，而如果话筒逐渐向边缘移动的话，会发现会拾取到更多的扬声器箱音调的声音。吉他手一般会为其声音效果选择功率放大器和音箱，因此在对其进行声音拾取时，也需要对此进行关注。

在把话筒设置在扬声器正前方的时候，必须计算出所需要设置的话筒与扬声器之间的距离。在现场演出环境中，一般会将话筒设置在扬声器箱前网罩的正前方，距离15～18cm以上的位置。当向后移动话筒时，能够听到其中的差别，距离扬声器太近的话，会由于低频近讲效应而拾取到更多的低频响应。当向后移动话筒时，声波具有了一定的距离进行合成，因此音调也随之发生变化。如果所拾取到的吉他声音中高频成分太尖锐的话，那么可以将话筒向靠近扬声器锥盆边缘的位置进行移动，因为这样可以降低对高频分量的拾取。如果无法通过扬声器前网罩看到其中的扬声器单元的话，那么可以使用一只手电筒向前网罩内部进行照射，这样可以帮助确定扬声器单元的位置，有助于对话筒进行设置。

当需要对采用多个扬声器驱动单元的扬声器箱进行声音拾取的时候，必须要确保将话筒直接指向其中的一个扬声器驱动单元。千万不要希望将话筒指向这些驱动单元的中间位置来获得所有扬声器驱动单元所发出的声音——这样的话，仅仅会拾取到扬声器箱木制箱体振动的声音效果。

如果需要的话，可以使用两只话筒对吉他音箱进行声音拾取，这主要是由吉他的声音在混音中的重要性来确定的。最好准备两只不同类型的话筒——一般是一只动圈话筒和一只大振膜电容话筒。可通过动圈话筒获得更为平滑的颗粒性音调，通过电容话筒实现色彩鲜明的吉他声音效果。但是一定要注意，两只话筒可能会出现的相位问题，在必要的时候，可能需要对话筒的极性进行调整。在检查极性问题时，可以将调音台上的一只话筒电平推子先拉下来，如果声音效果突然变得具有活力的话，那么就说明两只话筒之间存在着相位问题，此时将话筒通道的相位开关打开，然后将之前衰减的推子推上去——从理论上说，会听到一个效果声音出众的吉他声音。如果没有成功的话，就回到话筒设置的环节，将其中一只话筒稍微向前或向后移动一些。对于这种调整，确实很难给出一个具体的参考位置，因此，可以使用一只返送音箱或入耳式监听耳机，让返送监听工程师将两只话筒的声音馈送给返送音箱或耳机，来对位置调整进行监听，以获得最佳效果。这种操作过程也可用于其他声音的拾音设置，对一个声源使用的话筒越多，就越容易出现话筒彼此之间的相位问题。

如果乐队更喜欢采用后方开孔吉他音箱的话，那么可以对吉他音箱的前方和后方进行声音拾取。同样需要将设置在后方的话筒进行反相设置，并且可以对不同的设置位置进行尝试。

注意不要让话筒距离地面太近，因为这样会使得话筒拾取更多的地面反射声而造成中低频响应的异常（当然这也会根据地面的类型以及地面的抛光程度来确定）。如果面临需要对不希望出现的频率进行去除的问题时，那么可以尝试使用不同的吉他音箱。或者，如果使用的是功率放大器和吉他音箱组合方式的话，可以使扬声器的摆放角度适当向上倾斜，或是将扬声器垫高一些，使其声音辐射远离地面。

这些应用技巧不仅可以用于对吉他音箱的声音拾取，同样也可以应用于那些使用扬声器直接进行辐射的各种乐器声音的拾取，例如贝司音箱和键盘乐器音箱等。

（2）D.I盒拾音法

D.I接口盒能够将线路电平信号转换为平衡式话筒电平信号。在D.I接口盒上，应该有一个PAD按键，如果输入信号较大的话，通过这个开关，就可以降低进入到D.I接口盒中的输入信号电平。D.I接口盒，还具有一个浮地功能，这一功能，能够消除由于地回路所造成的各种低频"嗡"声或电流噪声。

在扩声领域中，低音吉他（贝司）的声音很少依赖于使用贝司音箱所发出的声音，在现场演出环境中，也很难找到真正能够通过贝司音箱的重放得到的低频信号。因此，许多的通道列表中，都会列出一个贝司D.I通道和一个贝司话筒通道。很明显，贝司乐手会为其贝司音箱进行自己的设置，而这正是你需要使用话筒进行拾取的声音信号，同时使用D.I接口盒，接收贝司的线路电平信号与话筒信号进行混合，可以获得一种更为丰满且具有低频下潜的声音效果。你所得到的更多低频成分，也可以被进行更多的控制处理。

键盘乐器也常常需要使用D.I接口盒。如果键盘乐器在舞台上配置了功放音箱的话，那么，首先可以让键盘乐手对其音箱进行电平设置，同时还需要获取一个直接的线路电平信号。由于这些乐器具有很宽的频率范围，因此使用D.I接口盒获取线路电平信号，能够避免其音箱重放造成的频率范围损失。

（3）电吉他的拾音

电吉他声音的拾取基本上有以下几种方式，即直接拾取电吉他输出的电信号，或用话筒拾取吉他音箱重放出的声信号，或者同时采用以上两种方法，如图4-5所示。

采用直接拾取电吉他输出的电信号，一般要通过D.I盒进行电平和阻抗的匹配。由于原始的电吉他信号有很强的瞬态，所以要避免调音台前置放大器出现过载。由于电吉他在2～4kHz有较大的能量，所以它的音色清脆，有金属质感。但是在经过镶边、合唱和其他效果模块（吉他演奏者使用的踏板效果模块）处理后，这一部分还会产生更大的峰值，因此常常使用窄带均衡，在该频段进行少量的衰减。如果决定使用噪声门来处理电吉他信号，就应使用快的建立时间，门限设定在比准备消除的噪声电平稍高一点，增益下降幅度在15～25dB之间，这样可以避免在音符或和弦之间造成死寂。如果电吉他信号太干，可以采用混响时间为0.5s左右的板混响器，以便于和其他乐器融合。

若采用话筒来拾取由电吉他音箱发出来的信号，最好采用心形指向性动圈话筒，如shureSM57和58，也可用EVIRE-15和Sennheiser421U。如果音箱是由低、中、高单元组成，那么话筒应设置在距音箱70～100cm处，高度根据音箱的扬声器布局和所要的音色来决定，这样可以获得比较好的空间感。拾取房间声音的话筒，应距音箱3～4.5m处，用全指向性话筒拾取的声音，可以比较丰满。

有时为了充分利用两种拾音方法的优点，常常同时采用上面所说的两种方法来拾取。但是在将两种拾音得到的信号缩混时，应注意两者的相位关系，应保证同相。

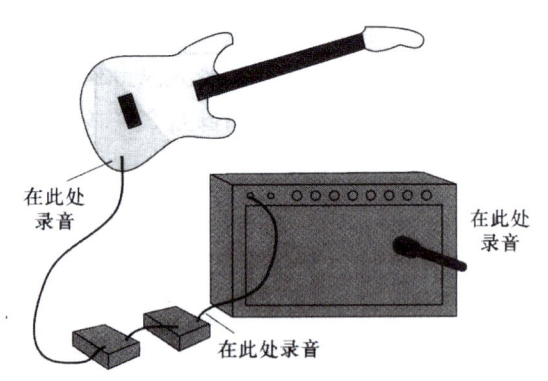

图4-5　电吉他的拾音方式

图4-6　电贝司的拾音方式

（4）电贝司的拾音

对电贝司的拾音有两种方法，一种方法是将电贝司的输出通过D.I接入调音台。其优点是声音清晰、干净。缺点是声音的幅度较低，缺乏冲击感和力度。另外一种方法就是用话筒拾取电贝司由扬声器重放出来的声音，它拾取的声音温暖、丰满，但会增加对其他话筒的串音，如图4-6所示。

如果采用直接拾音方法，则应使用分布电容较低的连接线，这样可以减小射频的干扰。如果存在射频干扰时，可以试着改变D.I盒的极性，或将接地端完全断开。

如果采用话筒拾音，一般选用心形动圈话筒，如Sennheiser MD421U、441或EVRE20等，也可以选用大振膜的电容话筒，如Neumann KM87、MC740、AKG414等。当用电容话筒拾音时，要使用话筒内部的衰减器对高频段进行衰减处理。

（5）电钢琴、合成器和鼓机的拾音

为使声音更清晰，通常对合成器、MIDI声音单元、鼓机或电钢琴接一个D.I盒。把乐器上的音量调到3/4处，使之得到一个强信号。可试着把想要的声音从音调设定那里而不是从均衡器那里获得。

一台合成器的声音可能很干并且又显呆板。要想得到活泼而优美的声音，可将合成器信号送到功放和音箱上，然后在离音箱数米的地方拾音。

如果键盘手有数台键盘被接在一张键盘调音台上时，可以从调音台的输出那里录上一个预混录的信号，然后再录下立体声键盘的两路输出。

电钢琴的发声与三角钢琴有些不同。它是由琴键带动音锤去击打金属棒，金属棒的振动由拾振器拾取后变成电信号，所以，通常将它视为打击乐器。电钢琴信号的瞬态很陡，它的输出电平可使大多数设备的输入级过载，并且在比中央C高一个八度附近的各个音的输出电平非常高。在演播室录音时，很少用话筒来拾取音箱重放出的电钢琴声音。

4.4.2 鼓组的拾音

（1）概述

通过正确的鼓组调整组合、合适的话筒设置，以及在声音拾取过程中理想的均衡设置和处理，才能够拾取到更为令人满意的鼓组声音信号。第一个关键因素就是需要对鼓组乐器进行正确的调整。数量众多的鼓乐器调整钥匙，就像各种不同尺寸和不同形状的鼓皮类型以及各种阻音材料一样，都是对鼓组进行调整所必需的。记住，所听到的鼓组乐器演奏的声音与话筒拾取到的声音是不一样的——在演奏位置处的声音听上去可能会很好，但是在混音调音台上听到的声音，可能就是另一回事了。

旧鼓皮的声音听上去会比较暗淡呆板，因此，如果所拾取的鼓组声音信号存在清晰度的问题时，可以检查一下鼓皮是否旧的。如果是的话，一定要求进行更换。新的琴弦和鼓皮都要比它们被使用过后的声音听上去更为精细。

在鼓组的拾音过程中，不可能总获得所需的鼓组乐器声音信号的分离度。如果对两个音调调整非常接近的鼓组乐器进行拾音时，确实无法将两者明显地区分开来。可以将其中一个鼓组乐器的音调适当向上或向下进行调整，使其在频率上存在一定的空间，这样可以对两者进行有效区分。

从鼓组乐器的声音信号来看，实际上很容易理解。这些声音包括两个主要的组成部分：敲击声和音调声。其中敲击声表示鼓皮受到敲击时最初发出的声音；音调声则表示鼓皮在持续振动过程中表现出来的振动频率。通常情况下，鼓组乐器往往都具有上下两张鼓皮，偶尔也会看到一些通通鼓仅具有上鼓皮，同时话筒设置在通通鼓之中进行声音拾取，这些主要是由鼓手的要求以及能够提供的不同选择来确定的。设置在内部的话筒能够拾取更多的音调声，设置在外部的话筒能够拾取更多的敲击声。上下鼓皮以及鼓组乐器外壳之间的关系也是非常重要的，上鼓皮能够提供更多的敲击声和音调声，下鼓皮能够提供更多的共振声，这也是对上鼓皮的声音拾取要远远多于对下鼓皮的声音拾取的原因。

鼓皮边缘具有更多的音调声，因此，采用近距离拾音方式对鼓组乐器进行拾音的问题需要在丢失一部分鼓组声音信号的基础上进行折中。在实际中并没有对你能够设置话筒的位置进行明确的限制和界定，因此还是可以有很多不同选择的。

（2）大鼓的拾音

无论是单面还是双面蒙有鼓皮的低音大鼓，其低频成分（25～400Hz）的能量很大，其声压级最高可达150dB SPL。所以采用近距离拾音时，应该选用能够承受如此大声压级的动圈话筒。

对于录制摇滚风格的音乐节目，要求能清楚听到各个鼓的瞬态，所以常将远离鼓手一面的鼓皮取下，以取得大鼓的冲击感，（双面蒙皮的大鼓由于两个鼓皮产生的先后振动使瞬态变长，冲击感下降）。这时话筒可置于鼓外，鼓皮位置（卸下鼓皮）或由鼓皮中心的开孔伸入到鼓腔中拾音。

当话筒在鼓外或鼓皮位置正对鼓皮中心开孔拾音时，承受的声压级最高，因为腔内产生的所有振动、产生的声压均从该孔向外辐射。若该孔很小，可能导致设备过载。由于中心孔的位置是受击鼓皮的基频的波腹，并且在此位置可接收到整个鼓皮的振动产生的声音，所以，所拾取的信号可取得较好的低频成分的平衡。如果将心形话筒置于鼓腔内拾音，可能拾取到鼓本身的共振声，并且正对着话筒振膜的鼓皮部分拾取波腹所对应的频率成分要多一些。

将话筒以特定的角度摆放，而不是垂直鼓面摆放有以下好处：其一可以减小极低频率成分对话筒振膜的声压，有助于避免失真。其二将话筒偏离其他鼓乐器（朝向鼓手的右方），可取得一定的声隔离，不必再使用噪声门等处理设备进行处理。通常在鼓腔内摆放话筒拾音时，话筒不是正对鼓皮中心，而是偏离中心，它距鼓皮为10～20cm，角度稍微朝下，指向低音通通鼓，以此来减小对军鼓和其他通通鼓的泄漏声的拾取。此外，由于大鼓产生的声能很大，所以应将话筒固定在稳定的话筒架上。不要使话筒接触到鼓腔内的阻尼材料，以免拾取到鼓的机械振动。大鼓的拾音如图4-7所示。

图4-7 大鼓的拾音方式

图4-8 军鼓的拾音方式

（3）军鼓的拾音

军鼓话筒通常应指向军鼓上方鼓边，距离大概为2.5cm（如图4-8所示）。话筒最好能尽可能与其他鼓和镲形成一定角度，它的非拾音范围，应指向其他的踩镲或通鼓（避免串音）。通常应使用心型话筒，尽管双指向性和超心型指向性的拾音角度更窄。对于某些音乐风格（如爵士），可能需清脆或"明亮"的军鼓声，那么可以通过在军鼓底部鼓皮处摆放另一个话筒拾音，并把两个信号记录在同一个声轨上，然后下鼓皮与上鼓皮的信号互相180°反相，因此拾取下鼓面声音的话筒应做反相处理。若把军鼓弹簧取下来演奏，那么要仔细听，军鼓的"咔嗒"声和"嗡嗡"声很容易被军鼓话筒（或其他话筒）拾取到。连续过于响亮的军鼓声音，能够通过多种方式为其"减振"（如果需要的话也可以应用在其他鼓上）。减振环用于减少过亮的高频声，使军鼓的音色更深沉。假如没有减振环，还可以在鼓皮上离边缘几英寸处放置皮夹或相似尺寸的褶皱纸或毛巾。

（4）踩镲的拾音

把一只心型电容话筒置于踩镲边缘上方约15cm处、距鼓手最远的位置（图4-9）。注意避免由踩镲引起的"噗噗"声，所以话筒不能位于踩镲的侧边外面，话筒应自上而下瞄准踩镲，这样也能降低军鼓的泄漏声，要滤去低于500Hz以下的低频成分。如果

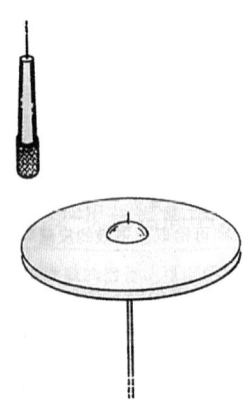

图4-9 踩镲的拾音方式

使用了室内环境话筒的话,就不必再设置踩镲话筒。因为在通常情况下,吊挂话筒已能拾取足够的踩镲声。

(5)通通鼓的拾音

鼓架上的通通鼓可以分别进行点拾音,或者在两个邻近的鼓之间单独摆放一个话筒(图4-10)。若分别进行点拾音,距鼓最上部近距离[离外缘(2.5~5.1cm)]拾取到的声音较为"死板"。若将话筒的高度增加(7.6~15cm)就能够得到更"活跃"的声音。假如考虑到串音或反馈的问题,那么就可以选择锐心型话筒。另一种减少串音并获得具有深度感和冲击力声音的方法(较少的敲击感)是移去通通鼓下方的鼓皮,将一个话筒伸入鼓中,距上方鼓皮(2.5~15cm)。

图4-10　通通鼓的拾音方式

(6)吊镲的拾音

为抓住镲片所发出的清脆"ping"(乒声),所用话筒应该是具有足够高频、平直或在高频响应有提升的心型电容话筒。把它们摆放在镲片边缘上方60~90cm处;话筒太靠近镲片,会拾取一种低频的振铃声,因为镲片的边缘会散发出最多的高频成分。话筒应该摆放在可以均等地拾取镲片所发出的频率成分的位置。可尝试把它置于与军鼓相同距离的位置,如果听镲片的录音是一种单声道或是有太锐利的声像,这时应把两只话筒的话筒头格栅叠在一起并成一定角度地指向镲片,这样可得到一种窄的立体声声像分布。另一种选择是吊挂一只立体声话筒,尝试用一只近重合的立体声话筒对准踩镲和地板通通鼓,可以得到宽广而又鲜明的立体声声像,录得的镲片声应是清脆、悦耳,没有沉闷或刺耳的感觉。

(7)套鼓的整体拾音

overhead拾音方式通常用于拾取镲清脆的高频细节声,同时也拾取到整个鼓组的总体音色。由于镲的演奏具有瞬态特性,因此具有精确高频响应的电容话筒成为最佳的话筒选择。overhead拾音方式中的话筒摆放可以非常主观和个人化。一种摆放方式是利用分隔式话筒对两个话筒分别悬挂在鼓组的左、右两侧上方。两个话筒与左右镲的距离相等,以使拾取到的每件乐器和整个组合的音响平衡,图4-11(a)。另一种摆放方式是两个型号一致的话筒近距离组合拾音,见图4-11(b)。这种方式通常能够产生良好的立体声整体声像,并最大程度地减小时间差方式所引起的相位抵消。再次提醒大家,记住,获得好的声音并没有唯一的规则。假如只有一对overhead话筒可以用于整体拾音,那么将它放置在整个套鼓的正上方中间。如果你有很多话筒,能够满足鼓组每件乐器的点拾音,那么就不需要整体拾音方式了(串音问题也可以被忽略了)。

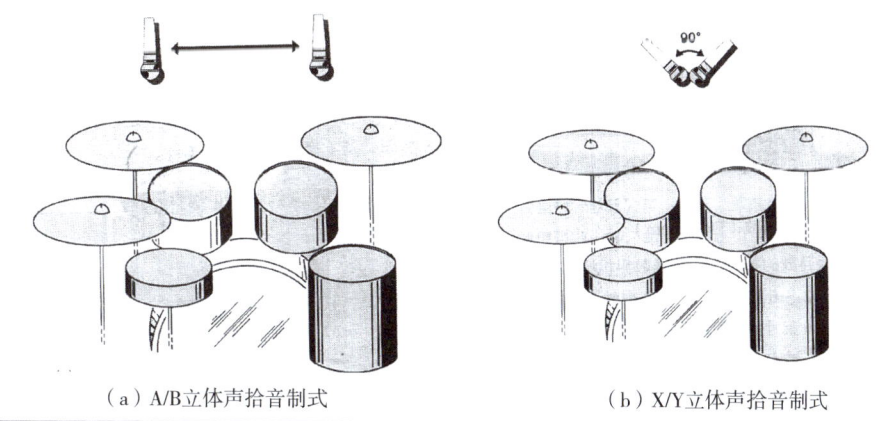

(a)A/B立体声拾音制式　　　(b)X/Y立体声拾音制式

图4-11　典型的套鼓整体拾音方式

4.4.3 打击乐器的拾音

打击乐器，如牛铃、三角铁、铃鼓或碰铃等属于金属打击乐器，应该用电容话筒来拾音，因为电容话筒具有灵敏的瞬态响应。拾音时，话筒应距打击乐器至少在30cm以外，以免引起失真。

对康茄鼓、手指敲的小鼓和定音鼓的拾音，可将单只话筒置于鼓对之间、鼓顶面鼓边上方的数厘米处，话筒指向鼓面，或者在每只鼓上方摆放一只话筒。我们也常使用对鼓顶面和鼓底面同时拾音的方法，这时底面的话筒要极性反相。具有现场感的、高频提升的心型动圈话筒，能给出丰满的声音以及清晰的冲击声。

拾取木琴、电颤琴和马林巴琴等有音高打击乐器的常用方式是，将两个高质量电容传感器或动态范围较宽的动圈话筒以合适乐器尺寸的距离（遵循3:1原则）放置在琴槌敲击位置上方。一致的强度差立体声话筒对，能够帮助消除相位错误，利用分隔式话筒对，通常能够产生较宽的声像。

4.4.4 原声乐器的拾音

（1）吉他的拾音

木吉他由音孔产生的亥姆霍兹共振频率为100Hz，而琴体共振频率则高于该亥姆霍兹频率一个八度。木吉他的琴身形状、琴弦种类及演奏风格都是决定麦克风选型及摆放位置的重要因素，基本上说，每把吉他的麦克风摆位都应有一些轻微的变化，同时，麦克风位置的轻微挪动，都可以改变乐器的音色、亮度、平衡及拨弦噪声的表现，在实际工作中应尽可能去尝试不同的拾音位置。由于吉他的声能输出依赖于整个琴体的振动，所以麦克风距离吉他越近，所拾取到的就越代表一个点振动的声波，而不是乐器的整体振动所产生的音色（该理论同时适用于其他乐器的拾音原则）。图4-12展示了目前木吉他几种较为流行的话筒摆位方式。使用大振膜电容话筒或自80Hz以上平滑的、具有扩展频响的小振膜电容话筒。

① A.在独奏大厅为古典吉他拾音时，用一只立体声对话筒，置于吉他外1～2m处。在吸声型录音棚录音时，话筒置于吉他外50cm左右。

② B.在为流行音乐、摇滚乐录音时，话筒置于吉他指板和共鸣箱结合处外15～30cm处。

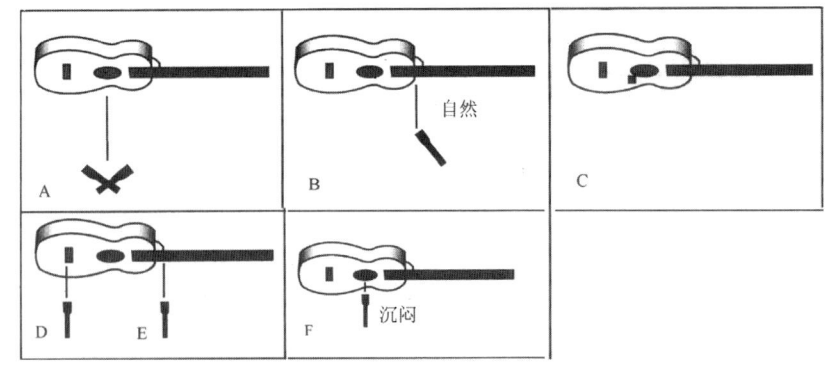

图4-12 原声吉他的几种拾音方式

③ C.用一只微型全方向性话筒贴在音孔底部的琴体上，并切除多余的低频成分。

④ D、E.立体声录音，一只话筒靠近琴马处，另一只话筒置于12品处，声像偏置到中左和中右。

⑤ F.话筒靠近吉他音孔拾音，应在调音台上降低低频均衡量至声音自然为止。

（2）吉他弹唱的拾音

在正常情况下，吉他和人声是分别录音的。但是若想让这两者一起录音，由于歌手话筒与吉他话筒之间的相位抵消，歌声会有被滤波或有空洞状的感觉。可以试用下述任何一种方法解决这一问题：

① 将人声话筒的角度向上、吉他话筒的角度向下，以此来隔离两个声源，并遵循3:1规则。

② 对歌手和吉他都用近距离拾音，之后用调音台上的EQ来切除多余的低频成分。

③ 用一只粘在吉他上的粘贴话筒（pickup）来代替原有的吉他话筒。

④ 只使用一只话筒或使用一只立体声话筒，将话筒置于歌手嘴部与吉他中点距离前方约0.3m的位置。用改变话筒的高度，来调节歌声及吉他声之间的平衡。

⑤ 将歌手话筒的信号延迟约1ms，此时将两只话筒的信号混合到同一通路上时，两种信号变成同相位，避免了相位抵消。有些多轨录音机为此附带了声轨延时功能。

（3）钢琴的拾音

1）三角钢琴的拾音　三角钢琴是在声学上复杂的乐器，它有多种拾音方式，完全取决于艺术家和录音师的风格及个人选择。三角钢琴的声音由乐器的弦、音板及机械音槌系统发出。由于三角钢琴的表面积很大，因此为了音调平衡和便于拾音调整，最近的拾音距离为1.2～1.8m是必要的，但是，考虑到其他乐器可能的串音，这个距离往往又不实际也不合理。因此，根据三角钢琴不同发声部位的声音特质，通常有以下几个拾音部位：

① 弦及共鸣板，通常拾取明亮自然的音色。

② 音槌，拾取尖锐的敲击声。

③ 共鸣板孔，通常能拾取到较尖锐的乐器整体声音。

对于古典音乐的独奏，要在具有混响的演奏厅或音乐厅内来录音，因为混响是钢琴声音的一部分。将钢琴盖板用一根长的支撑杆撑起，使用平直响应的电容话筒。把一只立体声话筒或立体声对心形话筒置于钢琴外2m、高度2m处，或增至2.7m远、2.7m高（图4-13）。把话筒向钢琴移近后会减少混响，远离时则增加混响。在使用一对全方向性话筒时，将它们以0.4～0.6m的距离分隔，距离钢琴1～2m处摆放，高度为1.2～1.5m。还可能需要一对与之相混合的大厅话筒：用心形话筒在远离钢琴约7.5m处对准钢琴摆放。

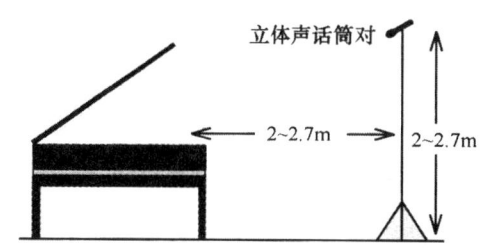

图4-13　三角钢琴对古典音乐录音时的拾音方式

要为钢琴协奏曲录音时，还需要给钢琴一只补点话筒。将话筒置于离钢琴约0.3～1m处，并将话筒置于防振架内。

为流行音乐录音则要求近距离拾音，近距离话筒能拾取较少的房间声响及泄漏声。通过混录后的均衡衰减，可得到更为清晰的声音。不要使话筒接近琴弦的距离小于0.2m，否则会加重最靠近话筒的那些琴弦的声音，应该使钢琴师所弹奏的全部音符均有相同的音量覆盖。

有一种常用的方法是使用两只分隔开的话筒置于钢琴内部，用全方向性或心形电容话筒最好带有防振架。将钢琴盖板用一根长的支撑杆撑起，如果可能的话，可把盖板卸去以降低低音的"隆隆"声。一只话筒置于高音琴弦的中心部位，另一只置于低音琴弦的中心部位。典型的方法是，将两只话筒置于琴弦上方0.2～0.3m处，在水平方向上离琴槌0.2m（图4-14（a））。话筒直接向下对准或成角度对准琴槌，把话筒的声像向左、右偏置成立体声。

还有一种方案是，把高音话筒置弦槌附近，把低音话筒朝钢琴尾部0.6m的地方摆放（图4-14（b））。或者用两只与人耳间隔等长的全方向性电容话筒或一对ORTF话筒置于琴弦上方0.3～0.5m处。

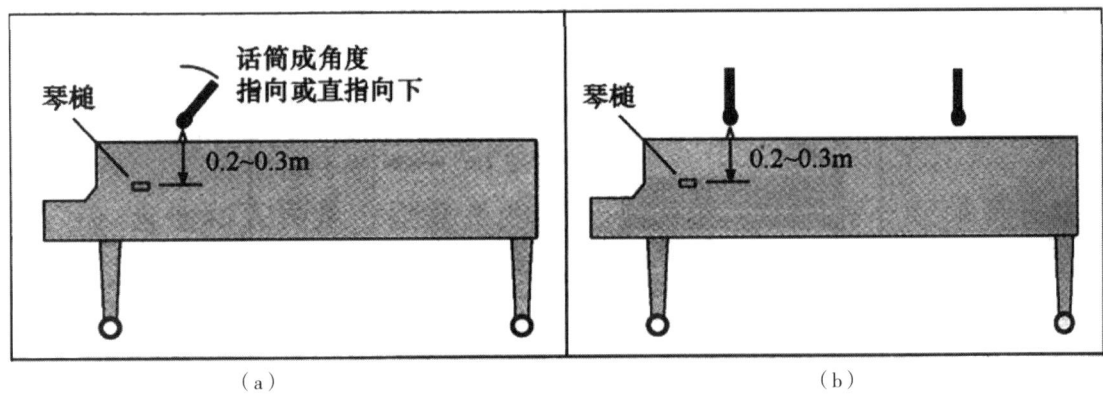

图4-14 三角钢琴对流行音乐录音时的拾音方式

2）立式钢琴的拾音 立式钢琴的拾音可选择以下四种方式进行。

前部拾音：卸下钢琴的前盖板，使键盘上方的琴弦暴露在外（图4-15）。将两只话筒分别置于距离高音弦和低音弦附近0.2m的位置。用立体声方式录下声音，并把左右声像偏置成所需的钢琴宽度。如果只用一只话筒拾音，只要把话筒置于高音弦附近即可。

背部拾音：为了减少过多的弦槌敲击声，将话筒对摆放在距离共鸣板8英寸（20.3cm）的地方，分别指向低音区域和高音区域（图4-16）。为了避免混浊不清的声音，共鸣板应当面对房间或移离墙面。

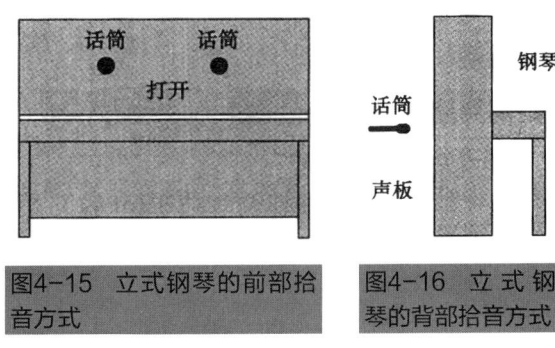

图4-15 立式钢琴的前部拾音方式　　图4-16 立式钢琴的背部拾音方式

下部拾音：为了得到更自然的声音，挪开钢琴下部前面板，使琴弦暴露。将一对分隔式立体声话筒，对摆放在琴弦前面（分别摆放在低音区域和高音区域前8英寸（20.3cm）的位置）。假如只有一个话筒，那么将它摆放在高音区域前。然而，这样的摆放会拾取到较多的踏板噪声。

顶部拾音：将两个话筒以分隔式拾音制式摆放在钢琴上方打开的琴盖前面（图4-17），其中一个指向低音区域，另一个指向高音区域。假如不存在串音，那么可以将盖住琴弦的前面板打开，以减少反射，同时也减少立式钢琴"罐儿音"的特征。同时，为了减少共鸣声，可以将钢琴稍微离开墙壁摆放，并与墙壁形成一定角度。

（4）弦乐的拾音

1）小提琴与中提琴的拾音 小提琴的频率范围是196Hz～10kHz。因此，应使用频率响应平缓的话筒拾音。小提琴的基频范围从G3～E6（196

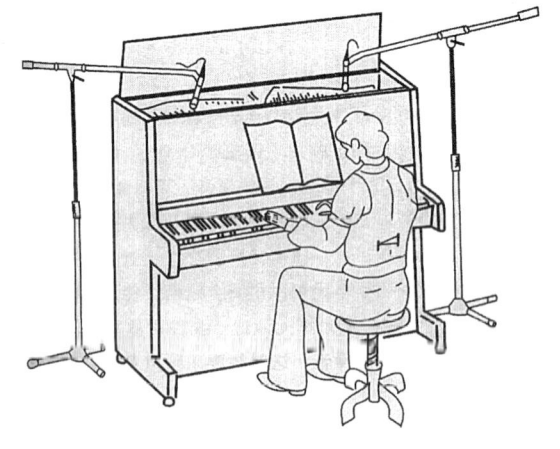

图4-17 立式钢琴的顶部拾音方式

~1300Hz），特别重要的是，要使用在共振频率300Hz、1kHz、1.2kHz范围内较平坦的话筒。中提琴的基频比小提琴低了五度，包含有少量的谐波成分。在大部分情况下，小提琴和中提琴的话筒，应该放置在乐器面板前45°的位置。话筒的距离取决于音乐的风格和房间的声学条件。较远的话筒距离，能够拾取到更柔和、完整的声音，相反，近距离的拾音位置，能够拾取到琴弦的摩擦声及更多的"鼻音"。最终的选择，还得取决于乐器的音质。独奏话筒的推荐拾音距离在91~244cm之间，略靠近演奏者前方（见图4-18）。在录音棚条件下，最好采用61~91cm之间的近距离拾音。针对古提琴或爵士和摇滚演奏风格，话筒应设置在距离乐器15cm甚至更近的位置，因为增加的泛音能够帮助乐器从整个乐队中突出出来。在扩声应用中，较远的拾音距离容易产生声反馈

图4-18 小提琴的拾音方式

（减少扩声音量是必要的）。在这种情况下，可以通过直插式电拾取，或接触式的、领夹式的话筒，用于附着在乐器琴身或附属物上。

2）大提琴与低音提琴的拾音 大提琴的基频范围在C2~C5（56~520Hz），泛音可以达到8kHz。假如以演奏者的视线方向为0°，那么大提琴声辐射范围为以0°向右10°~45°。一个高音质的话筒，可以放置在与乐器高度一致且指向音孔的位置。所选的话筒应具有平坦的频率响应，拾音距离在15~91cm之间。

低音大提琴是管弦乐队中音调最低的乐器。低音大提琴四根弦的基频范围为E1（41Hz）~C（260Hz）。泛音频率通常能够达到7kHz，高频的辐射角度以演奏者视线为中心的±15°范围内。话筒应对准F孔，且在其上方15cm到45cm之间。

3）弦乐组的拾音 将弦乐乐器置于一间较大的、有混响的房间内，并对它进行远距离拾音，此时拾取到的声音是一种自然的原声。常选用的话筒是具有平直响应的电容话筒。首先，可将一只立体声话筒或一只立体声对话筒置于指挥身后1.2~6m远、4~4.5m高的位置。

如果房间太嘈杂、太寂静或者平衡太差，那么就应该考虑近距离拾音并加入数字混响。每2~4把提琴用一只话筒拾音，离地板1.8m高，话筒方向向下。对中提琴的拾音也可用同样的方法。对大提琴拾音时，将话筒置于大提琴的琴马外0.3~0.6m、琴马与f孔中点靠右的位置。在把这些乐器混录为立体声时，把它们的声像均匀地偏置在两只监听音箱之间，使之成为一道"声幕"。如果只用一条声轨来记录弦乐，那么在缩混时要使用一台立体声效果器。

4）弦乐四重奏的拾音 把弦乐四重奏录制成立体声时，可使用一只立体声话筒或一对话筒。把它们置于乐队前1.8~3m处，这样可以同时拾取房间环境声。被监听的乐器声不应该出现在两只音箱之间的所有方向上，如果想把立体声声像变窄，则可用减小两只话筒之间夹角和分隔距离的方法来实现。

（5）竖琴的拾音

竖琴的拾音可用平直响应的电容话筒。如果竖琴是在管弦乐队中与其他乐器一起演奏的话，那么应把话筒置于发声板前方0.5m处，或者离演奏员左手0.5m处。对爱尔兰竖琴拾音时，可把话筒置于琴板上方的1/3行程、距离琴体0.15~0.3m的位置上。

如果需要更好的隔离度，可用微型全方向性电容话筒粘贴在发声板上。发声板内侧的话筒有更好的隔离度，发声板外侧的话筒则有更自然的声音，也可将一只心型电容话筒裹上海绵塑胶塞入竖琴背面的中心

孔内进行拾音。

（6）铜管乐器的拾音

铜管乐器的音域很宽，其基频为40Hz～4kHz，谐波成分可达20kHz。某些铜管乐器管口部分的声压级可达130dB。

对于小号、长号来说，管口辐射出的声音比较明亮、尖锐。当偏离管口时，声音中的低频成分加大，音色变暗（见图4-19）。一般为得到较丰满的声音，话筒设置在管口斜上方，偏离管20°～30°，指向号筒部分。也可正对管口在0.5～1m处拾音。而大号，可将话筒设置在管口的斜上方。圆号是比较特殊的乐器，它的管口是背向听众的，指向后方，所以听起来是铜管乐中最柔和的乐器，话筒一般是设置在前方，而不是对着号口，为了突出圆号的明亮度，可选用Sennheiser421或比较明亮的话筒。

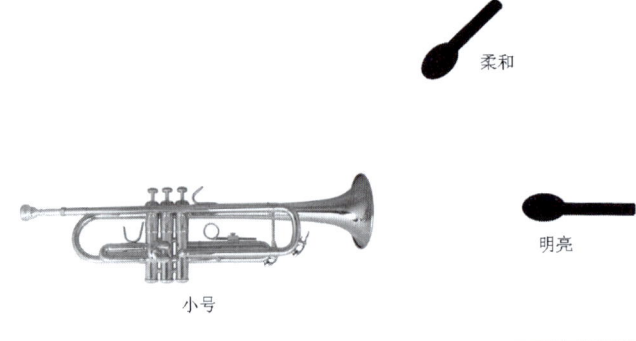

图4-19　小号的拾音方式

（7）木管乐器的拾音

木管乐器所发出的大部分声音不是来自管口，而是来自管孔。所以对它们的拾音，要把具有平直响应的话筒对准那些管孔，并与那些管孔保持0.3m左右的距离（图4-20）。

图4-20　单簧管的拾音方式

图4-21　萨克斯管的拾音方式

在要对位于管弦乐队内的木管乐器声部进行拾音时，要避免接收到来自其他乐器的泄漏声。为此，可用一只双方向性话筒，向下对准整个木管乐器声部。话筒的无效侧面，将切除泄漏声。

为流行乐队中的长笛拾音时，可将话筒对着吹口与第一指孔之间的区域，可能还需要一个防扑声滤波器。如果需要降低喘息噪声，可以用衰减高频成分或采用较远距离拾音的方法，也可以在管身粘贴上一只微型全方向性话筒，话筒位于吹口和指孔之间，话筒头露出管身之上数厘米。

为萨克斯管拾音时，距离喇叭口很近的位置拾音可获得明亮并伴有喘息以及相当硬的声音，要想得到温暖而又自然的声音，可把话筒距喇叭口约0.5m处，话筒的一半对准喇叭口（图4-21）。

为古典音乐独奏时拾音，可在距离木管乐器1.2～3.5m位置摆放一对立体声对话筒。

4.5 人声拾音的话筒摆放

4.5.1 独唱的拾音

独唱、领唱是流行歌曲中的最重要部分。对领唱的录音非常严格,首先,要为歌手建立起一个舒适的环境,配置好带有效果的优良的提示混录,帮助歌手及早进入歌曲演唱的状态。也可能要在歌手的耳机里关闭混响,这样做可以容易地听清楚音调。如果歌手的歌唱声较平稳,则可降低他们的耳机音量,反之亦然。

对于任何人声的录音,要求克服许多问题,而且要与歌手一起来处理问题。其中有近距效应、喘息声、宽动态范围、"哧哧"声以及从乐谱架上的声反射等问题都要着手解决。

(1)拾音距离

由于话筒的近距效应会提升人声中的低音成分。在正常的扩声系统里,这种低沉的声音还可以接受,但是在一个录音作品里,这种效应却能发出难听的"隆隆"声。要防止这种"隆隆"的低音,就要求歌手必须距离话筒20cm以外(图4-22)。一种受欢迎的话筒是选用具有大振膜(32mm直径)、平直响应的电容话筒。当然,也可以使用任何话筒来录得认为满意的声音。如果在话筒上设有低频切除开关,此时应置于"flat"(平直)位置一挡。

图4-22 典型的独唱歌手拾音方式

歌手应该保持与话筒之间的距离。可以请歌手张开手指,用拇指接触到自己的嘴唇,用小指接触到话筒。用这一跨度的手势,来保持恒定的拾音距离。

有些歌手往往做不到,而是经常要凑到话筒跟前发声。为此,只有给这些歌手拿着一只假话筒,让他们边唱边用保持距离的话筒来拾音。如果必须要在同一时间为歌手和乐队一起录音,如像在音乐会上,就必须使用近距离拾音,以避免歌手话筒拾取乐器声。可试用一只有低音衰减的心型话筒,并使用一种海绵防扑滤波器。由于是近距离拾音,所以应在调音台上切去多余的低音。先开始在100Hz处衰减至-6dB来一试,有些话筒为此目的而设有低频衰减开关。将话筒部分对准歌手的鼻子,有助于防止产生鼻音或称之为近鼻效应。所以,如果想要取得一种亲昵的、有喘气息的声音时,那么这种近距离的方法能很好地胜任。

如果要对古典音乐歌手伴随着管弦乐队的伴奏来录音时,则话筒应该距离歌手0.3~0.6m摆放。如果歌手是独唱歌手(可能有钢琴伴奏),这时可用一对立体声对话筒距离歌手2.5~4.5m处摆放,这样还可以拾取房间混响。

(2)喘息噗声

当歌词中带有"p"或"t"音时,会从口中喷射出"噗噗"的气流。这种"噗噗"气流撞到话筒上之后,会造成撞击声或类似于一种小型的爆破声,这种声音称之为"噗"声。为降低这种"噗"声,要在话筒上加上泡沫塑料防噗罩。有些话筒带有球状格栅罩来消除"噗"声,但是泡沫塑料的效果要好些。防噗罩用特殊的透气蜂窝状泡沫塑料来制成,它可以通过高频成分。为了更好地阻隔"噗"声,应该使泡沫塑料与话筒网罩之间有一个小小的空间。

泡沫塑料防噗罩也会稍许减弱高频成分,所以除了在室外录音或为了防尘的缘故之外,在室内乐器用话筒不用这种防噗罩,防噗罩不能降低喘息声或唇间噪声。为了消除这些问题,只能把话筒移远些,或者衰减某些高频成分。最有效的防噗罩应该是尼龙丝防噗罩,它把尼龙丝袜绷紧在一个圆箍上或者是一个穿孔的金属圆盘上。可以从商店买到或是自己动手用钩针编织圆箍来制成,把它置于话筒之前数厘米处。

另一种消除噗声的方法是把话筒往头部上方架高些再对准嘴部。这种方法是因气流射向话筒之下而被消除，提示歌手直向前方演唱，不要仰头正对话筒去唱，否则话筒将会拾取"噗"声。

（3）宽动态范围

歌手在演唱时，经常会时而引吭高歌、时而低声细语；时而向着听众发出尖响的声音，时而他们的声音被淹没在音乐声之内。那是因为，许多歌手具有比乐器的储备量还要宽广得多的动态范围。为了平滑那些过分超出的电平变化，可要求歌手使用专门的话筒技术。在大音量音节时，歌手要远离一些话筒；小音量时，则靠近一些话筒。或者由录音师来控制歌手的增益：在歌手发出大音量时轻轻地降低歌声的增益，反之亦然。

另一种解决方案则把歌声信号通过一台压缩器，压缩器将会起到自动音量控制的作用。把压缩器插入到歌声信号通路的插入插孔。对歌声的典型值设定为2：1的压缩比，-10dB阈值，3～6dB的增益减量。当然，对于某一位特定的歌手来说，可以做适合于歌手特征的参数设定。

如果歌手在演唱时他们的身体在前后方向上有所移动，那么歌声信号的平均电平将会有所起伏。所以要确保拾音距离至少应该在20cm之内，才不至于因少量的移动而影响歌手的信号电平。

如果因为要避免泄漏声或者是声反馈而必须要使用近距离拾音时，可要求歌手采用嘴唇接触海绵防风罩的唱法，这样可以保持歌手与话筒有相等的距离。然后用调音台的低频均衡器，衰减掉过多的低频（典型值是在100Hz时衰减至-6dB）。

（4）咝声

咝声是"s"或"sh"音的加强语气，它们在5～10kHz最强，会有助于提高可懂度。事实上，许多制片人喜欢这种"哧哧"般的"s"声，它把明亮的"咝"声加入到歌声的混响之中，但是"咝"声不应该尖叫或刺耳。

如果想减少"咝"声，可以用一只平直响应的话筒，而不用高频提升的、具有现场感声音的话筒，或者在调音台上对8kHz附近的电平做少量衰减。最好还是使用一台"咝"声消除器或使用插件程序，它们只有在歌手发出"咝"声的时候才对某些高频成分作出及时的衰减。

（5）来自乐谱架和天花板的反射

假如乐谱或乐谱架与歌手的话筒挨得较近，来自歌手的一部分声波直接进入话筒，从乐谱或乐谱架反射的另一部分声波也会进入话筒。被延时后的反射声，会对直达声进行干涉，结果产生一种像轻微空洞般的受到声染色的音质。

要防止这种现象，可把乐谱架降低一些，并且把谱架少许倾斜得几乎呈垂直状。在这种情况下，反射声将不会被反射到话筒上。

如果录音棚的天花板较低，被录的歌声可以因天花板反射造成的相位抵消而得到一种声染色的音质。这时可把话筒放低一些，并使用一种圆箍型的防噗罩。同时还应在歌手和话筒上方的天花板上贴上一块1m见方的泡沫吸声材料。

（6）歌声效果

一些受欢迎的歌声效果是立体声混响、回声和声音加倍等。可以对歌手在一间具有硬表面的房间内远距离拾音，来录得真实的房间混响。也可以试用一台可提供多种效果的歌声处理器，在一首歌曲的每一段落上，可以试用不同的均衡或施加不同的效果。

给歌声做声音加倍，可以给出比单一歌声声轨更为丰满的声音。在一条空白声轨上叠录上歌声的第二声轨，第二声轨与原始声轨同步。在缩混期间，将第二声轨的电平少许降低后再与原始声轨混合。也可以把一条声轨通过一台设定在15～35ms的数字延时器或者通过一台偏移10～15森特的音调移调器上的运行来做声音加倍。

4.5.2 伴唱的拾音

当要叠录背景歌声（和声）时，可把两位或三位歌手编成组，站在话筒跟前演唱。他们距离话筒愈远，则录得的声音愈有遥远的感觉。把这些歌手声音的声像做左右偏置，使之具有立体声效果。因为集中后的和声可使声音太低沉，所以在背景歌声中要衰减一些低频成分。

如果想要为每位背景歌手做独立调节的话，则要对每位歌手做近距离拾音，并且要以独立的调音台通路或独立的声轨来进行录音。

拾取具有优美、自然而和谐的男声或教堂四重唱时，要请歌手位于一只立体声话筒或一对立体声对话筒前面0.6~1.2m处。如果他们的平衡太差，则可采用近距离拾音方法，请每位歌手离话筒约20cm，并且在调音台上对他们做平衡，这也是一种更为"商用化"声音的做法。在近距离拾音时，歌手之间至少应该有0.6m距离的间隔，以防止他们之间产生相位上的抵消。

4.5.3 合唱的拾音

图4-23画出了为一个合唱队（唱诗班）拾音的三种方法。如果那些话筒也提供扩声应用或者如果场地非常嘈杂或者声场条件很差，则可使用近距离拾音，把话筒的声像偏置到所需的位置，再可加入人工混响（图4-23a）。否则，试用一对近重合对心型话筒（图4-23b）或者用一对分隔约为61cm的全指向型话筒（图4-23c）来拾取声音。调整话筒至合唱队（唱诗班）之间的距离，直至在监听音箱上听到所需要的大厅音响的总量时为止。

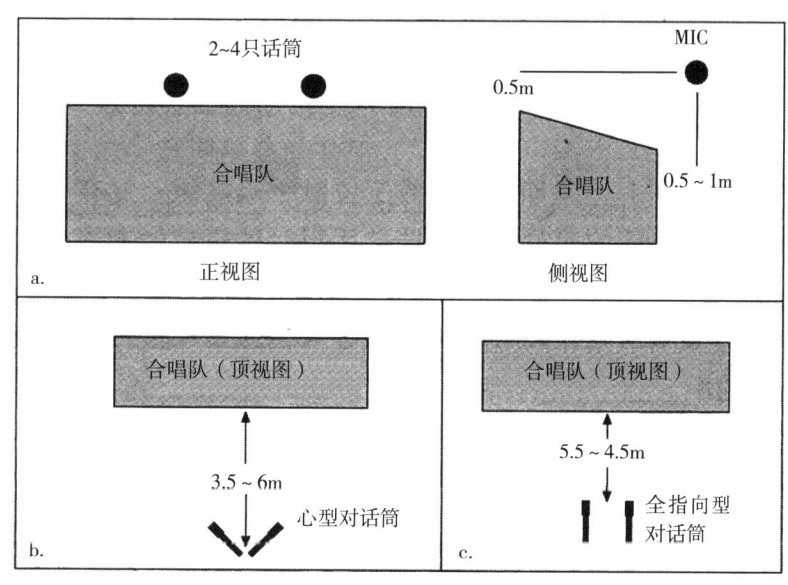

图4-23 合唱队的拾音方式

4.5.4 语声的拾音

在前面述及关于领唱歌手的一些要点也同样适用于口语的录音。要保证具有恒定距离的拾音，并要使用一个圆篦型的防噗罩。为防止声音反射到话筒上，要把台词本放在其倾斜角度几乎为垂直的谱架上，把话筒放在接近于谱架顶端的水平方向上。把台词本的每一页折叠起一个小角，便于在翻页时不会发出响声。

录音师和播音员要有相同的台词本，在每句读错的句首要做上记号。为便于编辑，播音员应该从每句读错句子的句首开始重读。

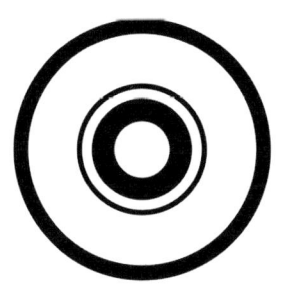
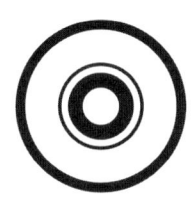

第2部分　音响技术

第5章 音响系统

首先要了解音响系统的概念，单单一只音箱或一台设备，是不能称作系统的，它们只是音响设备。而一套音响系统，是把音源设备、调控设备、周边设备、功率放大器和扬声器以及各种连接线、接插头组合而成，才称之为音响系统，也称之为音频系统或扩声系统。

5.1 系统配置方案

当配置一套音响系统时，先要结合使用场合来设置音响系统方案，一般来说音响系统分为专业扩声系统和民用扩声两大类。专业音响系统通常是指广播电台、电视台、唱片公司、剧场剧院、礼堂、多功能厅以及大型户外演出所使用的音响系统。这种专业音响系统，需要保证可调参数齐全，并且各项参数的精度要高，所以需要的设备种类多、数量多，还需要大量的线材和接插件才可以完成。专业音响系统必须通过专业音响人员才可以搭建和调试。而民用音响系统主要作为娱乐来使用，比如歌厅、家庭影院等场所。家用音响设备可调性低，无需专业人员进行搭建和调试。

5.1.1 音响系统的意义与作用

（1）音响系统的意义

音响设备，是指在输入声频信号的同时向听众传送信息并保证具有高清晰度、自然真实感和声像一致的电声换能设备和放大设备。音响设备的种类很多，但它们的工作原理基本上是相同的。

音响的用途非常广泛，音响的内容也极为丰富，有语言、音乐、戏剧、曲艺、电影等。音响分为室内音响系统与户外音响系统两大类。室内音响系统对室内音质的要求相当高（如音乐厅、电影院、剧院、厅堂等），受房间混响时间、回声干扰以及某些声音的缺陷影响较大。户外音响系统（体育场、广场、车站、码头、飞机场）的特点是反射声极小、无回声干扰，但扩声区域大，条件较为复杂，扬声器放置的最佳位置较难确定，受环境的噪声干扰也比较大，所以音质受到各种条件的影响，很难与室内相媲美。

在整个音响扩声过程中，无论是电声转换，扩声环境的声学特性，还是对各种声音的加工处理。无论是向观众区分配声能，还是对音质调整控制，都与声学理论紧紧联系在一起。音响扩声工作的原理有单声道重放系统、双声道立体声重放、多路立体声重放系统等。虽然扩声系统的种类很多，但它们的原理是相同的。

（2）音响扩声系统的作用

扩声系统的作用，主要表现在以下几个方面：

① 扩声的目的是为了加强观众席的响度（这里主要指直达声），使节目信号的声压级高于背景35dB以上，以获得高清晰度的音质。如果直达声较弱，就会被混响声及噪声掩蔽，而降低了清晰度。自然声源能

量是有限的，在室内容积大、观众人数多以及声学条件不能满足的情况下，必须借助扩声系统。

②通过扩声系统来改善厅堂剧场的音质也是一个重要目的，在一定程度上，可以弥补厅堂、剧场的声学缺陷，当然弥补的范围是有限的。

③从艺术角度来看，音乐、戏剧、舞蹈等文艺演出都需要借助扩声系统来美化修饰音色和加大音量、增强响度，而且还可以更好地渲染节目演出的气氛以感染观众。在任何地方进行演出扩声时，音响师都要事先做两项工作，一项是艺术设计，另一项是技术设计。

艺术设计要考虑节目的演出内容、形式和人数多少等，以解决用多少话筒，用什么样的话筒，话筒的设置安放等问题。技术设计要考虑用什么样的扩声设备，220V电源供电情况如何，电压是否稳定，用多少音箱，音箱的设置安放等问题。话筒越少越好控制，扬声器越多越会产生声音的互相干涉与重叠，而且还可能增加频率的峰谷值，降低声音的质量。

音响系统，通常由声源（包括电唱机、激光唱机、激光视盘机、录音磁带卡座、专业6.25mm录音机、电声乐器、键盘、合成器、录像机、调谐器等）、话筒、调音台、声音处理设备、功率放大器、扬声器系统等组成。有的设备与调音台和功率放大器组装在一起，使用起来更为方便，但发生故障修理起来就很困难。若没有声音处理设备，只使用一般简单的扩声系统也可进行正常工作，但无法达到高质量的扩声效果。要提高声音质量，使观众满意，就必须配备完整成套的声音处理设备——包括均衡器（EQ）、混响器、延时器、压限器、激励器、降噪器、陷波器、变调器、杜比解码器、环绕声处理器、电子分频器及控制器等。当然，声源设备、声音处理设备及话筒数量的多少，应要根据工作的性质和实际需要而定，不然会造成很大的浪费。

扩声的基本任务就是要保证在剧场、礼堂、音乐厅、电影院、会议室、歌舞厅、车站、公园等场所都能使声音听得清楚、听得好听。要做到这一点，首先必须适当控制和处理好室内的混响时间。有许多地方声音听不清楚，往往是由于混响时间太长、声功率不够、扬声器分布的不合理和安装的位置不恰当等原因造成的。同时还必须使观众（听众）席有足够的直达声，这就要求尽量减小扩声系统的声反馈，使功率放大器音量开到足够响的程度而不会引起啸叫，而且要求扬声器发出的声音尽量有效地射向听众席上，使射向墙顶和舞台等其他部位的声音尽量减小，这对混响时间较长的厅堂更为重要。

另外，整套扩声设备要有较高的技术指标，能够达到高保真度的要求，而且还要求整个扩声系统具有好的可靠性和稳定性。厅堂声场分布要均匀，避免回声或噪声的干扰，使观众无论坐在什么位置上，声音的响度感觉都差不多，观众都能听清楚。

要做好各类扩声，不仅仅是个设备问题，在某种程度上也涉及是否能够正确使用、操作和维护设备的问题。音响师必须熟悉所使用设备的功能和系统的连接。日常维护工作也很重要，它是保证扩声正常工作的重要一环。同时，音响师还应具有较高的艺术修养和音乐素质，这样才能做好扩音工作。

5.1.2 各种类型音响系统的配置

（1）家用娱乐音响系统的组成

家用娱乐音响系统的组成如图5-1所示。家用娱乐音响系统属于用户在家庭中或者卡拉OK包房中使用，服务器、触摸屏、机顶盒、无线话筒组成卡拉OK系统，而视频播放器可以连接电视机或投影机观看视频，前级处理器不仅提供多种输入方式及音量控制，同时还内置了一些简单的功能参数和内置程序，一般包含均衡器、压限器、混响延时器等。为了满足家庭影院的环绕声效果，采用了带5.1环绕声输出的后级放大器及5.1扬声器组。

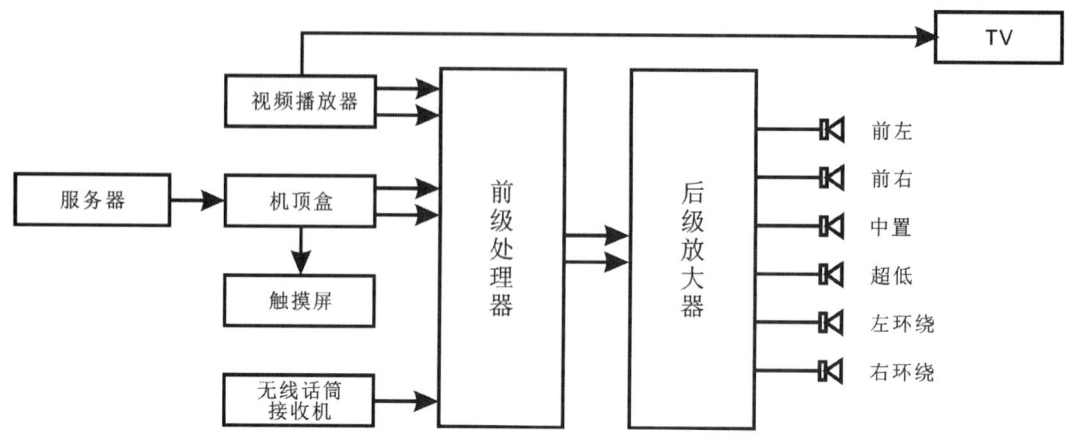

图5-1 家用娱乐音响系统

(2) 会议室专业音响系统的组成

会议室专业音响系统的配置组成如图5-2所示。一般适用于机关单位的会议室，主要配备了可以控制话筒开启数量的手拉手会议话筒系统，这样可以避免话筒数量多而产生的声反馈，同时还配备了无线话筒和音频播放器，将这些音源送到调音台进行音量与音色的控制，再由调音台，输出到均衡器，利用均衡器可以对声场缺陷进行补偿，最后送到功放及扬声器。

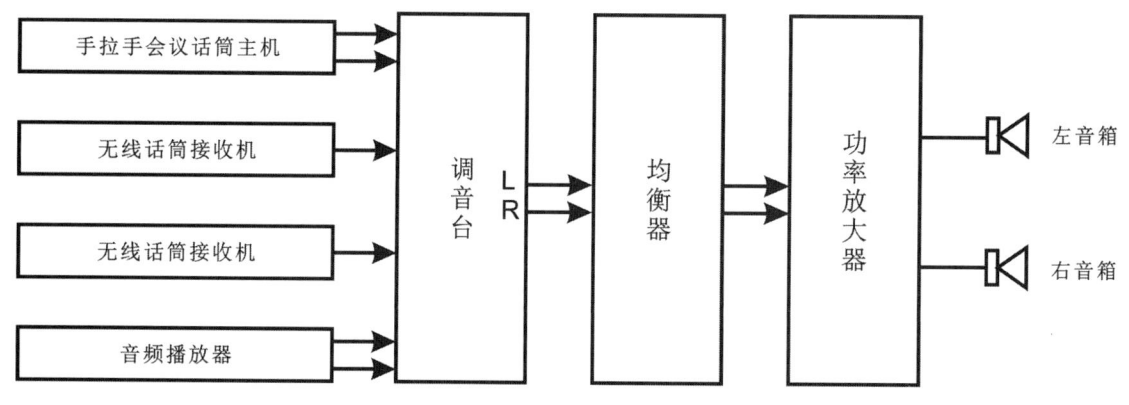

图5-2 会议室专业音响系统

(3) 户外演出专业音响系统的组成

户外演出专业音响系统的配置组成如图5-3所示。户外演出特点是场地大，演出节目多样，音响系统复杂，调试难度高。

因为演出节目不同，所以配备了有线话筒、无线话筒、DI BOX，还有音频播放器播放音乐，将这些音源输入到调音台。在户外演出用的调音台需要满足音源输入通道数量，还要满足足够多的输出通道，并且面板各项功能、参数要齐全。然后通过主输出LR送到均衡器进行声场缺陷补偿，再送到压限器进行信号的压缩处理，再送到分频器，由分频器输出2分频（高音、低音）给不同的功放，再由功放送到主音箱和低音音箱。通过调音台的辅助输出通道（AUX）送出信号给混响延时器，利用混响延时器可以对信号进行美化作用，再由混响延时器输出返回到调音台输入通道。

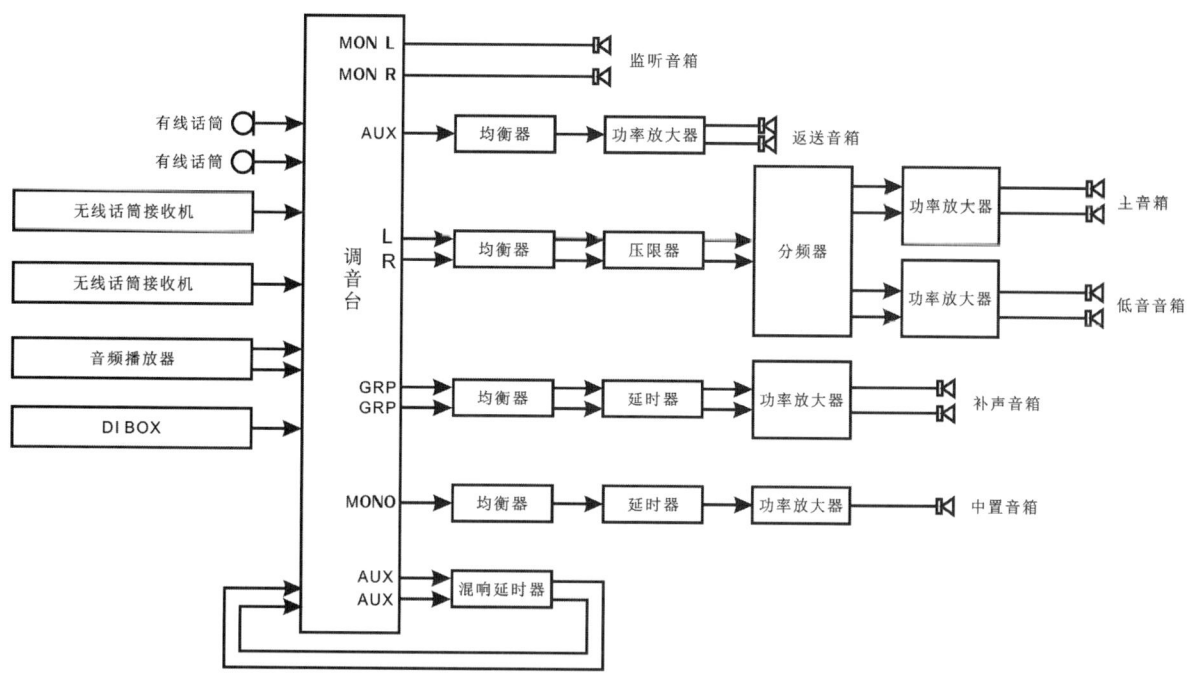

图5-3 户外演出专业音响系统

因户外场地大，所以主音箱不能覆盖全部的听众区，所以就需要添加补声音箱。补声音箱一般分为后场补声和中置补声，中置补声一般从调音台的MONO输出通道输出，经过均衡器处理后送到中置补声功放，再由中置补声功放送到中置补声音箱。而后场补声则通过调音台的2路编组通道（GRP）送到均衡器处理后再送到延时器，延时器的作用就是将后场补声音箱的声音进行延时，这样保证主音箱的声音和后场补声音箱的声音同时到达人耳，避免了声像不一致，再将延时后的信号送到后场补声功放，再由后场补声功放送到后场补声音箱。

舞台演员的信号是通过舞台返送音箱获得的，一般通过调音台辅助输出通道（AUX）送出到均衡器，经过均衡器处理后送到舞台返送功放，再由舞台返送功放送到舞台返送音箱。

5.1.3 音响系统连接的意义与要求

（1）连接的意义

随着电子技术的飞速发展，我国的电子元件及音响设备的质量有了很大提高。音响设备要按严格的国家或国际标准进行生产，每种设备都有详细的技术指标说明书。由于每一类设备都是按统一标准生产的，因此各厂家的同类产品是可互换的，这为用户提供了更多的选择余地。由不同厂家生产的设备组合而成的音响系统随处可见，于是，音响系统的配接，即各设备间的连接就成了扩声工作中经常遇到的一个重要的问题。

扩声系统设备的连接包括机械配接和电气配接，放大器与扬声器间的配接，放大器和输入设备的配接，话筒、扬声器的配接等。

扩声系统电气配接又包括三个部分：一是阻抗的配接，指前级扩声设备的输出阻抗与所连接的后级设备输入阻抗之间的配接；二是电平配接，指系统中各配接端子间的电平关系；三是平衡状态，指系统设备输入、输出端子的平衡和非平衡状态。

扩声系统设备之间的连接（包括配线及管线的设计和施工），是决定扩声设备优劣的重要因素之一。

如果此项实施不当，即使使用优质的设备，也会出现机振、杂音、干扰、音量不足或音质不良等许多问题，甚至会造成放大器等设备损坏。

显而易见，只有正确掌握扩声系统设备的连接，才能充分发挥扩声设备的效能，保证扩声系统正常工作。

（2）连接的基本要求

1）信号电平要满足要求标准

两种设备连接以后，它们之间的信号电平一定要适当。如果前一设备输入到后一设备的信号电平过大，就可能会使后一设备产生非线性失真。相反，如果前一设备输入到后一设备的信号电平过小，则会降低音响重放系统的信噪比。因此，当前一设备输入的信号电平过大时，要使用后一设备的衰减电路把输入的电平降低。如果前一设备输入的信号电平过小，则应在后一设备中将输入的电平进行提升。调音台主要靠使用不同的输入插孔或PAD转换按键及增益旋钮来解决输入的信号电平过大或过小的问题，而其他设备（诸如效果器、激励器等）则主要靠调整其各自的输入电平旋钮来实现，信号电平过大时，向左旋一些，信号电平过小时，向右旋一些。

2）输出和输入阻抗要匹配

阻抗的匹配问题，主要集中在音源与调音台、功放与音箱之间。其他专业音响设备，由于标准统一，基本上没有匹配严重失调的问题。

专业调音台在设计上已经考虑了其前端设备同其相连时的阻抗匹配问题。一般而言，只要将话筒连接到MIC插孔，将前端非话筒设备（如VCD机、LD机等音源设备）连接到线路（LINE）插孔就可以了。大型的专业调音台的话筒接口都为卡农接口，而线路接口均为6.25mm直插接口。诸如VCD机等音源设备，绝对不能连接到话筒插孔中，而话筒视其情况有时可以使用线路插孔，比如，当使用的话筒为非平衡高阻抗（2kΩ）且灵敏度较高的话筒时。但最好不要这样使用（缺连接线应急时可使用），因为这也是不符合阻抗匹配原则的，调音台的线路输入一般有几十千欧姆。

另外，值得注意的是功率放大器同音箱的阻抗匹配问题，这一问题在选购设备时就必须考虑到。功率放大器的额定输出阻抗一般在4~16Ω，而音箱的输入阻抗也多为4Ω、8Ω、16Ω这三种。虽然有的功率放大器的说明书中提到它对4~16Ω这一范围的音箱都适用，但这是有前提的，或者说是非标准的。因此，这类说明书中又加了一个推荐输出阻抗。这个所谓的推荐输出阻抗，才是真正意义上的最佳输出阻抗。选择设备时，应以这一阻抗来考虑设备的选择。如果用一台功率放大器推动一对音箱，选择时，功率放大器的输出阻抗必须同音箱的输入阻抗相同。如果是考虑用一台功率放大器推动多对音箱，则在选择时，应考虑到多对音箱是如何连接的，它们连接以后的等效输入阻抗是多少，这时选用的功率放大器的所谓推荐输出阻抗应该与等效输入阻抗相等才行。当然，这种以一台功率放大器推动多对音箱的做法，还必须考虑到功放和音箱的输出功率的匹配问题。

3）线路连接方式要合理配接

设备间相接的线路有平衡式与不平衡式两种。所谓平衡式，是指声音信号用两芯屏蔽传输线传输，两根芯线对地的阻抗是相等的。所谓不平衡式，是指用两芯屏蔽传输线传输，但有一根芯线接地，等同于单芯屏蔽线。当平衡输出与不平衡输入相接时，应加匹配变压器。VCD机、DVD机、电唱机等的线路输入或线路输出多为不平衡式，专业用话筒输出、调音台话筒输入、专业录音机等则多为平衡式。平衡式可以防止因线路长而受电场干扰。功率放大器的输出为低阻抗不平衡式，它可接4~8Ω的扬声器，或接4~40Ω的耳机。无论是平衡式还是不平衡式，连接时都要可靠接地，因为不良的接地会引起感应噪声。有关连接的具体问题将在后面论述。

4）频率范围要与音源频响相一致

音响设备相接时应考虑频率范围的协调问题。如果在整个音响系统中有一台设备的频率范围很窄，则整个音响系统的频响就要变坏。因此，由各种设备组合起来的音响系统，必须保持高低音的平衡，既不能把频响特性很差的设备插入其中，也不应把在性能上大大优于其他设备的设备插入。例如，若把一对特优的音箱接在一般音响系统中，不但不能提高声音质量，反而会暴露该系统的缺点，把不该重放出来的噪声也重放出来，因此要考虑频率的互补性。在音响系统中，低音与高音固然重要，但也不能忽视中间音。过去在处理频响特性上曾有这样的经验，即高、低声频率相乘应等于800kHz，比如高端到20kHz时，低端应在40Hz截止；高端到8kHz时，低端要在100Hz截止，以此类推。这样配合，其频响特性均匀，声音悦耳。当然这不是绝对的，根据不同节目还要进行必要的频率补偿。要保证音响系统高质量放音，首先要求功率放大器的频响要比其他设备宽，其次要求扬声器系统频响宽且均衡。

5.2 系统电平匹配与调试

5.2.1 电平的概念

在现代广播、电影、电视、音响系统中，级和分贝经常出现，一个量的级的定义，是这个量与同类基准量的比的对数，其对数的底、基准量和级的类别一定要加从说明。级的类别通常在前面加词冠来说明，如：电平、磁平、声压级、响度级等。对数的底，以及用的比例常数则由所用单位，如：分贝、奈培等来说明。

奈培是级的单位，其对数为自然对数，底为e。量为场量（电压.电流）或功率的平方根，符号是Np。奈培在电信技术中使用，在广播、电视中测量音频电缆时也用奈培（Np）。分贝是贝尔的十分之一，称"分"贝尔，简称为分贝，符号是dB。这些单位都是由电信技术中引用来的，在广播、电视、音响系统中，常用的是分贝（dB）。奈培与分贝的关系是1Np=8.686dB。

电平是指某一测量点与某基准值的比较（如功率、电压、电流等）。通常情况下，电平均指绝对电平，如几种常用的绝对电平：dBm、dBu、dBv、dBr、dBfs等。

绝对电平 = $20\log(V_2/V_0)$ dBm。V_2为某测量点电压、V_0为某基准值电压。绝对"零"分贝电平是指功率为P_0 = 1mW，电压V_0 = 0.775Vrms，电流I_0 = 1.228 mA，阻抗为Z_0 = 600Ω时，称绝对"零"分贝电平，即：0dBm。

相对电平：是指某一测量点与某基准值的比较（如功率、电压、电流等）。相对"零"分贝电平 = $20\log(V_2/V_1)$ dB。如某一测量点电压为0.775Vrms、其基准值电压也为0.775Vrms时，即$V_2 = V_1$时，称作相对"零"分贝电平，即：0 dB。值得注意的是，此时，某一测量点的阻抗和基准点的阻抗应相同。

5.2.2 电平匹配的意义

为保证扩声系统的正常工作并达到高质量的传输，各级电平配接必须正确无误。声音信号在扩声设备间通过时要经过许多环节，为了使信号在各环节能正常通过，必须控制通过各处的信号电平，其中包括各级设备的额定工作电平和各级设备的最大输入或输出电平以及最小输入或输出电平。

一般常碰到输入信号太弱、后级放大器的灵敏度太低的情况。如果这时将信号源直接与后级放大器相接，就会因信号太小无法保证放大器正常工作。要解决这个问题，必须在放大器前面增加合适增益的前置放大器，以提高输入信号的电平。如果输入信号的电平在-60~70dB（600Ω），而线路输入电平为0dB

（600Ω），那么它们的实际电平差有60～70dB。这时即使功率放大器和扬声器功率都很大，扬声器能发出的声音也很微弱。要获得足够响度，只有在话筒与线路之间增加前级放大部分，放大增益为60～70dB最为合适。

但有时也会碰到不是输入信号太弱而是输入信号太强的情况，这时整个扩声系统会产生过载失真。显而易见，电平匹配在设备连接中也同样重要。如果匹配不好，将会出现激励不足，或者因过载而产生失真。这两种情况，都会使系统不能正常工作。

在扩声系统设备中，一般都规定了额定输出电平或额定输入电平、最小输出电平或最小输入电平、最大输出电平或最大输入电平，它们通常按有效值计算。要做到电平匹配，不仅要在额定信号状态下匹配，而且在信号出现尖峰时也不发生过载。优质系统峰值因数至少应按10dB来考虑（峰值因数定义为信号电压峰值与有效值之比，以分贝表示）。

这里所说的电平，一般是指电压电平（B_u）。所谓电压电平，是一个电压与一个参考电压U_0之比的常用对数乘以20，单位为dB，即：

$$B_u = 20\lg \frac{U}{U_0}$$

其中，参考电压可以是不相同的。按照IEC规定，最好以1V为参考电压，也可以以1mV或以1μV为参考电压，其对应电压电平的单位分别记为dBV、dBmV、dBμV。

此外，还经常使用dBm，即以在600Ω电阻负载上产生1mW功率时的电压为参考电压，也就是以0.755V为参考电压。但dBm只限于负载为600Ω时的特定情况，这是需要注意的。有些厂家在负载不是600Ω时，仍将电平以dBm表示，这是不确切的。有些厂家常将dBm用dBs或dBu表示，在阅读产品说明书时需加以注意。

如果电平不能直接匹配，就应采取适当的变换方法，使电平达到匹配。如采用变压器，或者电阻分压网络。当然，在变换时也同样应考虑到阻抗匹配问题。

总之，现代扩音系统设备都是按标准设计的，只要在设备选型和系统调音时加以注意，即可满足电平匹配的要求。

5.2.3 分贝值的种类与计算

在广播、电影、电视、电声系统中，用十进对数表示的比值为贝尔。取贝尔的十分之一 称为分贝尔，简称分贝。分贝（dB）在电学、声学、磁学中均有广泛的使用。

在电学计量中分贝（dB）是一种"电平"单位。

在声学计量中分贝（dB）是一种"级"的单位，如：声压级、声强级等。

① dBm：是以0.775 Vrms（阻抗为600Ω）为参考电压的电平单位；

② dBu：是以0.775 Vrms（阻抗不限）为参考电压时的电平单位；

③ dBv：是以1.0 Vrms（阻抗不限）为参考电压时的电平单位；

④ dBr：是相对参考电平单位，测量电声系统的幅频特性时常被选用；

⑤ dBfs（dB full scale）：是数字音频信号电平单位。

表5-1为某一电声系统所测量的幅频特性，用不同单位表示时的实际值。用dBu表示时，如表中第一行所示；用 dBr表示时，如表中第二行所示（取1kHz时的0 dBr = 4 dBu为准）。显然，用dBr表示时，幅频特性的优劣更为显而易见。

表5-1　　用dBr与dBu表示幅频特性的比较

Hz	20	125	500	1k	10k	20k
dBu	+1	+2	+3	+4	+6	+2
dBr	-3	-2	-1	0	+2	-2

（1）数字满刻度电平（0dBfs）

0dBfs是满刻度的数字音频参考电平，称数字满刻度电平。是指在数字音频系统的数字域中，对最大值所对应的A/D或D/A变换器所能转换的模拟信号不被削波时的信号电平。它用于带有A/D或D/A转换器的数字音频设备，是一项"满刻度"指标。"满刻度"是指：转换器可能到达"数字过载"之前的最大峰值电平，满刻度电平值是由转换器内部设计所决定的一个固定电平值。

0dBfs对应 +24dBu，是我国的广播电影电视行业标准。其最大可能编码的电平值用与其相对应的模拟信号电平值表示。所采用的编码方式，至少相当于16比特均匀精度。目前，已成为中华人民共和国国家标准GB/T14919-1994《数字声音信号源编码技术规范》的一种规定。

在广泛地对节目信号录制的研究中得知，节目信号瞬态电平的大小与声音信号的类型有关，有训练的播音员讲话的瞬态电平可达（14～18）dB；而大型交响乐的瞬态信号电平可以达（18～20）dB。以在数字方式录制节目时，信号峰值储备量应尽量包含较宽的瞬态值，以减少削波失真。所以在录制动态较大的节目时，其信号峰值储量一般应在20 dB左右。这也说明0dBfs对应模拟信号电平为 +22dBu的数字设备能继续使用。

根据我国广播电影电视行业标准GY／T 192-2003《数字音频设备的满刻度电平》的规定，电声系统的工作电平为15dBu而最高峰值电平为24dBu。

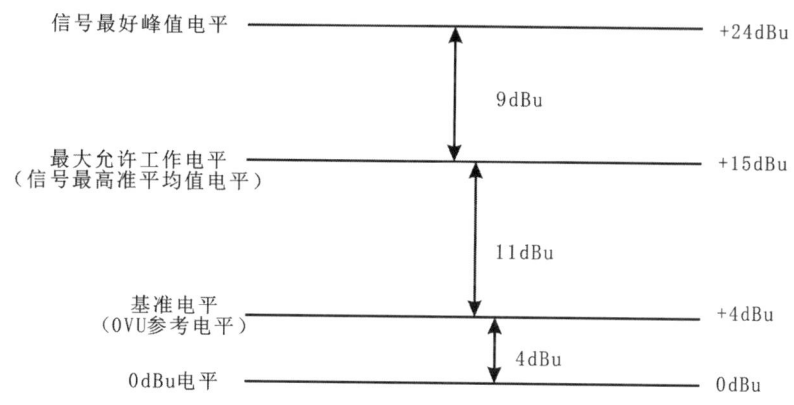

图5-4　我国的广播电影电视行业标准

图5-4的说明如下：

① 0VU对应+4dBu为基准电平，这是电声系统的选择所决定的。

② 11dBu是节目信号最高准平均值电平，比基准电平（0VU参考电平的+4dBu）高11dBu。即节目信号最大允许工作电平（其中基准电平4dBu + 最高准平均值电平11dBu）为15dBu，这个电平也就是该电声系统的"工作电平"。

③ 9dBu考虑到节目信号的瞬间峰值，应留有（9～12）dBu的电平储备量，这里选择为9dBu，当然根据实际需要，储备值也可有不同的选择。若储备量选择过大，系统的信噪比将随之降低，所以这个储备量

值的选择应当慎重。

欧洲广播联盟（EBU-R68-2000）的规定为"0dBfs对应+22dBu"，如图5-5所示。

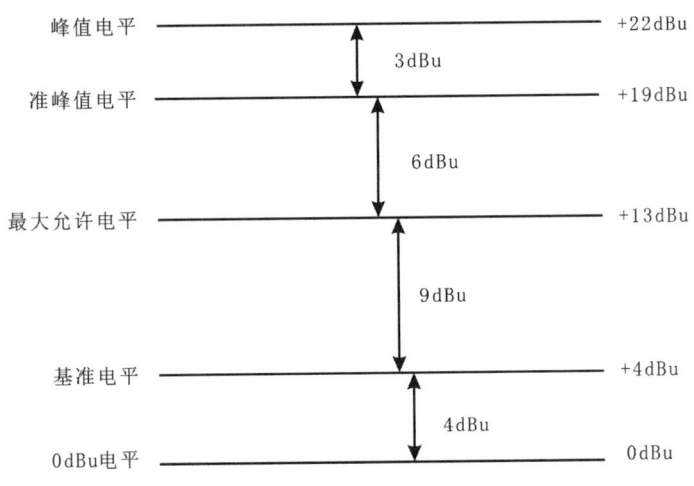

图5-5 欧广联标准的电平图

图5-5中的说明如下：

① 9dBu：节目信号最大允许电平比基准电平高9dBu，实际上是比0dBu高+13dB。

② 6dBu：考虑到操作误差和节目信号瞬间峰值的影响，应留有6dBu的电平储备余量。

③ 3dBu：考虑到广播用准峰值表的特性，实际的瞬间峰值比准峰值表的指示要高3dBu。

④ 在数字设备中，数字音频信号编码电平的基准电平应比系统最大可能的峰值电平低18dBu。

⑤ 数字音频设备的校准信号为1kHz的简谐信号。

（2）数字电平（dBfs）与模拟电平（0VU）

那么数字电平（dBfs）与模拟电平（0VU）有什么关系？

VU：是声音信号的音量单位，在电声工程中用于对节目信号强度进行计量的专门仪表，称之为：音量单位表，也称音频节目表。这种专门仪表是采用平均检波器（二极管桥式整流器）并按简谐信号的有效值来确定刻度。因此，它是一种准平均值表。

0VU是声音信号的参考电平值，一般用于节目信号测量时的准平均值为+4dBu（1.228V）。当测试信号为1kHz的简谐信号时，"0"VU是否对应+4dBu电平值，要取决于节目信号的峰值因数大小。当节目信号的峰值因数为6dB时，虽然"音量单位表"指示值为"0"VU，但此时所对应的峰值电平却是4dBu+6dBu为10dBu。

数字音频信号编码电平（dBfs）与音量单位（VU）表指示的对应关系，是数字音频节目信号与测试信号（1KHz）在通过被测系统后用VU表测量时读值是不一样的，如图5-6所示。表5-2为测试信号在（频率为1kHz简谐

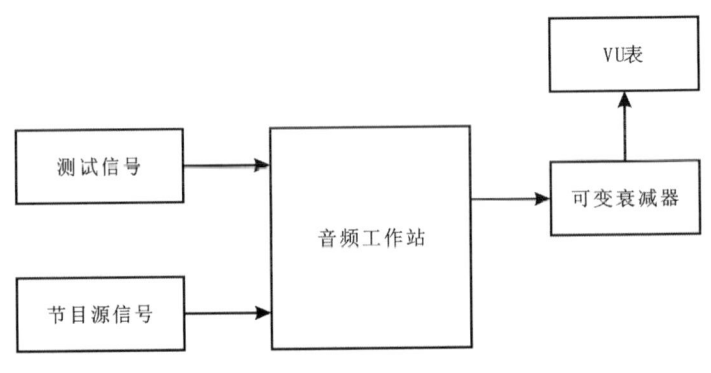

图5-6 测量时用于"对应关系比较"的方框图

信号）情况下测得的数据（注调音台增益为1）。

表5-2　　　　　　　　1kHz信号编码电平（dBfs）与VU表指示对应状况

测试信号电平值	编码电平	对应模拟电平	VU表指示值	对应电平
+24dBu	0dBfs	+24dBu	0VU （加20dB衰减量）	+4dBu
+10dBu	-14dBfs	+10dBu	0VU（加6dB衰减量）	+4dBu
+4dBu	-20dBfs	+4dBu	0VU	+4dBu
0dBu	-24dBfs	0dBu	-4VU	0dBu

从表5-2中不难看出，当测试信号为音频1kHz简谐信号时，数字编码电平与VU表音量单位电平有固定的相应关系。

表5-3　　　　　　　　节目信号编码电平与VU表指示不对应状况（峰值）

节目电平值	编码电平	对应模拟电平	VU表指示值	对应电平
S节1　+24dBu	0dBfs	+24dBu	-4VU	0dBu
S节2　+10dBu	-14dBfs	+10dBu	-4VU	0dBu
S节3　+4dBu	-20dBfs	+4dBu	-4VU	0dBu
S节4　0dBu	-24dBfs	+0dBu	-4VU	0dBu

表5-3为节目源信号（分别在S节1峰值因数为24；S节2峰值因数为10dBu；S节3峰值因数为4和S节4峰值因数为1等）情况下测得的数据（注调音台的增益为1）。

综上所述，电声系统中加音频测量信号（1kHz）时，数字编码电平与音量单位表（VU）有固定的对应关系，而在其他节目信号时，这个对应关系就不存在了。下面给大家介绍一种快速计算分贝值的方法，如表5-4所示。

表5-4　　　　　　　　　　　分贝值的简便算法

放大比	操作	分贝（dB）值	准确值
1	×0	0	0
2、3、4	×3	6、9、12	6.02，9.502，12.04
5、6	+9	14、15	13.97，15.60
7、8、9	+10	17、18、19、20	16.90，18.60，19.08，20.0
10^2	20×2	40	40
10^3	20×3	60	60

5.2.4 系统电平的调试

（1）输入电平的调整

调整输入电平的目的是使整个音响系统都处于最佳工作状态，而经过处理的声频信号，又处于最佳的高保真状态。

了解和熟悉各声频设备输出的电平值，并对设备输入电平进入调音台时需放大和衰减的量做到心中有数，就可以进行实际调整。例如，家用卡座和VCD机、DVD机的输出电平都是在-10dBm，即245mV，那么通过调音台线路输入，并调整其增益和通道衰减器，使其信号电平放大到775mV，即0dBm。又如，话筒的输出电平有-60dBm，那么其信号电平只有0.775mV，那必须调整增益旋钮和通道衰减器使其到达775mV，即0dBm的电平量。还有一些专业器材的输出电平是+4dBm，其电平已达到了1.228mV，这就要通过输入通道上的衰减器将其衰减4dB，使其电平值为775mV，即0dBm，这样就可得到一个标准工作电平状态。

（2）输出电平的调整

从调音台输出到周边设备，也应该使其输出电平与后级设备的标准工作电平相一致。如DODSR系列均衡器，它的工作电平在-10～+4dBm，即245～1228mV，那么调音台上输出的信号电平限制在这样一个幅度，就会使后级设备处于最佳工作状态，如果高于或低于这个范围，就会给声音的质量带来影响。结果是电平大了产生失真，电平小了又会增加噪声。

（3）电平匹配

用一个1kHz的粉红噪声信号从调音台输出，使调音台的电平信号指示处于0dB刻度上，然后分别调整周边设备的电平输入量，使这些周边设备的输入信号0dB指示灯都点亮。这样做的结果，就是使整个音响系统的输入、输出电平保持一致，使各种各样的音频信号能毫无障碍地通过。当然，经过调整处理过的电平输送给功率放大器时，应符合功率放大器要求的输入灵敏度参数，如0.775V（0dBm），或是1V（2.2dBm），或是1.228V（+4dBm）。

（4）电平调整的注意事项

① dBv、dBm这两个电平单位所对应的实际电压是不同的，多数音响设备使用的参数单位也是各不相同的，所以在调整电平时，一定要把这两个电平单位所对应的实际电压值计算清楚，并且要换算成一个统一的电平单位，这样才能使我们在实践操作中更准确地调整电平。

② 调整输入电平时，调音台通道上的均衡器旋钮要全部置于0刻度线位置，而后边的周边设备的各功能旋钮和均衡器的频率衰减器也应置于0刻度线位置。

③ 在调整多路电平输入时，要考虑到多路电平叠加时所产生的增益，即当某一路调整到标准电平时，要向下衰减6dB，使得当多路电平叠加时的总电平与标准要求相等。而调整各通道时，总输出的衰减器应一直置于0dB刻度线上。

④ 用纯音信号调整电平是调整整个音响设备通道的第一步，在实际播放音乐音频信号时，还要做一定量的修正。这时的调整是根据音响调音员对音乐的音质做出的主观听音评价来进行调整的。调音台上均衡旋钮的调整，是在现场演出中需要临时改变一下音色时才进行的调整。而在系统调整时，是不涉及调音台均衡器的。

⑤ 对输入电平的调整，保证电平匹配是一项很重要的工作。在单独调整输入电平时，不连接音箱或不打开功率放大器，对信号的监听可以通过耳机来进行。对输出电平的调整不光是看电平指示灯，还要通过耳机来进行监听，把耳机监听旋钮从最小慢慢调大，直至感到音量舒适，然后再打开整个系统。这样做的目的是为了音箱系统的安全，防止在系统调整时对音箱造成损害。

⑥ 对话筒输入通道电平的调整是以不发生啸叫的声反馈为前提的，所以必须把功放和音箱打开，放出声音。如果调整引起了声反馈，那么整个调整就会变得毫无意义。解决办法是在31段均衡器上，找出跟啸叫频率相对应的频率位置，并衰减这个频率，直到声反馈消失为止。

5.3 系统相位与声像检测

5.3.1 声像与相位的概念

（1）声像

声像又称虚声源或感觉声源。当人们在听音环境良好的音乐厅欣赏音乐时，毫无疑问地能体会出一种身心的愉悦。这除了作品本身的感染力和演奏者高度技艺以及听者的艺术素养以外，也与人耳的听觉能体现出音乐的现场感和包围感不无关系。精于乐感的行家或"发烧友"，即使不看舞台也能细微地分辨出小提琴在左前方、鼓在左后方、钢琴在右前方、大提琴在右后方、长笛在中前方而黑管在中后方等声部的空间位置。利用一个完善的立体声记录和重放系统（包括良好的还音环境在内），当人们再度聆听时，仍然可以分辨出上述的各乐器的位置。这种在听音者听感中所展现的各声部空间位置，并由此而形成的声画面，通常称为声像。

用两个或两个以上的音箱进行立体声放音时，听音者对声音位置的感觉印象，故有时也称这种感觉印象为幻象，声音图像的空间分布由人的双耳效应决定。立体声放音正是以声像的形式再现原来声音的空间分布，从而使人们产生一种幻觉，诱发立体感觉。利用立体声技术，还可以人为地改变原来的声像位置，通常称为声像移动。

现今的立体声，普遍采用生源为两声道系统。这类双声道立体声，除了双耳定位机理外，还有赖于双声源的哈斯效应与德·波埃效应。

（2）相位

声波的一个振动周期等于360°，在这一个振动周期中，一个振动点（或粒子）所达到的阶段用度来表示，如果是0°~180°与180°~360°的关系，也就是我们说的正值与负值的关系，它们的相位是相反的。

在物理学中，相位的概念是反映交流信号任何时刻的状态的物理量，交流信号的大小和方向是随时间变化的。

在音响系统中，相位是对声场中量感变化相对而言的，于是便有了同相与反相对音响系统的影响问题。两个频率相同的音频信号从功放输出，如果一个音箱的信号反相，那么这个相位的差叫作相位差，或者叫作相差。在物理学中，这两者的相位差正好等于180°，这种情况叫作反相位，或者叫作反相。

在声场环境中，相位是相对听音位置来说的，单个音箱时也可以说是相对它的中轴线来定义的。

5.3.2 相位的检查与解决方法

在扩声系统中，由于话筒信号输出线或音箱功率信号输入线极性接反，以及系统存在的相位失真等原因，会造成各种各样的声音反相位或相移问题。声音相位关系的正确与否（尤其是反相），将直接影响声音还原质量。但是，音响界似乎对系统的反相和相移并没有给予高度重视。多数音响工作者将系统连接完毕以后，根本不考虑话筒和音箱的相位。在进行设备和系统调整时，也不考虑由于调整而有可能带来的一系列相位失真，这对于现代音响系统来说，无疑是个缺憾。

对于电路中的相位问题，目前国产测试有些设备可以直接检测出线路中是否有反相问题。但不能在整个电路连接好之后再测，如果中间有两条串接的线反相，则负负得正，所以电路中需要分段测量其相位。

（1）电源相位

如果一套音响系统中设备所采用的电源相位不一致，例如：功放用A相供电，调音台或周边用B相供电，当设备消耗电功率程度不平衡时，相位高与低所产生的差异，会使某些设备电压高或低，导致工作不正常，从而对整个系统带来一些不良的干扰，如哼声、电流声等，也有可能会因为相位差异过大引起设备的损坏。

解决方法：音响系统中最好使用同相电源供电，或者A、B、C相电源供电尽量分配平衡，以免出现上述不良干扰。通常的做法都是用同相电源供电，因为要使A、B、C相电源供电平衡是件比较繁琐的事。

（2）话筒相位

话筒相位是指如果有多只话筒同时使用，有一只话筒反相，会导致整体拾音产生不平衡感。拾音话筒接近者，会抵消信号，声音发闷，动态不足，有压抑感。而同相的两只话筒近距离一起拾音时，易造成信号重叠，加大正反馈的产生，从而产生自激（声反馈现象）。话筒相位反相的原因也有可能是话筒线插头焊接掉了或者是焊接反了。出现反相后，要对话筒间相位做同一校正，使所有的话筒间输出信号相位保持同相状态。

解决方法如下：

① 在多只话筒中，首先确定一只真实相位相同的话筒，将这只话筒作为基准话筒。一般来说，在所有音箱之间为同相关系的情况下，同一型号话筒中拾音效果相对最好的那只话筒肯定是真实相位同相。确定了真实相位同相后，将被检查话筒与基准话筒的头部紧靠在一起，用话筒拾取同一声音，输出音量声源音量增加而增加的为同相，否则被检查话筒为反相。重复以上步骤，就可以检查出所有的反相话筒。

② 对于反相话筒，有两种解决方法：一是打开反相话筒线卡农插头，将卡农插头的2、3端对调。二是如果调音台设有倒相键，可将反相话筒信号输入路的倒相键按下，相位就调换过来了。

（3）调音台相位

一般调音台设有φ键（即倒相键），相位转换开关，在使用不同型号的几只话筒平行拾音时，如果发现声音异常或偏弱，可以将其中一个话筒通道的相位转换开关按下去，判断是否相位问题引起。另外在两只相位正确的音箱同时发出声音时，因为指向角度，摆放位置，离听众距离等因素的影响而导致的声像漂移，其实也可以列入"相位"这个范畴里讨论，只不过它是两只音箱的声音到达人耳不同步，而单个音箱是高低音喇叭的声音到达人耳不同步。这个问题也可以在调音台上有个专用的声像电位器来平衡处理。

（4）功放相位

两入两出功放的输出模式有两种：一是有四个接线端，分别有两组红（+）黑（-）接线端子，二是四芯插座（±1、±2）。

如果是第一模式的连接方法，四个接线端则较容易理解正负极，输出插口也有明显的红黑二个端口供辨认。但当功放使用桥接以后，注意信号输入控制（通常为A通道）的红端为正极，另一输入控制（通常为B通道）的红端为负极。

（5）音箱单元相位

引起音箱单元相位的偏移有几个因素：

① 接线端反接会反相180°。同频率的音频信号从功放输出后，若一对音箱有一只接反相（即指"+""-"两极接反），这对音箱的单元会产生交流相位差，音频信号相互抵消，扩声后的低频信号明显偏弱，声音变硬变干，中高频漂移，影响整个扩声系统的调试和整体声场效果。

② 喇叭安装方式为反装（即磁钢朝外）时，这种情况会反相180°。一阶分频是滞后90°，二阶分频是滞后180°，三阶分频是滞后270°……以此类推。

③ 喇叭灵敏度引起的高低音到达人耳的时间差不同，也会导致相位失真，这就是在同一个分频器里高低音的滤波器阶数常常不一致的原因。通常高音驱动头的灵敏度是远远超过低音单元的，所以我们会发现低音分频的元件很少，而高音部分则是比较多的电阻、电容和电感，就是利用滤波器阶数来平衡高低音喇叭之间的灵敏度，使高低音到达人耳的时间同步，同时其相位亦得到校正。

④ 在现场扩声系统中，通常有多只音箱同时使用，如果使用不同牌子或不同型号的音箱，有可能出现相位差问题，所以实际工程调试时工程人员需要测量每个音箱的相位一致。

5.4 功率放大器与扬声器的配接

5.4.1 功放与音箱的配接

即功率匹配是一项十分考人的问题，一定要把"音乐的忠实还原"放在第一位。在设计、安装一套音响系统时，不免遇到功放与音箱的配接问题。在音色方面，会注意其搭配上是否冷暖相宜、软硬适中，最终使整套器材还原音色呈中性，这仅是从艺术方面考虑。从技术方面考虑，功放与音箱配接的要素有功率匹配、阻抗匹配、阻尼系数的匹配、灵敏度匹配及音色匹配。如果我们在配接时认识到上述五点，可使所用器材的性能得到最大、最充分的发挥。

（1）功率匹配

为了达到高保真聆听的要求，额定功率应根据最佳聆听声压来确定。我们都有这样的感觉：音量小时，声音无力、单薄、动态出不来、无光泽、低频显著缺少、丰满度差，声音好像缩在里面出不来。音量合适时，声音自然、清晰、圆润、柔和丰满、有力、动态出得来。但音量过大时，声音生硬不柔和、毛糙、有扎耳根的感觉。因此重放声压级与声音质量有较大关系，规定听音区的声压级最好为80~85dB（A计权），我们可以从听音区到音箱的距离与音箱的特性灵敏度来计算音箱的额定功率与功放的额定功率。

功放电路的输出功率有多种名称，例如额定功率（RMS）、音乐功率、峰值音乐功率（PMPO）等。它们的含义互不相同，但应用最多、最重要的功率是额定功率。商家还经常制造出其他名称的功率，这些都是出于商业的宣传，或是躲避弱点、宣传优点的作法。严格的额定功率应当对频响范围、谐波失真、负载阻抗和信噪比等作出严格的规定，缺少这些限制条件的额定功率数值是没有价值的。额定功率应是一种综合性的技术指标。

功放的额定输出功率与音箱的额定输入功率应当相互适应。功放的额定功率应稍大于音箱的额定功率的1/4，例如，125W的功放宜推动100W左右的音箱。实用音箱都有一定的过载能力，其允许值为额定功放的1.5倍左右。晶体管功放的过载能力较强，当过载时其失真度变化较小。

在实际使用功放和音箱时，平时都达不到额定功率值，所使用的实际平均功率比较小，使用的功率仅为额定功率的1/3~1/5。功率要适配、匹配，从表面看是两者额定功率相近，实际是指功率的储备量、富余量相适应。换言之，使功放和音箱长时间（例如8小时）工作在额定功率状态下（在规定的频响范围、失真度、信噪比和阻抗等条件限制下），都不能出现各种问题。

为了使音箱在受到节目信号中的猝发强脉冲的冲击而不至于损坏或失真，这里有一个经验值可参考：所选取的音箱标称额定功率应是经理论计算所得功率的三倍。

电子管功放和晶体管功放相比，所需的功率储备是不同的。这是因为：电子管功放的过荷曲线较平缓。对过荷的音乐信号巅峰，电子管功放并不明显产生削波现象，只是使巅峰的尖端变圆，这就是我们常说的柔性剪峰。而晶体管功放在过荷点后，非线性畸变迅速增加，对信号产生严重削波，它不是使巅峰变圆而是把它整齐削平。有人用电阻、电感、电容组成的复合性阻抗模拟扬声器，对几种高品质的晶体管功放进行实际输出能力的测试。结果表明，在负载有相移的情况下，其中有一台标称100W的功放，在失真度1%时实际输出功率仅有5W。

对于系统的平均声压级与最大声压级应留有多少余量，应视放送节目的内容、工作环境而定。这个冗余量最低10dB，对于现代的流行音乐、蹦迪等音乐，则需要留有20～25dB冗余量，这样就可使得音响系统安全、稳定地工作。

（2）阻抗匹配

简单地说，功放的额定输出阻抗应与音箱的额定阻抗相一致。此时，功放处于最佳设计负载线状态，因此，可以给出最大不失真功率。如果音箱的额定阻抗大于功放的额定输出阻抗，功放的实际输出功率将会小于额定输出功率。如果音箱的额定阻抗小于功放的额定输出阻抗，音响系统能工作，但功放有过载的危险，要求功放有完善的过流保护措施来解决，对电子管功放来讲，阻抗匹配要求更严格。

功放与音箱要适配，阻抗匹配是最重要的。音箱是功放的负载主体，音箱的标称（或称额定）阻抗应与功放的额定输出阻抗相等或相近。功放电路应当配接多少额定负载阻抗值，这是生产厂家设计功放的一项基本参数。晶体管功放是低阻抗输出电路，而电子管功放是高阻抗输出电路，它对音箱的阻抗值要求十分严格。但晶体管低阻抗输出功放仍对负载阻抗值提出了一定的要求。例如，原设计功放的输出负载应为8Ω，才属于理想的功放电路，且配接16Ω音箱时，其输出功率约减少一半，而配接4Ω音箱时，输出功率约增加一倍。但绝大多数功放都不是理想的顶级配置，其输出内阻不可能无限小，其放大环路不可能提供足够大的电流增益，稳压电源也不可能提供足够大的工作电流，当此功放接入过低阻抗的音箱时，瞬态特性变坏，失真程度将增加，本应有更大的功率输出，却造成功率值上不去。对于标定外接4～16Ω负载的功放，应尽量接到阻抗范围中值的音箱上。当功放连接高于其额定负载阻抗的音箱时，额定输出功率下降，对其他性能指标影响不大。但若电源电压余量不大时，可能显示达到上限的额定功率时，已经发生过载失真。

要看到，当阻抗不匹配时，可能引起功放的阻尼系数变动。功放的阻尼系数是功放负载阻值（主要是音箱阻抗值）与功放输出内阻之比。当音箱阻抗值变动时，可引起功放的阻尼系数变动。若阻尼系数变得过小，音箱的低频特性、输出声压频率特性、高次谐波失真特性等都将变坏，输出音频（尤其低音频）臃肿混浊，伴有失真。若阻尼系数过大时，将使低频量感减弱，声音干巴，不浑厚，但这种情况不多见，而且对实际重放效果影响不大。

（3）阻尼系数的匹配

阻尼系数KD定义为：KD=功放额定输出阻抗（等于音箱额定阻抗）/功放输出内阻。

由于功放输出内阻实际上已成为音箱的电阻尼器件，KD值便决定了音箱所受的电阻尼量。KD值越大，电阻尼越重，当然功放的KD值并不是越大越好，KD值过大会使音箱电阻尼过重，以至使脉冲前沿建立时间增长，降低瞬态响应指标。因此，在选取功放时不应片面追求大的KD值。作为家用高保真功放阻尼系数有一个经验值可供参考，最低要求：晶体管功放KD值大于或等于40，电子管功放KD值大于或等于6。

保证放音的稳态特性与瞬态特性良好的基本条件，应注意音箱的等效力学品质因素（Qm）与放大器阻尼系数（KD）的配合，这种配合需将音箱的馈线作音响系统整体的一部分来考虑。应使音箱的馈线等效电阻足够小，小到与音箱的额定阻抗相比可以忽略不计。其实音箱馈线的功率损失应小于0.5dB（约12%）即可达到这种配合。

（4）灵敏度匹配

功放的输出功率大并不等于音箱的推动力强。强大的推动力与功放的输出功率有关系，还与其他多种因素有关系，尤其是与音箱的灵敏度有密切关系。音箱灵敏度是决定功放输出功率值的一个重要因素。音箱灵敏度的一种定义是：向音箱送入1W的电功率，在音箱前轴线上1m处，可以获得的声压（dB）单位是dB/W/m。例如，音箱的灵敏度为86dB/W/m，它表示音箱输入1W电功率，在音箱前轴线1m处的声压为86dB。目前，高灵敏度的音箱为95dB/W/m，甚至超过100dB/W/m，而低灵敏度的音箱仅有82～86dB/W/m。许多用于听音乐的hI-Fi音箱灵敏度较低（例如82～84dB/W/m）；AV功放应尽量配接灵敏度较高（90dB/W/m左右）的音箱。但灵敏度过高时，音色偏薄、偏亮，重现音乐的细节、韵味不够。

音箱灵敏度的差异，对音箱驱动功率的要求产生了重大影响。音箱的灵敏度每减少3dB，为了得到同样的声音强度，需要将功放的输出功率增加1倍。例如，音箱灵敏度由90dB/W/m降到87dB/W/m，原来使用50W的功放，现应使功放功率增加到100W。同样，若音箱产生相同的声压级，驱动功率应增加为16倍。换言之，若使用160W的功放来驱动83dB/W/m的音箱时，那么需使用10W的功放即可驱动95dB/W/m的音箱，它们可产生相同的声压。可见，当音箱灵敏度不相同时，所需驱动功率不同。灵敏度高的音箱，可使用较小的推动功率就能取得所要求的音量。在音响器材搭配时，音箱灵敏度适配问题十分重要。

（5）音色匹配

音色匹配是指功放与音箱的音色要恰当地相互搭配，以取得用户所喜爱的重放音色。器材的音色具有主观性，不同的人喜爱不同的音色，性格、爱好、文化修养和经历等都影响聆听者对音色的偏爱。由于不同国家的历史变迁和民族文化不同，因而不同国家的音响器材也有不同的音色特点。例如，英国音箱发声温暖甜美，德国音箱中规冷艳，法国音箱靓丽华贵，丹麦音箱音乐味浓重，美国音箱凌厉宏亮等。即使国产器材，仔细聆听后也会感到具有不同的特色，惠威、美之声、飞乐、南鲸、银笛等国内著名音箱，都各具特色。电子管功放音色温暖，但瞬态响应较差。晶体管甲乙类功放的音色较明亮，但略感生硬。而晶体管甲类功放，则介于两者之间。

5.4.2 功率放大器输出方式

目前专业立体声功率放大器主要有立体声输出（STEREO）模式、单声道输出（MONO）模式、桥接单声道输出（BTL）模式三种输出模式。

（1）立体声输出（STEREO）模式

功率放大器在立体声输出模式时（STEREO），功率放大器的左声道、右声道信号输入口分别与前面设备的左声道、右声道输出相连接，左声道、右声道输出端分别接左声道、右声道音箱，左声道、右声道各自的音量控制旋钮，分别控制各自通道的输出电压大小，是一种最普通、最简单的使用模式，如图5-7所示。

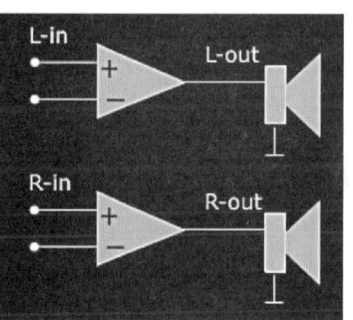

图5-7 立体声输出（STEREO）模式

（2）单声道输出（MONO）模式

功率放大器在单声道输出模式时（MONO），输入信号从功率放大器的左声道输入口加入，用左声道音量控制旋钮同时控制左声道、右声道两路输出的信号电压大小。此时，右声道输入口和音量控制旋钮的信号通路都已在内部被开关切断，左声道、右声道输出的是同相位、同幅度的相同信号，都与输入信号同相位，如图5-8所示。

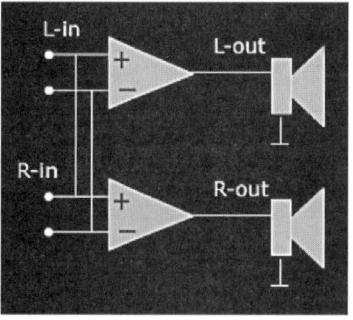

图5-8 单声道输出（MONO）模式

（3）桥接单声道输出（BTL）模式

功率放大器在桥接输出模式时（BTL），输入信号从功率放大器的左声道输入口加入，用左声道音量控制旋钮同时控制左声道、右声道两路输出信号的电压大小。此时，右声道输入口和音量控制旋钮的信号通路都已在内部被开关切断，左声道输出的是与输入信号同相位、幅度被放大了的信号，右声道输出的是与输入信号反相位、幅度与左声道输出信号幅度绝对值相同的信号。

常用一台功率放大器的两路功率放大器共同推动一只音箱，由于左声道、右声道输出是同幅度、反相位，所以加到音箱上的电压是单路输出电压的2倍，那么功率就是4倍。如图5-9所示。

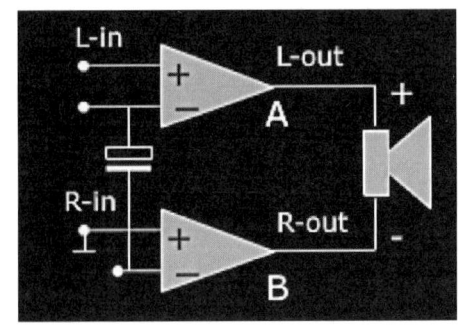

图5-9 桥接单声道输出（BTL）模式

5.4.3 音箱串并联计算

音箱是可以串联或者并联的，也可以串联后再并联。音箱串联与并联是为了得到需要的的阻抗和功率输出，先说说理论方面。

串联：$R=R_1+R_2+\cdots\cdots R_n$

并联：$1/R=1/R_1+1/R_2+\cdots\cdots 1/R_n$

在音箱串联或者并联时，我们要求使用功率、阻抗完全一致，最好是同品牌同型号的音箱，所以上面的公式化简为：

串联：$R=NR_1$

并联：$R=R_1/N$

注：上面的公式R代表总阻抗，R_1代表单个音箱的阻抗，N代表音箱数量。

在音箱串联或者并联时，通常我们都是两两为一组。所以举例当两个音箱串联时，总的阻抗等于单个音箱阻抗乘以2。而当两个音箱并联时，总的阻抗等于单个音箱阻抗除以音箱的数量，那么音箱消耗功率的情况又如何呢？

根据电功率计算公式$P=U^2/R$

先看串联的情况，因为音箱的额定功率不会变，所以两个音箱串联后的额定功率则为单个音箱额定功率乘以2。音箱串联后消耗功率不会增加反而会降低，这是因为两个音箱的阻抗相同，因此它们平分了功放输出的电压，也就是：

单个音箱功率$P_1=(U/2)^2/R$，也就是说串联后每个音箱只消耗了串联之前的1/4功率，而两个串联后的音箱消耗的总功率也只有未串联的单个音箱消耗功率的一半。所以声音会变小，但这也正说明串联后的音箱组拥有很大的功率潜力。再看并联的情况：

因为两个音箱并联，作用在两个音箱的电压没有变化而且是相同的，因此单个音箱消耗的功率不变，消耗的总功率等于单个音箱功率乘以2——这对你的功放是个考验。现实中最常见的就是音箱的并联，那么串联后再并联的情况又是如何呢？

4只音箱先串联后并联，总的额定功率为$(P_1+P_1)\times 2$，也可以理解为4只音箱额定功率的总和。

因为两个音箱串联再并联，每个音箱上的电压仍然只有原来的1/2，所以这4只音箱实际消耗功率只有其额定功率的1/4，要想真正推动这4只音箱先串后并组成的音箱组，不仅需要功放与音响组的总体阻抗和功率匹配，功放还需要有巨大的电流输出。

从理论来说，一台功放额定功率为400W（4Ω），4只音箱，额定功率100W（4Ω）。这4只音箱先串后并，总阻抗仍然是4Ω，而它们总的额定功率却可以达到400W（4Ω）。

从阻抗匹配度来说，音箱并联或者串并联，可以节省功放的数量，节约资金。但是，如果回到现实中来，上面的理论未必就行得通，因为现场扩声不是用音箱来做各种试验的。最好应该按厂商的说明书指导行事。

一般来说，我们最常用的就是音箱的并联，不过需要注意，尽管有些功放表面上可以在并联后的阻抗下工作，但可能已经是强弩之末，我们要了解功放的电流输出能力才可以使用，否则可能烧毁功放和音箱系统。例如一台功放，阻抗如8Ω时，放大器平均最大输出电压为100V，最大输出电流为12A，相当于输出1200W功率。如果再并联上第二只扬声器系统，阻抗下降为4Ω，放大器应该提供两倍的电流（24A）。但这是不可能的，因为这个电流超出了它的限制。

一些功放有"负载匹配系统"，比如LAB.GRUPPEN的MLSTM技术，如果发现不能提供这么强的电流时，可以从100V×12A模式，转换成80V×15A或者55V×22A模式，这样就可以继续工作了。

音箱不会只是串联的，都是采用串并联方式。音箱数量多的情况下，串成16Ω再并成8Ω或4Ω甚至2Ω，音箱数量多，功率增大，你的功放功率同样要增大。小功率音箱，同型号情况下尚可采用这种"原理"上的接法，音箱大功率且不同型号状态下不可取。在串连电路中，如果两个音箱的阻抗有偏差（没有两个阻抗完全相同的音箱），阻抗大的一只相对功率大于阻抗略小的一只。而且串接后再并接，一旦串接的单元中出现烧毁故障，或者音圈短路，后面的音箱也可能受到牵连而损坏。

因此可以说，音箱并联或者串并联组合搭配的扬声器系统的稳定性和可靠性是较差的，在调试时要非常小心谨慎，要一点一点地微调，切忌大手大脚。

当然，如果碰到一堆音箱和与之不匹配的功放，一定要自己组合搭配的话，就要谨慎仔细地计算搭配。组合前先确认每一台功放的额定功率和阻抗，以及每一只音箱的额定功率和阻抗。其次要严格遵守音箱和功放的匹配规律。如两只8Ω，350W的音箱，并联后阻抗变为4Ω，总功率为700W，可用4Ω1000W的功放。又比如有8只100W 8Ω的音箱，一台800W的每通道的功放（4Ω），可以采用每通道4只音箱先串后并的方式连接。最好是阻值是一样大，功放的功率是音箱的1.5倍。阻抗实在搞不平的情况下，音箱的阻抗决不允许比功放的阻抗小，音箱的阻抗可以比功放的阻抗略大，但两者差别不能超过4Ω。

一般来说，内置分频的音箱不能串联，否则串联后可能会出现：正端音箱较正常，而负端音箱频率弱低于正端音箱，在音量调小时，会感觉正端音箱的音量大于负端音箱。专业外置，电子分频的方式分频的音箱是可以串联的。还有请切记，如果音箱标称阻抗不同时，决不能并联。专业音箱并联在工程中是常用的，但要求同功率，最好能同型号，8Ω音箱只能并联2个，12Ω音箱只能并联3个，因并联后的阻值低于4Ω的话，功放容易被保护，热量明显增加，且音质很噪，因功放电路大多是按4~16Ω值设计的。

一些进口音箱分频，中高频好多都是16Ω的，这样就得根据情况进行连接，一般厂家都会在说明书中有专业指导。

5.5 网络音频系统

5.5.1 网络音频的特点

对于家庭娱乐用音响系统或者一般机关单位的会议室来讲，都属于中小型音响系统，这种系统设备与设备之间相距较近，只要在施工工艺上采取一定措施，就可以保证将模拟传输耗损和电磁干扰等不良因素降到最低。但是对于大型音响系统而言，比如大型剧场、机场、火车站、体育场、主题公园的音响系统，模拟信号远距离传输所带来的缺陷，是非常严重的问题。大型音响系统需要铺设上百条信号线，每条信号线长度都在上百米，与此同时，为了驱动数量庞大的音箱所需的大批功率放大器，同样需要上百条音箱线，对于这类模拟信号线路的铺设，安装工艺复杂，费时费工，而且还容易出错，同时还要避开强电、灯光等干扰源，即使避免了以上这些问题，仍难以解决传输耗损和电磁干扰带来的缺陷。为了解决这一难题，网络音频系统（Network Audio System）诞生了。

网络音频系统，是数字音频技术和计算机网络技术结合的产物。它利用如数字调音台、数字音频处理器、数字功率放大器等数字音频设备上已有的数据通信接口，构建成传输网络，依靠计算机软件控制技术，将音频系统的信号以数字化的形式，以网络为平台，通过网线（或光纤）传输到所需的负载终端，并能在工作中实时监控和管理。

网络音频的主要优点：

① 数字音频在网络上以标准互联网数据包的形式传递，因而其动态范围、信噪比、失真系数、频率响应和抗干扰能力等技术指标，均大大高于模拟传输方式。一般情况下，用网线直接传输可达百米，用光纤传输可达几千米。

② 对于大型音响系统和公共广播系统，由于一条网线可同时传输多路音频信号，因此大大节省了管线工程的成本。目前局域网和广域网都基于以太网构建，以太网设备大量应用与生产和生活，价格很低，将其引入到音响系统，则很多原有的网络设备可以直接使用，不存在兼容问题，使扩声和广播系统的造价很低。

③ 以太网在传输音频信号的同时，还可以传输控制信号，从而可以对系统的分组模式和重要信息、文本信息、邮件信息等进行智能化管理。另外，由于系统采用双向传输的模式，可方便确定故障设备的位置，维护简单，可以利用网络实现对在线设备而检测和遥控。

④ 以太网的综合布线技术、传输模式和传输协议均可遵循国际标准，从而保证了系统的可靠性、灵活性、兼容性和可扩展性。

⑤ 便于实现对多媒体集成系统音频设备和环境（灯光系统、舞台机械、视频系统）等其他设备的集中控制与管理。

⑥ 软件可随时更新，保证其先进性和可扩展性。

网络音频的不足表现在以下方面：

① 在中小型规模投资的情况下，网络化系统造价要比模拟系统造价高很多。

② 对于适用场合会有一定局限性。

③ 对硬件设计和外部供电要求较高。

④ 技术含量很高，对设计、使用和维护的人员技术要求较高。

⑤ 带有计算机系统的一些缺点，如死机等情况。

图5-10显示了网络化的音频系统。

图中所有模拟音源信号全部汇集到舞台接口箱进行A/D转换和PCM编码处理，经由网线（或光纤）传输到主控室的数字调音台进行调音，后由数字调音台输出至网络音频处理器进行信号处理（均衡、压缩、限幅、分频、延时等），再由网络音频处理器通过网络传输，将信号送至不同位置的网络有源音箱。

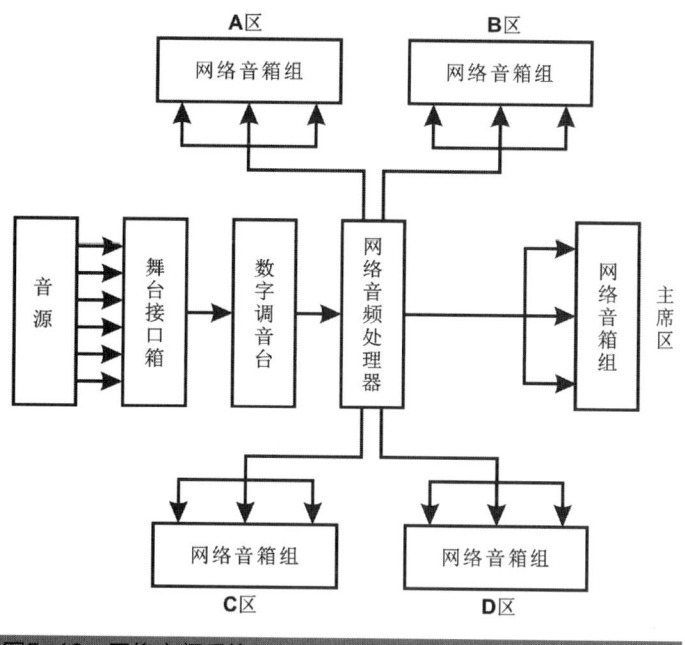

图5-10 网络音频系统

5.5.2 Cobra Net工作原理与特点

在普通互联网中，只要网络处于空闲状态，网络中的每一个网络节点均可随时发送信息。如果两个或两个以上的节点同时发送信息的话，某一节点就要随机等待网络空闲时才能传送信息，其结果只是有一点延时而已。

但对于音频信号，特别是多路音频信号的发送和接收就不能容忍这种延时。普通互联网中不确定的延时将可能产生短脉冲，引起信号丢失、噪声或者杂声，因此网络音频技术核心是要满足音频信号在网络中传输和分配的专用网络协议，包括支持该协议的硬件和软件。

Cobra Net是综合硬件、软件和通信协议为一体的网络音频实时传输技术，它的专利权在美国Peak Audio公司。开发Cobra Net的目的之一就是，在高速发展的计算机网络平台上找到一种实时的、稳定的专业音频数据传输的方法，这也是将来专业音频领域发展的重要方向之一。这一应用方向在多年前就已被世界各地的专业音频器材制造厂家所注意，相继提出并开发了多套解决方案。随着时间的推移，在众多方案中Cobra Net以其良好的互通性、低成本的造价、可靠稳定的测试、可遇见的发展速度和良好的商业运作机制迅速占领了这一市场，并得到了包括Peavey，QSC，Hamman，Biamp，R-H等数十家国际一流音频设备公司的支持。从某种意义上讲，由Cobra Net技术带动的整个专业音响行业，正向着计算机网络化方向进军。

5.5.3 AVB工作原理与特点

由于Cobra Net、Ether Sound等通信协议都是各个厂家独立建立的协议标准，尽管其中的一些都遵循以太网的协议标准，但并不是真正的国际标准，所以对日后的通用性和兼容性的设定存在一定的障碍（例如Cobra Net设备和Ether Sound设备之间无法通信）。在这种情况下，电气和电子工程师学会IEEE的音频视频桥接工作组IEEE802.1标准委员会，出台了AVB（Audio Video Bridging）技术标准。

AVB的出台，就是为了弥补这一领域的漏洞，并以"ISO的标准"规格发布出来，并提供给厂家免费使用。所以在AVB出台以后，通信协议百家争鸣的现象就应该逐步消失。毫不夸张地说，AVB的出台堪称音视频行业的新时代。

AVB允许多通道的不同采样率的音频流和视频流在不同的网络、不同的距离之间传输，并且支持标准的时序和时钟信号，所有的AV设备参照统一的时间基础，协同播放。

AVB协议可以识别网络中的非AVB设备。以太网音视频桥接技术（Ethernet Audio/Video Bridging，以下简称Ethernet AVB）是一项新的IEEE 802标准，其在传统以太网络的基础上，通过保障带宽（Bandwidth），限制延迟（Latency）和精确时钟同步（Time synchronization），提供完美的服务质量（Quality of Service，简称QoS），以支持各种基于音频、视频的网络多媒体应用。

5.5.4 Dante工作原理与特点

Dante协议是一个在标准的IP网络上运行的现代化高性能数字媒体传输系统，是Audinate公司在2006年研发的。和传统的Cobra Net技术一样，也是一个集硬件、软件和通信协议为一体的产品。

Dante技术允许在一个以太网线上同时发送和接收许多的音频通道，并且避免了早期解决方案的复杂性和局限性。Dante的低延时和严格的同步播放，可以满足最苛刻的音响系统的要求，并且与现有的IT设备的兼容性非常好。和传统的产品的不同之处是，Dante已经跨越了二层网络通信协议，完全采用更为先进和方便的IP三层通信协议，并且可以通过对Firmware的升级，直接过渡到AVB（Audio Video Bridging）协议，这是非常重要的一步。

（1）Dante协议支持音频通道数量

千兆网，在单一的链接上，支持512×512 48kHz/24Bit个音频通道，也就是共1024个双向通道。对于96kHz/24Bit的音频数据流，信道容量减半。百兆网，在单一的链接上支持48×48 48kHz/24Bit个音频通道，也就是共96个双向通道。对于96kHz/24Bit的音频数据流，信道容量减半。Dante协议支持48kHz和96kHz两种音频采样率，具体根据不同厂家、不同系列的产品而不同。

（2）Dante与Ether Sound和Cobra Net的性能比较

Dante协议采样率最高支持192kHz，单一链路上最多支持1024个通道的双向传输，最低延时可以达到83.3μs，而Ether Sound协议的采样率最高只支持96kHz，单一链路上最多支持512个通道，并且音频数据流只能单向通过HUB或Switch，最低延时是125μs，所以Dante在性能上超过Ether Sound。而且Dante可以提供故障备份，这对于现场活动来讲是一个非常明显的优势。Cobra Net协议采样率最高支持96kHz，单一链路上的音频通道数量为128通道双向传输，并且不支持路由，最低延时是1/3ms，这些数据性能和Dante协议比起来还是逊色一些，并且Cobra Net协议没有故障备份。

5.5.5 MADI的特点

目前依靠数字音频设备建立的多路数字传输网络技术主要有两种不同的模式，一种是前面讲到的数字网络传输协议，另一种是依靠数字调音台的通信接口建立的传输网络，称之为"多通道数字音频接口"（Serial Multi-Channel Audio Digital Interface），简称MADI。

MADI是由音频工程协会（AES）标准AES-10和AES-10id描述的一个接口标准。它的特点有以下几点：

① MADI采用时分多路（TDM）传输技术，依托数字调音台通信接口建立的传输网络的一个AES标准接口。

② MADI采用网线传输，可以达到75m，采用单模光纤传输可达2km。

③ MADI主要用于处理容量较大的数字设备，如大型数字调音台或音频工作站等，通过星型网络拓扑结构，中心节点和终端节点都有专用设备，并且在路由之间都具有无缝切换的主、备信号传输路径，主路径出现故障时，备份路径自动启动工作，保证信号传输不会中断。

第6章 调音技巧

6.1 模拟调音台的使用

6.1.1 模拟调音台的输入输出接口

（1）模拟调音台输入接口

调音台的重要功能之一就是把许多路的音源信号送到输入接口。调音台的种类不同，但一般的调音台大致上都具有以下各类信号输入端口。

① 通道Mic输入端口（话筒输入）：一般有十几路到数十路，主要用于输入话筒信号（即低电平信号），通常话筒的输出电平都比较低（从-60dB～-40dB），必须由此端口送入。一般采用平衡电缆和卡农插口，如果用电容话筒，还必须打开幻象电源开关。

② 通道Line输入端口（线路输入）：每个通道都有，一般设在Mic输入端口上下，主要用于输入线路电平信号。无线话筒接收机输出信号、CD机或其他音源设备输出的信号都由此端口送入，一般采用大三芯（TRS）插头进行连接。

③ 立体声输入端口（Stereo）：通常有两路或四路立体声输入，每路可分左右两个通道，可以送入立体声信号，经过处理送出，可以不占用调音台的单通道输入数，使用很方便。

④ 辅助返回输入端口（Aux Return）：有辅助输出的信号，经过处理之后可以送入Return插口再与主信号相混合，这样既可以实现对声音效果处理，又不会占用通道数，还可以防止由于重新误送，如辅助输出信号而造成的严重声音反馈信号的啸叫。

⑤ 对讲输入端口（TB Mic）：此端口专门为调音师与舞台工作人员及演员进行交流，对讲时，需要按住对讲输入端口的发送开关讲话，当松手时，开关自动弹起。

⑥ 录音机插口（Tape）：此插口通常用莲花插座，采用非平衡的连接方式，专门用来连接民用音源设备。

（2）模拟调音台输出接口

调音台的信号输出也有许多种类，各自具有不同的用途，一般调音台的输出大概有以下各种。

① 主输出（Main）：这是调音台的主输出信号，包括左通道和右通道两路，经过周边处理和功放之后，信号直接送入主扩音箱。通常采用XLR卡农平衡输出，有些小型调音台也有用TRS立体声插口代替的。

② 单声道输出（Mono）：这路信号通常由左右立体声混合产生，送往中央通道功放后，直接送入中置音箱。

③ 辅助输出（Aux）：每个通道都有辅助输出，而且有多路辅助，还分有推子前和推子后的自由选择功能。辅助输出具有很多用途，如舞台返送、效果器信号源、辅助音像的用途。当用于效果器和激励器的信号源时，通常选推子后输出。而用于舞台返送信号时，为了便于独立调整，应当选择由推子前输出。

④ 编组输出（Group）：主要用于把相关若干个通道信号混成一组输出，在经过必要的周边设备处理之后，送入主输出或矩阵输出或直接作为信号输出。

⑤ 矩阵输出（Matrix）：某些大型调音台，具有这种输出方式，矩阵输出相当于二次编组输出，可以单独送出信号，也可以混入主输出信号。

⑥ 直接输出（Direct）：专业调音台具有直接输出功能，可以把各通道的信号直接送入分轨录音机，记录下原始分通道信号。在后期编辑中，可以利用这些素材，编辑成高质量的节目。

调音台除了以上各种输入和输出端口以外，一般调音台再分通道、编组输出及主输出通道上设有插入插出端口（INS）。这种插口介于输入和输出之间，它采用TRS立体声接头进行连接。关于INS插入插出，好多音响师可能还不会用，它可以将某周边设备插入到调音台某一输入通道、编组通道或主通道中，单独对所插入通道的声音信号进行处理。使用时用TRS大三芯立体声接头进行连接，方法是从TRS大三芯立体声插头端输出信号，接到要插入的设备的输入端，再从此设备的输出端送出信号，接到TRS大三芯立体声插头的环端，然后再流入到调音台里。比如我们可以利用此方法给调音台第一通道的话筒插入一台均衡器，就等于把话筒这条电路截断，加了一台外置均衡器，然后再输入到调音台，这样调整音色效果更好。

6.1.2 模拟调音台调试技巧

（1）模拟调音台初始化方法

调音台是音响系统中核心设备，一个音响师的工作水平高低，也主要体现在他对调音台熟练程度和操控水平上。所谓调音台的初始化是指在对调音台开始调控之前，先把它设置在一个默认的标准规定状态上，这对正确的开始调控调音台是非常重要的。尽管调音台的种类很多，规模有大有小，但是初始化的方法和步骤则是大同小异的，通常调音台的初始化包括以下几个步骤：

① 把所有的输入增益（Gain）旋钮拧到最小，即向左拧到头。

② 把所有的均衡器（Eq）旋钮（包括增益和频点）放在中间位置（钟表12点位置）。

③ 把所有的辅助输出（Aux）旋钮拧到最小，即向左拧到头。

④ 把所有的声像（Pan）旋钮放在中间位置（钟表12点位置）。

⑤ 把所有的推杆放在最下边。

⑥ 把所有按键开关都设置在弹起位置上。

（2）模拟调音台六步出声方法

调音台种类繁多，尤其通道数目多，控制功能复杂，对于初学者，看到面板上一大片旋钮、开关和推杆，感到眼花缭乱，往往不知从何入手。这里介绍一个简单可行的基本方法，共计六步，如果你能严格地按照这六步去认真操作，则对于绝大多数调音台均可以获取正常的声音输出。当然，要获得更高质量的声音效果，还必须在此基础上作、做进一步的调整。

第一步：在对调音台进行初始化之后打开调音台的总电源开关（可以看到电源指示灯发亮）。

第二步：把话筒插入调音台的Mic输入口上，如果用电容话筒，还应打开幻象电源开关。

第三步：按下PFL开关（推子前监听开关），有些调音台表示为solo（独奏开关），一边用正常的音量讲话，一边调整输入增益旋钮，当电平指示表的绿灯到顶，黄灯不亮为止（有些调音台还要同时选择电平表指示开关）。同时用耳机插入耳机监听插口，可从耳机中听到你讲话的声音。这一步很关键，如果电平表无指示或耳机听不到声音，可能是话筒开关未打开，或电容话筒的幻象电源未加上。必须找出原因完成这一步，才能继续往下进行。

第四步：弹起PFL开关按键，按下推杆旁边相应的发送开关按键来发送信号。

第五步：推起主输出推杆，推到0dB位置。

第六步：一边推起响应通道的分推杆，一边对着话筒用正常音量讲话，这时可以从耳机中听到说话声音，同时电平表有指示，这说明调音台已经有信号从主输出端口输出。

注意：在设置调音台电平时，应当充分利用电平表指示和耳机来进行监听和检测，不要利用功放和音箱来进行监听和监测。

（3）增益的调试原则

调音台的输入口增益旋钮置于该输入通道的最前端，直接调节该路输入信号的放大量，使信号进入调音台后，具有最适合的大小和符合调音台的物理信号动态范围，使该路信号不失真并保证信噪比。

正确的操作应该是按下前监听按键PFL，对输入的实际信号调节该路的Gain即增益旋钮，使该路输入信号最大时VU表指示约为"0"VU，这样，信号及未过载（过大），而调音台也有正常的输出。

切忌在增益控制器未做认真调节而单靠推子调音。因为该路推子位于该通道的输出端，若输入信号过大，无论推子如何调节都是已经失真了的信号。若输入增益太小，信号过弱，单靠推子推高，此时将会把该路放大器的本底物理噪声也一起送出，降低了声音质量。

（4）均衡器

调音台都提供了一定的通道均衡功能。专业调音台所提供的都是四段均衡功能（高频段、中高频段、中低频段和低频段），同时每个频段可以调整增益和频点。

（5）辅助输出

辅助输出，也称辅助发送，专业调音台在每个通道都设计了多个辅助发送钮。这些旋钮可以控制该通道信号发送给各辅助输出口（Aux Send）的信号大小，几个通道的信号，可以通过辅助输出旋钮同时输出到一个辅助输出口。

（6）声像电位器调试技巧

声像电位器的位置经常用时钟上的刻度来表示。大部分的声像电位器刻度都是6:00—16:00，其中6:00的位置表示极左，12:00的刻度表示中央，16:00的刻度表示极右。

声像电位器的一个最主要的作用就是用来确定各个乐器应该位于声场的哪个位置上。就像在一个真正的舞台前看演出一样，听众在听一部混音作品的时候，也会希望最重要的乐器出现在声场的中央，比如歌唱家或者小号手。此外，如果我们想象一下一个五人的摇滚乐队站在一个大型的节日舞台上演出，其中的两个吉他手不大可能会站在舞台的左右边缘，相对来说，他们更有可能站在舞台左右两边差不多一半的位置上，但是对于当前的音乐而言，我们大可不必在混音的时候总是要再现出演唱演出时候的声像位置，如果乐队中的两把吉他在被分别设置到极左和极右位置以后，其效果听上去更好，我们就没有理由不把它们设置到那个位置上去。这就是说，现场演出中的实际声场布局情况只对我们的混音而言有指导意义，而且通常只对追求自然感的混音有指导意义。

低频乐器，尤其是贝司和底鼓，它们的声像通常会被设置到中央。这样做的一个原因在于低频信号的重放会比高频信号的重放需要更多的能量。如果没有将低频信号的声像设置在中央，就会导致左右声道能量不平衡，这会对立体声重放的整体效果产生很多不利影响。但是将所有重要的乐器和低频乐器都设置在声场中央，无疑会让这个位置成为乐器最为集中，同时也是掩蔽效应发生最为明显的一个区域。而事实上，并没有任何原则会约束你一定要将最重要的乐器摆在中央。例如，主唱人声就可以设置在稍微偏离中央的位置上，有时，甚至贝司和底鼓的声像也可以稍微偏离中央位置。

（7）输入通道推杆

最常见的推子刻度单位为dB，这与我们人耳对声音响度的感受结果是一致的。大部分情况下，推子的刻度间距为10dB（该值为人耳主观感觉到响度加倍或者减半的变化量），或者为6dB（该值近似等于一个电压电平或者采样值加倍或者减半的变化量）。0dB的刻度位置也被称为初始增益，推子在这个位置上对信号电平既没有提升又没有衰减。所有高于0dB刻度的位置，都会造成信号提升，而所有低于0dB刻度的位置，都会造成信号衰减。大部分的推子都具有提升信号的能力，因此它们都提供一个额外增益区间。通常，这个额外增益区间的范围为6dB、10dB或12dB。我们可以将这个额外增益区间看作一个应急处理的区间，将推子置于这个区间，意味着混音的增益结构不够正确，且有可能降低声音质量。在理想情况下，这个额外增益区间是不应该被使用到的，只在个别情况下有所例外，比如当混音中所有通道的电平都已经设置好以后，某个音轨信号仍需要在初始增益刻度之上提升一点点（这时，如果使用通道上的输入电平增益旋钮来进行提升并不是一个好的选择，因为这会影响到该通道中的每一个动态处理器）。推子最下方的刻度为-∞（负无穷），在这个位置上信号将不会被听到。

尽管推子的每一个刻度之间的物理距离是相同的，但是它们之间的实际分贝差却并不一致，这一点非常重要。在刻度的最上方（-10~+10dB），刻度间距为5dB，而在刻度的下方（-60~-30dB），刻度间距为20dB。这就意味着在刻度底部移动推子比在刻度顶部移动推子会产生更大的电平变化量。从另一个角度看这个问题，我们可以发现，在刻度顶部移动推子会取得更为精确的电平变化，这正是我们在混音中所需要的。推子刻度的这种特性，决定了应该尽量在高精度区间移动推子，如果不使用额外增益区间的话，最常用到的推子区间应该位于-20~0dB。

6.2 数字调音台的使用

6.2.1 数字调音台的特点

（1）高质量的技术指标，系统连接简单可靠

由于数字调音台内部音频信号处理全是以数字方式进行，信号不会因为反复处理而质量降低。另外，对于一些大型数字调音台，配置有舞台基站，话筒信号接至舞台基站后，直接转化为数字信号，通过同轴或者光纤的方式传送至现场调音位，大大降低了传输中的信号损耗。采用了数字传输之后，也大大减少了系统中使用的线缆数量，使得系统连接变得更简单，同时也更容易准备备份电缆。

（2）体积小，高度集成化

数字调音台与模拟调音台相比，最大的改进就是体积变小。同样48路数字调音台，体积只需要模拟调音台的1/2，对于流动演出而言，节省了大量的人力和物力。虽然体积减小导致常常需要翻层，但可以在使用中通过VCA等功能，解决翻层带来的不方便。

（3）方便的文件管理功能

文件管理功能是数字调音台带来的新功能。有的调音台甚至可以在家通过离线编辑软件设置好调音台，然后保存在U盘里，到现场后直接导入事先做好的设置，直接开始调音。这样一来，不仅可以大大提高工作效率，还解决了模拟时代多人同时使用一个调音台易引起调协改变的问题，每个使用者均可以使用自己的设置而不会影响到他人。

（4）快照和自动化

快照和自动化将现场扩声带入一个全新的境界。在排练中，根据每个场景或者歌曲，将对参数的调

整保存下来，让调音师不用再记住每个场景的话筒配置，在演出中也能够第一时间找到最准确的电平和效果，大大减少了调音师在演出中的工作量，可以把精力更完整地投入到混音工作上。如果能够配合虚拟彩排的MIDI控制功能，现场扩声就可以做到和录音棚中的录音一样细致和准确。

（5）无线遥控

有的数字调音台还支持无线遥控的功能，连接一个无线路由器，这样就可以实现用笔记本远程遥控调音台的功能。尤其是在大型体育场扩声的时候，以往需要至少两个人一起配合来确定是否声音覆盖完全，以及整个声场的声音是否都达到需要的效果。使用数字调音台以后可以使用无线遥控，用笔记本电脑在体育场里每个点随心所欲地调整系统，大大加快了调音的工作效率和准确性。

（6）稳定性

现场扩声环境一般都难以预知，因此它对设备的要求非常严格，甚至可以说是不容闪失的，确保混音系统在日复一日的长期工作中保持最佳运作是重中之重。因为，数字调音台要求要有很好的稳定性，要能经受严酷的录况并避免在任何演出时出现故障。

数字调音台组件都配有冗余供电装置，同时还配有检测和监控的软件，不仅能够在问题出现之前及时提醒用户，同时还能通过定期的检测，保证在使用中的安全和稳定。同时具有"备份模式"功能，在重启电脑的时候，推子和静音按钮仍然可以继续工作，可以为演出持续混音，声音不会中断。

（7）插件

插件是在录制场和电影声音后期制作中不可或缺的制作手段。插件使用软件技术代替模拟时代大量硬件周边和效果器，节约了大量时间和成本。经过近20年来数字录音技术的不断发展，插件的使用已经非常广泛和成熟。

数字调音台直接支持TDM音频插件，不需要另配电脑或外部设置。这些插件与装配数字音频工作站的录音棚所使用的完全一样，包括各种压缩器、混响、延时及均衡。这样一来，我们在现场扩声中也能得到录音棚级别的声音。同时，调音师还可以使用U盘将录音棚中所用的插件设置转移到数字调音台中，在现场扩声的时候调用同样的混音效果。

（8）数字音频工作站现场录音

现在，各种各样的音乐会、演唱会越来越多，现场扩声中，常常需要把演出录下来。在传统工作模式中，实现现场录音常常需要大量的音频分配器、音频接口和大量音频线缆。而且，由于受到现场录音时间和预算的限制，同期分轨录音的通道数通常是有限的。另一方面，因为传统调音台没有单独的录音母线，所以录下来的素材也不能再次接到调音台的输入。

数字调音台将数字音频工作站多轨录音及播放能力与现场制作环境整合在一起。在安装录音卡后，不需要任何额外接口或话筒分配器，只需要过选件卡将装有数字音频工作站的电脑连接到数字调音台系统，便可将舞台上的每一个输入录制下来。

（9）虚拟彩排

通过整合数字音频工作站，出现一个创新的工作流程，称作虚拟彩排。虚拟彩排是指在排练过程中，将所有的信号分轨录制下来，之后需表演者在场，使用先前表演或彩排中预先录制的音轨替代现场输入，即可精细调整各种参数，进行混音。这样一来，就可以有充分的时间根据室内环境调整系统均衡，或者调整效果器参数，或在表演者到达前将直接调至最佳状态，然后将效果器、音量等设置保存下来，按各个表演储存为快照，在演出中，直接调用每个快照，就可以得到想要的声音，使得在现场扩声时声音也可以制作得像录音一样精细。

6.2.2 数字调音台举例

VENUE SC48是VENUE系列中的一个一体化小型调音台。它将所有I/O、DSP处理功能及触控设备合并安装在单个小型调音台，它的体积很小，特别适合在空间紧凑的地方，比如小型扩声、演播厅、转播车小型扩音及会展活动中，完成小型制作和安装。SC48的音质、功能及表现和VENUE系列其他产品完全一样，这是所有VENUE系统的共同标志。

SC48包括16个输入推子、8个输出推子、一个可自定义的自由通道，一个主控推子和16个用于触控的多功能旋转编码器。该系统最多可处理48个模拟话筒/线路输入，32个模拟线路输出，它还有内置Pro Tools LE火线接口，直接一台连接安装Pro Tools LE软件的笔记本电脑，实现18轨同时录音和重放。

（1）输入模块

输入模块主要包括下面几部分。

① 推子：推子上主要包括多功能旋钮、选择键、独奏键和静音键。

② 多功能旋钮：多功能旋钮按照左边的按钮选择旋钮的功能。这些按钮主要包括：增益、声像、低切和辅助输出。

③ 编组输出：编组输出可将当前选择通道分配至编组母线以及主输出母线。

（2）通道控制模块

通道控制模块可通过8个旋钮实现对通道参数的控制。单击所要调整的通道的选择键，这个模块将用于控制所选择的这个通道，单击所需要的功能按钮，上面的8个旋钮就用于控制当前选择的通道的所选功能。

① User：自定义，可以自定义一些常用的功能，不需要翻页，即可一直控制这些功能。分别为增益、高通、均衡（频率和增益）、压限器的门限。在使用中，还可以根据使用习惯，设定成不同的参数。

② Input：8个旋钮全都变成输入控制，包括增益，48V幻象供电，反相等。

③ Plug-in：这个键是白色的，按下这个键之后，后面三个EQ、C/L（压限器）和E/G（扩展门）的按钮，变成选择控制对应插件EQ，压限器和扩展门。

④ EQ：按下这个键后，8个旋钮均为控制调音台自带4段均衡的参数，包括Q值、频点和增益。如果按下Plug-in键，再按下EQ，则8个旋钮用于控制这个通道所加的插件中均衡的参数。

⑤ Comp/Lim：按下这个键后，8个旋钮均为控制调音台自带压限的参数，包括门限、增益、拐点、释放时间和启动时间等。如果按下Plug-in键，再按下该键，则8个旋钮用于控制这个通道所加的插件中压限器的参数。

⑥ Exp/Gate：按下这个键后，8个旋钮均为控制调音台自带扩展门的参数，包括门限、增益、拐点、释放时间和启动时间等。如果按下Plug-in键，再按下该键，8个旋钮用于控制这个通道所加的插件中扩展门的参数。

（3）输出模块

输出模块主要包括主输出推子、翻页按钮和输出推了。最左边的推子为主输出推子，一个推子可控制LCR3个主输出通路。翻页按钮可选择推子控制的输出母线，包括Aux1-8、Aux9-16、Matrix（矩阵）、Group（编组）和VCA。

（4）灵活通道

灵活通道用于能够保证最快控制最重要的那一路输入或者输出通路。在演出中，我们常常会有一些重要的话筒不希望翻层，如主唱、主持人等用的话筒。灵活通道就是用于实现这一目的的。灵活通道有两种工作模式：

① 选择通道模式：灵活通道与选择通道相同，如当前选择Ch 1，灵活通道也会为Ch 2。

② 控制模式：双击灵活通道上方灰色的选择键，能够一直控制所选择的通道，不再受翻页或者选择其他通道的影响。

（5）操作控制屏幕与软件

所有VENUE系列数字调音台均使用同样的操作软件，它主要负责VENUE系统的任务控制，通过软件，可以实现系统的输入、输出、文件、快照、跳线、插件及选项设置。VENUE的操作页面共有6个管理页面：INPUT，OUTPUT，FILING，SANPSHOTS，PATHBAY，PLUG-INS和OPTIONS，可通过单击选项卡来选择。现将其功能介绍如下。

① INPUT（输入）管理页面：上部为通道视图，用于迅速浏览所选的通道的所有参数状况，下部为推子视图，重新设置推子、控制插件及其他功能。

② OUTPUT（输出）管理页面：输出页面显示类似输出管理页面的视图，上部的通道视图显示包括图示均衡在内的输出母线参数，下部的推子则提供对输出分配的控制。

③ 文件（FILING）管理页面：可对演出文件（Show file）进行保存、调用。这里可以管理调音台中的所有文件，包括演出文件、插件参数等，包括用户自己的设置或者各种厂家预设。所有演出文件和设置均可轻松同步到U盘，用作备份或转移至另一个VENUE系统。使用历史标签功能，可以快速调出先前调音台状态，以撤销变更。

④ 快照（SNAPSHOT）管理页面：用于储存每个场景的快照，并随时调出，提高混音效率。调音台可以存储及调出最多999项快照，并能即时拖放，以便与演出清单顺序相匹配，并建立和保存快照调出保护（Recall Safe）。

⑤ 跳线（RATCHBAY）页面：可分配I/O和路由。跳线页面提供对所有输入、输出及外部设备的访问（包括Pro Tools录音系统），能够很方便地分配路由。

⑥ 插件（PLUG-INS）管理页面：用于分配插件、设置路由，指定插件顺序及更改插件参数。可快速访问系统已安装的音频插件，可使用鼠标或者用调音台调整插件参数。

⑦ 选项（OPTIONS）页面：可让使用者按需求自定义系统配置和用户偏好。

6.2.3 数字调音台使用流程

（1）连接系统

与模拟调音台相同，第一步需要先连接系统。首先应将话筒和其他音源信号接到调音台的输入接口，随后需要将相应的输出接口与音响处理器或者功放连接起来。

（2）设置系统输入和输出跳线

进入调音台PAYCHBAY页面，先选择INPUT页面，对输入信号进行跳线，在默认情况下是一一对应的。如果不希望一一对应，可以自己进行跳线。

设置输入以后，开始对输出进行跳线。根据需要，将调音台的相应母线输出到对应的硬件接口。

（3）对调音台的每个通路进行输出母线的分配

接下来的步骤和模拟调音台完全一样，是对调音台的通路进行母线分配。可根据工作需要，将每一路信号送至相应的辅母线、编组母线或者主输出母线。默认情况下，每一路信号都是送到主输出的，如果不需要，就可以将这路信号送给输出的信号关掉。

（4）设置和调整插件

插件包括均衡器、压限器、混响器和延时器等设备。由于这些插件的功能均是模拟传统硬件设备，所以在原理上跟硬件设备一样。接下来选择插件的输入，一般有两种方式：插入和母线送出。一般来说，均衡器和压限器可选择插入到某路通路中，效果器则用母线送出的方式，通常是辅助母线送出至效果器，效果器再返回到任意FX Return通路。如果要加一个压缩插件，选择Insert再选择插入通道，然后再选择这个通道中机架的位置。如果需要加一个混响器，可选择Bus out，再选择输出和母线，然后选择返回通路。

6.3 均衡器的使用

6.3.1 均衡器作用

尽管均衡器并不是唯一一种可能改变频率的设备，但是总体上来说，它们是最常使用的频率调整设备。从简单的术语上讲，均衡器可以改变信号的音色，这种简单的功能，是实现以下重要目标的最直接的方法。

（1）实现频谱平衡

频谱平衡是混音中非常重要的一个方面。如果一个混音在频率平衡上没有做好，那么这种缺陷是很难不被人察觉的。均衡器的一个最主要的作用，就是用来修正被过分强调或者缺失的频率范围，无论这些频率范围是宽还是窄。另外，均衡器还可以变窄或者拓宽乐器的频率范围，或者改变它们频谱中某些成分的大小。

（2）塑造乐器的表现力

均衡器提供各种各样的控制参数来塑造每一件乐器在音色上的表现。通过均衡器，我们可以让声音听上去变得瘦或胖，大或小，干净或者肮脏，文雅或者粗鲁，尖锐或者圆滑等。底鼓或许在音色的表现力上是最为显著的乐器——对于它的均衡方法各式各样，可选的类型种类繁多。无论是底鼓还是其他乐器，其音色的表现力都是混音中最具创造性的方面。

（3）实现乐器的分离

混音中各种元素的频率范围很少出现不相互交叠的情况。一个次低音信号加上一个底鼓，就是这种频率交叠的典型例子。至少在一些混音中，由其他乐器与当前乐器频率交叠所产生的掩蔽效应听起来是极为糟糕的。当两件或者更多乐器在同一频率范围内出现竞争的时候，很难在它们中间分辨出某个乐器。随着混音的进行，越来越多的乐器加入进来，乐器彼此之间的掩蔽也越来越难以避免。对此，可以将乐器中某些可有可无的频率成分切除掉，在适当的情况下，甚至可以将某些不是最重要的频率成分切除掉。实际要做的，只是尽力去处理掩蔽，直到能够将一件乐器从其他乐器中分离开来，并让所有乐器的清晰度达到满意的程度为止。

（4）提高乐器的清晰度

乐器的清晰度是包含在分离度当中的一个特性。如果没有彼此之间的分离，每一件乐器也就不可能清晰。但是，我们还经常将清晰度与乐器的可懂度或者自然感联系在一起。例如，在一个配器上由钢琴和人声所构成的混音中，这两个声音的分离度可能会相当好，但是，如果钢琴的声音听上去好像是从海底下发出的，那么它就不够清晰。同理，如果踩镲的声音中缺失基本的高频成分，我们就可以称之为不够清晰。

（5）传达情感和情绪

我们的大脑将不同的频率与不同的感情色彩关联在一起。明亮的声音会让人觉得充满活力、心情愉快，而黯淡的声音会让人感觉神秘或者悲伤。通过均衡器，我们可以让人声变得更为甜美，让军鼓更具震撼性，让小号更圆润，让中提琴更柔和等。

6.3.2 频段与主观感受

根据人耳的听觉特性，人耳对声音不同频率范围的听觉体验是不同的，这种听觉体验就是主观感受。

（1）次声频段（Sub sonic）（20Hz以下）

唯一一种在这个频段上具有能量的乐器是大型的管风琴，它们只能在世界上为数不多的几个教堂中看到。这个频段的声音是不能被人听到的，但是它能够被感受到。尽管这个频段在电影的爆炸音效和雷声的制作中能够用得上，但是在音乐处理中，不会使用到这个频段。

（2）低频段最低部分（Low bass）（20～60Hz）

这个部分就是人耳可闻的最低频段，处于这个频段的声音，更多的是被感受到，而不是被听到，其感觉主要是力度，而不是音调。底鼓和贝司的基波通常位于这个频段，该频段也经常用来为底鼓增加次低音。钢琴也可以在这个频段产生一部分声音。

（3）低频段中间部分（Mid bass）（60～120Hz）

在这个频段内，我们才开始获得音调的感觉。这个部分主要与力度相关，主要是贝司和底鼓。

（4）低频段较高部分（Upper bass）（120～250Hz）

大部分乐器的基波都位于这个频段，这也是我们能够改变乐器自然音调的频段。

（5）中低频段（Low Mids）（250Hz～2kHz）

这个频段基本上包括了各种乐器中最为重要的低次谐波，其音质、色彩和大部分音色都由这个频段决定。

（6）中高频段（2～6kHz）

我们人耳对这个频段的感受是最灵敏的（根据等响曲线），这个频段包含复杂的谐波成分，与响度、清晰度、临场感和语言的可懂度相关。

（7）高频段（Highs）（6～20kHz）

大部分乐器在这个频段上都只有很少的能量，但是，它依然是一个很重要的频段。这个频段主要与光泽、亮色和空气感相关。

以上列举到的主观术语，只是用来描述这些不同频段给人带来的相关感受时所用到的术语的一小部分。还有一些术语，用来描述这些频段在哪些感觉上不足，在哪些感觉上过度。用这些术语来进行语言的交流，也可以使用它们来思考。首先想到要增加哪种感觉，然后再将它对应到相应的频段上去。实际上，这些术语并不是一种标准化的用语，而且不同的人对于某个术语可能会产生不同的想法。不过有一件事是确定的，频段与这些描述术语之间的对应关系是非常粗略的。比如，一个电贝司产生形体感的频段就离一个长笛产生形体感的频段相当远。图6-1总结了这些用于描述不同频段主观感受的术语。

6.3.3 滤波器的种类与选择

（1）通过式滤波器

通过式滤波器的电路非常简单，可以仅由一个电容和一个电阻构成。通过式滤波器的参考频率称为截止频率（Cut-off frequency）。通过式滤波器可以让截止频率一侧的频率成分完全通过该滤波器，同时对截止频率另一侧的频率成分连续进行衰减。其中，高通滤波（A High-Pass Filter，HPF）可以让截止频率以上的频率成分通过，滤除截止频率以下的频率成分。而低通滤波器（A Low-Pass Filter，LPF）则与之相反——它能够让截止频率以下的频率成分通过，同时滤除截止频率以上的频率成分。图6-2显示了这两种滤波器。

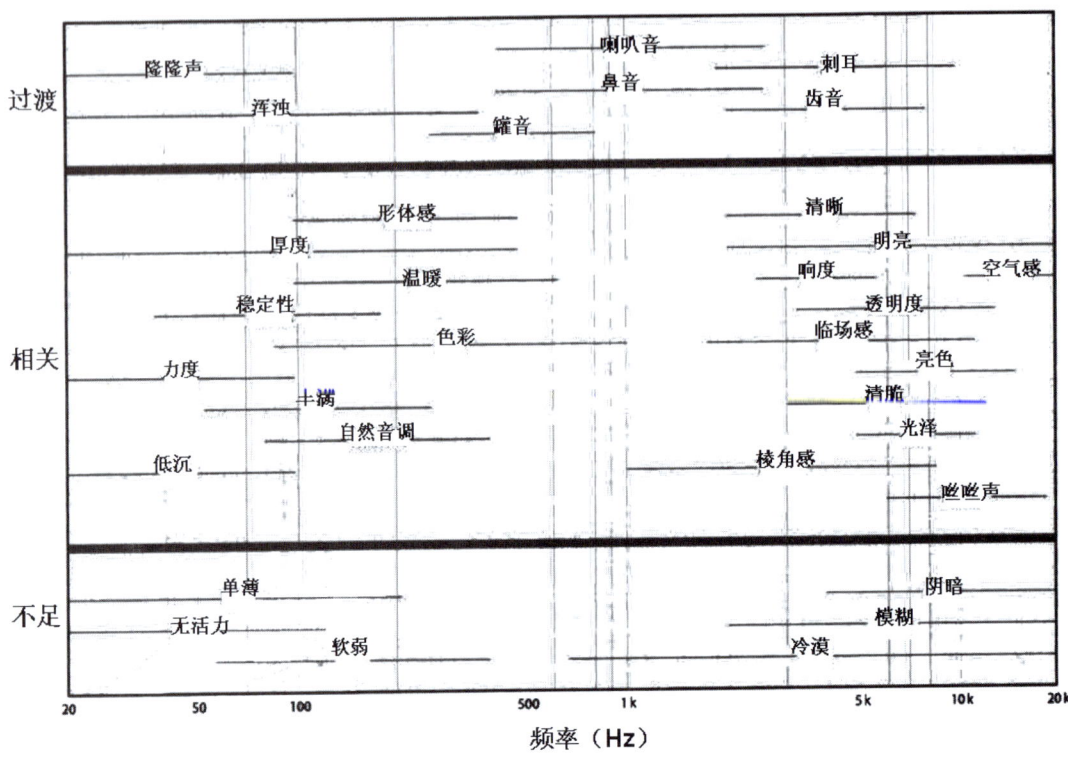

图6-1 不同频段造成的不同感受

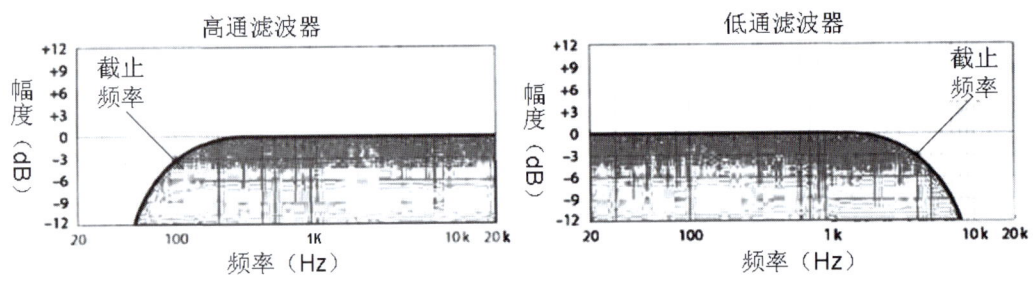

图6-2 通过式滤波器

图6-2中所示的截止频率并非位于曲线开始弯曲的那个点（过渡频率点）。其实，通过式滤波器的截止频率指的是均衡曲线衰减了3dB的频率点。例如，在图中，高通滤波器的截止频率为100Hz。因此，我们可以看到，高于高通滤波器截止频率（或低于低通滤波器截止频率）的某些频率成分是会受到影响的。

（2）搁架式滤波器

与通过式滤波器只能滤除某个频段的情况不同，搁架式滤波器除了能够对频率进行衰减外，还能够进行提升。搁架式滤波器的参考频率将整个频谱分为两个频段。在参考频率的一侧，所有频率的幅度保持不变，而在另一侧，所有频率的幅度会按照一定的数量进行衰减或者提升，滤波器的增益控制能够决定这个衰减或提升的具体量值。因为不可能在滤波器上实现完全竖直的变化面，因此在搁架式滤波器中，不受滤波器影响的频段与按照增益变化值改变的频段之间，总会存在一个过渡范围。图6-3显示了可能出现的4种搁架式滤波器形状。

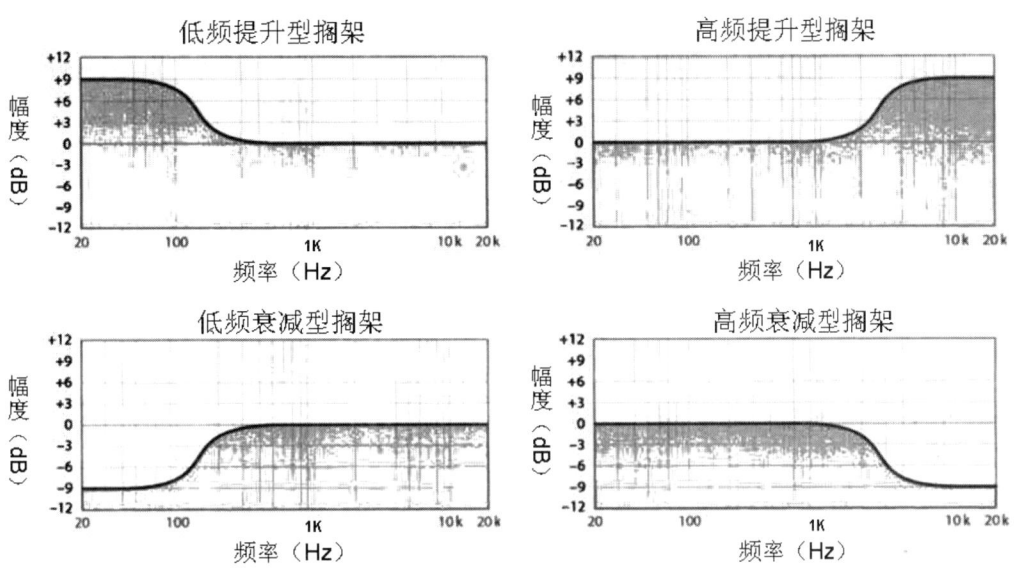

图6-3 4种搁架式滤波器

（3）参量式滤波器

与搁架式滤波器类似，参量式滤波器也可以对信号进行衰减或者提升。它们的频响曲线形状很像钟型，如图6-4所示。参量式滤波器的参考频率被称为中心频率，可以在频带内对其进行高低扫频调整。均衡量决定了在中心频率上所产生的提升或衰减的最大值。而两个截止频率点处于中心频率左右，增益出现3dB变化（对于提升的均衡，是增益下降3dB；对于衰减的均衡，是增益上升3dB）的频率点位置。参量式滤波器的带宽为左右两个截止频率点之间的频带宽度，用倍频程来表示。

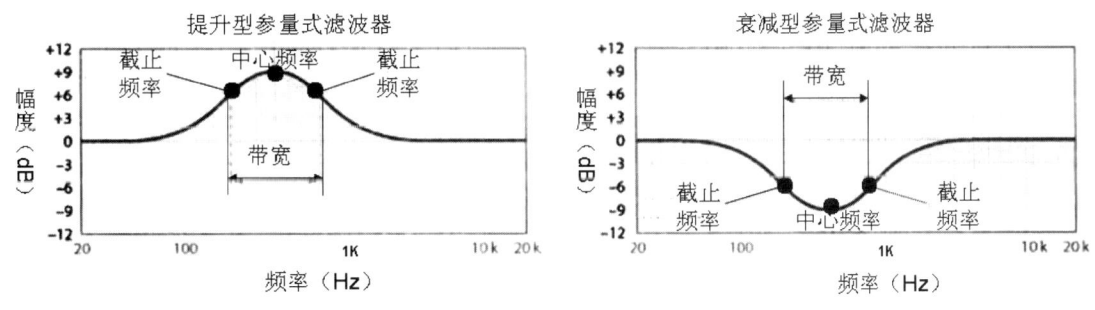

图6-4 参量式滤波器

另外，有一个称为Q值（Quality Factor，品质因数）的参数。Q值的数学计算表达式为Fc/（Fh - Fl），其中Fc代表中心频率，Fh和Fl分别代表高、低截止频率。Q值越大，则钟型频响曲线的形状越窄。Q值的变化范围大致为0.1（非常宽）到16（非常窄）。如图6-5所示3种不同Q值的频响曲线形状。

（4）滤波器的选择

不同种类的均衡器具有不同的可控参数，这决定了我们会根据使用要求的不同在通过式、搁架式和参量式滤波器之间进行选择。通过式和搁架式滤波器，与参量式滤波器之间相比有着非常明显的区别。无论是通过式的还是参量式的滤波器，它们对信号的影响都是在很大频率范围上的。而参量式滤波器则会影响相对比较有限的频率范围，它们通常有一个相对较窄的带宽，我们很少会用它们来处理很宽频带的信号。用更明确的话说，对滤波器基本的选择方法应该是这样的：

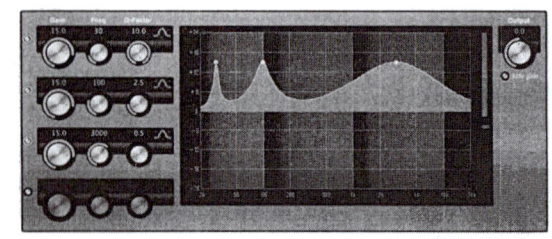

图6-5　3种不同数值的Q值

通过式滤波器：用在我们需要大范围除去某些频率成分的时候，例如低频的"隆隆"声。

搁架式滤波器：用在我们希望改变整个信号的音色，或者强化或弱化大范围内的频率成分的时候，例如，弱化过分的低频敲击声。

参量式滤波器：用来处理我们脑海中设定好的特定频率范围或者特定频谱成分，例如，军鼓的轮廓感。

6.3.4　图示均衡器与动态均衡器

（1）图示均衡器

由许多可调的小型推子构成。每一个推子用来控制一个滤波器的钟型均衡曲线的均衡量大小，该滤波器的频段很窄，均衡频率是固定的。大部分图示均衡器中的每一个频段的Q值都是固定的。图示均衡器的各个可调频点之间的间隔通常为1/3个倍频程（因此对整个可闻频率范围要使用31个推子）。由于各个推子所构成的曲线可以被近似地认为是该均衡器的频响曲线，这种均衡器由此得名图示均衡器。

（2）动态均衡器

在目前并不是一种使用非常广泛的均衡器，但是数字调音台技术的革新让我们有可能在将来遇到越来越多的这类均衡器，在标准的均衡器当中，每一个频段的衰减或者提升的均衡量是恒定的，与之相反，在动态均衡器中，均衡量会随着每一个频段信号的增益幅度而发生变化。换句话说就是，某一频段信号越大则均衡最提升或者衰减的幅度就越大，而信号越小则均衡最提升或者衰减的幅度就越小。动态均衡器相当于是多段均衡器和多段压缩器的结合体。对其中的每一个频段而言，我们都会看到很熟悉的压缩器控制参数，如门限、压缩比、建立时间和释放时间。但是与多段压缩器相反，这些参数并不用来控制该频段上的信号增益，而是用来控制均衡器上该频段的提升或者衰减量。图6-6显示了一个单一频段的动态均衡器的示意图。

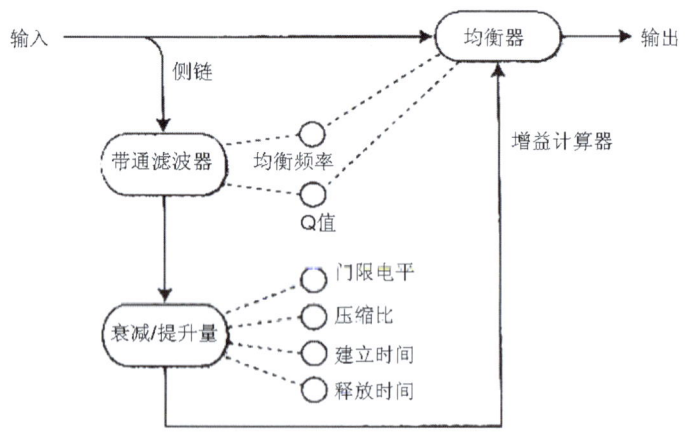

图6-6　单一频段的动态均衡器

6.3.5 均衡器的应用技巧

（1）均衡器与独奏

对于均衡器来说，其最主要的用途是用在混音中。按照乐器之间的相互关系，可以使用均衡器来解决掩蔽效应，或者让一个乐器更好地融入整个混音的频谱当中。在实际使用中，均衡器与独听按钮经常会产生矛盾。在独听状态下声音非常好的乐器，到了整个混音当中有可能会变得很糟。而相反的情况也是有可能的，独听状态下声音不好的乐器到了整个混音中却变得相当棒。所以，还应该了解在独听状态下做均衡可能会适得其反。

（2）均衡器与相位

均衡器对信号的处理会包含一些延时。这种延时的时间非常短，通常会小于1ms。延时会导致均衡器对某些频率成分的影响要大于其他的频率成分。就像两个相同的信号如果彼此异相会导致梳状滤波器效应一样，可以将上述问题简化地认为均衡器会让某些频率成分与其他频率成分形成异相关系，从而导致人为的相位失真，如图6-7所示。所以尽可能的多使用衰减而不是提升，因为在做提升的时候也会让相移的频率变得更响，同时还容易引发削波。

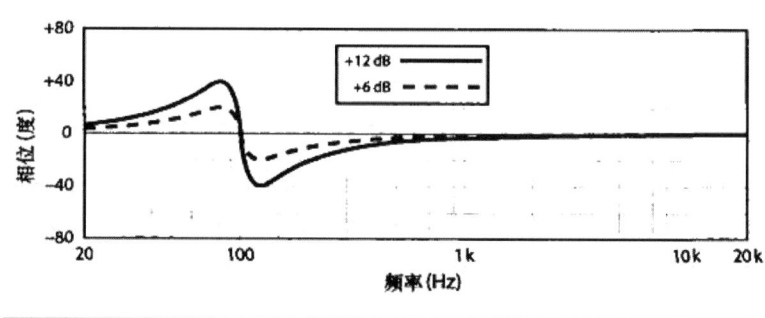

图6-7 均衡器的相移

（3）均衡器使用原则

均衡器的确能够带来非常自然的声音效果，但是所有的均衡器都存在一个共同点，越极端的均衡处理所产生的人为痕迹也就越重。从这个意义上讲，一个完美的均衡器的频响曲线应该是平直的，因此实际上它也就没有产生任何效果。不过基于这个理想状态，在使用均衡器时应该尽量避免出现以下问题：

① 均衡量过大。
② 均衡范围过窄的Q值设置。
③ 非常陡峭的斜率。
④ 过渡频段的频响曲线转折部分过于生硬。

尽管如此，均衡器本身并不是有害的，它在混音中使用得是如此广泛，并取得了非常卓越的效果。问题的重点在于，有时可以通过更为轻微的均衡来达到更好的效果，只要将均衡器的参数设置得不那么极端就可以了。

6.3.6 针对不同音源的均衡处理

（1）人声

男人的声音和女人的声音之间存在很大的不同，而且每一个人都有其独特的声音特性，以至于每一个人的声音都是不同的。

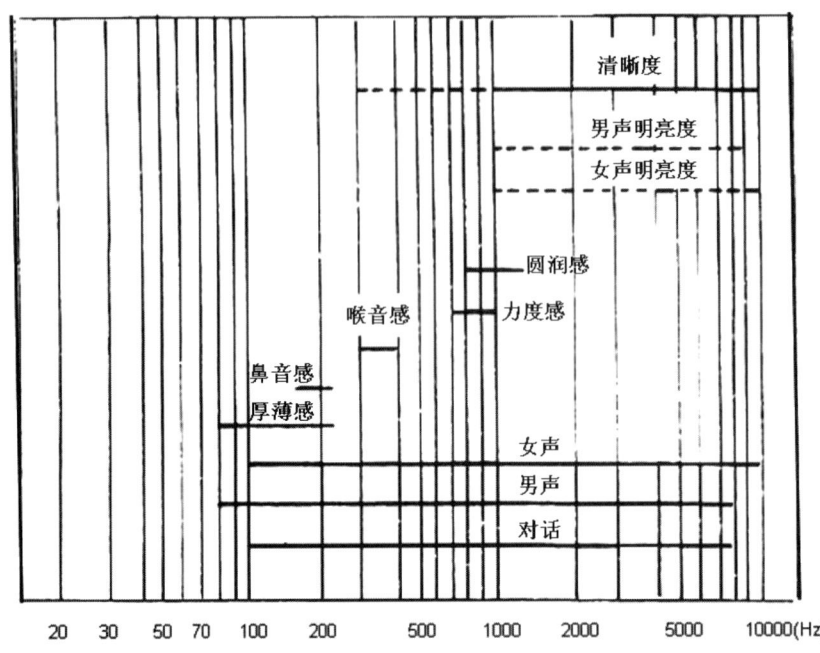

图6-8 频率补偿对语音音色感受的影响

可以比较准确地认为，针对人声的均衡处理一开始都是从消除信号中听上去不够理想的元素入手的，比如人声混浊不清、苍白无力或者带有较多的齿音。作为很多音频节目中最为关键的元素，人声必须要突出，对人声而言，很重要的一点就是不能被其他乐器所掩蔽。这使得均衡处理不仅要针对人声，也要针对那些作为掩蔽声的乐器。在混音中，不同部分的人声会有不同的作用，因此有时我们会将它处理得甜美一些，有时则让它温暖一些，还有时则会让它显得盛气凌人。图6-8所示。

大体来说，人声部分越重要，则均衡的使用量也就越大。例如，提升中高频可能会增加声音的临场感，但是同时也会带来所不需要的齿音。而衰减中低频可能会让声音变得更透明，但是丧失了温暖感，还会让声音的体积变瘦。图6-8是频率补偿对语音音色感受的影响。

（2）底鼓

底鼓是决定混音的音色表现力最为重要的因素，可以控制底鼓的声音，让它在坚实程度上、打击力度上、厚度上和干脆度上达到要求。但是，对于底鼓的声音的处理方法也是一件必须根据实际混音作品类型才能决定的事情。作为音乐中节奏声部的统领，底鼓能够在很大程度上决定一个混音作品是否具有感染力。

底鼓的频谱成分中有两个最为重要的是影响冲击力和起振感的频率成分，这两个频率成分大体上分别位于低频段和中高频段。在这两个频率范围中，不同的频率上的变化会造成不同的效果。例如，提升60Hz可能会带来更多的活力，而提升90Hz则可能带来更多的敲击感。在中高频部分，被提升的频率位置越高，所造成的"咔嗒"声也就越多。在8kHz左右的适当提升，会带来类似打字机发出的"咔嗒"声。底鼓的中低频段的作用不大，对这个频段进行衰减，能够为那些产生低频谐波的乐器腾出空间。而在高频段，底鼓基本上不存在什么有价值的能量，有时它的这部分信号还与嘶声信号混杂在一起。通常情况下，衰减底鼓的高频段是不会引人注意的。

（3）军鼓

军鼓可以说是音乐中节奏声部的次重要元素，其音色也是很多混音中非常重要的一个部分，尽管军鼓的频谱成分不像底鼓那样十分明确，但是经常可以讨论它的形体感和临场感，同时也会考虑它的其他声音特性，比如清脆感和"噼啪"声等。军鼓混音中一个很有意思的地方就是要调整它的音色，使之处于频谱中适当的位置上，也就是说要控制其在频谱中的高低位置，另外，还要考虑到它与其他乐器之间的关系。一个模糊的军鼓声会显得距离非常远并且很松散。而一个明亮的军鼓声则会显得很近，很活跃。

（4）通鼓

通鼓的混音方法与底鼓基本相同，只是它们会拥有更为明确的音调，而且声音衰减的时间更长，在很低的频段上，通鼓信号通常都是一些低沉的"隆隆"声，可能需要滤波处理。通鼓的丰满度和敲击感基本位于低频段中较高的部分，大约在200Hz。而它们的起振感与底鼓类似，位于中高频段。

（5）踩镲

踩镲通常是音色最为明亮的乐器。正因为如此，它对于我们感受一首混音作品的明亮程度起着很大的作用。踩镲在混音上存在的一个常见问题是，它们的声音听上去会与混音中的其他乐器脱节。这种情况，通常是由于过分强调踩镲的高频段而造成的。很多令人感到愉悦的混音有一个显著的特点，就是其中的踩镲音色并不是那种耀眼的明亮，它们只是带有一些光泽而已。

（6）吊镲

吊镲话筒信号能够拾取鼓组中所有乐器的声音。当吊镲话筒信号太小的时候，整个鼓组听上去会带有很多人工处理的色彩，显得毫无生气。我们可以将吊镲话筒信号的低频段和中低频段进行一定的衰减，从而在频谱上空出相应的位置来安排底鼓、贝司和其他乐器的基波频率。但是，吊镲话筒信号中的这些低频成分可能会在一定程度上决定混音整体上的温暖感和空间感，因此对它的处理要特别当心。

吊镲话筒信号的高频段会对声音的光泽感产生影响。如果在混音中没有加入针对镲类乐器的其他话筒信号，那么吊镲话筒信号可能就是决定整个混音最高频段内容的唯一信号了。因此，将吊镲话筒信号处理得有多明亮或者多阴暗，就意味着整个混音有多明亮或者多阴暗。进一步讲，这种处理还会影响整个混音的平衡。

（7）贝司

对贝司的混音有两个基本目标，稳定的低频力度感和清晰度。这两个目标实现起来都不容易，作为绝大部分音乐中的一种持续性乐器，贝司的声音通常会集中在低频部分。而贝司的低频太多，会让混音显得太低沉，而贝司的低频太少，则会让混音显得太单薄。

此外，贝司通常会与底鼓在低频段产生冲突。绝大部分的贝司信号在中高频段和高频段的能量都相对较少，有些贝司信号甚至在某个频率以上完全不存在能量，比如在5kHz以上。而在中低频段，通常又会有很多乐器为其频率分布空间而展开竞争。因此，我们需要将贝司的频率限定在一个合适的位置上。

（8）木吉他

在配器上比较简单的混音中，木吉他与人声经常会被作为最主要的乐器。在这种情况下，通常会希望木吉他的声音听上去比较丰润，而且形体感十足。而在其他的混音中，木吉他的作用仅仅在于强化音乐的和声与节奏，这意味着它的形体感就不是那么重要了。在混音中，将木吉他的声音通过高通滤波器来处理是一种非常普遍的方法。此外，还可以通过强化或者弱化吉他的二次和三次谐波来控制吉他箱体共振，这两种谐波成分位于频谱的中低频段。木吉他的最高频段对于提升的反应是非常敏锐的，即使将10kHz及其以上的频率只做一点点提升，木吉他的声音也会变得淡薄和虚弱。

(9) 电吉他

电吉他是摇滚音乐中不可缺少的组成部分，并且在很多音乐中它们都担任和声支柱的角色。通常，对于原声电吉他处理的主要目的是让它们具有更好的清晰度，同时不要对其他乐器造成掩蔽。电吉他的演奏方式是决定如何对它进行混音的因素之一，有些电吉他通过扫弦演奏和弦，而有些则进行正常的弹奏，有些更多的作为节奏性声部，而有些更多的作为旋律性声部。如果电吉他是正常演奏旋律的话，则需要对它发出不同音符时的频谱平衡多加注意。很多时候我们在混音中会遇到一把以上的电吉他，除非是本身就有所不同，否则可以通过使用不同的均衡来对它们加以区别。尽管对于电吉他而言使用低频滤波器进行处理所带来的好处没有对木吉他那么明显，但是这种处理依然是有效的，具体处理方法要根据音乐在配器上的复杂程度而定。

(10) 失真吉他

混音中在频率成分上最为丰富的乐器恐怕要属失真吉他了。这对混音而言既有坏处又有好处。坏处在于，失真吉他是一种掩蔽能力很强的乐器——大部分失真吉他信号的能量都从很低的频率一直分布到很高的频率，这让它们非常容易掩蔽其他乐器。而好处在于，可以将失真吉他的声音塑造成很多种有魅力的效果，失真吉他信号对于均衡的敏感度是极为强烈的，在中高频段仅仅提升3dB就很容易让失真吉他产生哨声，而对所有小幅度的衰减，失真吉他一样反应敏锐。

通常会去掉或者衰减失真吉他中的低频"隆隆"声，具体衰减多少是需要通过耳朵进行判断的。通常，失真吉他的最高频都包含有颗粒状的噪声，这对混音没有用处，可以衰减。略微衰减失真吉他的中频段也是有好处的，一般来说这可以为其他乐器清理出更多的空间。但是，如果将失真吉他的中频段衰减过多，就会产生一种非常冷漠的声音。

6.4 压限器的使用

6.4.1 压限器面板参数调整

(1) 阈值

阈值决定了压缩器从哪一个电平值开始对输入信号进行增益衰减处理。任何超出阈值的信号，都会被认为是过冲信号，并且在正常情况下其电平会被减小。信号超出阈值的范围越大，电平被衰减的也就越多，而低于阈值的信号通常是不受影响的，如图6-9所示，阈值电平都是以dB为单位的。

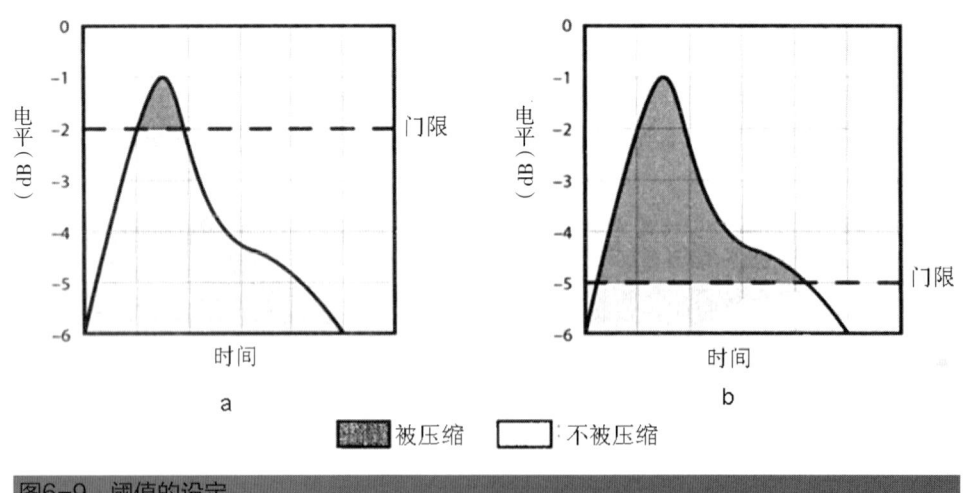

图6-9 阈值的设定

（2）压缩比

一旦信号超过了门限，压缩比这个参数就决定了输入信号变化量与输出信号变化量的比率（就像符号上所显示的那样，压缩比的表示方法为输入：输出）。例如，当压缩比为2：1，输入信号超过门限的部分变化了2dB，则输出信号超过门限的部分仅变化1dB，我们也可以将这个参数理解为过冲信号如何按比例进行衰减。压缩比为1：1（恒定增益）表示压缩器没有对信号进行按比例衰减，如果信号超过门限电半6dB时，压缩器的输出也会超出门限6dB。压缩比为2：1，表示如果信号超出门限6dB，超出的部分会衰减一半，则压缩器的输出信号只会超出门限3dB。压缩比为6：1，表示如果信号超出门限6dB，则超出部分会衰减到原来的1/6，压缩器的输出信号只会超出门限1dB。一个压缩器最大的压缩比为∞：1（无穷大比一），这个压缩比会将任何过冲信号衰减到门限电平，如图6-10所示。

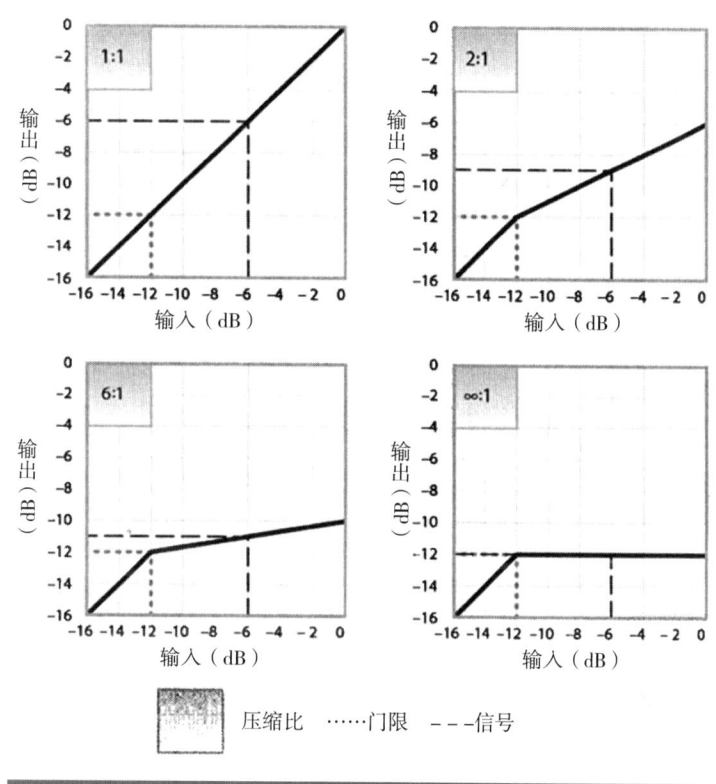

图6-10 不同压缩比传输特性

（3）建立时间与释放时间

建立时间能够决定增益衰减产生的速度，而释放时间能够决定增益衰减恢复的速度。

为了能够保留一些乐器自然的起振感（音头），通常会希望最初的一部分电平能够不受影响地通过压缩器（或只受到轻微影响）。为了达到这个目的，需要让压缩器的反应时间变慢。同样，如果信号增益出现很大幅度的快速衰减以及快速恢复，就会产生抽吸效应。为了避免这种情况发生，需要一个方法来控制压缩器的增益衰减恢复的速度。比较常见的建立时间和释放时间都是以毫秒为单位的。建立时间的变化范围通常在0.01~250ms。释放时间的变化范围通常在5~3 000ms。重要的是，这两个时间常数表示的都是增益衰减能够以多快的速度进行变化，而不是增益衰减产生变化所需要的时间，如图6-11所示。

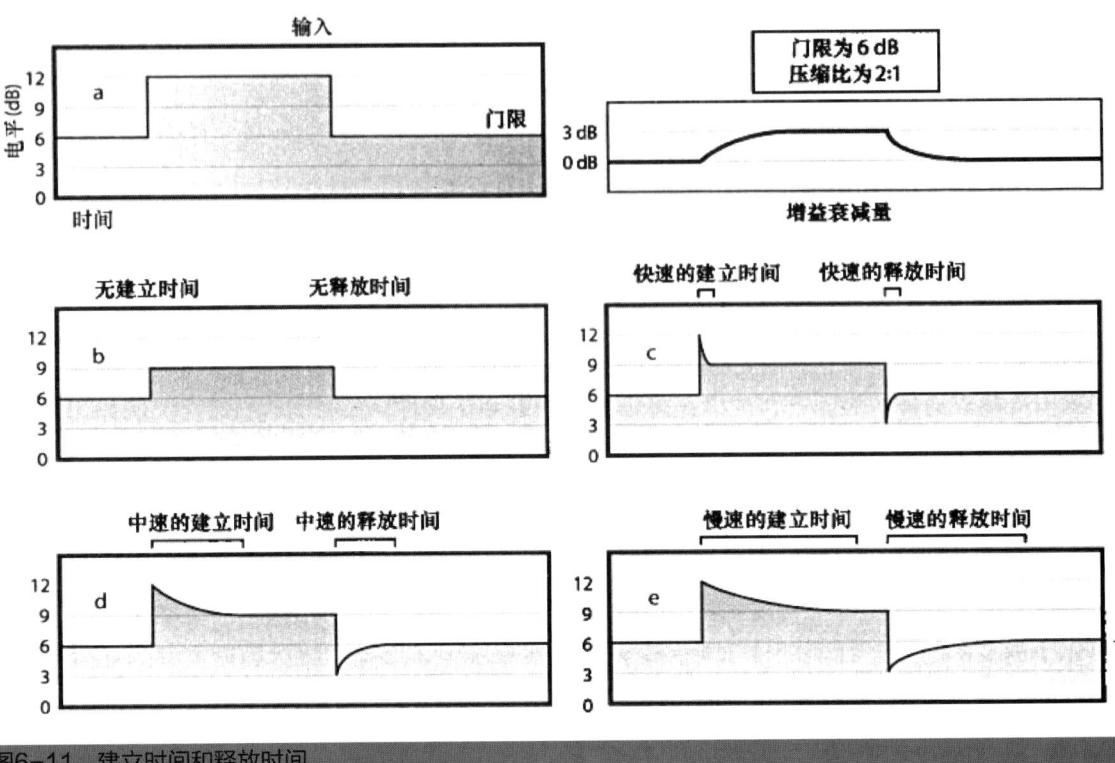

图6-11 建立时间和释放时间

建立时间和释放时间都由时间模块加以控制。时间模块的输入信号为临时的增益衰减量。时间模块能够将增益衰减的突变速度变慢。只要时间模块的输入值比输出值更大，增益衰减量就会按照建立时间设定的速度保持持续增长。在输入值低于输出值的时候，增益衰减量开始根据释放时间设定的速度来变小，如图6-12所示。尽管建立和释放是对增益衰减量起作用的，但它们所产生的时间模块却与门限的设定值无关，建立和释放都是作用于增益衰减量的，即使是信号电平在阈值以上产生变化的时候，仍然会出现建立和释放过程。

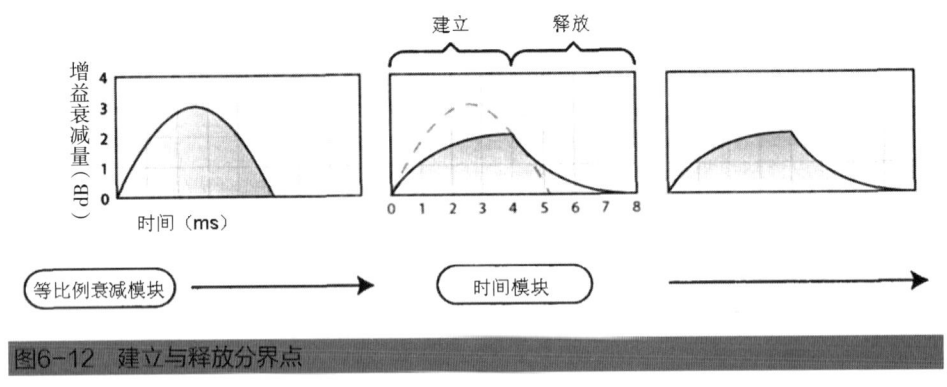

图6-12 建立与释放分界点

（4）增益补偿

从工作原理上说，压缩器能够将声音中响度较大的部分变小。因而，被压缩的信号响度听上去很有可能会降低。为了对这种响度衰减进行补偿，增益补偿控制器会根据设定的dB值对输出信号进行简单的电平提升（如图6-13所示）。这种提升操作对信号所有部分的提升量是统一的，与压缩器其他参数的设定情况无关，无论是低于还是高于门限的信号都会被提升。

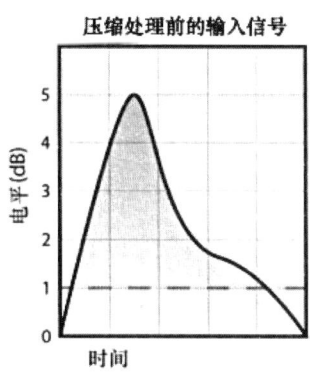 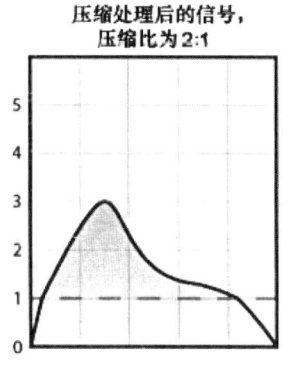 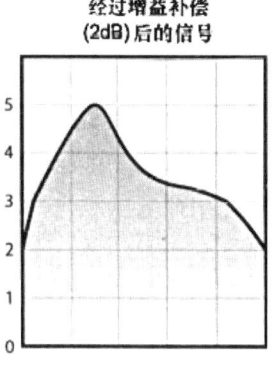

图6-13 增益补偿

（5）硬拐点与软拐点

在压缩器的压缩曲线上，拐点就是压缩比由恒定增益向设定好的压缩比数值变化的那个点，它的位置是由门限决定的。

以上谈到的各种类型的压缩器在工作的时候使用的都是硬拐点，门限电平会在无压缩和弯曲压缩状态之间形成一个非常鲜明的分界点。这种在无压缩和完全压缩状态之间的急剧变化，会让压缩处理的效果变得非常明显。通过延长建立时间和释放时间，可以软化这种压缩的效果，但是延长时间常数并不总是能够补偿这种突兀的压缩感。而软拐点模式能够在无压缩和被压缩状态之间形成圆滑的过渡，增益衰减在门限电平以下的某个点就开始了，此时的压缩比会小于设定的压缩比，而从门限电平以上的某个点开始，压缩器才进入完全按照设定的压缩比进行压缩的状态，如图6-14所示。当信号发生过冲时，硬拐点的压缩器会在1∶1的无压缩状态和4∶1的被压缩状态之间形成跳变。与之不同，软拐点的压缩器会在门限电平左右两侧形成一个压缩比的变化区间，让压缩比连续的从1∶1变化到4∶1。

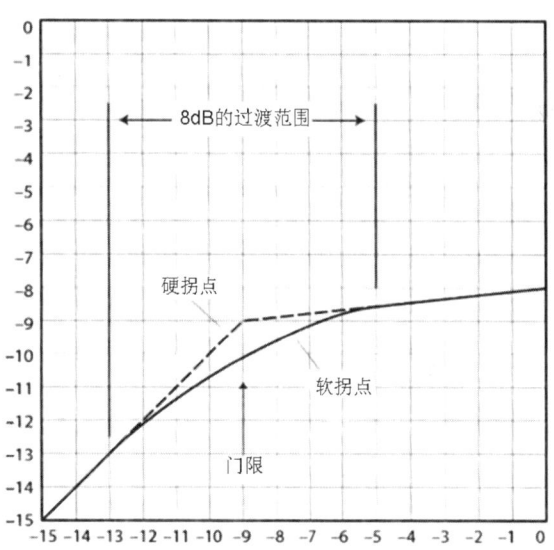

图6-14 硬拐点与软拐点

当需要更加圆润的压缩效果时（比如通常对人声的压缩处理），软拐点是非常有用的。这种拐点在无压缩与被压缩状态之间的平滑过渡，使得压缩的效果得以减小，进一步允许增加压缩比。另外，使用软拐点处理也可以让建立和释放不再担负软化压缩效果的功能，从而缩短建立和释放时间（这在让声音的响度变大的处理中很有用）。而当需要让压缩的效果突显出来时，硬拐点处理显然更加合适一些。

（6）立体声绑定

立体声绑定功能能够将左右两个单声道压缩器绑定在一起，因此左右两个声道可以获得相同的增益衰减量。当立体声绑定功能被激活后，左右信号都会按照相同的量值进行压缩，因此不会产生声像飘移。

6.4.2 压限器使用技巧

(1) 阈值的起始位置

图6-15中可以看到信号电平在0～-10dB变化,这个范围能够针对使用目标对阈值电平进行设定。很明显,对于这个信号来说,将阈值设定在0dB以上几乎是没有意义的,除非使用软拐点,否则将阈值设定在0dB以上不可能产生任何的压缩。而将阈值设定在活动范围之内将产生选择性压缩,信号中只有高于阈值的部分才会被压缩,这种处理方法有时正是我们所需要的,比如说需要对信号中声音响度较大的部分进行压缩的时候。但是,选择性压缩存在一个风险,这就是信号会在被压缩和不被压缩之间来回变化,从而使得压缩的效果变得非常明显。将阈值设置在活动范围的下限,比如-10dB,将使得任何活动范围之内的电平变化获得相同的压缩处理。尽管这种门限的设定并不一定适用于所有压缩器的应用场合,但是当一个信号包含有明显的活动范围的时候,这个活动范围的下限电平或许会是我们尝试压缩器阈值设置的起始位置。

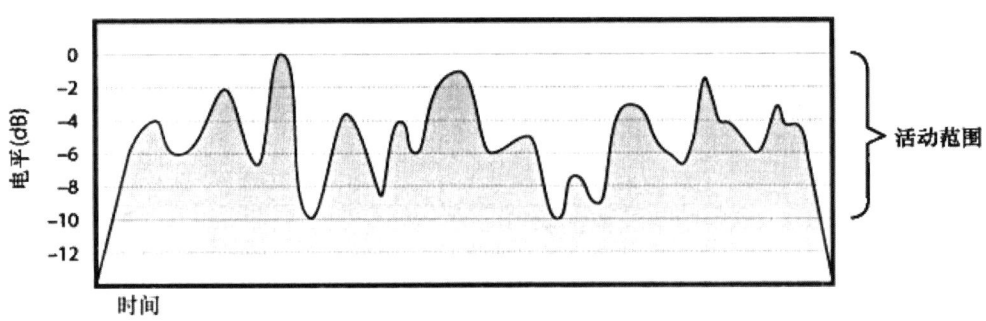

图6-15 信号动态范围

(2) 常见的3种阈值设置

一般常见的3种阈值设置有控制峰值、平衡电平和提升响度。

① 控制峰值:表示使用压缩器来进行电平控制的情况。如图6-16(a)所示,门限被设置得很高,大约在最高峰值的下沿,高于其他所有电平。压缩处理能够减小这个最高峰值,但是不会对信号中的其他部分起作用。最高峰值的减小允许我们进一步对整个信号的电平进行提升,让提升后信号的最高峰值与压缩前的最高峰值一致,而压缩前中等大小和较低的电平动态获得了提升。

② 平衡电平:压缩器的门限被设定在一个中等的高度,正好位于最低谷值以上,但是比信号中的其他部分都要低。我们的目的就是将最低谷值以上的所有信号都向它这个方向减小,通过增益补偿,信号的电平得到了提升,信号的峰值电平衰减了,同时最低谷值却通过增益补偿获得了一定的提升,如图6-16(b)所示。

③ 提升响度:希望让乐器的声音变大或者压缩它们的动态时的具体做法。由于门限的位置几乎被设置在信号最底端,因此除了极小的电平以外,其余所有的信号都会被压缩。如图6-16(c)所示,在经过压缩后的信号图中,可以看到两个明显的变化,第一,所有的电平都产生了很大的变化,包括最低谷值在内。经过压缩后,信号的最大峰值、最低谷值以及中等大小的电平都被大幅度缩小了。因此,这种方法也可以用在非常激进的电平平衡处理上。第二,可以看到信号电平在整体上得到了充分的衰减,为了对此进行补偿,会用增益补偿功能将输出信号的峰值提升到与输入信号的最大峰值一致的水平。在这个用法中,由于输出信号的平均电平得到了相当大的提升,因此与输入信号相比,输出信号的响度听起来当然会有很

大增长。

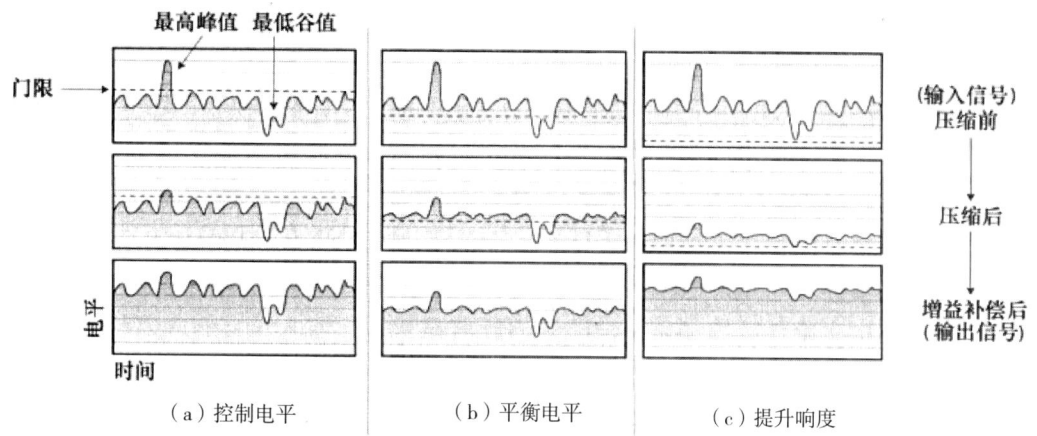

图6-16 3种阈值设置

（3）压缩比与阈值的关系

压缩器的阈值设定越低，则压缩比也就越低，这提供了关于这两个控制参数之间关系的一个重要启示。将阈值降低意味着增加压缩，与之相反，将压缩比调小则意味着减小压缩。通常，这两个参数是结合在一起同时调整的，如果将其中一个调低，那么也需要将另外一个调低，当然调高也一样。问题的核心就是，一旦获得了大致的压缩量，那么在降低阈值（增加压缩）的同时缩小压缩比（减小压缩）会让压缩器的压缩量保持基本不变，但是在压缩的特性上却会产生些许不同。

尽管降低阈值或者提升压缩比都会带来更大的压缩，但是其具体的效果之间会有差别。降低阈值所带来的更大压缩，会让信号中更多的部分被压缩。而提升压缩比所带来的更大的压缩，只会针对已经获得压缩信号部分。换句话说，降低阈值意味着有更多的信号被压缩，而提升压缩比意味着让被压缩信号产生更多的压缩效果，因此，在压缩处理中，寻找门限与压缩比之间正确的平衡点是解决问题的关键，通常4：1是设置压缩比的一个比较理想的起始点。

（4）建立时间的长短

建立时间越长，对信号原始的起振感的保留也就越多，但是并不是绝对的，如果建立时间过长，在信号下降到低于门限的位置时，建立过程几乎还没有结束，从而让压缩器不能产生任何有效的增益衰减，这几乎完全影响到了压缩效果的产生，让整个压缩处理变得没有意义。同时，长的建立时间会使得信号的动态包络发生很大变化，从而导致我们不希望得到的音色变化，特别是针对高频信号，因为高频信号是由电平的快速周期变化产生的，而低频信号则是由电平慢速的周期变化产生的。较长的建立时间能够让信号电平上升的速度变慢，从而削弱高频信号的电平上升速度。如果换个角度考虑，这也可以被认为是信号的低频部分有所增强，音色变得更温暖。

有时希望让某种音源获得比较轻柔的声音，以便让这音源信号在混音中不显得过分突出。在这种情况下，应该使用较短的建立时间。但是短的建立时间所带来的另一个问题是低频失真，产生这个问题的原因在于，低频信号的周期很长，足以让压缩器在每一个周期内产生反应，而不是让压缩器对整个信号的动态包络产生反应。

调整建立时间的原则，就是建立时间的长度只影响音源的原始起振部分，而不要影响其随后的各个动态包络部分。

（5）释放时间的长短

释放时间和建立时间有几个共同点，与很短的建立时间会产生低频失真的道理一样，很短的释放时间也会导致低频失真，而且短的释放时间能够造成抽吸现象。而较长的释放时间容易削弱信号的高频，这与较长的建立时间对信号高频的削弱的原理是一样的。实际上，释放时间决定着增益衰减量变小的速度，换句话说，就是信号增益恢复的速度。一旦输入信号的电平下降，较长的释放时间就会让信号增益恢复的速度变慢，从而让信号产生更多的增益衰减。

释放时间的效果与歌曲本身的节奏特性具有很紧密的联系，因此在讨论释放时间的时候，必须考虑歌曲本身在节奏上所表现出的特性。当对打击类的乐器进行压缩处理的时候，释放时间能够控制每一次敲击的持续时间，并影响其衰减过程。当一件乐器的声音与音乐节奏结合在一起的时候，不同的释放时间设置就会带来完全不同的效果。

6.4.3 多段压缩

全频段压缩器会带来一些问题，就是低频信号触发压缩也会造成高频信号衰减，这种压缩会让声音变得混浊。而多段压缩器或称分段压缩器，能够将输入信号分成不同的频段，从而让我们单独对每一个频段进行压缩处理，但它需要多台压缩器和一台高质量的分频器。

多段压缩器在处理具有宽频带特征的信号时具有非常大的优势，它可以针对信号中每一个频段分别进行压缩，为我们提供非常灵活的控制方式。另一个优点在于，由于它们只会作用于特定的频段，因此对被处理信号整体的音色的影响会少一些。此外，由于压缩所带来的人为处理后果只发生在带宽有限的频段上，因此，针对每一个频段的压缩器参数都可以适当加大。

6.5 噪声门的使用

噪声门是继压缩器之后最为常见的动态范围处理器了。噪声门又被称为门限器，这个名字显示出这种设备最常见的用途就是用来消除噪声。通常会使用噪声门处理串音，还可以用来完成某些创造性的工作，例如增加冲击力或者实现动态变化。下面介绍门限器的面板参数。

6.5.1 阈值

噪声门能够影响低于阈值的信号，这些信号或者会被衰减，或者会被哑音。而高于阈值的信号，可以不受影响地通过噪声门，除非是噪声门使用了一定的建立时间。噪声门的工作状态只决定于信号电平高于阈值，还是低于阈值。当信号低于阈值的时候，噪声门的工作状态称为关。而信号高于阈值的时候，噪声门的工作状态则称为开，如图6-17所示。在使用噪声门的时候，应该寻求更低的门限设置，因为这会更好地保留信号原始的起振和衰减过程。

6.5.2 增益变化范围

增益变化范围或称为深度，决定了噪声门对低于门限的信号的变化量，如图6-18所示。增益变化范围为-10dB，意味着低于门限的信号会被衰减10dB。通常人们会认为低于门限的信号会被噪声门哑音，但实际上我们所感受到的这种哑音处理是由大幅度的增益衰减而产生的，这时典型的增益变化范围为-80dB。

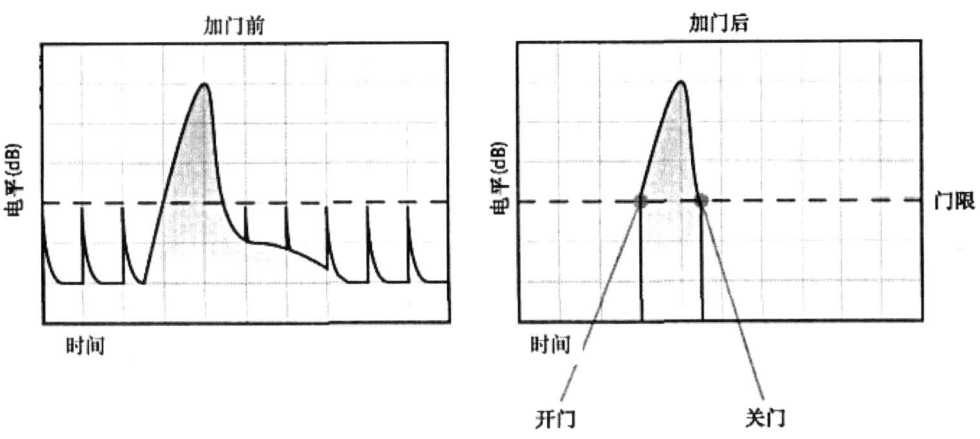

图6-17 噪声门开关

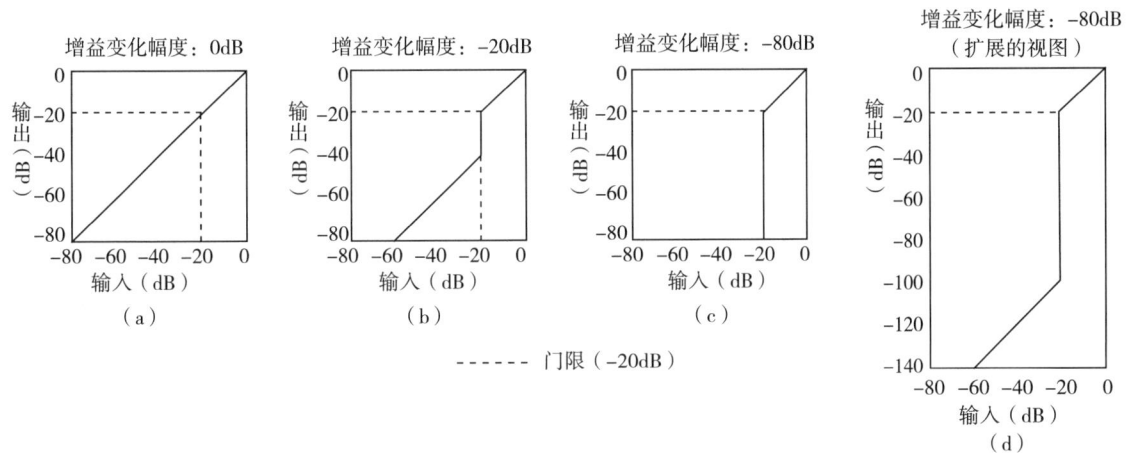

图6-18 噪声门增益变化范围

6.5.3 建立时间和释放时间

建立时间控制的是噪声门开门的速度，而释放时间控制的是关门的速度。例如，当增益变化范围为80dB时，一个处于关闭状态的噪声门，会对输入信号施加-80dB的增益。建立时间的长度就决定着当噪声门打开的时候，这-80dB的增益会以多快的速度变化到0dB，而释放时间的长度则决定着当噪声门关闭的时候，增益又会以多快的速度变化回-80dB。

噪声门的反应时间通常都是以毫秒为单位的，建立时间的长度一般在0.010～100ms。释放时间的长度通常在5～3000ms。与压缩器一样，噪声门的建立时间和释放时间也决定了增益变化的速度，但是噪声门与压缩器的建立时间和释放时间对信号的动态包络产生的作用是相反的。在噪声门上，较长的建立时间意味着原始的起振部分会被保留的更少，而较长的释放时间则意味着原始的衰减部分会被保留的更多，如图6-19所示。

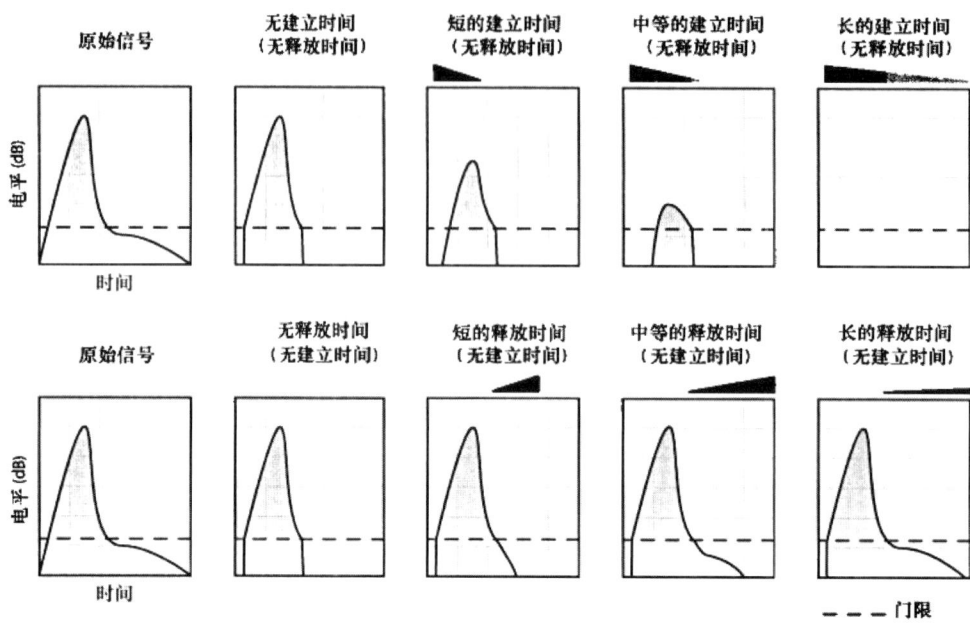

图6-19 建立时间和释放时间

6.5.4 保持时间

一旦信号衰减到以下阈值，保持时间就决定了信号的增益衰减量能够在多长的时间内不受噪声门影响。例如，如果信号在低于阈值后产生了8dB的增益衰减量，2s的保持时间就能够让这8dB的增益衰减最在2s内保持不变。当保持过程结束后，噪声门的释放过程才开始。噪声门提供的保持时间长度通常在0～5s。在对乐器信号的实际处理中，保持时间经常代替释放时间来完成维持原始衰减过程的任务。

6.6 其他动态处理设备

6.6.1 扩展器

扩展器能够将小信号变得更小，如图6-20所示。扩展器的扩展比与压缩器类似，表示输入电平：输出。如图6-21所示，当扩展比为1：2时，低于门限20dB的输入信号会产生低于门限40dB的输出信号。从显示的情况来看，低于门限的信号部分会向下伸展，导致电平更小。当使用1：100的扩展比时，扩展器的传输特性看上去就像是一个噪声门。事实上，噪声门通常就是一个使用了很大扩展比的扩展器，大部分的这类处理器也都是扩展器/噪声门双功能的，而不是只具有其中单一功能。

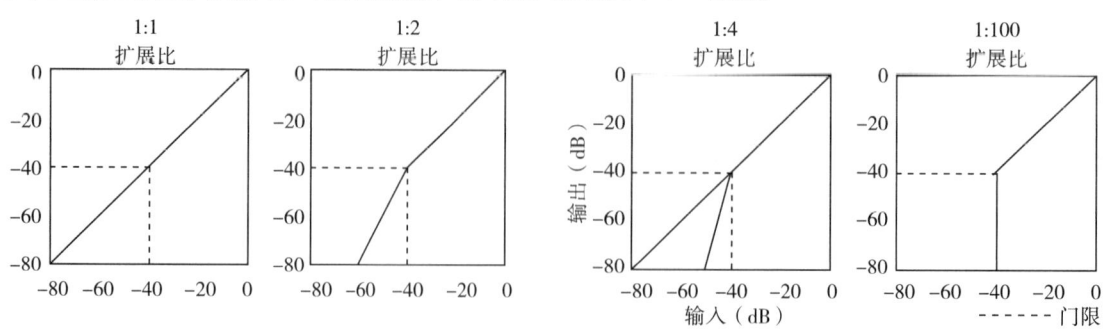

图6-20 不同扩展比的传输特性

6.6.2 向上扩展器

无论是压缩器还是噪声门都是用来减小信号增益的，而向上扩展器则是用来提高信号增益。如果我们希望强化底鼓的冲击感，使用向上扩展器会很容易带来非常自然的效果，因为它只是强化了已经存在的信号的起振部分而已。当我们需要将某些信号变大的时候，向上扩展器可能是最为合适的工具，如图6-21所示。扩展器的建立时间控制着增益增长量的上升速度，而释放时间则决定了它的下降速度。

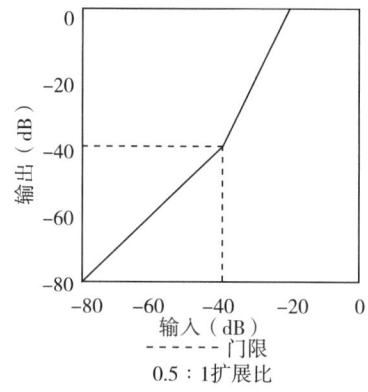

图6-21 向上扩展器传输特性

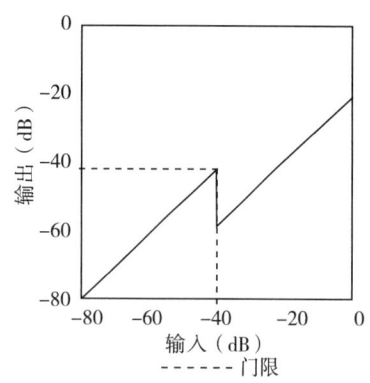

图6-22 闪避处理器传输特性

6.6.3 闪避处理器

闪避处理器的控制参数与噪声门完全一致，并且工作原理也很相似。二者唯一的区别在于，噪声门衰减的是低于门限的信号，而闪避处理器衰减的是高于门限的信号，如图6-22所示。换句话说，一旦信号超出门限，它就会被衰减（被闪避）。信号的衰减量是固定的，衰减量的大小由增益变化范围决定。在闪避处理器中，建立时间决定了被闪避信号衰减的速度，而释放时间则决定了信号返回其正常电平的速度。

6.7 混响延时器的使用

6.7.1 混响延时器常用参数

（1）延时时间

人耳对不同延时时间所感受到的效果是不同的，因此不同的延时时间在混音中就具有不同的作用。

1）小于15ms的延时　如何深入了解延时过程，最好从了解采样电平开始。若延时以微秒（百万分之一秒）计算时，信号的相位特性就会发生变化，从而带来均衡上的变化，这也就是数字领域中通过控制短时延时来实现EQ变化的原因。

当延时时间在15ms以内时，延时声就会与原始声混合在一起，从而产生"梳状滤波"效果。梳状滤波效果也就是在信号的频率响应中出现一连串均等的峰谷，无论是通过手动还是通过自动改变短时延时素材，都能够产生镶边效果。根据实际应用的不同，该效果（制造出"哇哇……"的效果，通常在吉他、人声中运用）可以是极其微妙的变化，也可以是在时间和音调上都有极其丰富的变化。留意相移和镶边的效果是很有趣的，尽管它们的效果十分相似，但相移是利用全通滤波器产生不均匀的峰谷，而镶边利用延时线产生均匀的峰谷。

2）15～35ms的延时　通过将两个相同的信号（通常存在微小的延时）在音高上做细微的移调处理，

就能够产生合唱的效果。合唱效果常用在吉他演奏、人声以及其他乐器上，来为它们的声音增加纵深感、丰满感以及声音中的谐波成分。若将延时时间提升到15～35ms范围内，人耳能够感觉到是两个空间距离很近的声音，就像不连续的延时一样。当这种间隔很短的延时应用到某个单件乐器或一组乐器中时，就能产生"加倍"的效果。其实，延时只是欺骗了人们的大脑，让人们误以为有很多件乐器在同时演奏，主观地认为声音的密度和丰富程度增加了。"加倍"效果，可以用在背景人声、管乐组、弦乐组以及其他乐器组上来制造合唱或合奏的效果，扩大了真实的声音尺寸和数量（这个加倍甚至可以是3倍或更多）。当然"加倍"效果也能用在主要的声音元素中，如人声独唱或乐器独奏中使其更大、更丰满、更洪亮。有一些"合唱"延时设备还能够在延时时间和音调上进行微调，甚至产生走调效果，从而得到非常有趣的、拟人化的声音。

在录音过程中也可以通过真正录制两遍来实现加倍。例如，一个10人制弦乐队录制两遍后混合，听起来像是个更大的弦乐队。这样的加倍过程，能够给人声、弦乐、键盘以及其他连奏乐器带来比电子效果器更自然的效果。

3）超过35ms的延时　若延时时间超过35～50ms，那么听众就能够感觉到分离的回声。将这个回声与原始声混合，就可以给单件乐器或一组乐器带来更好的纵深感和丰满感，能够使乐器在混音中更有趣。对歌曲中的节奏乐器添加延时，可以增加整个混音作品的深度和丰满度。

（2）调制

延时时间可以进行调制，让延时时间在变长和变短之间进行循环。例如，在每一个循环，初始的100ms延时时间可能会缩短到90ms，再加回到100ms，随后加长到110ms，最后缩短到初始长度100ms，如此循环往复进行下去。一个循环完成的速度由调制比率或称为调制速度决定。延时时间偏离原始值的大小则被称为调制深度。

（3）反馈

在没有使用反馈的前提下，将延时信号与原始信号混合在一起，只能产生一个回声信号。而通常无论是为了模拟很大空间内的反射，还是为了实现一些有创造性的效果，我们都需要产生不断的回声。反馈是每一个由延时产生的回声都会返回到放音位置，然后被再次延时，这就产生了一个反馈循环。当使用固定的100ms延时时间的时候，这种反馈设置会在100ms、200ms、300ms、400ms、500ms等位置上产生回声。

反馈量控制器决定了每一次回声的衰减量（有时甚至可能是提升量）。如果反馈为衰减模式，衰减量为6dB，则每一次回声都会比它前面一次降低6dB，随着时间的增加，回声会逐渐消失。如果反馈控制设置在0dB或者是提升模式，回声电平就会逐渐增加，这种不断提升的回声，能够产生创造性的效果，但是当提升达到一定量的时候，就必须将反馈量调回到衰减模式，否则回声电平会一直增长下去，造成声音失真愈发明显。

（4）预延时

预延时是到达人耳的直达声与第一次反射声间的时间间隔。预延时能提供关于房间大小的信息，因为在大的房间中，反射声传播到反射界面以及反射回到人耳所需要的时间更长，从而造成预延时更长。此外，预延时还会提供声源到听众的距离信息，但是这种效果与我们一开始可能认为的情况相反。实际上当声源距离听众越近，预延时越长。这是因为当声源距离听众更远的时候，直达声和反射声之间的相对距离变小了，如图6-23所示。这种现象在实际处理中会被经常用到，当需要混响却不需要它所带来的深度感的时候，只需要增加预延时就可以了。预延时通常以毫秒为单位，而且为了获得自然的效果，我们的大脑需要让它保持在50ms以下。

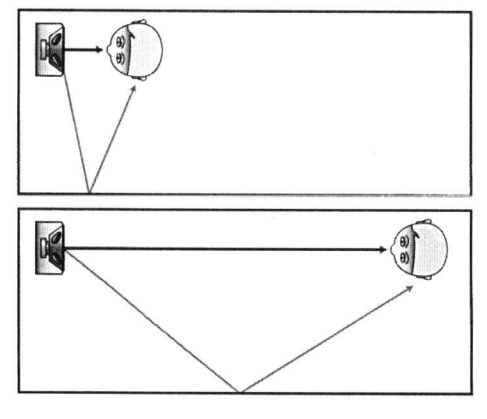
图6-23 距离与预延时图

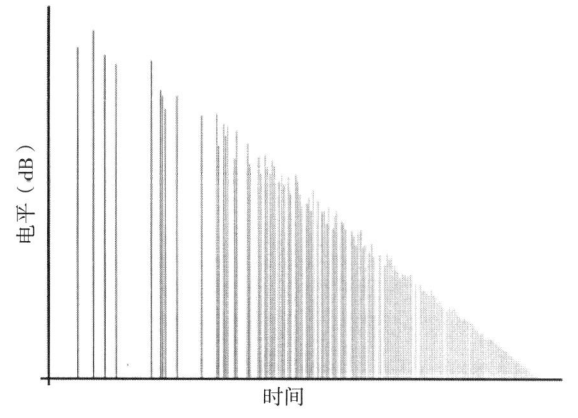
图6-24 早期反射声

短的预延时设置可能产生的另一个问题就是可懂度,如果混响与直达声过早混合,它可能会影响并损害信号的清晰度和精确度。这一点在为人声信号添加混响的时候是极为关键。但是太长的预延时会让原始的声音和混响声之间产生可闻的间隙。这使得混响与干信号分离开来,造成混响听上去处于干信号的后面,从而时常引发可能产生的节奏混乱所导致的不自然的听觉效果。通常在设定预延时时间的时候,会希望只产生最小的音色失真,同时不会造成可闻的声音间隙。

(5)早期反射声(ER)

在直达声之后经过很短的时间,界面反射所产生的反射声会达到听众,大部分的早期反射声都只是经过了一两次界面反射而形成的,而且它们达到听众的时间间隔相对较长(若干毫秒)。因此,大脑会认为它们是与原始信号相关联的不连续的声音。早期反射声是不可缺少的,它们会为大脑提供关于空间特性和声源到听众距离的信息。如果要产生一个具有自然听感的混响声,那么准确的早期反射声是必不可少的,并且改变这一参数会在很大程度上强化或者损害混响的真实性。由于尺寸很小,无论是弹簧混响器还是板混响器都不能产生清晰的早期反射声,这使得这两种混响器并不擅长传达空间信息。随后,越来越多的反射声会达到听众,它们的密度逐渐增加,直到彼此之间不能被区分为不连续的回声。根据不同的房间特性,早期反射声可能会在直达声之后的100ms内到达听众,如图6-24所示。值得记住的是,35ms内的早期反射声是位于哈斯效应区间之内的,因此我们的大脑会认为它们略微有点不同。此外,这些非常靠前的早期反射声很容易被直达声掩蔽。但可以通过增加预延时时间来让早期反射声变得更清晰。

早期反射声的强度能够表征房间有多大——越大的房间,其边界距离听众也就越远,因此反射声的传播距离也就越长,造成声音强度越小。界面材质也会影响反射声的强度,例如,由混凝土地面所形成的反射声会比由地毯形成的反射声强度更大。

早期反射声的强度与深度的关系也可能与我们一开始所设想的关系相反。尽管听众距离声源越远,反射声传播的距离也就越大,但在这里起作用的是直达声与反射声传播的声程差较近的声源,其直达声传播距离较短,但反射声传播距离却较长。而声源离听众越远,直达声与反射声之间的声程差也就越小。实际上,声源距离听众越远,直达声与反射声之间的强度差也就越小,或者换句话说,早期反射声的强度也就越大。

(6)混响声

混响声是由声音在很多界面上多次反射所形成的反射声所构成的,由于每当声波与界面发生碰撞的时候都会被吸收掉一部分，因此晚期反射声与界面碰撞次数的逐渐增加，会导致它们被吸收的也越来越多，这使得混响声在振幅上是不断衰减的。混响声的强度与我们对于深度的感受是一个非常重要的因素。

（7）混响时间

混响时间能够提供关于房间大小的信息，较大的房间具有较长的混响时间，因为房间界面之间的距离比较远，反射声消失所花的时间也比较长。较长的混响时间会创造出厚重的环境感，而较短的混响时间会使得声音显得比较紧致。较长的混响时间还意味着混响的声音更响，从而会导致更多的掩蔽效应，并可能对声音的可懂度产生影响。对人声来说，一个词语的混响可能会与下一个词语交叠在一起。而在那种声部众多、速度很快的混音中，由于声音间几乎没有间隙的时间，这个问题会显得更为严重。

（8）房间大小

这个参数决定了混响器所模仿的房间的尺寸，并且在大部分情况下它会与混响时间及早期反射声的整体形态相关。对这个参数进行粗略的调整，能够让混响的效果产生大小空间上的明显区分。一般来说，房间越小，混响产生的染色也越大。增加房间大小能够产生更为突出的早期反射声和更长的预延时，如果加上更短的混响时间，混响器所产生的混响效果将变得更加明显。

（9）密度

早期反射声的密度能够提供关于房间大小的信息，反射声的密度越大意味着房间越小（因为房间会迅速反射，并从附近的界面再次反射回来）。对于早期反射声来说，密度这个参数决定了组成早期反射声集合的不连续的回声数量，以及这些不连续的回声在音量多低的情况下，仍能够清楚地听到它们。降低早期反射声的密度能够将由早期反射声与直达声的相位互调所产生的梳状滤波器效应减少到最小。

当密度同时对早期反射声和混响声起作用的时候，增大这个参数，能够让声音变得更厚实，从而弱化打击乐器急剧的瞬态变化。而在为打击乐器添加混响的时候，低的密度值会造成类似于振动回波。但是同样的低密度值用来处理像背景衬托声部或者人声这样的持续信号的时候，却能够保持声音的清晰度。密度的设定也会影响掩蔽效应，密度较高的混响会比密度较低的混响带来更为严重的掩蔽效应。低密度值能够减少音色失真和掩蔽效应，而高密度值通常对打击乐器更为合适。

（10）扩散

扩散这个术语用于描述声音的分散状况。房间内非常统一的频响特性以及其他声学特性会产生出一个适当的扩散声场，这会让混响的声音听上去更舒服。现场演出的房间和录音棚的控制室内经常会使用扩散体来获得上述效果。扩散有很多决定性因素，例如，有些材质对声音的扩散能力会比其他材质更好，比如说砖墙在扩散特性上就优于金属平板。一个形状不规则的房间也会比一个简单的立方体房间有更好的扩散性能。当扩散发生的时候，反射声之间的距离和强度状况都会变得更为复杂。

6.7.2 使用混响器与延时器的目的

（1）产生自然的距离感

目前很多乐器可能都是由近距离话筒拾取的，话筒到乐器的距离很近。因此，当我们将所有的音轨混合在一起的时候，实际上的感觉就好像所有的演奏家都在位于声场中的同一条水平线上演奏一样，距离我们的位置一致。尽管我们基本上都是用混响器来塑造乐器的深度感，但是对我们希望的那些位于混音声场中更远一排的乐器加入一些短延时，将会有效加强这种纵向的距离感。

（2）填充时间上的空隙

延时器产生的回声可以用来填充混音中那些没有其他信号存在的空白片段。当我们希望延时信号能够填充一个特定的空隙,并且在歌曲重新进入的时候马上消失时,经常会需要用延时器处理。

(3) 填充立体声的空隙

当声场中有一件乐器被分配到了声场的一侧,而另外一侧没有类似的乐器与之对应的时候,延时处理可以解决这种立体声不平衡问题。将原始的乐器信号送入一个延时器,并将输出的湿信号分配到与干信号相反的位置上。对于那些节奏感不强的乐器来说,比较适合使用较短的延时。而对于节奏感较强的乐器来说,延时时间可以更长。

(4) 模拟自然的环境感或者创造虚拟的环境感

由于真实录音所得到的空间环境效果不易进行调整,并且很多现场录音场所或者家庭录音间的混响特性都不够理想,因此很多录音师会选择针对大部分乐器录制干信号,然后使用人工混响的方法产生环境感。

(5) 将各种乐器融为一体

当不同的乐器轨混合在一起以后,混音中的每一个乐器可能都表现出了与众不同的声音特性,但是各个乐器合并在一起,可能会让人觉得它们之间缺乏关联,音乐中没有什么东西能够将它们融合在一起。而混响,即使十分微弱、让人很难觉察,也能够将各种不同的乐器融为一体,使得它们变成混音的一个自然的组成部分。但是不同于空间混响信息,这种"起融合作用的混响"不一定要让人听到,也不会具有非常清晰的空间感觉——它在大部分情况下只会给人增加一种潜意识,与其说是被听到的,还不如说是被感觉到的。

(6) 增加乐器之间的差别

有时对不同的乐器使用不同的混响器来处理也是有好处的。例如,将吉他发送给一个混响器,同时将人声发送给另一个混响器,尽管这会造成不太自然的空间感,但是会增加两个音源之间的差别,导致音源间的分离度增加。

(7) 增加深度感

在混音过程中,混响器是实现将声音设置在声场中某一深度的主要工具。在多数情况下,这一功能都是所需要的,它让我们更自然地布置乐器声像的位置,突出那些重要的乐器,并对减少掩蔽有所帮助。但是混响所产生深度感并非总是积极的,有时并不需要这种由增加混响所造成的深度感,例如,当为人声信号增加混响的时候,仍然希望人声的声像处于混音声场的前排,而不是移动到更靠后的位置上去。尽管有时并不需要,但加入混响通常会增加声源到听音者的距离感,因此人们通常习惯使用混响器来进行深度方面的处理。

(8) 改变乐器的音色

在很多情况下,加入混响会改变原始的声音音色,让它变得令我们更喜欢或者更不喜欢。在打击乐器中添加大的混响可以软化打击乐器的起振感,使它的衰减过程变慢。小提琴的琴弓与琴弦摩擦所产生出的那种刺耳的噪声,可以通过混响加以软化,使之变得模糊。与之相反,正是这种摩擦产生的噪声让大提琴在混音中获得了更多的表现力。混响可以用来塑造一个好音色,但也可以使原有的音色变差。在添加混响的时候,需要仔细聆听音色的变化,并在需要的时候分别调整各个混响器参数。

6.8 分频器的使用

6.8.1 滤波器的组成

分频器通常由高通滤波器(简称为HPF)和低通滤波器(简称为LPF)组成。滤波器是一种频率选择器件，可以通过被选择的频率而阻碍其他的频率通过。滤波器通常有以下三个参数：截止频率、网络类型和斜率。

（1）截止频率：是指滤波器的响应在低于它的最大电平时跌落到某点的频率。通常为最大电平的0.606倍或0.5倍，或下降3dB或6dB时的频率。

（2）网络类型：是指滤波器的频率响应曲线在截止频率附近的形状。近些年来，人们设计了很多种类型的滤波器，常见的滤波器类型有：巴特沃斯、林克威兹、贝塞尔。

① 贝塞尔（Bessel）滤波器：具有最平坦的幅度和相位响应，带通的相位响应近乎呈线性。Bessel滤波器可用于减少所有IIR滤波器固有的非线性相位失真，交叉点一般选3dB降落处，但它的选择性阶数较少。

② 巴特沃斯（Butterworth）滤波器：特点是通频带内的频率响应曲线最大限度平坦，没有起伏，而在阻频带则逐渐下降为零，交叉点一般选3dB降落处。

③ 林克威兹（Linkwitz Riley）：这种滤波器的特点是具有高达四阶的衰减斜率，同时，在整个音频段，林克威兹滤波器具有平坦的相位响应，信号经过滤波器之后，不会产生严重的相位扭曲，交叉点一般选6dB降落处。

（3）斜率：定义为滤波器的频率响应曲线中下降到截止频率时的倾斜程度，单位为 dB/倍频程，通常斜率为每倍频程6dB、12dB、18dB和24dB。也可以称为滤波器斜率或滤波器阶数，滤波器阶数每增加一阶，则其斜率增加6dB/倍频程，也就是一阶滤波器有6dB/倍频程的斜率，二阶滤波器则有12dB/倍频程的斜率。那么，24dB/倍频程的巴特沃斯滤波器就相当于4阶的巴特沃夫滤波器。

6.8.2 分频器的相位

在某个特定的频率处，如果两个信号的频率响应有相似的幅值和斜率，信号将会加在一起，形成一个新的信号。可以通过相位响应来解释两个信号在相位的不同或时间上的不同。如果两个滤波器的相位响应相似，它们输出的信号将会相加，反之，则会相互削减。

6.8.3 分频点

分频点通常定义为两个分频器的响应（一般由一个LPF和一个HPF组成）互相交叉处的频率，可能是两个电子分频器电学特性上的分频点，或者是两个声学滤波器上的分频点。任何喇叭单元实质上都是一个滤波器，每一个都有它们内部所固有的高通和低通滤波器，以及固有的截止频率、斜率、网络类型。一个系统的总体声学分频点，取决于这个系统中电子滤波器与喇叭单元频率响应的数学组合。当一个电子滤波器添加到一个声学滤波器系统时，它们的频率响应将叠加，形成一个全新的响应曲线。

这个问题通常被看作什么是系统的分频设置，但一个系统的分频设置不只是分频点，就像上面所说的，一个分频器是一个高通滤波器和一个低通滤波器的组合，它们每一个都可以用三个参数完整描述。

6.9 现场混音的技巧

在混音时候，需要对很多事情进行关注。下面看一下进行混音时最基本的一些关注点。

6.9.1 混音的搭建

（1）频率与均衡

在混音时，需要进行大量的均衡调整，并且在混音中只有很少的一部分是通过推子的操作来完成的。推子的调整更多的是获得音轨之间合适的电平平衡，实际上也是让这些音轨彼此融合在一起。当均衡的使用完全处于你的掌控之中时，你就不会听到某个频率突然凸显出来，所有的声音元素都会很好地融合在一起，并且你也不用为听到某些声音而不断地调整。你会听到所有的声音元素都正常行进，不管是微弱的打击乐器声音还是主唱所发出的圆润饱满的人声信号。

对声音的描述存在着各种不同的词语，并且不幸的是并没有一个行业标准规范词语来对此进行表述，因此保留了各种不同的描述。现在将这些最为常用的词语进行汇总，并且描述它们对混音来说意味着什么。

如果将一个声音描述为具有低沉（bassy、boomy、flappy或subby）效果的话，那意思就是声音具有更多的低频分量，分布在180Hz以下的频率范围内。其中Subby（低频下潜）常指低频分量主要分布在80Hz以下的频率范围内。你可能还听到过低频时间扩展（extension），它常常指的是低频音符的衰减时间。如果低频音符有一个较长的时间扩展的话，那么这意味着低频信号需要更长的时间才能完全衰减。当一个声音很有力度时，常常指的是声音信号在80～120Hz频率范围具有较强的峰值电平，让我们感觉到声音的冲击感。当声音很密集时，听上去也会具有冲击感，但是更低的频率可能更容易用来对冲击感进行控制。缺乏这些频率成分的声音，常常被描述为缺乏力度（guts）。

如果将声音描述为有强度（body）、有深度（depth）或是丰满的（fat）、饱满的（full）、温暖的（warm）效果，那么往往强调的是声音具有更多的中低频频率成分，即160～400Hz之间的频率范围。并且，如果这些频率被衰减去除的时候，声音往往会被描述为单薄的（thin）或空洞的（hollow）。

下面描述词语主要针对的是从500Hz～1kHz频率范围的中频频段，其中包括honky、middy、nasally和woody等词语，这一频段的声音听上去就像你用手盖住自己的嘴进行讲话时的声音效果。词语细声细气（tinny）的描述效果，也位于这一频段之内，更接近于该频段的高频区域，声音效果就像电话中传出的一样。

如果声音被描述为刺耳的、明亮的、锋利的（aggressive、bitey、bright、crack、edgy、harsh、hard、raw或sharp）效果时，关注的是听力区域中对应可懂的范围在2～5kHz频率范围之间。如果这些频率的分布状况很好的话，那么声音常常被描述为平滑的（smooth）或有色彩的（textured）。但是，如果将这些频率完全去除的话，声音听上去将会是非常暗淡（null）。

当一个声音被描述为模糊的、混浊的、粗糙的或是混乱的（blurred、blurry、cloudy、muddy、muffled、grainy或woolly），这意味着声音具有非常糟糕的瞬态响应，因此很难对声音进行分辨。相反的描述词语则是清晰的（clear）、细致的（detailed）、精确的（defined）或透明的（transparent）。

当声音被描述为具有环境感（ambience）、宽度感{breadth）、深度感（depth）、开放感（being open）或空间感（spacious）、具有声音宽度（having width）的时候，往往能够提供一种具有声学空间环境感的声音效果印象。相对于此的声音感觉则常常被描述为笼罩感（box）或封闭感（closed）。

（2）均衡量的多与少

在进行均衡处理的情况下，混音结果往往会很容易变得混浊不清。造成这种情况的原因是当把许多具有大致相同频率范围的声音混合在一起的时候，这种现象就很容易出现，因此必须要特别关注。这些独立的听上去都很不错的声音混合之后反而变得非常不好。例如，为了得到具有良好冲击感的小军鼓的声音，你可能会对200Hz的频率进行提升。之后，为了得到具有一定低频深度的吉他声音，可能对160Hz

的频率进行提升。低音吉他的声音频率也位于这些频率范围之内，但是接下来当这些声音信号混合在一起时，会对180Hz的频率造成提升。当对每一个乐器声音中的相同频率分量都进行衰减去除的话，会在整个频率范围内形成一个空洞。所以应该牢记，在哪里进行了频率的提升以及在哪里进行了频率的衰减或去除。

（3）相位关系

声音都具有一个相位关系，因此不用担心而不敢使用调音台上的极性按键。你永远都不会知道这些声音信号之间的互相影响是否像你预期的那样。不管在什么时候，当两个话筒非常接近时，它们都会拾取到相同的声音信号，此时通过极性按键对两个信号之间的差异变化进行判断是非常有必要的。就像鼓组中的置顶话筒或是其他铜管乐器话筒一样，通过对两只话筒通道的极性按键按压来判断。另外，如果你的人声信号中存在声反馈，或者是声音听上去有点远，那么也可能是由舞台返送音箱和主扩声系统与话筒之间信号相位的相互作用造成的，按下极性按键就能解决这一问题。

6.9.2 混音的融合

（1）创造力

首先通过对这些音乐进行聆听来提前了解这些歌曲，通过身体对声音进行感觉并且将它们转换为扩声系统扬声器重放的声音是非常重要的。如果不够仔细认真的话，将会对混音结果造成破坏，但是仔细对待，将会得到非常好的混音结果。混音处理中的创造力和混音所使用的技术手段同样重要。因为音乐本身就是一种感受，因此让这种感受来为你的混音提供指导，不管你所混音的声音元素是什么，其本质就是找出最重要的声音部分，例如人声信号和旋律声部，但是一定要确定它们仅仅是混音的组成部分，不要让它们过于突出。对于某些音乐类型的处理手段，一定不要直接套用在其他不同类型的音乐上。如果你对音乐有了解的话，那么你也就知道它的声音听上去应该是怎样的。

（2）焦点

混音中的焦点就是主唱人声信号。每一个参加现场演出的观众，都会关注主要旋律声部的声音信号。因为你对它们非常了解，因此常常出现的一种情况就是所听到的声音响度比其他观众所听到的声音响度要更大一些，一定要对此非常小心。不管音乐类型是什么，人声信号都应该是非常清晰并且平滑的，避免出现刺耳的高频分量以及会造成声音混浊的过量低频分量。

人声信号的电平应该根据所混音的音乐类型来确定。对于重金属和摇滚乐类型的音乐来说，在混音中将人声信号稍稍向后放置，有些情况下可以让吉他和鼓组的声音对其造成些许掩盖。这会提供一种额外的响度感知，但是，人声信号在整个混音中还是应该比较突出的。

（3）能量转换

一旦确定了主旋律声部之后，接下来就是构建混音的能量。所有的音轨都应该被混合在一起来最大化处理混音的冲击感和能量，并且要知道在哪些位置会出现冲击感和能量的峰值。在对这些乐曲进行多次聆听之后，才能够理解乐曲正确的行进，而且还应该关注主要的高电平位置和低电平位置。因此，通过对这些具有高能量冲击感的部分进行最大化处理来构建你的混音，将有助于乐队在整场演出中声音动态的表现和能量的转换。

在构建混音的时候，需要提前考虑。应该知道乐曲中哪些位置能够带给观众更大的冲击感，因此对这些位置的混音构建有助于创建一个额外的潜在兴奋点。每一首歌曲都在这一时刻逐渐累积，形成更大的响度和更多的声音动态。在此的一个处理技巧就是慢慢地对高频进行处理，为演出场地增加一些高频来弥补那些被观众身体吸收的频率成分，但是不能破坏高频频带内的平滑性，只需在混音中适当地增加一些即可。随着演出不断进行，对于高频来说，观众耳朵的灵敏度会逐渐降低，对高频频带进行更大的提升之后所出现的失真和响度感知，能够激发观众的兴奋程度。在这种处理之后，随着整个混音电平的提升，观众也会变得更加狂热。对于大多数的乐手来说，在乐曲的结束部分进行这种处理也是很正常的，因此你需要花更多的时间来适应这种处理。关键是首先确定这些需要提升的位置，然后构建你的混音来对这些具有高能量冲击感的部分以及乐队在整个演出过程中逐渐达到这一位置的声音动态及能量进行最大化处理。

在创建这种效果时，同时具有冲击感和声音动态是非常重要的。冲击感指的是那些让身体真正感受到的声音频率成分。冲击感的声音频率主要在80～120Hz。需要仔细处理这一范围的频率成分，因为它们很容易掩盖混音中的其他声音部分。

首先应该从底鼓的混音开始。不要简单地对某些频率提升，而是对250～350Hz频率范围内的某些频率进行衰减来获得更好的声音感受。在电平上会出现些许降低，因此要对整体增益进行一定提升，确保能够听到清晰的拍子节奏。如果听不到音头的话，可能就需要考虑对高频段施加一些处理。我们希望对底鼓和小军鼓整体进行均衡处理，这样可以为混音增加一种坚固且稳定的行进动力。但是，一定要了解混音的内容是什么。一个声音张力十足的小军鼓，能够很好地用于大多数形式的流行音乐风格，但是对于兰草音乐、爵士乐和类似的音乐风格来说，小军鼓的声音则需要整体融入到音乐风格之中。如果已经对底鼓中的250～350Hz的频率成分进行了衰减的话，那么可能需要在小军鼓的频率范围内对这些频率进行提升，但是可能需要找到一些较低的频率进行调整，大约200Hz就能够很好地适应这些音乐风格。像底鼓一样，小军鼓的处理也具有类似的处理对象——冲击感和音头。一旦底鼓和小军鼓的节奏完全融合之后，就能够听到并感受到其中的冲击感。

鼓组与贝司之间的相互作用是获得音乐和能量正确感知的关键。贝司是节奏声部的一部分，因此也应该按照节奏声部的处理方式来进行混音。贝司和鼓组的混音结果，将成为所混音的主要特性体现。在大多数流行音乐节目中，贝司的声音确实很响，因此对这两种乐器声音的均衡需要在彼此之间进行补偿。但是贝司的声音需要具有独立的频带定位来保证能够被清晰地听到，随着贝司声音中的音符逐渐降低，不能总听到对应的贝司声音信号。贝司声音中的能量主要包括两个部分，冲击感和音乐节奏。乐手演奏的音乐节奏主要用于乐队成员之间的交流，而创建的冲击感则用于观众的欣赏要求。

（4）创建空间定位

对于一首歌曲中的整体声音动态来说，为那些演奏的音符保留一定的响度空间并将它们组织在一起，形成一个固定的片断是非常重要的。

在对现场演出进行混音时，所有的声音元素都会在一瞬间到达面前，并且有时候很难通过局部来了解整体的效果，这时需要为每一个乐器和乐器声部找到合适的空间定位。有两种方法可以用来在混音中创建空间定位，均衡处理和声像控制。均衡处理能够在频带范围内确定所需的空间定位，而声像控制则会在水平平面上帮助确定声音音源的物理空间定位。

在现场演出时，一个最大问题是使用声像控制是不是一个最佳的选择，这里要考虑的是位于左边的观众可能不会听到很多来自右边扬声器中重放的声音信号，反之亦然，这不得不说是一个严重的问题。混音的感知平衡性让在场地的每一侧都会完全不同，并且混音中各个声部的平衡性往往比声像更为重要。只有那些位于扬声器系统中央位置的观众，能够真正感受到所创建的立体声声像效果，但是所有的观众都能听到进行声像处理之后的一些空间感。

现在需要为所有的乐器找到合适的空间定位，以避免它们之间发生冲突。有时候这会是一个巨大的工程项目，并且由于返送音箱和舞台上潜在响度之间的相互影响，这也会变成一个很大的难题。如果你拥有大量的乐器声音信号时，首先从最简单的声音信号开始，然后依次进行混合，而不要一开始就全部混合在一起。记住，所有的声音信号都具有各自的频谱空间定位。虽然一些乐器的频谱范围可能都处于与人声信号相同的频谱空间范围之内，但是这并不意味着它们就不能在混音中占据相同的频谱范围。因此需要将局部片段作为整体进行处理，不管它是铜管乐器、人声信号、弦乐信号或是吉他信号。当多个乐器占据相同的频谱范围时，需要尽量实现声音的清晰度。对每个乐器进行均衡处理，使之听上去更完美，然后再将其他的声音信号混合到混音中。你会听到那些产生相同频率成分乐器的一些频率分量被掩盖，你要做的就是进行适当地均衡调整来使整个局部片段的声音听上去更加丰富平滑。将这些局部片段组合在一起，然后作为整体对其进行压缩能够创建出一个稳定坚固的声音效果。一旦找到了正确的均衡处理设置后，就可以开始沿着水平面对乐器的声音进行声像控制处理了。

声像控制有助于将乐器混乱的声音部分进行分离，但是在对乐器声音进行声像控制时，需要将它们的声像位置与它们在舞台上的视觉位置进行对应。如果打算进行大量的声像控制的话，一定要确保乐器在进行单独演奏时将其放置在中央位置，否则的话，声音听上去会很怪异。

鼓组的声音非常适合声像控制。将底鼓和小军鼓设置在中央位置，能够为混音带来行进的动力，将置顶话筒的声像分配在左右两侧，能够为整体的鼓组创建一个空间感，而通通鼓则可以放置在稍稍偏离中央声像的位置。采用这种方法进行声像控制的镲片和通通鼓，会与位于中央声像的主节拍声音分离开来。

其他的声部，如铜管乐声、背景人声以及弦乐声的声像也都非常适合控制在中央之外的位置。这样可以为它们提供更大的空间定位自由度，也可以创建一个声像更为宽阔的混音效果。如果一名乐手即将开始进行单独演奏，一定确保在其开始之前将对应声音信号的声像位置调整回中央位置。

使用正确的均衡处理，能够将声音信号在混音信号之中而不会掩盖其他的声音信号，并且保持原有声音信号的可懂度和饱满度。通过对这些声部创建更宽的声像控制，就会发现不再需要在混音中将它们的声音提升很响，这样就能够为其他重要的乐器声音创建出更多的定位空间。

（5）增加或去除

混音是非常主观的，但是不能总是按照直觉来进行。例如将听不到某些声音时，最好是将它们进行提升。但事实并非如此，当开始提升声音信号并将其增加到混音中的时候，整体的混音会变得越来越响并产生更多的失真。相反，应该反向操作，将那些响度较大的乐器声音降低。首先进行聆听，如果音量大小合适的话，确定一下均衡的处理效果，避免当对整个系统进行调整时可能会造成的过度补偿。

6.9.3 创造声音动态

压缩器是非常复杂的设备，但是，有很多理由都可以证明，它们对于创建任何一个混音来说都是非常重要的工具。它们不仅仅是对峰值信号进行衰减，实际上它们常被用来对混音的音乐提供额外的声音动态电平，或额外的低频节奏。

（1）建设性动态处理

建设性动态处理采用门处理器和压缩器实现，它有助于将混音或混音的一部分结果用于便携设备中，控制声音信号的电平并且清除背景环境噪声。例如，对于没有正确进行鼓皮音调调整的敲手来说，门处理器应用能够去除底鼓或通通鼓的回声，并且切断来自周围其他乐器的串音。不可避免的是，也会遇到在演奏时不能保持一致性的贝司，所得到的声音信号电平也是忽高忽低，以至于在混音时陷入麻烦的境地。在贝司声音信号的通道中，使用一台压缩器能够对其进行平滑性处理。这种类型的压缩方式，特别适用于乐器声音的一致性控制，因此一旦设置之后，在整场演出过程中都不用再有任何的担心。

除了对单独的声音信号进行压缩，还可以对整个的混音进行压缩处理。在调音台的主输出插入一台压缩器，有点像对录音棚的混音信号进行母带制作一样。压缩器能够为你提供一种节目制作的感觉，并且能够为你制作出非常稳固一致的混音结果。但是一定要注意，在主输出的过压缩处理，会去除掉混音结果中声音信号的自然动态，使得声音听上去非常平整。

（2）破坏性动态处理

破坏性动态处理常用于声音创造性效果的创建，而不用来对声音的动态范围进行控制，使用门处理和压缩处理器，能够改变音符包络的自然属性，但是这未必是一件坏事。由于破坏性动态处理主要适用于歌曲细节的处理，因此必须对歌曲之间的动态进行调整。

只要压缩器被用于合适的位置，并且没有造成信号听上去很暗淡或使得声音信号淹没在背景之中的话，那么它就能够对信号进行更强的压缩处理，而使得声音听上去就像出现失真一样。在人声信号或鼓组声音信号上使用这种过压缩处理，会得到令人惊异的效果。

另一个破坏性动态处理的实例，是对用于底鼓上的噪声门使用一个较慢的建立时间，以创建一种心跳型的声音效果。就是对底鼓通道中插入的压缩器使用一个缓慢的建立时间和缓慢的释放时间。这样可以带来一种喘息感的声音效果，并且能够对音轨的节奏进行激励。

6.9.4 有效地使用混响器

使用混响器是提升混音结果中声音效果的一种很好方法。它们能够增加声场的深度，更好地将乐器融合在一起，并且能够对人声信号有提升感。混响器的使用还能让歌曲和乐手获得良好的共鸣，并且使声音听上去就在它应该在的位置。

（1）自然房间混响

如果希望混音结果听上去更加自然，面对一个寂静场的声学环境时，就需要对其进行活跃化处理。在这种情况下，建议采用房间混响的混响效果，这种混响效果能够对房间进行平滑化处理，并且为整体混音增加一个很薄的混响层次。具有一个较短的预延时和通常不超过1s的混响时间是非常理想的，可以对整体混音施加这种混响处理，但要确保是通过每个通道上的辅助模块进行输出的。不要将主混音直接送到混响器之中，因为这会导致大量的声反馈现象发生。使用这种自然房间混响技术，会帮助创建混音的深度感，从而避免形成一个一维的混音结果。

（2）混响加厚

有一个技巧能够使得混响效果听上去更厚重，但实际上混响量并没有变得很大。例如，对小军鼓施加一个普通的混响效果处理，15～20ms的预延时，以及大约1.2s的延时时间。但在这种情况下，混响持续太长，会混浊小军鼓的声音表现。但是有一种方法却让它的声音听起来更响。首先，施加混响并将它们完全定位到极左的声像位置，然后对声音信号施加另一个同类型的混响效果，稍稍对这一混响效果进行预延时和混响时间设置的调整，然后将它们完全定位到极右的声像位置，最后对每个通道的均衡进行调整，使它们的声音听上去略有不同，这样就会得到一个更大的混响结果。通过对混响时间进行更大的调整，还能够使得其中的一个混响融入到另一个混响中。

（3）鼓组混响

鼓组往往需要进行混响处理，混响能够为鼓组的声音提升深度感和厚重感。另外，如果使用门处理器来实现收紧鼓皮的声音效果时，增加一些混响会恢复鼓组的声音持续效果。如果为鼓组增加了混响效果的话，那么一定要使得最终的混响效果听上去是鼓组声音的一部分，除非是为了实现某种特殊的声音效果，否则一定要注意混响结果不要太响。

（4）门混响

一种用于鼓组的20世纪80年代的经典混响效果是门式混响，这种声音效果具有一个时代的烙印。门式混响是一种带有噪声门处理的混响效果，因此它不是简单地让混响自然衰减消失，而是通过所配置的噪声门对其进行切除。大多数的混响设备都有一个非常便于调整的门式混响设置。

如果希望对混音声波包络进行扩展的话，可以为吉他和人声信号施加这种类型的效果处理，并且最好使用一个真正的噪声门设备而不是混响器内置的噪声门。使用独立噪声门的方法能够为声源信号提供旁链输入，这样就可以实现只有在乐手进行演唱或演奏的时候混响器才会打开并进行工作，并且混响的正常处理过程不会被打断。

（5）延时

延时是另一种为混音增加额外声音动态的好方法，它们可以作为一个辅助效果或是精确处理的效果来进行使用。低于160ms的延时，意味着与反射声彼此靠得很近，如果没有原始信号输出的话，就能够得到一个非常清晰的声源信号，即使是在活跃的场馆之中。这会使人声和吉他信号变得厚实，但是并不会影响声音的清晰度。

在使用延时效果时，需要找到歌曲的音乐节奏，听到它并跟随它的节拍律动，使用一个普通的节拍延时器就能够马上得到歌曲的延时，并且使得声音听上去比干声更具吸引力。一定要注意为那些没有按照正常歌曲重复而进行重复的延时时间设定，也就是在歌手停止演唱的位置，延时器在下一个节拍仍然重复，从而将之前演唱的结果重复输出。

如果声音信号中有一个延时回声很突出但又不知道将它放置在什么位置时，可以尝试通过对这个延时信号增加混响来解决。这种方法会将这个延时回声推回到混音背景之中，并且将之变成一个虚反射延时效果。注意在混响器中的预延时设置，否则的话，输入到混响器中的回声信号将与延时器所设置时间的输出不同步。

另一个可以使声音听上去比实际声音更大的小技巧就是，将声源定位到极左或极右的声像位置，然后使用延时器对相同的信号进行延时之后再定位到声像的另一侧。延时器的延时时间要小于20ms，并且它只是所需的重复信号，设置延时器的原始信号输出为零。由于延时时间很短，因此你应该能够判断一侧的信号进行了些许延时，这也就是众所周知的声轨自动加倍。也可以将两侧声音的声像调整回中央的位置，将会听到更为饱满的声音效果。

第7章 声学模拟软件EASE的应用

7.1 厅堂设计的一般要求

7.1.1 声学设计软件概述

在20世纪90年代以前，伴随着声学领域设计和测试工作的往往是复杂的测试仪器、繁多的计算公式和繁复的演算工作。随着计算机技术的发展，越来越多的辅助软件逐渐进入声学领域，为从业者们完成海量的定量计算、测试和工程模拟工作节省了大量的人力、物力和财力，而现代声学也越来越离不开这些声学软件的辅助。

作为以建声和扩声设计为主要目的的数字声学设计软件，主要具备四大功能，即建筑声学设计、扩声系统设计、混响时间分析和稳态声场分析。

（1）建筑声学设计

建筑声学设计，是数字声学设计软件最基本的功能，所有的进一步计算和分析，都必须建立在一个已经完成的房间模型上进行。建立模型的工作类似于AutoCAD中的建模过程，并且许多软件，如CADP2、EASE等，都是兼容AutoCAD工作文件的。

在建声设计方面，一些功能较为简单的软件事实上是无法完成"设计"任务的，因为房间的每一个细节，都必须由设计者本人进行构思，软件进行的只是记录工作而已。即使是功能较为强大的软件，如EASE软件，能够提供给设计者的也仅仅是一些预存的模型而已。它们能为设计者们省却繁复的输入工作，但是，如果想让软件自动设计一些对声场有利的细节的话，软件是无能为力的。

当然，在大多数的工程实例中，我们并不需要软件来自动设计房间。一般情况下，总是由设计者预先完成设计图纸，然后输入软件，再由软件来检查当前的房间是否存在问题，如果确实存在声学缺陷，我们可以先在软件中进行修改和模拟，再将完善的结果运用到实际的工程中去。

（2）扩声系统设计

扩声系统设计功能允许设计者在房间内安放不同品牌、不同组合以及不同分布方式的扬声器，软件能够根据扬声器的选择和安放的结果进行各种声学计算，而设计者则可以根据软件的计算结果来判断当前扩声系统是否符合工程要求。

同建筑声学设计功能一样，软件无法自动设计扩声系统，扬声器的选择和安放的位置，都必须由设计者来完成，而软件所做的就是告诉设计者当前的设计是否完美。

（3）混响时间分析

根据房间各平面铺设的吸声材料和结构，声学设计软件能够计算出当前的房间混响时间供设计者参考。软件可以根据当前房间的情况，选择不同的计算公式（如艾润公式或赛宾公式），可以根据设计者的要求，计算空场和满场的混响时间，甚至可以根据目标混响时间，推荐最佳的吸声材料和结构，以优化计算结果。

（4）稳态声场分析

根据已设计完成的房间模型，声学设计软件能够进行各类稳态声场分析，包括直达声和混响声的SPL声压级、到达时间、语言清晰度和声场均匀度等。

7.1.2　厅堂音质设计的一般要求

厅堂音质设计是整个建筑声学设计与音响工程设计中最重要的环节之一。由于音乐厅、剧院、礼堂、报告厅、多功能厅、电影院和体育馆等各类厅堂建筑的具体用途不同，因此对厅堂音质设计的要求也不尽相同。例如，以语言为主的厅堂，要求具有较高的语言清晰度和较短的混响时间。以音乐为主的厅堂，要求有足够的丰满度，声音优美动听。以自然声为主的厅堂，则要求有良好的扩散、均匀的声场分布和合适的响度。设计者应从厅堂实际功能的角度出发，对不同用途的厅堂采用不同的设计方案，如此才能获得音质清晰、丰满、浑厚、亲切、温暖、有平衡感、有空间感的听音效果。反之，将使厅堂变得嘈杂、干扰、混浊、听不清，平衡感和空间感差。

当然，一般说来，厅堂的音质设计具有5大基本要求，即合适的响度、均匀的声场分布、合适的混响时间、较高的清晰度和足够的丰满度以及无音质缺陷。

（1）合适的响度

所谓合适的响度，是指厅堂内的各个区域，包括距离声源较远的区域都应该具备合适的响度和均匀的扩散，观众在任何位置上听音时，既不感到费力，又不感到震耳。

以语言为主的厅堂，响度控制在60~70方（phon）较为适宜，对于以音乐为主的厅堂，从适应其较大的动态范围的角度出发，响度一般不低于40~70方。另外，为了保证正常的听音，干扰噪声的声压级应低于所要听的声音10dB以上。主观听音的响度主要与声源的能量、厅堂的体型和容积、厅堂的自然混响以及厅堂内的背景噪声有关。

（2）均匀的声场分布

所谓均匀的声场分布，是指整个厅堂内各点的声能分布均匀，各个区域观众听到的响度基本一致。在声场分布均匀的厅堂中，最大声压级与最小声压级之差不超过6dB，最大声压级（或最小声压级）与平均声压级不超过3dB。厅堂内声场的分布主要与厅堂的体型与扩散，各类扩散体和吸声材料的布置有关。另外，在大厅堂中，也可充分利用近次反射声，使声场分布均匀。

（3）合适的混响时间

厅堂音质的好坏与混响时间密切相关，混响时间过长，会使人感到声音混浊不清，语言听音清晰度降低，甚至根本听不清。混响时间太短，会给人以沉寂的感觉，声音听起来很不自然。经过大量研究和实践发现，不同用途、不同节目、不同演出规模厅堂的最佳混响时间是不同的。一般来讲，用于音乐的厅堂对混响时间的要求长一些，使人们听起来有丰满感，而用于语言的厅堂则要求短一些的混响时间，以保证足够的清晰度。

最佳混响时间还同房间大小有一定关系。图7-1显示了努特森哈里斯推荐的各类厅堂最佳混响时间标准与厅堂容积的关系。从图中可以看出，用于演讲的厅堂最佳混响时间较短，而用于音乐演奏的厅堂最佳混响时间较长。另外，厅堂容积越大，相对最佳混响时间越长。

至于混响时间的最佳频率特性，即厅堂内要求考核的各频段混响时间在各个频率的不均匀性，一般要求应尽量平直，以免混响声附加任何染色现象。但对于音乐用的厅堂，则允许低频混响时间稍高，高频混响时间稍低，以求得更加丰满厚实的效果。

（4）较高的清晰度和足够的丰满度

语言清晰度，就是听清语言的程度，它直接影响厅堂的主观听音效果。音乐语言清晰度，通常用音节

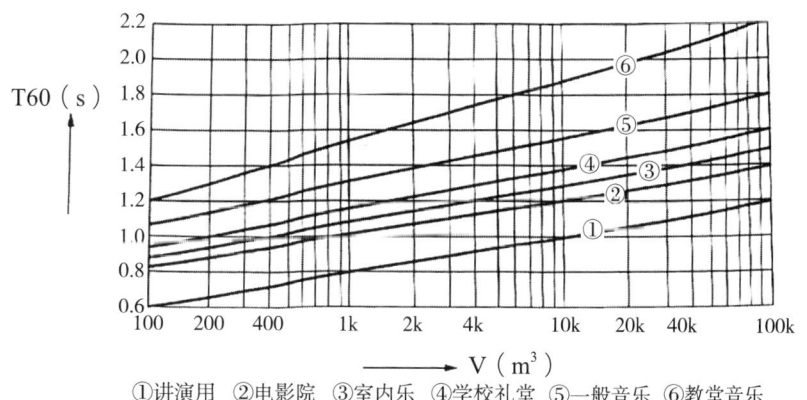

图7-1 努特森哈里斯推荐的各类厅堂的最佳混响时间标准与厅堂容积的关系

清晰度来表示,即在发出的一系列音节中,主观听到的音节数目与全部音节数目的比值:

$$Si = \frac{Gi}{N} \times 100\%$$

式中,Si为音节清晰度,Ci为主观听到的音节数,N为发出的全部音节数,对于汉语音节来说,当$Si>75\%$时,主观听感非常清晰。当$Si>75\%$时,主观听感比较清晰。而影响语言清晰度的主要因素是厅堂的响度、混响时间和背景噪声等,较短的混响时间、合适的响度对改善语言清晰度有利。图7-2显示了清晰度和混响时间的关系。

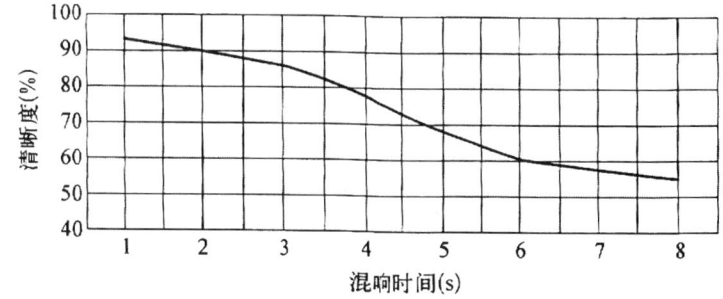

图7-2 清晰度和混响时间的关系

另外,丰满度也是决定厅堂音质的主要因素。足够的丰满度,对于音乐用的厅堂来说至关重要,它可以使声音活跃、饱满、浑厚。丰满度主要与厅堂的混响时间和混响时间的频率特性有关。

(5)避免出现音质缺陷

厅堂的音质缺陷主要指回声、颤动回声、声聚焦、声影、声染色等声学现象。缺陷的出现主要与厅堂的体型有关。

1)回声 如果到达听者的直达声与第一次反射声之间,或者相继到达的两个反射声之间在时间上相差50ms以上,而反射声的强度又足够使听者能明显分辨出两个声音的存在,那么这种延迟的反射声叫作回声。回声的出现会影响听音注意力,降低语言清晰度,破坏立体声聆听的声像定位效果。

消除回声的方法主要有两种:一是在可能产生回声的部位布置强吸声材料,使反射声减弱,二是调整反射面角度,彻底消除回声。

2)颤动回声 当声源在两平行界面或一平面与一凹面之间发生反射,且界面距离大于一定数值就会出现颤动回声。发生颤动回声时,声音有连续的重叠声,并且有颤抖的感觉。颤动回声的出现会引起听力疲劳,使人感到厌烦。

3)声聚焦 声聚焦指的是凹面对声波形成集中反射的情况,当反射声聚集在某个区域时,会使该区域声能过分集中,从而使声能聚焦点的声音嘈杂,而使其他区域听音条件变差,扩大了声场的不均匀度,严重影响听众的听音效果。

消除及避免声聚焦的方式主要在于，控制厅堂界面的曲面弧度，并在弧面上布置扩散体和吸声材料。圆柱面、椭圆弧面和抛物面等容易引起声聚焦现象，应该避免。而双曲线面和凸面不易引起声聚焦现象，在厅堂界面设计时，应尽量考虑该类曲面。

4）声影　声影区指的是由于障碍物或折射的原因，产生声音辐射不到的区域。在声影区内，一般声压级很低，造成声场分布不均，也使这一区域的观众听不清声音。

避免声影区产生的主要方法有，合理计算厅堂内障碍物（如观众座椅等）的高度，使声音能够均匀辐射。

5）声染色　假如只有个别的频率分量能激发出简正波，会使室内的声音在这些个别频率分量上特别的加强和拖尾，导致听觉上的"染色"现象。小容积的厅堂，在相对低频段，由于固有频率分布较疏，容易产生低频共振的声染色现象。声染色效应会引起声信号失真，产生主观听感上的厌恶情绪，严重影响听音效果。

为了避免声染色现象，通常要保证厅堂有较大的几何尺寸（与声波波长相比），厅堂的长、宽、高比例应避免采用简单的整数比，最好取无理数比，厅堂内应具有散射，波的扩散体、吸声材料应分散在各个壁面上。

7.2　EASE软件的应用——建模

7.2.1　建模流程

EASE中建立房间模型的整个过程是由一系列操作步骤完成的。

（1）建模开始

从新建一个项目开始，填写项目名称。此时在项目编辑器窗口产生一个x，y，z空的三维坐标系统。

（2）项目数据设置

在项目编辑器窗口的x，y，z三维坐标系中，单击鼠标右键，弹出鼠标菜单，用鼠标单击Room Data，屏幕弹出Edit Room Data选项卡。在Data卡中Town（城市名称）一栏填写项目所在城市名称，在Room Open（房间开放）一栏打钩，如果房间左右对称，则在Room Symmetric（房间对称）一栏打钩，如果是不规则的房间，就取消勾选。

（3）绘制房间模型图

根据房间图纸确定模型顶点坐标，绘制房间模型图。EASE软件中提供了若干绘制房间模型图的方法。

（4）封闭房间

封闭房间就是完成房间模型图的绘制后，在"项目数据设置"，在Data卡中Room Open（房间开放）一栏取消打钩。进行数据检查，并消除建模过程中产生的全部孔洞，即完成房间封闭。

（5）设置吸声材料

对房间模型图各个吸声面所用吸声材料进行设置。除了听众座位区，可以在几种有限的坐有听众的椅子中选择外，其他面都可以根据常规装修材料原则选择，以满足房间混响时间曲线总体要求为设计目标。

（6）计算RT及房间容积

计算RT是初步的，计算房间容积是为了根据房间使用用途和容积确定房间中频最佳混响时间（把这一时间作为设计目标期望值）。在"项目数据设置"——"Edit Room Data 选项卡"——"Room RT 卡"中，RT Formula 栏填 Eyring，在 RT desired（s）栏填入查得的房间中频最佳混响时间值。

（7）优化房间RT

在项目编辑器窗口，执行View-Room RT命令，打开Draw Reverberation Time（混响时间）显示窗口，执行Tolerance（容差）-Standard（标准容差）命令，出现一个以RT desired 值为横线，具有一定容差范围的黑线。把上面初步计算的RT曲线与RT desired值横线对比，找出它们之间的差别。比如低频段超出容差范围很大，就查找在这一频段吸声系数较大的材料（多孔板类）以取代部分侧墙下部材料，再重新计算RT，再对比，用这样的试探法得出符合容差范围的RT曲线。也可以使用EASE软件中提供的优化RT功能。

(8) 扬声器选型摆放

扬声器选型要考虑扬声器的主要功能，如对近区场供声的主扬声器与对远区场供声的主扬声器在功率考虑和指向性考虑会有所不同。返听音箱与补音音箱也不会一样，摆放位置要服从下列要求：满足声场覆盖均匀度要求，满足声场最大声压级要求和满足语言清晰度要求。

(9) 声学特性计算

这里"声学特性计算"主要是为"扬声器选型和摆放"服务。计算声场覆盖均匀度和声场最大声压级是否符合要求，厅堂语言清晰度是否符合要求。

7.2.2 基本画法

(1) 新建模型与设置

在EASE4.1主程序窗口中执行File（文件）-New Project（新建一个项目）命令，或在Start Working（开始工作）-Create Project（创建一个项目），双击右侧展开项中的Create Empty Project（创建一个空项目）。

我们采用后面的方法，此时弹出项目选项设置窗口，默认Hall为 Project（项目），项目文件所在路径为C：\EASE40Data\Project40\Project。根据实际情况更改名称，其所在路径后的Project自动更改。单击Create按钮，再单击确定按钮，即弹出创建项目窗口。双击Modify Data（修改数据）图标，即可弹出项目编辑窗口。

这就是创建一个项目的过程。空白窗口中只有一个直角坐标系，尚未输入任何房间几何数据。坐标系的x轴用红线表示，y轴用绿色线表示，z轴用蓝色线表示，以后绘制房间模型图就在该直角坐标系里进行。

还要对房间数据进行必要的设置，在屏幕空白处，单击鼠标右键，打开鼠标菜单，执行 Room Data命令，按图7-3所示进行设置房间开放，几何数据不对称。

(2) 插入顶点

在直角坐标系里插入一个顶点是最基本的建模操作，用鼠标单击Insert-Vertex，则在坐标系中鼠标变成斜箭头和X的组合，用该斜箭头在模型编辑窗口处点一下，则弹出如图7-4所示的顶点数据编辑栏。按照P1坐标点x、y、z位置进行输入，单击Apply和OK按钮即完成顶点P1设置。用同样的方法插入其他顶点。

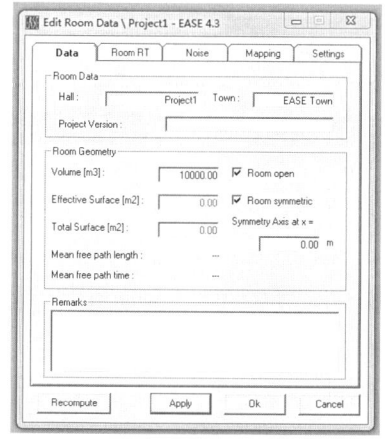

图7-3 房间设置菜单

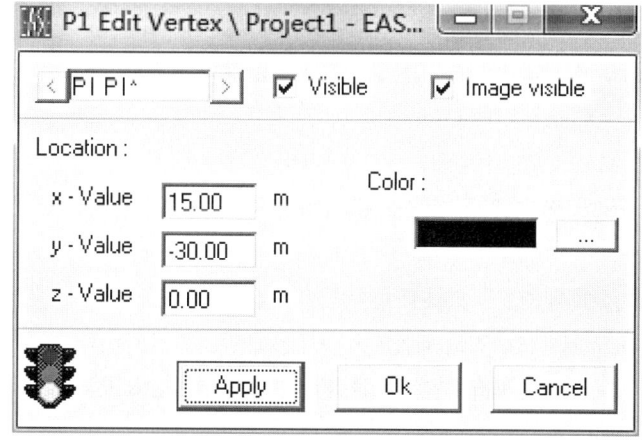

图7-4 顶点数据编辑窗口

(3) 插入面

用鼠标单击Insert-Face，则在坐标系中鼠标变成斜箭头和一个开口六边形的组合，用该斜箭头按住顶点P1，拖动鼠标依次至顶点P2、顶点P3、顶点P4和顶点P1，完成面的各点连线的封闭，然后弹出对创建该面的确认提问，单击"是"即弹出该面的属性页，如图7-5。单击Apply和OK按钮完成面的插入。

插入顶点和面是建立房间模型最基本的操作，必须熟练掌握。这些都是指单折面的绘制过程。

注意：把各个顶点连接起来成为一个面，重要的是把握好连线的走向。沿顺时针方向连线，生成的面是正面。吸声面沿逆时针方向连线，生成的面是反面（模型外表面）。按照这一要领连线，对于最后房间模型封闭可以减少很多麻烦。

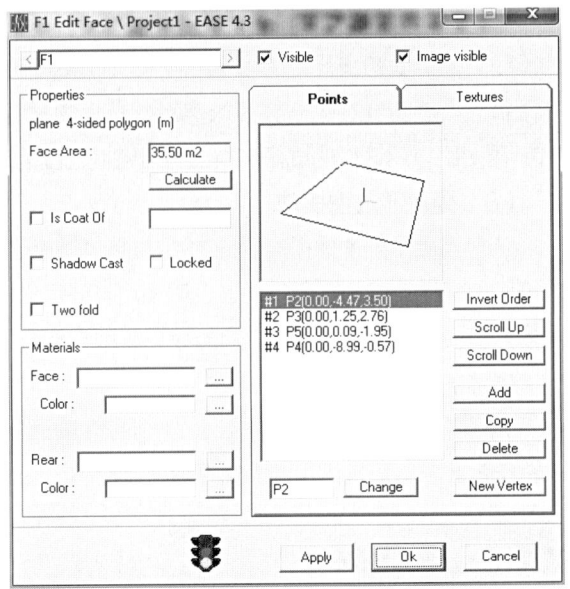

图7-5　面的属性菜单

(4) 双折面

双折面的绘制分为两种情况：首先介绍第一种情况。通常双折面是要贴在一个已经存在的面上，且小于被贴的面。例如在地面上放置一块地毯，放置一片听众座位区，或在侧墙上绘制门、窗等都属于这种情况。

首先在某个面上插入4个顶点，然后再把它们连接成面，用鼠标拾取某个面，用右键打开鼠标菜单，执行Vertex On Face（在面上插入顶点），弹出顶点位置设置栏，输入坐标位置，单击Apply和OK按钮，即可完成顶点的插入。依照此方式插入其他3个顶点，在用插入面命令把这4个顶点连接成面。在确认创建该面，弹出面的属性页，如图7-7所示，需做如下设置：勾选Two Fold（双折面），勾选Is Coat Of（贴在某某面），用鼠标双击Is Coat Of右边的输入框，则弹出选择条目提示栏，选择被贴的面，单击OK。如图7-6所示F2面是贴在F1面上的一个双折面，正面是橘红色，反面是蓝色。

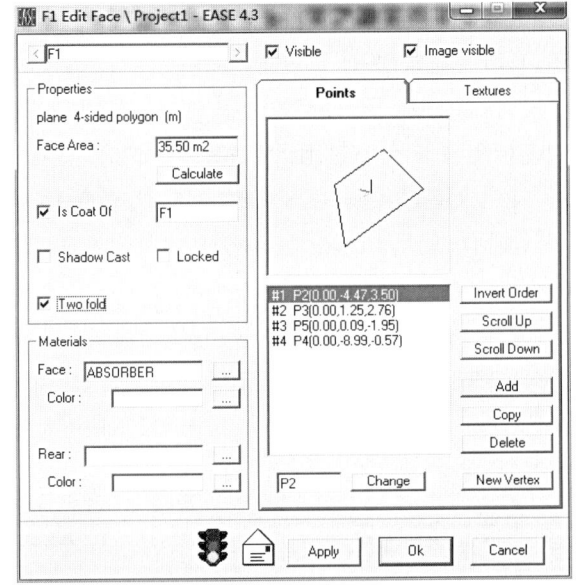

图7-6　面的属性页面

如果顶点的坐标位置在某个面的边缘上，此时在某个面上插入顶点，则需在鼠标菜单中执行Vertex On Face Margin（在面的边缘上插入顶点）命令。在房间侧墙上绘制一扇门时，就有两个顶点在地面上，属于此种情况。此外双折面的另一种绘制方法是作为空间吸声体，不与其他面发生联系，只需放在房间空中就可以了。

7.2.3 复制与拉伸法

（1）复制法

复制法是对模型中已有的对象（或条目）进行复制，以减轻绘图的工作量的一种快捷方法。例如，我们把某个面复制到高度为7m处。首先用鼠标左键拾取某个面，此时该面呈白色，打开鼠标右键菜单，执行Duplicate（复制）命令，弹出图7-7所示的移动距离设置栏界面。在z旁的输入框中输入数字7，单击OK即弹出面的属性页。确认后复制工作完成，复制的面如图7-8所示。

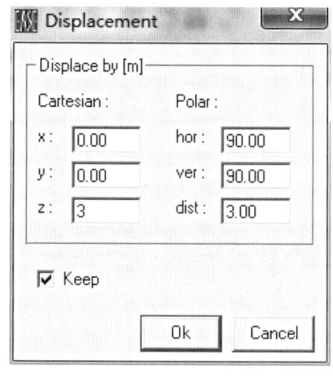
图7-7 移动距离设置栏

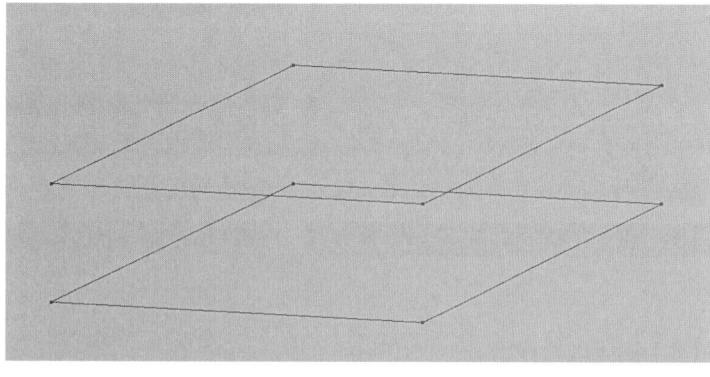
图7-8 复制的面

（2）拉伸法

拉伸法是对模型中已有的顶点或面进行拉长操作的一种方法。顶点被拉伸后在新顶点与原顶点之间还增加了一条边线，而被拉伸后则从原来的一个面变成了一个六面体。

如果把某个面垂直向上拉伸7m，首先拾取某个面，打开鼠标右键菜单，执行Extrude（拉伸）命令，弹出图7-9所示拉伸距离设置栏界面。在z旁的输入框中输入数字7，单击OK即出现如图7-10所示的拉伸结果。于是就从原来的一个面变成6个面。这种方法绘制矩形房间，房间台阶十分方便。

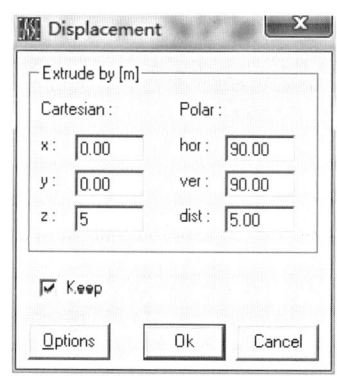
图7-9 拉伸距离设置栏

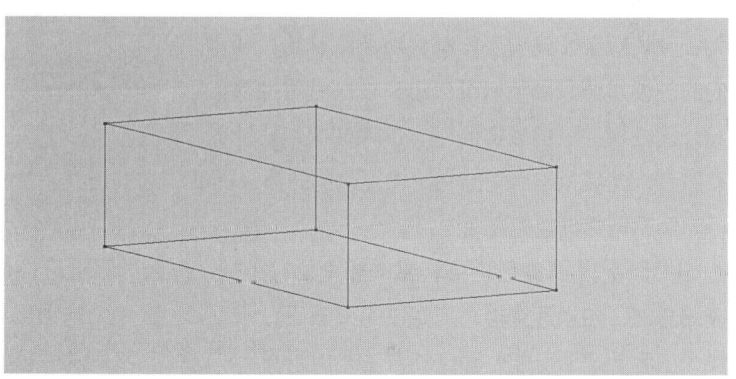
图7-10 拉伸后模型

（3）弧面和圆柱

如果想生成一个弧面，选择Insert-Circular Array-Vertices，在Starting Point（起始点）输入坐标，在Ending Point（结束点）输入坐标，在Items to Insert（插入项目数）输入插入顶点数，点击OK确认，如图7-11所示。

如果Starting Point（起始点）和Ending Point（结束点）坐标一致，就生成圆柱形，如图7-12所示。

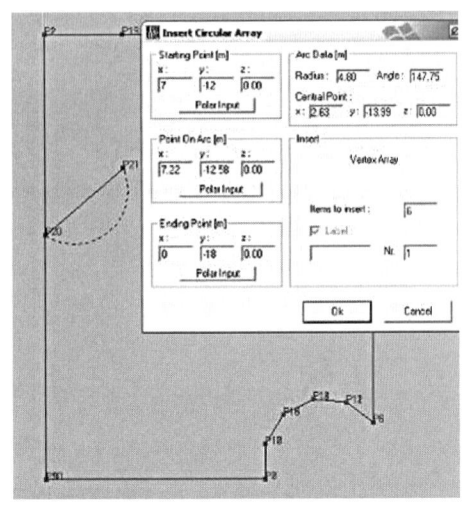

图7-11 弧形菜单

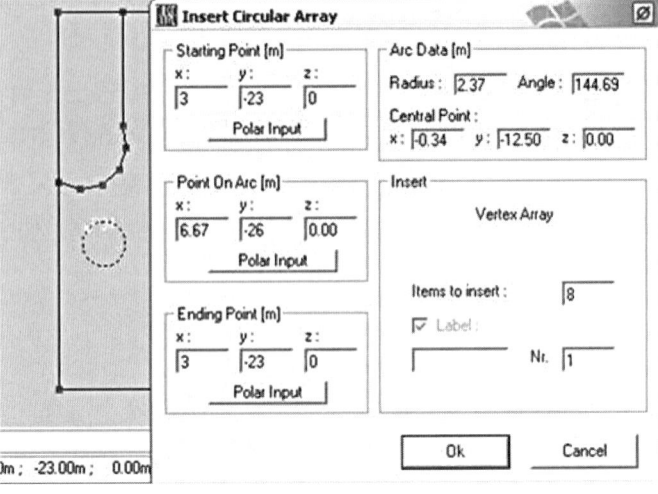

图7-12 圆柱形菜单

（4）调用内置模型

在进行工程项目设计中，遇到很多情况并非像前面介绍的那样简单。EASE为这些没有确定类型的房间提供了便利的房间模板资料库，可快捷地把它们修改成为接近我们需要的房间，这样可明显加速房间建模的进程，如图7-13所示。

7.2.4 漏洞的产生与修复

（1）分析模型

无论厅堂是自行设计的还是他人提供设计的，在大多数情况下，建模工作都会从图纸开始。通常人们的习惯是照着图纸提供信息，按部就班地输入坐标，建立模型。但事实证明，这种建模方式的效

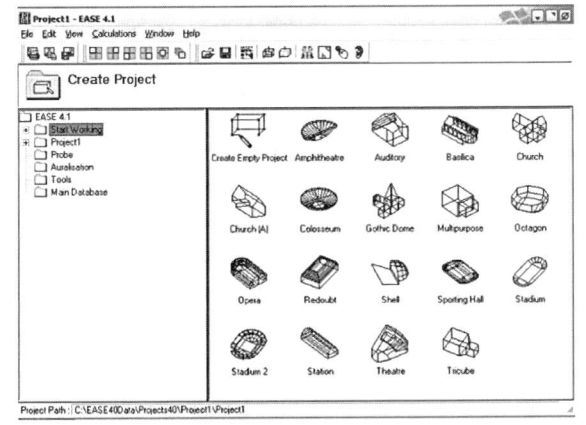

图7-13 内置模型

率并不高，尤其是当房间结构比较复杂的时候。因此，当准备开始建立厅堂模型时，首先应该对模型进行分析，然后选择最佳的建模方法。

如果厅堂与EASE软件中自带的模型比较相似，那么选择特征相似的模型，在此基础上进行修改是最便捷的方法。如果厅堂与之前做过的某一项目相似，那么在之前项目上进行修改无疑是更节约时间的。有时候"白手起家"可能是最佳的方法，但是原点的选择，不同的建模顺序（比如先造墙面还是先造地板）甚至是房间的朝向，会对最后的结果产生影响。另外，需要特别指出的是，建模者必须明白该项目的最终目的是什么。如果仅仅是一份草稿，或者只是为了测试扬声器直达声的覆盖情况，那就没有必要勾勒房间的每一处细节，有时候和声学性能没有太大关系的细节往往会浪费你大量的时间。

（2）点和面的关系

在EASE软件中建模最关键的一点是使房间没有漏洞，否则无法进行各类计算和保存工作。避免漏洞最基本的原则就是，使所有的"点"都各有所属，任何落在平面外的点都被认为是不合规定的。而作为一个平面来说，即使是四边形，它也可能是由四个以上的点所连接而成的。因此，绘制房间（特别是结构复

杂的房间）时，应该首先对房间结构进行分析，从侧墙开始绘制，这样地面和顶棚才能根据情况进行最后的闭合。

同样，当在一个较大的平面上覆盖另一个较小的平面时，由于较小平面的边没有与其他平面的边共用，因此也会被视为存在漏洞。所以当同一平面上存在几种不同吸声材料时，必须先将它们合理地分割成若干个相邻的面。

（3）双折面

在EASE软件中，除了常规吸声面以外，还有另一种双折面（Two Fold），其正反两个面都可以对声音进行吸收和反射，参与声学计算。双折面也有正反面之分，其正面被选中后呈橙色，反面被选中后呈蓝色。

以上讲到如果把一个单一吸声面覆盖到另一个单一吸声面上，由于产生堆叠，会发生房间漏洞现象。但是，如果把一个双折面粘贴在另一个单一吸声面上，就不会发生漏洞现象，因为双折面的吸声特性会代替被粘贴部分的吸声特性。当然，此时只有双折面的正面在起作用，而双折面的反面和被粘贴部分的吸声特性就不起作用了。双折面适合用来增加门、窗、地毯、听众坐席区、空间吸声体和浮云天花板等。

（4）空洞的查找和修复

在EASE中，如果违反了一项或多项建模规则，就有可能引起漏洞问题。EASE在帮助找到这些问题的同时，还能自动修复大部分的空洞。造成空洞的主要原因有：

① 堆叠的点。定义为两个或两个以上具有相同坐标的点。在建模过程中使用Duplicate（复制）功能时，很容易出现这个问题。使用Ctrl+F12快捷键，可以快速找到并消除堆叠的点。

② 方向相反的面。如果反射面并没有朝向厅堂内部也会引起漏洞问题。避免该问题的最好方法是在建模时就时刻注意所绘制的面是否反向了，如果有，应该及时将它们翻转过来。

③ 丢失的面。工作的疏忽可能会导致删除有用的面，或者根本没有画某一个面，此时房间当然也会产生漏洞。

④ 堆叠的面。在建模过程中使用Duplicate功能时，也很容易造成堆叠的面。最简单的检查方法是用鼠标左键反复点击出现问题的面，识别面上是否还堆叠了另一个面。另外，面的丢失或者堆叠可能引出Non Zero Surface Integral（形成非零表面）的出错信息。

⑤ 错误地使用了双折面。如果在应该使用常规面的地方（如墙面）错误地使用了双折面，就会发生漏洞。判断某个面是否为双折面的方法非常简单，常规面的边框在鼠标点击时应该呈白色或者黄色，而双折面则呈橙色或蓝色。

⑥ 面没有把相关的点都包括进来。如果在生成面的过程中遗漏了本应该属于它的点就会发生漏洞问题。解决的方法是删除错误生成的面，重新绘制新的面。

⑦ 挂在厅堂内的反射器和声处理装置必须是双折面，并且它们不能和任何表面接触。如果有了接触，就会产生漏洞。而安装在某个表面上的反射器和声处理装置必须是双折面，并且它们必须Coat（粘贴）在这个表面上。

在使用Tools - Check Holes工具检查空洞后，如果房间存在问题，会出现以下显示窗口，如图7-14所示。在Show Holes（显示漏洞）一栏中，会列出存在问题的点。在Close Holes（封闭漏洞）一栏中，可以选择自动修复的选项，包括是否需要自动删除

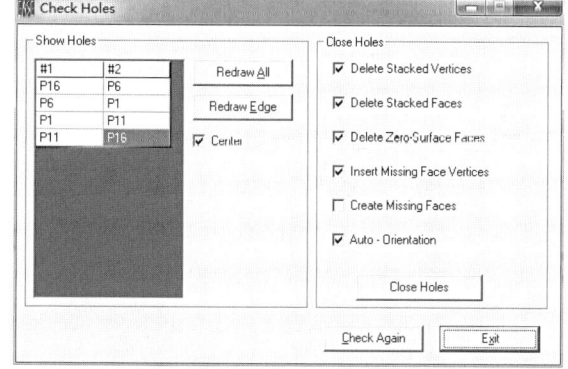

图7-14　漏洞提示菜单

堆叠的点、删除堆叠的面、删除非零表面、插入丢失的面、生成丢失的面，以及自动转向等等。点击Close Holes（封闭漏洞）按钮，EASE会自动对空洞问题进行修复。

在使用某些修复功能（如Auto-Orientation，自动转向）时，需注意事先不要选择任何面，否则EASE会根据所选平面的方向将所有平面进行转向，如果事先所选的平面恰好是有问题的反转平面，那么在进行自动转向修复后，整个房间的面都会变成反射面向外的情况，此时再用Check Holes工具检查漏洞时，程序会显示房间封闭完好。并且，这样的错误在今后的声学调查中也是不易被发现的。

EASE的漏洞修复功能并非万能，在有些漏洞问题较为复杂的案例中，程序往往无法进行正确的判断和修复，此时Check Holes工具检查空洞后，根据窗口提示来手动消除空洞问题或许是更好的解决之道。

7.2.5 建立听声面和听音点

（1）听声面

"听声面"就是位于观众厅座位区上方，距离地面1.2m处的一个虚拟平面，用绿色轮廓线表示。该平面是用来计算和显示厅堂声学特性（如总声压级分布等）。选中观众区，单击鼠标右键，弹出鼠标菜单，单击Area above Face（在一个面上绘制听声面），显示图7-15所示，编辑听声面数据框，是在原座位区上方1.2m处由4个顶点构成的面，单击OK确认数据后，完成听声面A1的绘制，如图7-16所示。

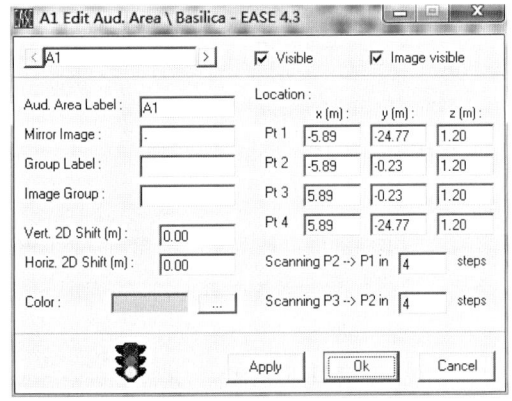

图7-15 听声面菜单

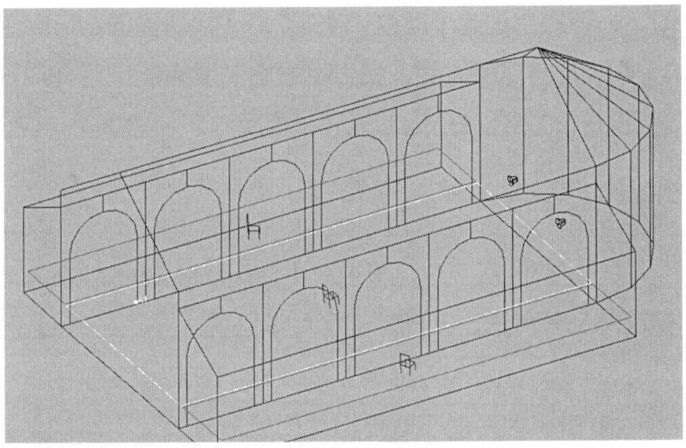

图7-16 听声面的绘制

当然也可以采用Insert-Audience Area（插入听声面）命令，在座位区上方绘制一个四边形，弹出编辑听声面数据框，进行（顶点）数据的精确修改和确认。

（2）听音点

"听音点"用红色的椅子符号表示，是用来在EASE中某一座位处研究和观察声学特性，就是在该"听音点"进行计算。通常听音点要摆放在听声面范围上方0.5m处，也就是在地面上1.7m处。这是为了在渲染图中让"椅子"露出听声面能够观察到它。但该点的声学特性仍体现在相对应的听声面上。

插入测试点的方法是点击Insert-Listener Seat（测试点，听众座椅），出现带斜箭头的椅子光标符号，单击后弹出图7-17所示的编辑测试点对话框。

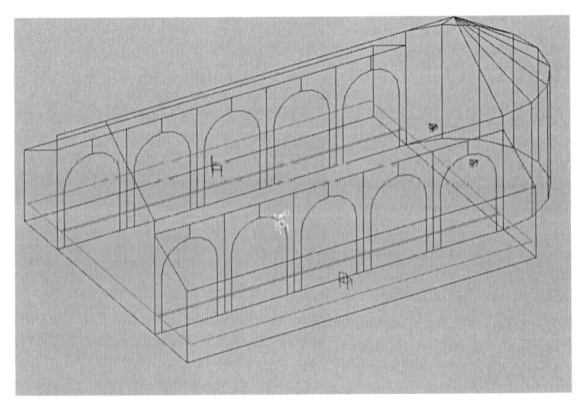

图7-17 听音点的绘制

测试点标号根据插入数目自动生成，第一次插入为1。坐标点在Location（位置）下填写，View Angle（视角）默认170%。

7.3 EASE软件的应用——吸声材料

7.3.1 添加吸声材料的原则与方法

（1）选取吸声材料的基本原则

① 房间模型内表面吸声材料的选取和设置要服从达到厅堂预定混响时间目标的需要。最终结果要求在工作频率上尽可能地接近我们所希望的混响时间RT值。

② 应抓住几个对混响时间起关键作用的吸声面进行设置。对于平均容积在$4m^3$/座～$5.5m^3$/座的厅堂而言，顶棚和后墙选用吸声系数在0.4～0.6的吸声材料进行吸声处理，就可以达到合适的混响时间。对于平均容积超过$5.5m^3$/座的厅堂而言，顶棚和后墙选用吸声系数在0.6以上的吸声材料进行吸声处理，有时还需要增加侧墙上的吸声处理。

③ 优先处理最容易受到声波作用的表面，使这些面充分吸收声波，以达到降低混响时间的作用。最适宜做吸声处理的面是顶棚，其次是侧墙和观众厅后墙。布置吸声材料时，不宜在少数几个面采用强吸声材料，而其他面不做处理。

④ 侧墙布置吸声材料时还要与采光结合起来考虑。

⑤ 还要考虑对舞台后墙的吸声处理，以降低声反馈，提高传声增益。选用吸声材料时，必须考虑材料吸声频率特性的均衡性，以保持听众良好的听音感觉。

（2）添加吸声材料的方法

默认吸声材料是Absorber，这一默认材料的吸声系数是1，即全吸声材料。因此需要对各个面的吸声材料重新设置，以符合房间材料的真实情况。假设选中一个门，按F2功能键，弹出打开选择吸声材料菜单。单击Browse（浏览吸声材料），弹出图7-18选择和添加吸声材料菜单。选择American Base-Full-DOOR SOLID（美国Full吸声材料数据库，结实的门），单击Add（添加）键后该材料就进入该项目数据库。单击Select All（全选）键和OK键则画面消失，在添加吸声材料对话框中添加了DOOR SOLID，选择该材料，单击OK键就完成了该门吸声材料更换设置过程。查看该属性页面，就变为结实的门，如图7-19所示。

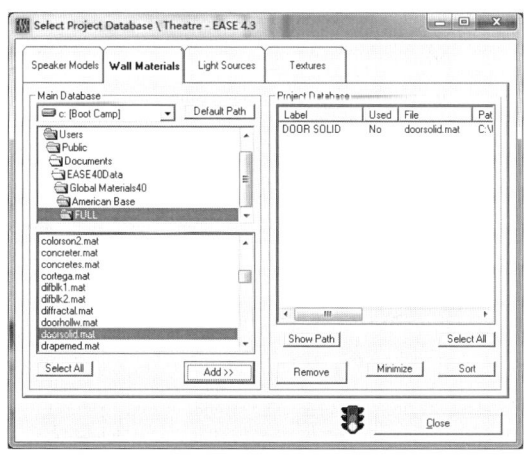

图7-18 选择和添加吸声材料菜单

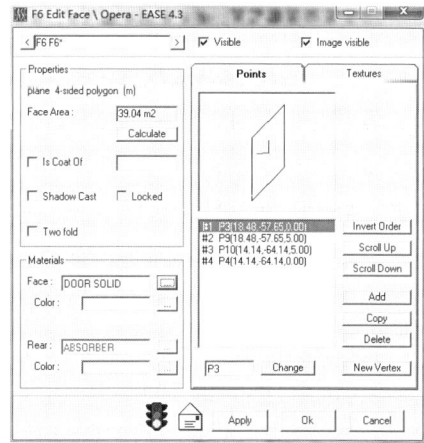

图7-19 门属性页面

EASE可以更换所有面的吸声材料,按Ctrl+F3打开材料选择菜单,单击Browse(浏览吸声材料),选择American Base-Full-MASONRY PT(美国Full吸声材料数据库,抹灰的砖墙),单击OK键,全部面就都改成抹灰的砖墙,这样做是为了把所有墙面一次设置完成。这种方法是对大量的面都采用同一种材料,比较方便。剩余其他面就需要分别设置了。

7.3.2 查看与优化混响时间

(1)查看混响时间曲线

在View(视图)下拉菜单中选择Room RT,查看当前房间的混响时间频率特性曲线。根据选择的计算公式不同,混响时间曲线也会随之变化。在实际工作中,究竟选哪一个计算公式,需要根据房间的特性来决定。赛宾公式适用于那些吸声能力较弱(吸声系数比1小得多)的场合,比如剧院、较大的会场等。而对于吸声能力较强的房间,如录音室、电视演播室等,则应采用艾润公式来求得混响时间。

混响时间曲线窗口显示了当前项目的一些基本信息,如Project(项目名称)、Version(版本)、Volume(房间容积)、Room Surface(房间表面积)、Avg. Abs. Area(平均吸声面积)、Avg. Abs. Coeff.(平均吸声系数)、Mean Free Path Length(平均自由程的长度)和Time(平均自由程的时间)等,如图7-20所示。

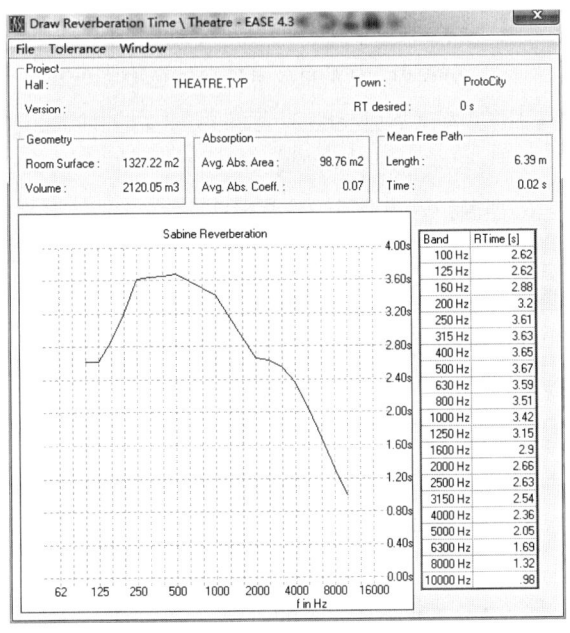

图7-20 混响时间曲线

(2)混响时间的优化

要优化混响时间曲线,主要从改变吸声材料入手。在EASE中,一种方法是对各个平面的吸声材料一一试验,直到混响时间曲线达到理想范围。具体做法是,选中模型中的某一平面,右键点出菜单。菜单中有两个相关功能,一是Change Wall(改变墙面材料),点击进入后可以改变当前选择的平面材料;二是Change All Same(改变所有相同的材料),点击进入后可以成批更换材料,即把与当前选择的平面材料相同的平面一起更换材料。这种方法比较繁琐,对于建筑结构比较复杂的厅堂来说难度大。

另一种方法则是利用EASE软件中的优化混响时间功能,更为直观、快捷。点击在Tools下拉菜单中,选择Optimize RT,进入优化混响时间窗口,如图7-21所示。Material(材料)区域中显示了当前模型使用的材料和每一种材料的覆盖面积百分比,区域右上方的曲线是当前使用材料的吸声特性曲线,右下方的曲线是当前厅堂的混响时间曲线。

Tentative(试用)区域的下拉菜单列出了当前可以选择的备用材料。EASE无法添加备用材料,我们必须退出优化混响窗口,回到编辑窗口,在材

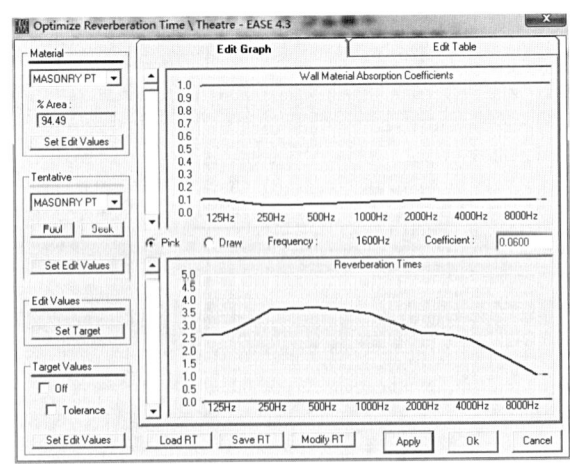

图7-21 优化混响时间菜单

料库中选择备用。具体方法是，选中某一平面，鼠标右键选择改变墙面材料，然后在材料库中选择若干材料，添加到工程数据库中。

保存文件，再次进入优化混响时间窗口，从Tentative下拉菜单中可见备用材料已经加入了。在Edit Value（编辑数值）区域中按下Set Target（设置目标值）按键，在材料吸声特性曲线下方选择Draw（绘画），然后在混响时间曲线上直接画出红色的目标曲线。此时材料吸声特性曲线上也自动出现了一条目标线，这表示如果将当前材料更换成具有该特性的材料，就能达到目标，如图7-22所示。

在Tentative（试用）区域中按下Seek（查找）按键，程序会自动在备用材料中查找与目标曲线特性匹配的材料，按下确定，图中出现的新曲线即为试用材料后厅堂的混响时间曲线，如图7-23所示。如果需要在目标曲线中标出容差值，具体的做法是在Target Value（目标值）中将Tolerance选中即可。

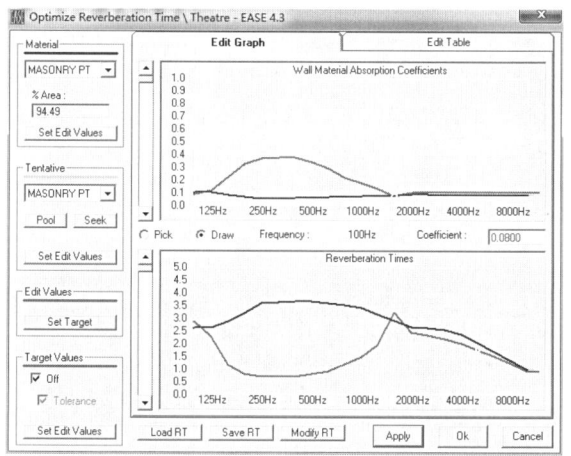

| 图7-22 目标混响时间曲线 | 图7-23 优化后的混响时间曲线 |

7.4 EASE软件的应用——扬声器

7.4.1 添加扬声器文件

（1）单只扬声器插入

点击Insert-Loudspeaker（插入扬声器）指令，在房间前面上空插入扬声器，弹出编辑扬声器数据对话框。由于插入位置的偏差，需要对扬声器坐标进行修正。扬声器默认型号是SPHERE（无方向性扬声器），需要改为实际选用的型号。单击SPHERE右面的"…"（改变型号），则弹出选择扬声器型号对话框。单击Browse（浏览扬声器型号），选择扬声器厂家和型号。

选中扬声器型号后，单击Add（添加）键后，此型号就进入该项目数据库。单击OK键，就添加了该型号，单击OK键，如图7-24所示。

（2）扬声器指向角的调整

选中插入的扬声器，右击鼠标选Show dB Cov Cories（显示dB声线覆盖图）。由于尚未勾选dB，显示的是一条平行于地面的紫色声线，指向角均

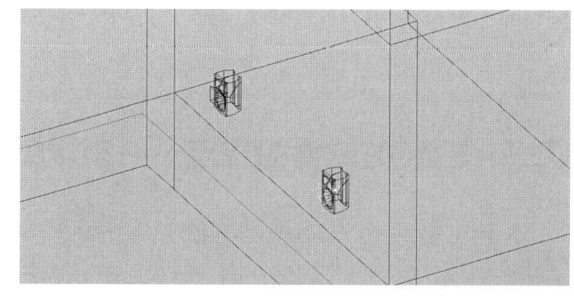

图7-24 添加扬声器

为0°，因此还需对扬声器指向角进行调整。在yz平面视图上，选中扬声器，右击鼠标选Set Aiming Point（设置瞄向点），出现一个十字双环图标，放置在后场大约2/3的位置，如图7-25所示。在yx平面视图上，用同样的方法设置扬声器瞄向（与侧墙方向平行），这样就完成了扬声器指向角的调整。

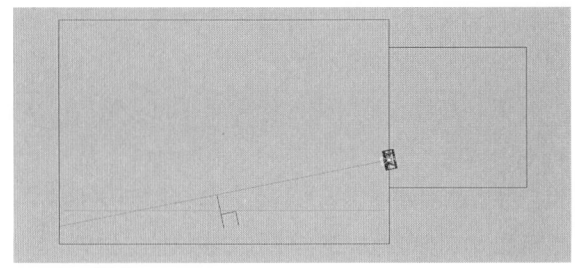

图7-25 扬声器瞄向

7.4.2 创建扬声器簇

EASE在Main Databases-Speaker Models程序中提供创建，把几个经常一起调用的扬声器进行组合，成为一个简单的扬声器阵列（簇）的能力，并保存为一个新的扬声器数据库文件。这个扬声器阵列的指向特性是上述几个扬声器特性的组合，它取决于扬声器的间距、彼此之间的摆放角度以及工作频率。阵列扬声器总功率是几个扬声器功率之和。扬声器阵列可以作为一个单独的扬声器插入在建模中。该扬声器阵列在声学特性模拟运算时，只按一个扬声器处理即可减少计算时间。尤其是在高级声学特性研究中，声线跟踪（Ray Tracing）计算时间正比于扬声器的数量。因此，在声线跟踪研究中，它对节省时间具有最重要的意义。

（1）创建扬声器阵列

在EASE主界面，点击File下拉菜单中，单击Main Databases-Speaker Models，出现扬声器数据库窗口。在File下拉菜单中，单击New Cluser（创建扬声器阵列），按先后次序弹出扬声器数据库（Speaker Base）窗口和编辑扬声器阵列（Edit Cluser Speaker）窗口。

我们进入Edit Cluser Speaker（编辑扬声器阵列）窗口，分别插入扬声器，如图7-26所示。

（2）查看扬声器阵列

对于创建阵列而言，重要的一点还要在是否激活（Act.）一栏，在Loudspeakers行选Yes，然后单击Apply，OK键，设置完成。然后在编辑扬声器阵列窗口选中一个扬声器符号，打开鼠标菜单，选Activate，此时扬声器符号呈红色。同样对另一个扬声器也要按前面步骤激活，使之呈红色。按F5键，检查数据，然后打开Insert下拉菜单，选择Recompute Cluster（重新计算扬声器阵列）。

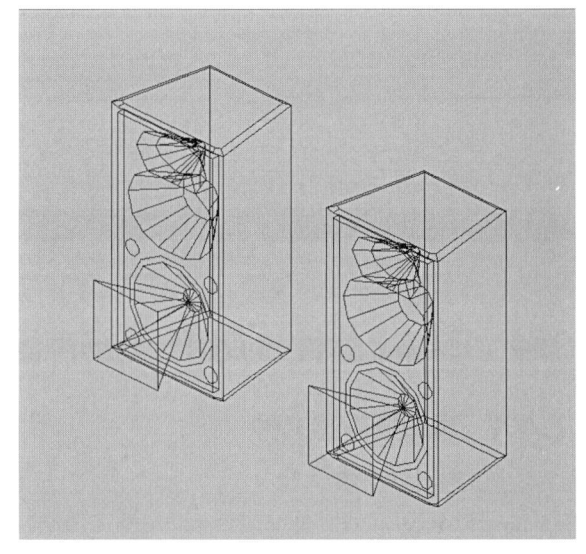

图7-26 插入扬声器

7.5 EASE软件的应用——声学模拟

当厅堂模型建立完成之后，随之而来的就是对采用一定配置的扬声器系统的房间声学环境下的电声性能进行运算和数据图形显示，即房间声学特性的模拟研究。在计算声学特性过程结束之后，将自动生成声学特性评估界面，以便对于生成的特性图形和数据进行查看和进一步处理。

7.5.1 声压级的模拟与分析

（1）直达声声压级

在EASE主界面，点击上方的Area Mapping，就会打开标准运算界面，如图7-27所示。

点击Mapping（运算）下拉菜单，下拉执行Standard指令，或在运算工具栏中的任何一个运算图标上单击一下，将会开始模拟运算。因为Direct SPL（直达声声压级）是最常用的一种模拟，让我们从它开始。单击Direct SPL图标，将会打开在图7-28所示的运算参数设置界面。

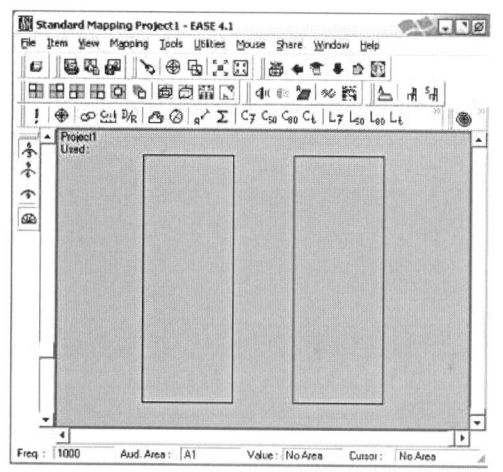

图7-27 标准运算界面

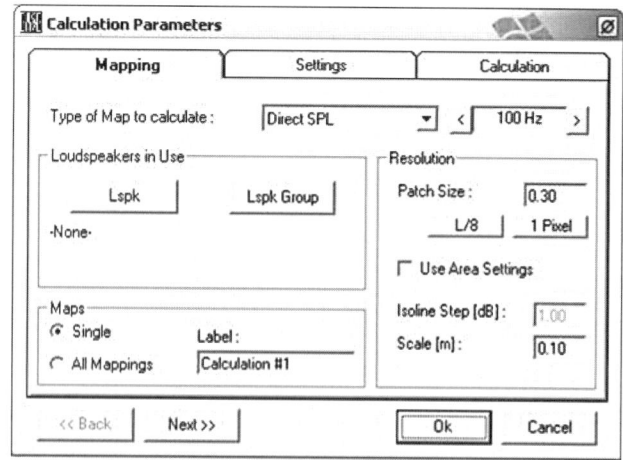

图7-28 设置界面

设置好参数后，单击OK钮，即开始运算，然后弹出如图7-29所示的画面。其中查看计算结果界面，亦称为声学特性评估界面，遮挡了直达声声压级在听声面上的分布图。但把该界面最小化或关闭，则显示出直达声声压级在听声面上的分布图。这种分布图表示在某一频率下声学参量在听众区的分布状况，如果对哪些区域声学特性最好、哪些区域声学特性较差感兴趣，你不妨就查看该分布图。

（2）总声压级

在声学特性评估界面中，单击Direct SPL旁边的倒三角形，就可以对标准运算的各个声学参量进行选择。现在选择Total SPL（总声压级），声学特性评估界面中的曲线，如图7-30所示。

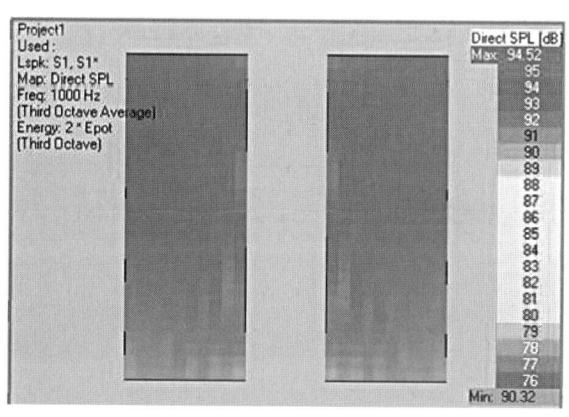

图7-29 直达声声压级

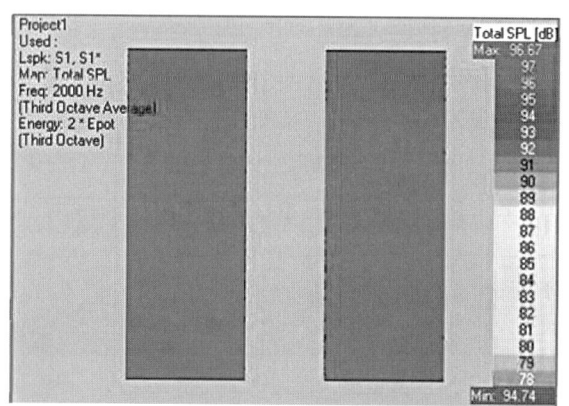

图7-30 总声压级

（3）全频段运算

全频段运算就是一次计算完成整个从100~10000Hz工作频段的所有标准运算的声学参量。这些标准运算声学参量，包括除了Aiming（瞄准目标）之外的如下参量：Direct SPL（直达声声压级），Total SPL（总声压级），Lspk Overlap（扬声器覆盖重叠数），Critical Distance（临界距离），D/R Ratio（D/R比），Arrival Time（第一次到达时间），ITDGap（初始时延差），C7、C50、C70，Csplit，L7、L50、L70，Lsplit，Articulation Loss，RaSTI等。

用鼠标左键单击Direct SPL图标，选择全频段运算并接通全部扬声器，分辨率分别按3种情况设置：1m、0.5m、0.2m，并在全部听声面上进行模拟运算。如果单击Total SPL图标，同样设置情况下，模拟运算结果显示的就是总声压级在听声面上的分布图。同时声学特性评估界面中也包括所有标准运算的声学参量数据。该声学特性评估界面，与单击Direct SPL图标运算所得到的结果是一样的。

（4）计入反射的二维运算

标准二维运算是用统计公式来计算反射声电平，由艾润或赛宾公式计算混响时间。在Mapping（运算）下拉菜单，选择Standard With Reflections（带反射的标准二维运算），是用声线跟踪获得的混响时间代替由艾润或赛宾公式算得的混响时间。这种方法更精确，但计算需要花费更多的时间。花费多长时间取决于房间的复杂程度，所包含的扬声器数目，所选用的声线数，所选用的反射阶数和计算机速度等因素。

在标准二维运算界面Mapping（运算）下拉菜单，选择Standard With Reflections（带反射的标准二维运算）命令，弹出运算参数设置界面，界面中只有全频段运算选项。分辨率设为1m，选择全部扬声器和在全部测试点上运算。其他设置同前，确认设置后呈现反射运算设置界面。采用默认设置，单击OK。

（5）三维运算

前面的运算练习采用了二维运算（Area Mapping），因为这是最常用的运算方法。比起在房间所有表面进行声学参量运算来说，二维运算程序所花费的时间要少些。

三维运算（Room Mapping）提供在房间所有内表面以及听声面上进行声学参量运算，这是查看扬声器周围各个面参量分布情况的一种方法。采用最普通的Direct SPL（直达声声压级）进行三维运算，在EASE主程序界面Calculations（计算）下拉菜单，选择Room Mapping（三维运算）。打开三维运算界面（Eyes），选择Direct SPL图标，弹出Mapping运算参数设置界面。分辨率设为1m，选择所有扬声器，选择单一频段运算。然后单击Next钮，进入Setting运算参数设置界面，勾选听声面和所有面。在采用听声面设置中选择所有听声面，在采用房间面设置中选择房间所有面。单击Next钮，进入Calculation运算参数设置界面，勾选带声影等项。单击OK键，开始三维运算。完成运算除了生成声学特性评估界面之外，还生成直达声声压级在房间的二维绘图，如图7-31所示。

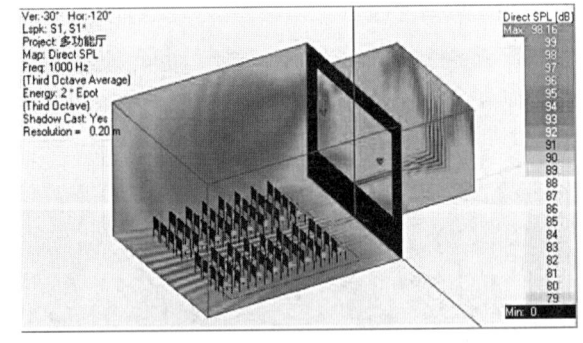

图7-31 三维运算

7.5.2 C系列测量

在欧洲广泛使用C参量值来评估一个厅堂及其扬声器系统的声学特性。这里将分别介绍C7、C50、C70参量的含义及查看内容。

（1）查看C7参量

C7相当于在美国广泛使用的直达声/混响声之比（D/R比），代表从另一角度观察声场中的直达声强度。C7以声能分隔点为7ms的前、后直达声与混响声之比的dB值来表示。其分布图用来预测声源直达声强度。通常以大于-15dB数值为好（一种良好的D/R比），以0dB数值为上限。

（2）查看C50参量

C50用于度量语言可懂度，它显示50ms前、后以dB为单位的能量比。50ms的声能包括直达声和早期反射声，50ms之后的声能属于混响声能。C50分布图用来预测讲话单词的可懂度分布。具有一般混响（标准）的房间，高于0dB时就代表有良好的语言可懂度。如果大厅具有较高混响时间，则应高于-5dB值才能获得良好的可懂度。

（3）查看C70参量

C70通常称为音乐明晰度，它是用70ms前、后能量比（以dB 为单位）来衡量不同类型音乐的清晰程度，换言之，它用于检验厅堂的音乐性能。

C70分布图用来预测不同类型音乐的清晰程度在听音面的分布。这一清晰程度取决于音乐的速度、乐器的类型和房间的混响时间。

7.5.3 L系列测量

Pressure Levels（声压级）是在指定时间内工作扬声器产生的以分贝为单位的声强（Sound Intensity）总和。

（1）查看L7参量

L7是在7ms内直达声和混响声能量总和，以dB为单位。

（2）查看L50参量

L50是在50ms内直达声和混响声能量总和，以dB为单位。

（3）查看L70参量

L70是在70ms内直达声和混响声能量总和，以dB为单位。

（4）查看Lsplit参量

是在7~50ms范围内选定的分隔时间内直达声和混响声能量总和，以dB 为单位，通常取35ms值。

L7、L50和L70进行运算模拟，让你查看规定时间内的直达声和混响声能量的总和。Lsplit让你设置分隔时间。

7.5.4 辅音清晰度损失与快速语言指数测量

（1）辅音清晰度损失

查看辅音清晰度损失率Alcons，可以采用500Hz、1000Hz、2000Hz这3个1/3oct频段生成在听声面上的分布图。Alcons评价参考值如表7-1所列。

表7-1　　　　　　　　　　　　　　A1cons%参考值

普茨短公式		普茨长公式	
范围%	评价	范围%	评价
0~3	非常好	0~7	非常好
3~7	良好	7~11	良好
7~11	清晰	11~15	清晰
11~15	较差	15~17	较差
15以上	不能接受	17以上	不能接受

（2）快速语言指数

RaSTI与Alcons公式具有某种换算关系，它以0到1的数值表达清晰度，1是最清晰的。RaSTI的评价参考值如表7-2所列。

表7-2　　　　　　　　　　　　　　　　RaSTI参考值

普茨短公式		普茨长公式	
范围	评价	范围	评价
0.75～1.00	非常好	0.60～1.00	非常好
0.60～0.75	良好	0.45～0.60	良好
0.45～0.6	清晰	0.30～0.45	清晰
0.30～0.45	较差	0.00～0.30	较差
0.00～0.30	不能接受		

7.5.5　声线跟踪模拟

声线跟踪经常使用CAD程序中的概念，用于照明渲染物体。在EASE中，声线跟踪用于研究声线的传播，声线在房间中能量的释放，和每根声线的途经轨迹，直到它到达预定的限定位置。

（1）生成声线跟踪文件

在主程序界面，执行Calculations-Ray Tracing（计算菜单-声线跟踪）指令，打开View Proiect（查看项目）提示界面。单击"是"则弹出两个界面，一个是声线跟踪主控制界面（左下角），另一个是声线跟踪查看项目界面（右上角）。

在声线跟踪主控制界面执行Ray-Ray Tracing（声线跟踪）指令，打开设置菜单，如图7-32所示。

用Loudspeaker和Lspk Group键选择在模拟中使用的扬声器数量，Rays Per Loudspeaker界面中，决定每只扬声器发射多少条声线。Trace Control by（跟踪受控于）子界面为模拟设置声线的切断参数。Order（反射阶次）决定多少次反射，为了研究反射模型，典型设置为3～5dB。Time是建立研究时间的长度，典型的Ray Tracing时间长

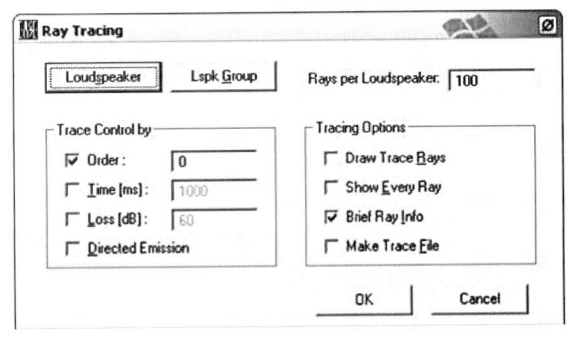

图7-32　声线跟踪设置菜单

度为100～300ms，当然也可更短或更长一些。当SPL（声压级）降低到规定的数量时，Loss切断声线跟踪，这个典型设置是60dB。Directed Emission（直接发射）产生一种加权显示，主要用来提高Movie（电影院模式）的特性。Tracing Options（跟踪选项）子界面决定显示多少根声线以及它们是否保存在一个跟踪文件中。当勾选Draw Trace Rays（画出跟踪声线）时，程序将在View Project画面中绘声线，声线将以快捷命令在画面上按它们通过程序计算的途径轨迹出现，除非Show Every Ray（显示每根声线）也被勾选。此时全部用人工操作检查Show Every Ray和按照它们的计算一个一个地观察声线。Brief Ray Info（简明声线信息）打开一个新画面，这个画面显示每根声线途径的详细信息，注意声线的到达时间

和声线命中点的确切位置。每个频段的能量也全部显示，这样为每根声线、每个频率增加多至21个单独值。Make Trace File（生成跟踪文件），以一个.trc跟踪文件格式保存模拟结果，供以后 View Trace File（查看跟踪文件）进行查看和分析之用。View Trace File提供比Ray Tracing有多得多的查看选择，包括能够查看每个扬声器的反射模型。因此，建议选用全部扬声器运行，并生成一个跟踪文件，然后用View Trace File 再仔细分析反射模型。

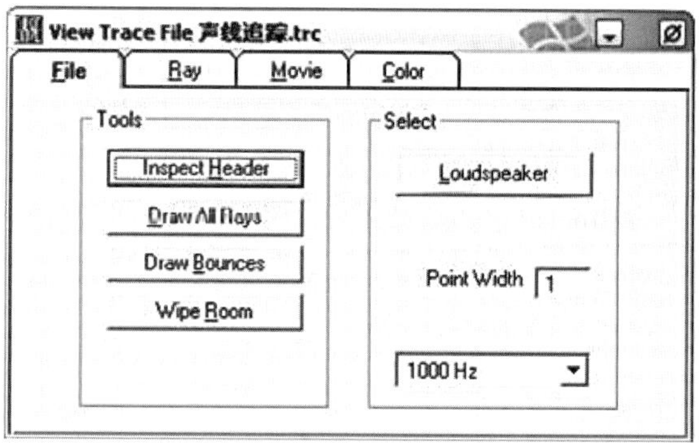

（2）查看声线跟踪过程

单击"保存"键后，程序开始进行运算，一旦运算完成，就出现如图7-33所示的View Trace File（查看跟踪文件）界面。

图7-33 查看跟踪文件菜单

Inspect Header（观察模拟参数概要）键，Draw All Rays（画出全部声线）键，Draw Bounces（画出途径反射点）键，Wipe Room（清除显示）键，Loudspeaker（扬声器接通）键，可以单独接通或关闭某一扬声器，以研究每个扬声器的反射模型。Point Width（点大小设置）键，默认大小为一个像素。在观察途径反射点时，可以设为2或3，使反射点更为醒目。此外，还可以填入工作频率，默认工作频率为1000Hz。

当单击Inspect Header（观察模拟参数概要）键，出现界面包括在模拟过程中设置参量和所用扬声器参量的摘要等。以便于了解在声线跟踪运算中本文件设置的诸多方面，所以观察的声线跟踪过程，就是在上述设置条件下进行的。

7.5.6 直达声预听

EASE可以提供一个有趣的特性，就是对直达声进行预听的能力。这种特性使用户得以快速用听觉，检查多扬声器系统中扬声器的对准和电平的调整。这种特性在二维运算或三维运算中都能激活。

（1）直达声预听

回到EASE主程序界面，在Calculations（计算）下拉菜单，打开Area Mapping（二维运算）。然后单击Direct SPL图标，并对参数设置界面逐项处理（包括接通全部扬声器）。当声学参量评估（查看参量运算）界面出现时，将其关闭。然后打开Tools（工

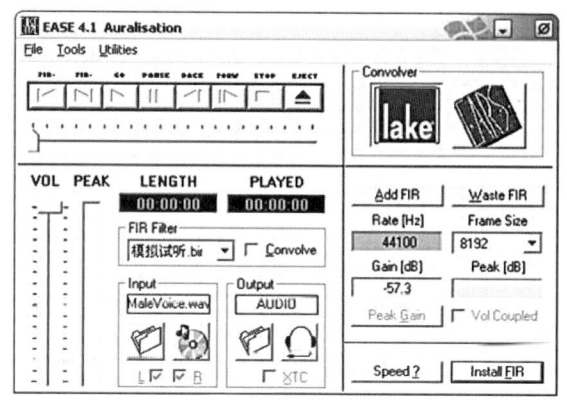

图7-34 预听控制菜单

具），下拉菜单，选择Auralize Direct Sound（预听直达声）命令，使用鼠标（已经变成十字形）左键，选择听声面上某一点。此时呈现如图7-34所示的预听控制界面。

单击Eject（开仓）键，则右侧Convolver（卷积器）部分消失。其中自动加载文件名为FIR_0.bir的双耳脉冲响应文件。此时在目录下可以发现生成两个文件：FIR_0. bir（双耳脉冲响应文件）和FIR_0.rsp（脉冲响应文件）。当单击播放键Go时，弹出直达声播放界面。

（2）直达声序列图

EASE用户同样也可以借助声学探头（Probe）来创建直达声序列图（Reflectogram），以显示直达声到达时间和声压级。

从Tools下拉菜单，选择Invoke Probe（借助声学探头），并在听声面上某点位单击一下就可以了，如图7-35所示。

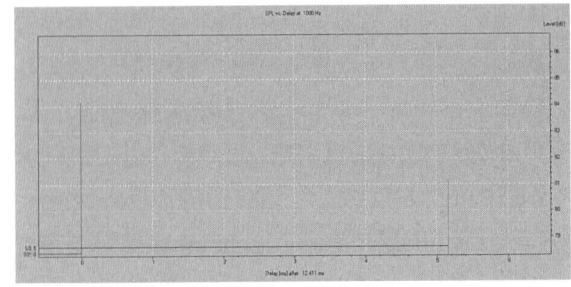

图7-35　直达声序列图

第8章　声学测量软件Smaart的应用

扩声系统的调试与优化之前，必须对所架设的系统进行测量分析，这当然就会使用到一些仪测设备。在20世纪，实时频谱分析仪作为一种智能的声场测量仪器，常常作为扩声系统均衡补偿的测量工具，但是存在无法测量相位或延迟，也无法区分直达声、混响声等功能缺陷。在声场测量与音响系统调试领域，依靠计算机技术的高速发展，声场测量软件可以取代硬件进行测量，并且测量功能更加齐全，为调试与优化带来了极大的便利。此外，声场测量软件的价格相对于硬件测量仪器要低廉，大大降低了扩声系统调试与优化工作的成本。本文中运用了声场测量软件Smaart V7，进行扩声系统声学特性测量。

8.1　声学测量软件Smaart V7介绍

8.1.1　声学测量软件Smaart V7概述

SIA软件公司于1886年公布了SIA Smaart Live软件1.0版本，现最新版本为7.4版本。随着该软件功能的不断完善，越来越多的业界人士选择SIA软件公司的电声测量软件，其应用的场所也越来越广泛。

SIA Smaart Live V7是一种基于多通道音频分析仪的声场测量软件，可对专业音频所需要的大量测量任务进行测量。Smaart软件有两种测量模式：实时模式和脉冲响应模式。在实时模式下，对实时频谱进行测量与捕捉和延时测量，即执行实时频率响应测量。在脉冲响应模式下，可以测出两个输入信号之间的时间差异。除此之外，实时的声压级和等效声级等测量，同样也可以通过Smaart软件实现。

8.1.2　Smaart V7功能

Smaart V7可以对声场的声学特性进行准确的测量，用户可以灵活运用在音响系统设计搭建、音响设备故障检修、音响系统优化等方面。表8-1总结了Smaart V7的主要功能以及常见的应用。

表8-1

Smaart Live模式	主要功能	应用
频谱	1 显示实时频谱 2 显示窄带和倍频程 3 声压级校准、频谱图示	1 监视现场信号源频谱 2 监视现场演出SPL 3 检测反馈信号 4 分析噪声电平
传输函数	1 分析实时传输函数 2 显示设置幅度和相位 3 显示实时相干	1 测量扬声器系统、均衡器、声系统传输函数 2 系统实时优化处理

续表

Smaart Live模式	主要功能	应用
脉冲响应模式	1 测量脉冲响应 2 自动估算传播延迟时间 3 显示线性刻度、对数刻度、能量时间曲线	1 测量扩声系统脉冲响应 2 构建扬声器的延迟时间等

8.1.3 Smaart V7硬件配置与连接

（1）测试话筒

测试话筒与普通话筒比较的话又尤为特殊，它要求极高的灵敏度、全方位的拾音范围、均衡精准的频响曲线，还有更高要求的声压级。

（2）音频接口

也称外置声卡。强大的音频处理能力，具有很高的采样精度，低延时，可以提供更加真实的声音，接口类型多样化，并拥有多路输入输出，路由灵活。

（3）声校准器

一般是一个能发出1kHz、84dB的标准声压级，将测试话筒插上去来校正测试话筒的声压级。

（4）硬件连接

运用Smaart进行测量时，音频信号经过系统放大、重放后进入测量话筒返回到电脑，电脑通过Smaart 7软件，获取实时频谱等信息，如图8-1所示。

（5）校正测试话筒步骤

① 将测试话筒插入到话筒校准器。

② 点击声压级区域中间数值，打开声压级菜单。

③ 点击校准按键，打开校正菜单。

④ 选择音频接口。

⑤ 选择话筒输入通道。

⑥ 打开话筒校准器，发出1kHz、84dB信号。

⑦ 点击捕捉按键。

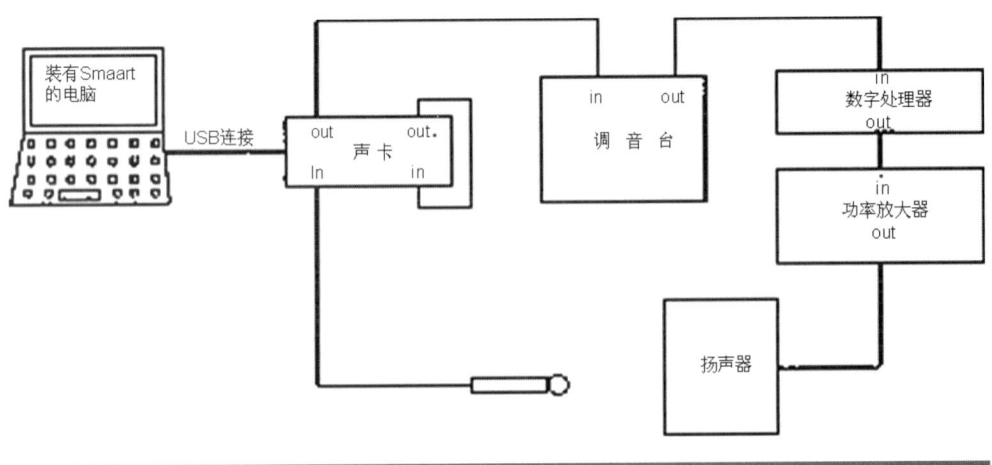

图8-1 硬件系统连接图

⑧ 在校正电平框里输入标准声压级84dB。

⑨ 点击应用按键和OK按键，完成话筒校准。

8.2 Smaart V7测量

8.2.1 实时频谱分析

Smaart V7在实时模式下，显示界面有三部分，如图8-2所示，执行实时频率响应测量。

第一部分是对实时频谱数据进行捕捉和存储、加载；第二部分是频谱数据显示部分可以以1、1/3、1/6、1/12、1/24等倍频程显示数据；第三部分提供了常用的控制功能包括显示分辨率切换、信号发生器、测量模式切换等。进行测量时打开Smaart V7自带的信号发生器并设置信号发生器，如图8-3所示。

测试选用粉红噪声作为测量信号。粉红噪声拥有很宽的频率覆盖范围，高频端在二十几千赫兹，而低频几乎能到达零赫兹。这满足了测试的20～20000Hz的需求。并且粉红噪声在等比例带宽内的能量是相等的，这有助于测量声场的频率特性。

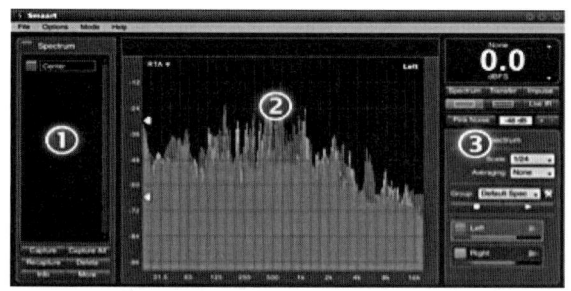

图8-2 实时频谱分析

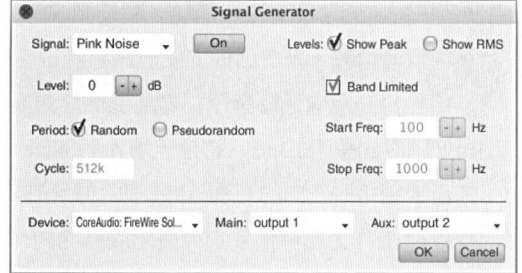

图8-3 信号发生器菜单

8.2.2 传递函数测量

（1）传输函数测量原理

电声设备及其系统的频率响应由系统幅频响应和相频响应构成。Smaart V7可以很方便地测出电声设备或者其系统的幅频响应和相频响应。

传递函数测量是对输出信号和一个系统输入信号进行比较。它是Smaart V7核心部分，可以在时域和频域范围内进行比较。测量的参数包括：频率响应、相移、延时、声压级等。Smaart V7有两个输入信号：一为基准信号；二为测量信号。Smaart V7对获取的两个输入信号进行处理得到传输函数，如图8-4所示。

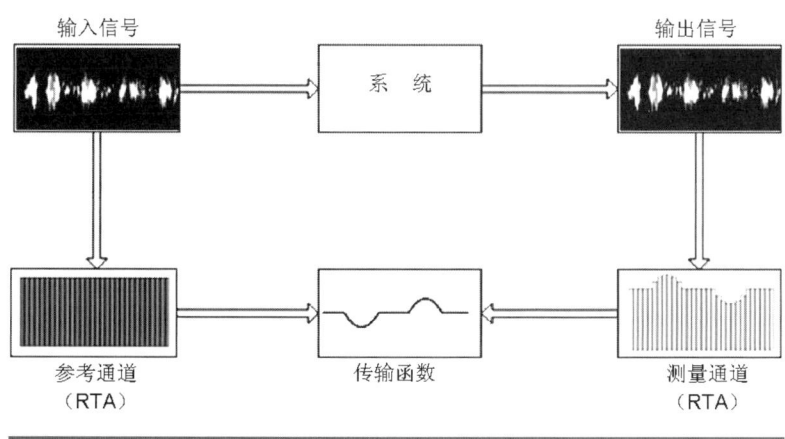

图8-4 两个输入信号进行处理得到传输函数

在传递函数计算时,两个信号在时间上精确对准,以保障能够精确地比较。传递函数可在频域或时域中比较和显示被测系统的输出信号和输入信号之间的差异。用时间定位器和它内部的信号延时特性使计算机声卡的两个输入信号在时间上对准。

(2)全频与超低相位调整

全频音箱与超低音箱的单元不是在同一轴线上,所以全频与超低的声音一前一后进入人耳,我们利用它们的相位来计算出它们的延时时间,使得它们时间一致,相位一致。

① 先打开全频,并按Find和Insert按键,来自动插入延时。

② 再打开超低,并找到全频与超低的分频点,将分频点电平调整到0dB。

③ 通过公式T=1/f,计算出在分频点上一个周期所需时间(所得出的时间单位为s,再乘以1000,变换成ms)。

④ 找到全频与超低在分频点上的相位角度,再计算出它们的相位差。

⑤ 通过两只音箱的相位差比上360°再乘以分频点一个周期所需时间,所得到的就是它们的延时时间。

⑥ 将计算出的延时时间加载到处理器上,使得全频和超低的相位一致,时间一致。

(3)横向低音阵列调整

在演出中为了获得更加震撼的低音效果,会使用多只低音音箱组成低音阵列。但是,对于舞台上就会产生低音干扰。为了解决这一问题,我们要求低音阵列拥有指向性。

① 将低音音箱一前一后横向摆放,将测试话筒对准反向低音音箱,并将低音音箱音量保持一致。

② 单独打开反向低音音箱,将测试话筒对准此低音音箱,通过时间=距离比上声速,得到测试话筒距音箱1m处延时约等于0.3ms,将延迟填入到Smaart软件,就得到了这只低音音箱的相位曲线,进行保存。

③ 再单独打开正向的2只低音音箱,得到的相位曲线,进行保存。

④ 以63Hz作为参考频率,计算出周期约为16ms,相位如果相差80°,就是1/4周期,约为4ms。

⑤ 将此延时填入到反向低音音箱通道里,并把此音箱倒相,此时反向低音声压级抵消,正向声压级叠加。

(4)横向低音阵列调整

在演出中为了让低音覆盖更远,会使用多只低音音箱纵向排列,组成低音阵列,同时指向性更强。

① 将低音音箱纵向排列一条直线(一组最少4只)。

② 音箱间距(音箱面网到前面一只音箱的面网)为工作频率的1/4波长,以63Hz为参考频率,波长=声速比上频率,约为5.4m,1/4约为1.4m。

③ 根据时间=距离比上速度,得出2只音箱延时0.4ms,那么4只音箱延时为0ms、4ms、8ms和12ms。

④ 通过Smaart V7可以看到4只音箱的相位曲线基本上叠加在一起,并且音箱前后声压变化很大。

8.3 多通路声学测量

8.3.1 多通路测量配置与连接

(1)多通路测量配置

我们在测量声场特性时,采用多通路测量得到声场的整体电声特性。通过选取多个测量点实现多通路声学测量,并运用Smaart V7软件,对多通路声学测量数据进行平均处理。Smaart V7有两种方式可以让我们获得多通路声学测量的数据平均处理结果。

1)配置实时频谱平均 在测量设置选项里,单击新建平均(New Average),弹出跟踪平均对话窗口,在这里可以设置实时频谱平均跟踪,对要平均的测量通道进行勾选。此外,还可以设置平均方式(dB或Power),如图8-5所示,"123"设置为测量"1""2""3"的分贝平均。

2)现场测量捕捉的静态数据中的平均 要创建现场测量捕捉的静态数据中的平均,单击左侧"More"按钮,在弹出菜单中选择Average平均。在平均设置窗口,勾选平均的静态数据和平均方式、设置显示颜色,便可以完成设置,如图8-6所示。

图8-5 配置平均通道

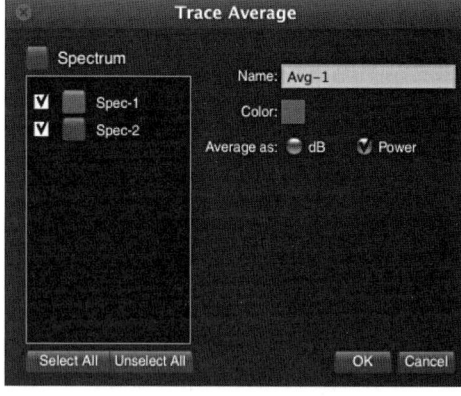

图8-6 静态数据平均

(2)多通道测量硬件系统连接图

多通路声学测量系统,主要由专业外置声卡、调音台、数字处理器、功放、超低音箱及高频音箱、话筒、测量话筒构成。系统连接图如图8-7所示。

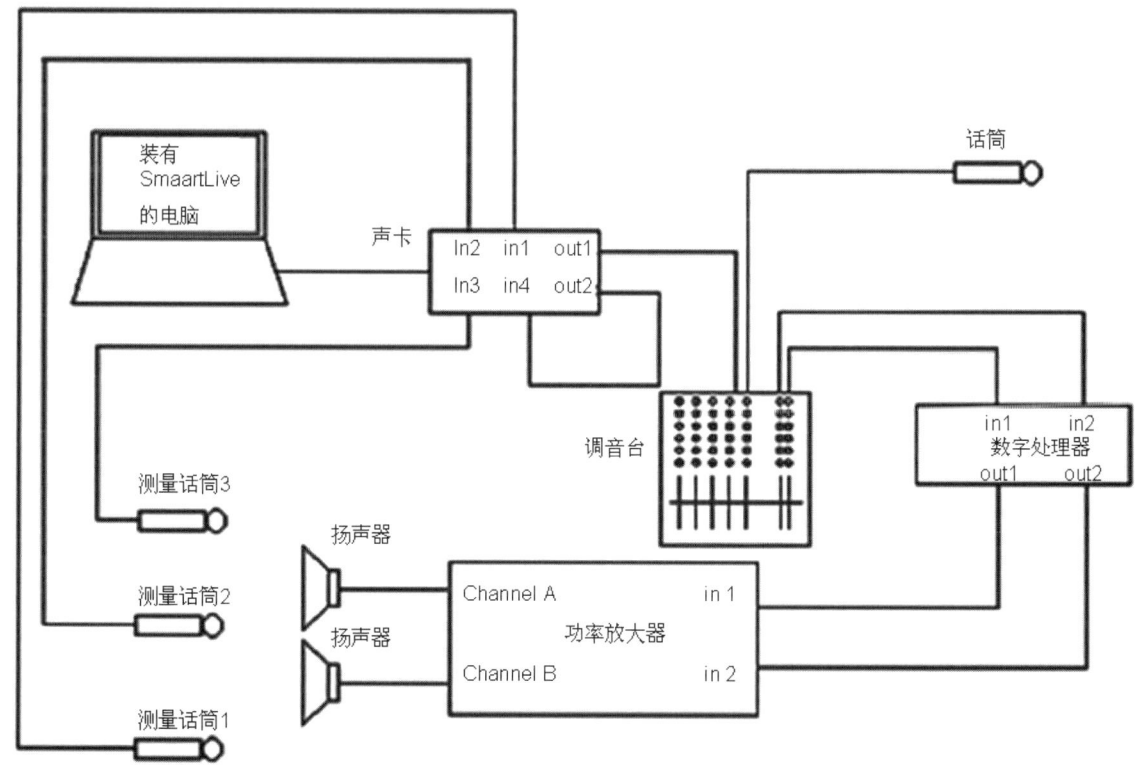

图8-7 多通路声学测量系统

8.3.2 测量前配置

（1）配置声卡

当系统连接好以后，声卡用数据线连接电脑，安装驱动后，要对声卡进行设置，确认外置声卡已经安装并且正确运行，然后将专业外置声卡设为默认声卡。

（2）设备初始化

将调音台、数字处理器等设备进行初始化设置，调整功放增益等。由于数字处理器之前设置的参数会保存在设备中，所以在测试开始前要对其进行初始化设置，清除所有的参数设置，并且将数字处理器的output1设为信源1，输出后信号送至超低音箱；output2设为信源2，输出后信号送至高频音箱。

（3）进行听音评估及故障排除

搭建好测量系统后，在电脑上放一首自己熟悉的歌曲，进行听音评估。设备打开后调音台音量推子慢慢推，对未经调试优化的扩声系统的性能进行主观评价。如果系统不能正常运行，要检查各线路是否连接正确，设备设置是否正确，进行故障排除，使系统能够正常运行。

（4）定位测量话筒

测量系统的声学环境为一个长20m，宽4m，高3m的实验室。测量时分别在实验室前部、中部、中后部放置一个测量话筒，如图8-8所示。

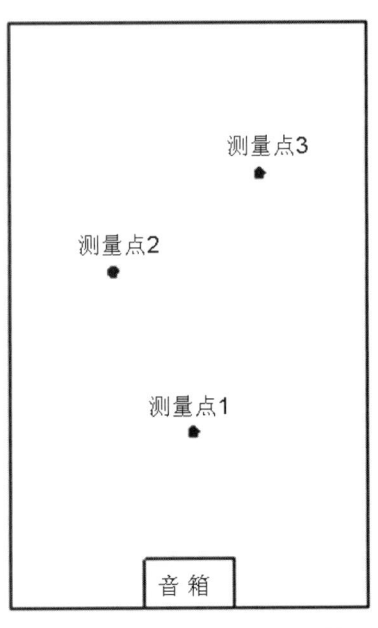

图8-8　测量点布置

（5）配置测量声卡

打开Smaart V7，打开声音设备选项（Audio Device Options），选择测量时用的输入和输出声卡，不用的声卡勾选（Ignore）上。

（6）配置多通路频谱测量组和传输函数测量组

多通路频谱测量组的设置如图8-9所示。"Mea 1""Mea 2""Mea 3"分别对应测量话筒1，2，3。"Ref"为参考通道。"Ave"为"Mea 1""Mea 2""Mea 3"三个测量点的平均频谱。

多通路传输函数测量组的设置如图8-10所示。"Mea 1""Mea 2""Mea 3"分别对应1，2，3个测量点。

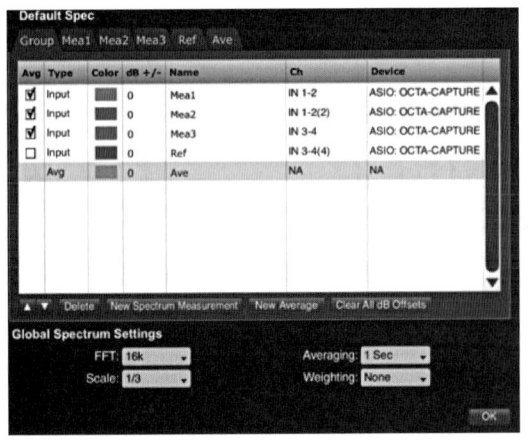

图8-9　配置频谱测量组

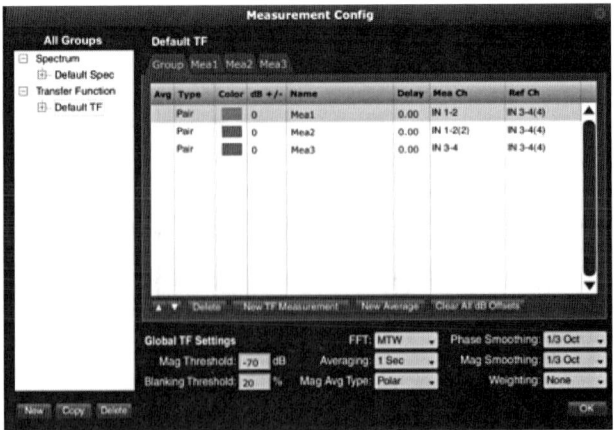

图8-10　配置传输函数测量组

设置的时候，注意选择正确的测量信号通道和参考信号通道，并且保证测量信号通道和参考信号通道来自同一个声卡。

8.3.3 系统延时的测量与调整

（1）系统延时的测量

对测量的扩声系统进行测量时，我们先对其延时进行测量和校准后再进行下一步的测量。测量时，我们运用Smaart V7的传输函数测量模式（Transfer）下，打开信号发生器，给系统输入粉红噪声作为测试信号，并设置粉红噪声的分贝值等参数，如图8-11所示，开始测量后点击查找延时（Find），便可以得出延时结果，如图8-12所示。

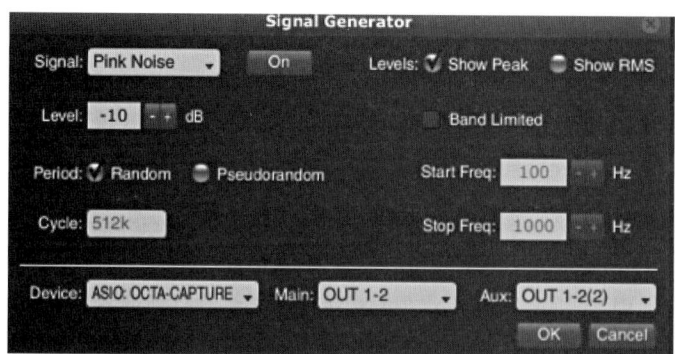

图8-11 测量信号设置

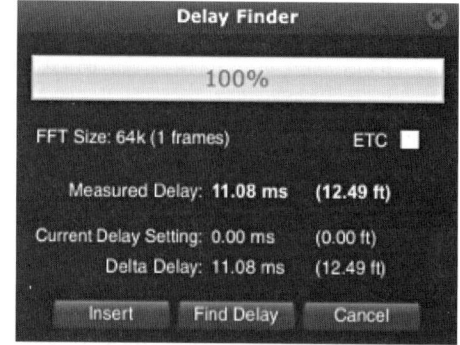

图8-12 延时查找

在测量结果中，可以知道测量信号经过系统重放到测量话筒接收，想多参考信号延时的时间，那么分别测量超低音箱和高频音箱在测量点1，2，3的延时，其差值就是超低音箱和高频音箱的延时时间。

前面设计的测量系统在调音台分两路放大后分别输出到高频音箱和超低音箱，Output 1输入到超低音箱，Output 2输入到高频音箱。因此，测量超低音箱时，在数字信号处理器控制软件界面，把Output 2静音（MUTE）就可以；同样，在测量高频音箱时，在数字信号处理器控制软件界面，把Output 1静音（MUTE）。

依照上述方法，分别对超低音箱和高频音箱在测量点1，2，3的延时测量结果见表8-2。

表8-2

测量音箱 \ 测量点	测量点1	测量点2	测量点3
超低音箱	11.08ms	20.88ms	17.71ms
高频音箱	11.52ms	21.44ms	28.15ms
高频音箱相对超低音箱延时	0.44ms	0.46ms	0.44ms

（2）延时的调整

延时主要涉及一个声像问题。根据双耳声学效应（哈斯效应）可知：两个相同的声波到达听音者的时间差在5~35ms内的话，人耳无法将两个声源区分开。而超前的声源给人以方位听觉，延迟的声源则让人感觉不存在。若两个声波到达听音者的时间差在35~50ms时，人耳可以区分到两个声源，超前的声源仍然给人以方位听觉。若两个声波到达听音者的时间差大于50ms时，人耳便能分辨出超前声波和滞后声波的方位。另外，当两个声波到达听音者的时间差为0时，我们就难以分辨出声音是来自两个地方，感觉是在两个音源的中心连线处有一点发出的声音。可见，通过延时的调整，我们可以实现声像定位等，特别是运用多组扬声器的系统中延时的调整，显得更为重要。

根据8-2表格中的测量数据可以知道，高频音箱相对于低音音箱存在延迟约0.44ms。我们要让高频音箱和超低音箱之间的延时量为0的话，只需要用数字处理器中的信号延时功能将超低音箱（Output 1信号）设置0.44ms的延时量。

8.3.4 多通路频谱测量与优化

（1）分频设置调试优化

在对Smaart V7实时频谱测量通道组时，设置了求测量点1，2，3的平均组"Ave"。由于各个点的测量结果存在一定的差异，所以选用平均数据作为主要参考进行优化调试。首先对超低音箱的频谱进行测量。测量数据如图8-13所示。

由上图可以知道，在频率大于1.6kHz的范围内，超低音箱的表现能力大大下降。继续分析测量点1，2，3的频谱，发现在0~80Hz频率范围内，测量点1，2，3的频谱数据存在很大的差异，如图8-14所示。图中绿色为测量点1测得的频谱数据，蓝色为测量点2测得的频谱数据，粉红色为测量点3测得的频谱数据。可见，该超低音箱在频率80Hz以下的频段表现不稳定，质量难以保证。所以，该超低音箱的有效重放频率范围为80Hz~1.6kHz。

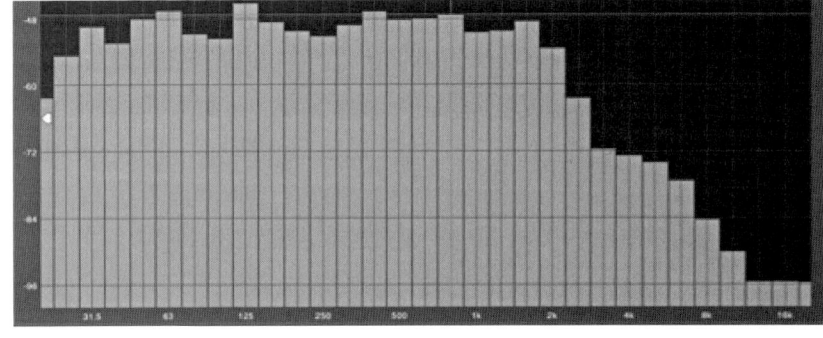

图8-13 低频求平均频谱图像

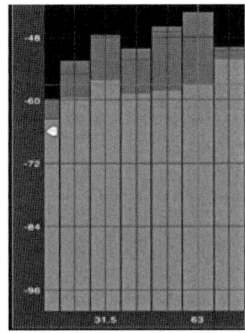

图8-14 3个测量点频谱图

根据测量数据分析，给超低音箱的输入信号设置一个高通滤波器，调节输出信号的下限和一个低通滤波器调节输出信号的上限。滤波器设置时，一般会有三个参数：滤波器类型、频率和滤波器斜率。滤波器类型一般分为巴特霍思滤波器（最大平坦型）、贝塞尔滤波器（线性相移型）和切尔雪夫滤波器（等波纹型）。频率在高通滤波器中用来选择需要的频率下限值，在低通滤波器中用来选择需要的频率上限值。最后是参数滤波器斜率，有6dB，12dB，18dB，24dB，48dB几种，一般所选择的数值越大，分得越干净。在数字处理器Output 1的信号中设置一个高通滤波器，选用巴特霍思型，下限频率为80Hz，滤波器斜率为24dB；设置一个低通滤波器，选用巴特霍思型，上限频率为1.6kHz，滤波器斜率为24dB。

设置好超低音箱对应的信号后，开始测量高频音箱的频谱。测量结果如图8-15所示。

根据测量的频谱数据，高频音箱在1000Hz以下的频率段上的表现出现严重的频谱失真，在1000Hz~

16kHz的频率段上较为平坦。所以该高频音箱在1000Hz～16kHz的频率段上重放效果最佳。根据以上分析，在数字处理器Output 2的信号中设置一个高通滤波器，选用巴特霍思型，下限频率为1000Hz，滤波器斜率为24dB。

（2）1/3倍频程的频谱测量与参量均衡器设置

检查测量系统连接无误后打开Smaart V7的粉红噪声发生器，在Smaart V7的实时频谱显示中，设置以1/3倍频程显示。在数字处理器参量均衡器的带宽控制的倍频程值（Oct）选择0.33，如图8-16所示。

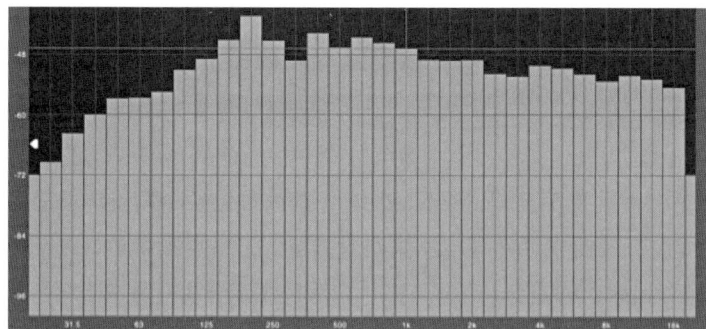

图8-15 高频求平均频谱

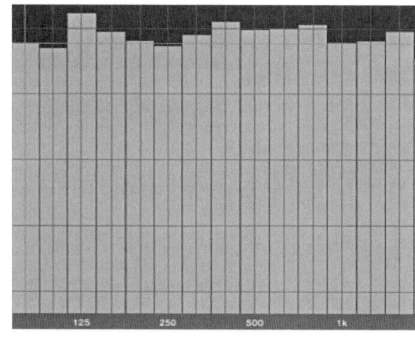

图8-16 1/3倍频程频谱

根据测量点一、二和三的平均频谱数据得知：在80Hz～1.6kHz范围内，中心频率为125Hz、160Hz、400Hz、630Hz、800Hz上出现明显的峰值，中心频率为250Hz出现波谷。通过以上分析，在用参量均衡器均衡补偿时，对中心频率为125Hz，160Hz，400Hz，630Hz，800Hz，倍频程值（Oct）为0.33的范围做了增益衰减。对中心频率为250Hz、倍频程值（Oct）为0.33的范围做了增益提升。

对输入到超低音箱的信号进行处理后，再次测量超低音箱的频谱。其三个测量点80Hz～1.6kHz频率段平均频谱在1/3倍频程显示下基本平齐，如图8-17所示。

接着对高频音箱的三个测量点的平均频谱进行测量，根据测量点一、二和三的平均频谱数据得知：在1000Hz～16kHz范围内，中心频率为1250Hz，1600Hz，2000Hz，4000Hz，5000Hz，12.5kHz上出现明显的峰值，中心频率为8kHz出现波谷。

通过以上分析，在用参量均衡器均衡补偿时，对中心频率为1250Hz，1600Hz，2000Hz，4000Hz，5000Hz，12.5kHz，倍频程值（Oct）为0.33的范围做了对应的增益衰减。对中心频率为8kHz、倍频程值（Oct）为0.33的范围做了增益提升。对输入到高频音箱的信号进行处理后，再次测量高频音箱的频谱。其三个测量点1000Hz～16kHz频率段平均频谱在1/3倍频程显示下基本平齐，如图8-18所示。

调节好参量均衡器后，测量高频音箱和超低音箱的频谱。在80Hz～16kHz的频段在1/3倍频程显示下，

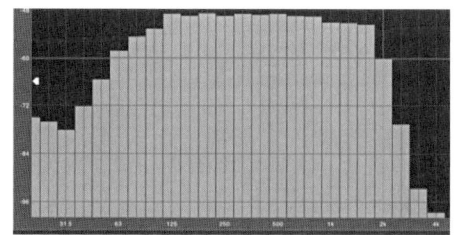

图8-17 均衡补偿后超低音箱测得的平均频谱

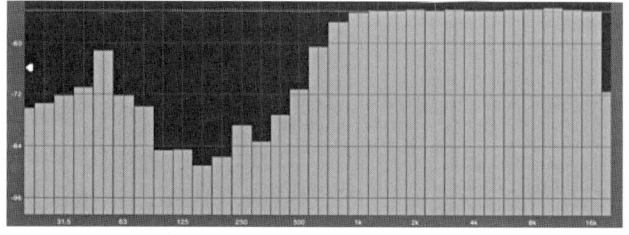

图8-18 均衡补偿后高频音箱测得的平均频谱

测得的三个测量点的平均频谱基本平齐，如图8-19所示。并且测量点一、测量点二和测量点三测得的频谱差异不大，基本也平齐。

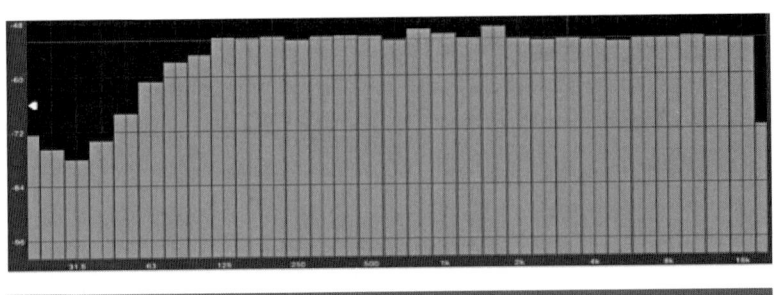

图8-19 进行均衡补偿后测得的平均频谱

进行声学测量时，单凭一个测量点测得的数据是不全面、不可靠的，不能表现出整个声场环境的特性，所以进行多通路测量是十分必要的。本文在进行多通路声学测量时只选取了三个测量点同时进行测量，在更多要求的测量里，会对多通路测量有着更多的要求。实际的扩声系统会比本设计中搭建的扩声系统更加大型，更加复杂，会有多的设备和扬声器组，声场环境更为复杂，所要考虑的因素也更多。所以，在测量与调试优化中需要更加注意测量调试的步骤和数据的处理等，需要更加全面地考虑各种因素和协调好各个部分，才能让系统更加稳定，高效地运行。

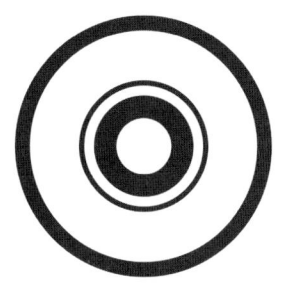

第3部分　录音技术

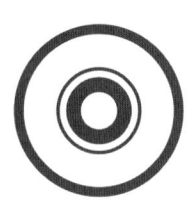

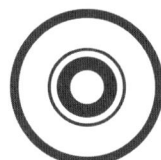

第9章 录音系统

9.1 录音空间概述

9.1.1 录音棚与控制室

（1）录音棚

录音棚又称录音室。它是人们为了创造特定的录音环境、声学条件而建造的专用录音场所。录音室的声学特性对于录音制作及其制品的质量起着十分重要的作用。录音室的形式多种多样，性能也各不相同。人们可以根据需要对其进行分类，例如，可以按声场的基本特点划分而分为自然混响录音室、强吸声（短混响）录音室以及活跃端——寂静端（LEDE）型录音室，也可以从用途角度划分为音乐录音室、对白录音室、音响录音室、混合录音室等。

商业音乐录音室是由一个或多个声学空间组成，这些声学空间都经过专门的设计和处理，使人们能够从这个特殊的录音环境中尽可能获取优质的声音。另外，这些声学空间通常在结构上是封闭的，这样才能完全隔绝外部声音，录制到干净的房间内声音（同样也保证房间内部的声音不会泄漏出去，干扰到其他房间）。

录音室空间的大小、形状以及声学设计（见图9-1）是千差万别的，录音室通常折射出所有者的个人品位特色，同时设计应该符合大部分客户的音乐风格和制作需要。

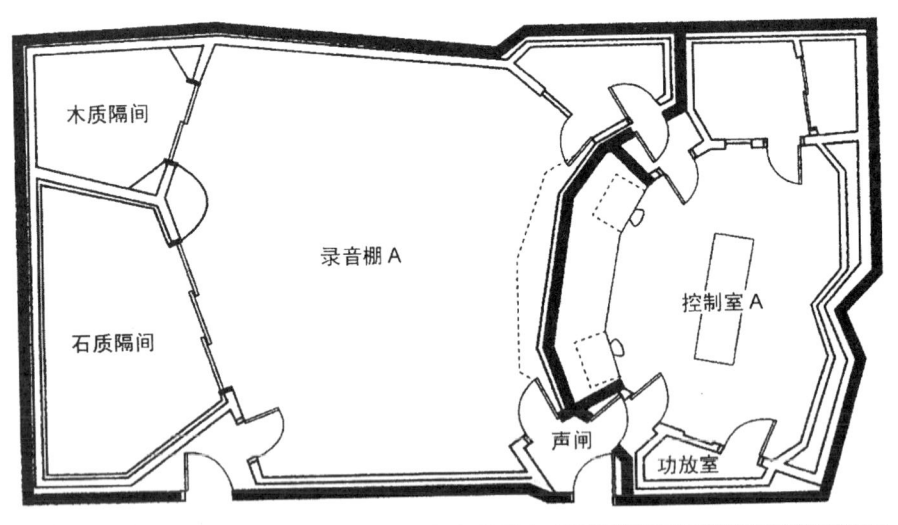

图9-1 录音棚平面设计实例

在一般情况下，录音师遇到的是已建成的录音室，但有时可能会遇到需要新建或改建录音室的事。在这种情况下，作为录音室主要使用者的录音师，就不可避免地要对录音室的声学要求提出建议，并参与建成后的录音室鉴定、验收等工作，甚至参与对录音室的声学状态进行某些调整都是可能的。例如，为了造成某种环境气氛或取得特殊的声音效果，需要在录音室内设置反射面或吸声面，或者对室内的混响时间做临时性的调整等。必须明确，对录音师而言，录音室犹如他所使用的其他录音设备一样，也是用于对声信号控制的重要"设备"，正确使用录音室，甚至可以起到调音台、延时器及混响器等音质处理设备难以起到的作用，而这一切都基于对声场及影响声场声学特性因素的深刻理解。

（2）控制室

在录音过程中，录音棚控制室（见图9-2）兼具了多种功能。理想的控制室在声学上应该与录音棚的声学空间以及外部环境完全隔离，并通过严格的扬声器摆放和平衡设置，创造一个对声音评价的监听环境。整个录音棚中绝大部分的录音设备、控制设备以及周边设备都放置在控制室内，其中，调音台通常放置在控制室的中心位置。

磁带录音设备通常放置在控制室的后方，数字音频工作站（DAW）一般放置在调音台的旁边，如果数字音频工作站作为录音棚中的主要录音/混音设备，那么DAW也可以放置在控制室的中心位置。

图9-2 控制室实例

由于录音机、计算机、电源、功放以及其他设备会发出很大的噪声并且产生大量的热能，因此，如今更常把这些设备放置在一个与控制室相通、带有视窗和门的独立房间内，既清楚可见，又能方便进出调整设备。另一方面，遥控装置、自动定位设备（用来定位磁带及其他媒介的时间点）和数字音频工作站控制界面（用于计算机的控制和混音功能）也通常放置在控制室内靠近录音工程师的位置，以便录音工程师能便捷地操作录音、混音、走带等功能。效果设备（通过电声手段改变或加强声音的某些特征）和其他信号处理设备也通常放置在便于操作的位置。在如今的设计中，通常将效果设备直接设计在调音台后方的效果器机架或效果器面板上。在某些情况下，录音棚的空间并不一定很大，往往只是一个用于配音的中小型封闭房间（通常是视频配音配乐棚，或者音乐混合棚）。

9.1.2 小型工作室与便携式工作站

（1）小型工作室

随着经济的发展，人们已经能够承担数字或模拟录音系统的价格，因此大多数音乐录音和音频制作系统都是为私人使用而设计和搭建的。私人小型制作棚（见图9-3）的出现，使得商业音乐制作和专业音乐制作都出现了里程碑式的变化，这个变化所带来的影响甚至改变了音乐制作产业中的方方面面。

小型工作室或便携式制作系统通常包含有一台或多台键盘合成器、合成器音源、采样器、鼓机、一台计算机（带有数字音频工作站和音序器软件包）、效果设备和音频混音功能设备。

图9-3 全数字工作室实例

小型制作系统通常由个人安装在自己的居所。它们的规模可以小到只占据卧室的一个角落，也可以大到安装在特定制作棚中的较大制作系统。这类系统通常设计为应用功能尽可能全面的系统，但更重要的是，能够使自己有助于创作的、更舒适、更经济、更像家的氛围环境中进行音乐创作。这类系统在以前或许十分的奢侈和昂贵，但是，如今几乎所有制作者都能够拥有这样的系统。这样革命性的变化应验了一句话："不是只有在百万级别的录音棚中才能制作出好音乐。"渐渐地，如今的小型制作棚和便携式工作站都能够提供与专业录音设备相同质量的高效功能和高保真声音，一切都源于知识、思考、付出和耐心。

（2）便携式工作站

当今的便携式计算机功能已经发展得相当强大，能够轻松地在笔记本计算机中安装最喜欢的数字音频工作站软件和音频插件，再戴上最喜欢的话筒和耳机，就可以将整套系统装进背包带着外出了。这样的系统功能已经强大到能让你像在录音棚中工作一样，若带上电池，甚至可以在遥远海岛的沙滩边惬意地进行工作。

最新的掌上录音系统甚至能够放进口袋里。当然，虽然个儿小，但它们仍然能够采集和录制出专业的声音，无论是通过内置高品质话筒，还是使用带有幻象供电的外部专业话筒。事实上，它就是一个小世界。

9.1.3 影视制作录音棚与动效棚

（1）影视制作录音棚

近几十年来，音频已经成为电视、电影以及广播中非常重要的一部分。早前出现的电视多声道声音（MTS）、DVD、蓝光、环绕声和广播音频等都已经实现。随着这些新技术的引入，音频成为电影和电视媒体产业中被高度重视的部分（见图9-4）。由于电影声音创作中环绕声的普遍使用，家庭环绕声影音娱乐系统（以及数量不断增加的声音重放系统、视觉媒体、计算机媒体等）的普及，大众开始期望更高的音频质量。在如今的时代中，MIDI、硬盘录音机、时间码、自动化混音等这些先进的功能已经成为每天音频

图9-4 影视制作棚实例

工作中的一部分，因此，就需要更专业的人员和更扎实的技术来满足严格紧迫的工作时间表和复杂的工作。

（2）动效棚

指专门用来录制音响的录音棚，在室内除了用于观看视频的银幕外，通常还备有各种类型的发声物体，如各式各样的地面、门、窗、容器、布料等其他稀奇古怪的发声道具，当然还有各种型号的话筒。拟音师（创造声音的人员）就是在这样的环境中一边看着银幕上的画面，一边运用他们灵巧的双手，借助各种发声道具模拟出各种声音来。同时录音师也利用各种话筒及不同的话筒摆放方式，把声音录制下来。

9.2 硬件配置

9.2.1 音频录音常用硬件

（1）电脑

在音频和音乐制作领域，经常使用到的电脑从机型上来分目前主要有台式机和笔记本电脑两种。台式机主要用于固定的工作场所，如录音棚、制作室等。笔记本电脑通常在移动的工作场合中使用，比如影视拍摄或现场演出等。这两种电脑机型的性能差距近几年来越来越小。因笔记本电脑的灵活便捷性，很多原来习惯使用台式机的专业人士也开始选择笔记本电脑作为制作工具，或者同时在两种机型上工作。

在音乐制作领域，使用到的电脑从运行的操作系统来分，主要有微软的Windows类和苹果的Mac类，当然现在在苹果电脑上也能同时运行Windows系统了。很多音乐制作软件和插件也都能在双平台上运行。具体选择在哪个系统上来工作，取决于个人的习惯，有时也取决于个人的观念。有人认为Windows友好、兼容性较好，有人认为Wac专业、安全、稳定。

值得一提的是，平板电脑和手机终端技术近几年来有了突飞猛进的发展，有人猜想将来能否用平板电脑或手机来作为专业的音乐制作工具？笔者认为，不是没有可能。因平板电脑和手机运行的操作系统主要是安卓（Android）及iphoneOS，目前还没有哪款主流音乐制作软件能在这两个系统上运行。

（2）声卡

声卡也就是音频卡（又称音频接口），专业音频卡与普通电脑内置声卡不同的是，专业音频卡大都以独立的形式出现，用USB或者是1394火线与电脑主机连接在一起。专业音频卡往往有相当多的输入、输出插口，通常都配备有话筒放大的模块，还具有电容式话筒工作所需要的幻象供电功能，完全可以满足普通的音频、音乐制作的需要。除了话筒输入之外，专业音频卡还可以连接电子乐器，各种模拟的和数码的录音设备，还可以通过MIDI接口与各种数字音频设备（如电子音乐合成器、音源、采样器等）进行连接，同时还具有比较完备的监听功能，如图9-5所示。

（3）话筒

话筒是一个将声能转换为电能的换能器，位于话筒内的振膜在接收到声波之后会产生振动。这种机械振动经换能机构转换成变化的电压信号。音量越大的声音信号所引起话筒振膜振动的幅度就越大，自然所产生的电压信号也会越大。话筒的分类如下：

① 按照换能原理分类有动圈式、电磁式、电容式、驻极体式、压电式话筒等。

② 按照指向特性分类有全指向、8字指向、心型指向、超心型指向话筒等。

③ 按照使用功能分类有接触式、颈挂式、卡夹式话筒等。

④ 按照输出信号数量分类有单声道、立体声话筒。

⑤ 按照声驱动力形成的方式分类有压强式、压差式、复合式话筒。

⑥ 按照振膜大小分类有大振膜、小振膜话筒。

⑦ 按照使用范围分类有录音用、声测量用话筒。

图9-5　M-AUDIO ProjectMIX IO声卡

话筒的相关介绍及使用技术参见本书第3、4章内容。图9-6是用于专业录音的电容话筒，指向性可调，带低切功能。

（4）调音台

调音台（Console，Mixer）是一种将多路音频电信号经必要的技术处理、合适的效果处理后，依所需的电平值加以混合、分配后输送给还音系统重放，或送入录音机予以记录的一种电子音频系统设备。因此，调音台是录音、扩音、播音系统中使用的重要设备，它具有多路输入，每路的声信号可以单独进行处理。例如：可放大，作高音、中音、低音方面的音质补偿，给输入的声音增加韵味，对该路声源作空间定位等。还可以进行各种声音的混合，混合比例可调。拥有多种输出方式（包括左右立体声输出、编组输出、混合单声输出、监听输出、录音输出以及各种辅助输出等）。

音频系统是以调音台为中心，连接各种信号源设备和音频处理、输出设备。调音台既能创作立体声、美化声音，又可抑制噪声、控制音量，是音响工作者进行艺术再创造的主要工具，被誉为专业音频系统的"心脏"。调音台的详细操作参见本书第6章相关内容。图9-7为YAMAHA02R96数字调音台。

图9-6　AKG C414电容话筒　　图9-7　YAMAHA02R96数字调音台

（5）监听音箱

所谓监听音箱是供录音师、音控师监听节目的音箱。这类音箱应有极高的保真度和很好的动态特性，应不对节目做任何修饰和夸张，真实地再现音频信号的原来面貌。监听音箱的使用目的不是欣赏节目，而是通过监听音箱，及时、准确地发现节目声音存在的问题和缺陷。

监听音箱安装在监听室和录音室，由于室内容积不是很大，因此监听音箱的体积一般总是比扩声用音箱小一些；监听音箱的中高音一般较少用恒指向性号筒。

正因为监听音箱的要求很高，优质的监听音箱价格自然也较昂贵。但监听音箱对节目音质毫无修饰美化能力，节目信号中的缺陷会较多地暴露出来。因此，切勿以为用监听音箱作扩声音箱可以提高厅堂的音质。另外，监听音箱往往不具备扩音音箱的功率承受能力、灵敏度以及恒指向性特性。

监听音箱根据自身是否带功放，分有源监听音箱和无源监听音箱两大类。图9-8为有源监听音箱的实物。

图9-8　Mackie HR624有源监听音箱

（6）监听耳机

耳机同样是一个很重要的监听工具，它能够把我们带出房间的听音环境。耳机也能够传递一个很好的空间分布，因为它可以使音乐家、录音师或者制作人在没有任何反射和房间声学干涉的立体声声场原始状态下，安排声源的位置。由于它的轻便，可以随时戴着最喜欢的耳机快速且方便地在陌生的环境中检查混音作品。但需要注意的是，由于耳机去除了房间声学的影响，因此它无法真实表现出声音通过普通音箱传播后的情况（尤其是关于声像）。另外，由于房间声学的缺失，会比用普通音箱监听额外地提升在房间中已有的低电平声，如混响和其他效果。所以在混音时，两种方式的监听最好都使用。用耳机监听是目前为止在录音阶段最为普遍的演员监听方式。在录音时，最好使用全封闭式的耳机，防止或减小从背面泄漏其他轨道中的声音。图9-9是专业监听耳机的实物图。

图9-9　森海塞尔HD600耳机

9.2.2　MIDI录音常用硬件

MIDI录音所需硬件一般除了以上介绍的各种音频设备外，还需要两种特别的设备，即MIDI键盘和MIDI音源。

（1）MIDI键盘

MIDI键盘又称MIDI键盘控制器，是一种键盘式的输入装置，用来控制MIDI制作系统中的硬件、软件合成器、采样器、音源模块和其他设备。键盘控制器的类型十分广泛，从支持USB供电的便捷键盘，到全尺寸、拥有多组可变控制器的键盘，应有尽有，如图9-10所示。

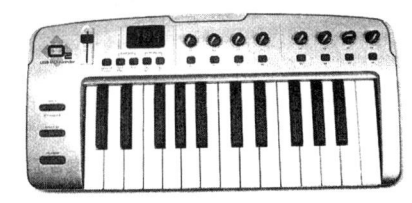

图9-10　M-Audio 02MIDI键盘控制器

这样的键盘控制器内部没有音源或任何发声元件，它们是被设计用来进行演奏控制和软件参数控制的。因此这些控制器提供了演奏键盘（从2个八度25键的小键盘到88个键的全键盘都有）、音高、调制控制、任意数量的参数旋钮和控制器界面（可对软件和设备的参数进行实时监控）、鼓/采样触发垫，甚至是缩混和播放功能。

（2）MIDI音源

常见的MIDI音源有电子音乐合成器、音源器和软音源三种。

电子音乐合成器是传统的MIDI音乐制作工具（见图9-11），早期采用的是模拟的FM调频音源，后期采用较多的是数字化的采样音源。制作用电子音乐合成器包含了键盘、音源、音序器等三个主要部分，不仅可用于现场演奏，更适合进行MIDI编程的工作，这种集成式的电子音乐合成器，也常被称为"音乐工作站"。它可以独立完成从写入音符到CD光盘刻录的MIDI音乐制作的所有工作，其优点是将所需要的硬件融为一体，安装、携带、使用相当方便。缺点是，价格比较昂贵，内置音序器的性能有限，音源部分的可扩展性也相对比较差。

合成器通常也可以被设计成19英寸机架产品或是桌面产品，这就是我们广为熟知的合成器音源。它们具有标准合成器

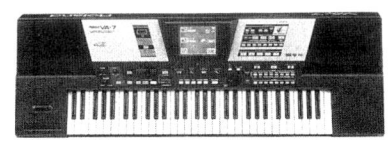

图9-11　电子音乐合成器

的所有特征。唯一不同的是，它们没有键盘控制器（见图9-12）。这一节约空间的特点，意味着将有更多的合成器可以被纳入你的系统设备架上，通过一个主键盘控制器或者音序器，就可对所有合成器音源进行控制，避免系统中出现过多无用键盘的情况发生。

　　软音源实际上是利用电脑的超强运算能力，执行某个经过特殊编制的程序，从而用"虚拟"的方式，还原出我们所需要的音色。早期的软音源往往是某个硬件音源的软件版本，最大的缺点就是不能够"实时响应"。随着电脑硬件性能的飞速提高，和AISO驱动方式的运用，软音源摆脱了操作系统对硬件的集中控制，而是在音频软件与硬件之间进行多通道传输，将系统对音频流的响应时间降至十几毫秒以内，从而保证了"实时响应"的实现。软音源分为独立运行和插件两大类，后者需要"插入"到主工作站软件内才能工作。目前，软音源的音质和性能已经可以和传统硬件抗衡，甚至在某些方面超越了后者。一个插件所动用的音色库有时会达到几十GB甚至几百GB的惊人容量。当然，如此庞大的软件对电脑系统有一定的要求，一块支持AISO驱动的音频卡是必需的。

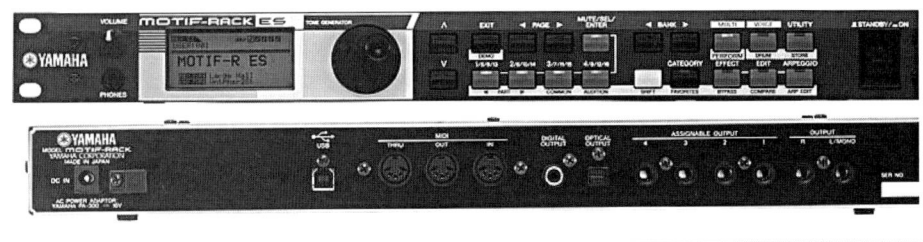

图9-12　YAMAHA MOTIF-RACK ES音源

9.3　软件配置

9.3.1　工作站软件

　　工作站软件又称平台软件，指拥有强大的综合功能的音乐软件。几乎可以用它来完成所有有关音乐的工作，而且软件自身有很大的扩展性及良好的兼容性。所谓平台就是以它为"宿主"软件，其他的特殊功能的软件程序可以作为"插件"挂在这个平台上，以扩展平台软件自身不带的功能。各厂商开发的平台软件的功能大同小异，具体选用哪一款平台软件作为自己的音乐制作工具，往往取决于个人的爱好与习惯。下面我们就来对业界主流使用的同类软件作一简单介绍和比较。

　　（1）Nuendo软件

　　Nuendo软件是德国Steinberg公司出品的一款集MIDI、录音、混音、视频等功能于一体的工作站软件，是专业圈中使用最广泛的工作站软件之一。它的功能非常强大，尤其在视频配乐、网络协作、环绕立体声制作及录音棚监听功能方面。Nuendo完全能适合最专业的影视制作工作。可以说，Nuendo是一个全能的多媒体制作平台。Nuendo软件与Steinberg公司出品的另一款最初主要用于MIDI制作的著名软件Cubase SX从3.0版本起，两个软件的功能与操作几乎一样、大同小异，也都有PC及Mac两个平台的版本。本书第10章主要针对Nuendo5.0的详细介绍。

　　（2）Audition软件

　　Adobe Audition是Syntrillium公司被Adobe公司收购后推出的专业音频录制、编辑、处理、缩混软件，其多轨录音及缩混的音质水平非常优秀。Audition无论是功能、特性，还是操作界面等，都与其前身Cool Edit Pro无太大差别。Audition的前身Cool Edit Pro在20世纪90年代中开始进入国内，在电子音乐界知名度很高，用户群非常庞大，也是中小型录音室、音乐工作室常用音频软件之一。

（3）Logic软件

Apple公司出品的Logic pro\Express软件也是一个相当强大的工作站软件，目前对于众多的音频爱好者来说用户比较少，但也有很多著名的制作人都乐于在苹果电脑上使用Logic软件。它也拥有自己高品质的合成器、效果器插件，性能稳定，很受一些专业用户的欢迎。在国外，它的用户也非常多。

（4）Sonar软件

Cakewalk公司的Sonar软件用户也很多。毕竟，Cakewalk曾经是风靡一时的音乐制作软件，它是一款64位内核的音频工作站软件，如果使用IntelEM64T或AMD64处理器，以及Windows XP x64 Edition的操作系统，最大支持到128GB的内存，以及20%~30%的速度提升。

（5）Pro Tools软件

DigiDesign公司出品的Pro Tools是目前专业录音棚里应用非常广泛的一个软件，其性能和功能都非常强大，几乎所有的专业录音棚都在使用。但是，它必须要配合专门的硬件才能使用，往往是连同电脑、控制台、音频接口、DSP卡等整套系统一起出售，售价较高。

9.3.2 插件

所谓插件，就是"插入"到主工作站软件内来使用的软件程序。很多插件本身是不能独立运行的，而要依靠主工作站软件来运行。需要将插件程序安装到Nuendo中，然后在Nuendo软件里调用这个插件。这样，插件就如同Nuendo的一部分一样，因此，像Nuendo这样的主工作站软件称之为"宿主"软件。而插件就像宿主体内的一部分，要依靠"宿主"来运行。

插件使用起来非常方便，而且它与传统硬件最大的不同就在于它的声音不用通过声卡来录制成音频，而是可以通过算法直接生成音频，没有任何音质的损耗。

现今的插件有许多格式，相互之间有的可以通用，有的不能通用。有的插件是开放源码的，任何人都可以自己开发此类插件，而有些是不开放的，只有授权的公司可以开发相应的插件。有些还需要特别的硬件支持才能工作在最佳状态。

插件又分为音源插件和效果器插件两种。插件有很多的格式，下面来介绍当前流行的不同格式的插件。

（1）DX

DX是一类效果器插件，DX是DirectX的缩写，它是基于微软的DirectX接口技术的一类插件，这种效果器插件无论是Nuendo、Cubase还是Cakewalk、SONAY都可以使用。DX效果器种类非常多，几乎所有音频制作里用到的效果器都有DX格式的。

由于DirectX技术的开放性，现在已经有数不清的DX效果器，如混响、合唱、失真、镶边以及激励、压限等。其中有些是相当实用的效果器。DX效果器都是用来处理音频的，所以都要加载在音频轨中使用。MIDI轨不能使用DX效果器。安装DX效果器很简单，并不需要专门安装在哪个文件夹里，插件自己会找到宿主的。而且安装完后看不到可执行程序，因为很多插件是不能独立运行的。当然，现在也已经有很多插件可以独立运行，甚至本身就具备了工作站的性质。但是，由于DX效果器仍然是基于DirectX技术的，因此它的实时性能还不是很理想。

（2）DXi

DXi是DirectX Instrument的缩写，它是软音源插件，由Cakewalk公司开发。这类插件的数量并不多，而且只能运行在Cakewalk SONAR系列软件上，Nuendo和Cubase上不能使用。

（3）VST

VST是Virtual Studio Technology的缩写，它是基于Steinberg的"软效果器"技术，是以ASIO驱动为运行平台的，因此能够以较低的延迟提供非常高品质的效果处理。所以，要达到VST的最佳效果（也就是延迟很低的情况），声卡要支持ASIO。VST效果器种类非常多，它们的性能现在也已经相当好。常用的，如AudioEase Altiverb真实采样混响效果器、Graphic EQ图示均衡器、BBE Sonic Sweet Bundle激励器、Cline Ensemble合唱效果器及Waves效果器组合包等。

（4）VSTi

VSTi是Virtual Studio Technology Instruments的缩写，它是基于Steinberg的"虚拟乐器插件"技术，和VST一样，声卡要支持ASIO才能发挥性能。VSTi软音源的种类也非常多，各种各样的软件音源数不胜数。能够使用这些VSTi插件的音乐软件称之为VSTi宿主，常用的有Nuendo，Samplitude（7.0以后的版本），Cubase SX，FruityLoops，Orion，Project5等。由于VSTi虚似乐器就是软音源，所以只能加载在MIDI轨上。需要注意的是，VST、VSTi插件与DX、DXi插件不同，不是安装在哪里都可以。VST插件的主要程序都在DLL文件中，而DLL文件必须放在指定的VST Plugins目录下，宿主在运行时才可以找到它们。

常用的软音源有，波表综合音源——Hypersonic2、采样综合音源——Colossus"巨人"、打击乐节奏音源——Stylus RMX、顶级特效音源——X-treme FX、梦幻合成器——Atmosphere、乐句合成器——Xphraze、好莱坞电影的节奏音源——Percussive Adventures2、中国民乐软音源——Kong Audio等。

（5）AU

AU的全称是Audio Units（音频单位），是Apple公司开发的效果器插件格式，只支持Mac OS X系统，需要音频卡支持Core Audio驱动才能以极低的延迟工作。可加载AU插件的软件，被称为AU宿主。同时，AU也具备虚拟乐器插件。

（6）RTAS

RTAS全称为Real-Time Audio Suite（实时音频套件），它是Digidesign公司开发的效果器/乐器插件格式，只能运行于Pro Tools软件中。它需要有Pro Tools音频设备或M-Audio声卡才可运行，可运行于Windows，Mac OS Classic，Mac OS X操作系统中，完全依靠电脑的CPU进行运算，而无法调用Pro Tools系统的DSP资源。它开放SDK二次开发包，但需要付授权费。

9.4 系统连接

9.4.1 音频设备的连接

设备的使用手册会告知设备的各部件如何连接到其他设备上去。一般来说，所使用的音频电缆应尽可能短，但还应留有余地，以便能更改连接。

根据线缆的接入去向，在线缆的两端务必加以标签，例如MIXER CH1 MONIT OUT（调音台通道1监听输出）或ALESIS 3630 IN（ALESIS 3630输入），如果要临时更改连接，或线缆被拔出来之后，就可知道应该插回到什么地方。把一段护套套在线缆的端头，可以做成一个牢固的标签。通常，可按如下步骤来连接设备，如图9-13所示。

（1）连接音频设备和电子乐器的交流电源插座板要来自同一个电路接续器，要确保设备的总电流不得超过电源插座的允许电流量。把功率放大器或有源音箱接入到同一接续器的插座上，并确保能获得足够充足的交流电流。

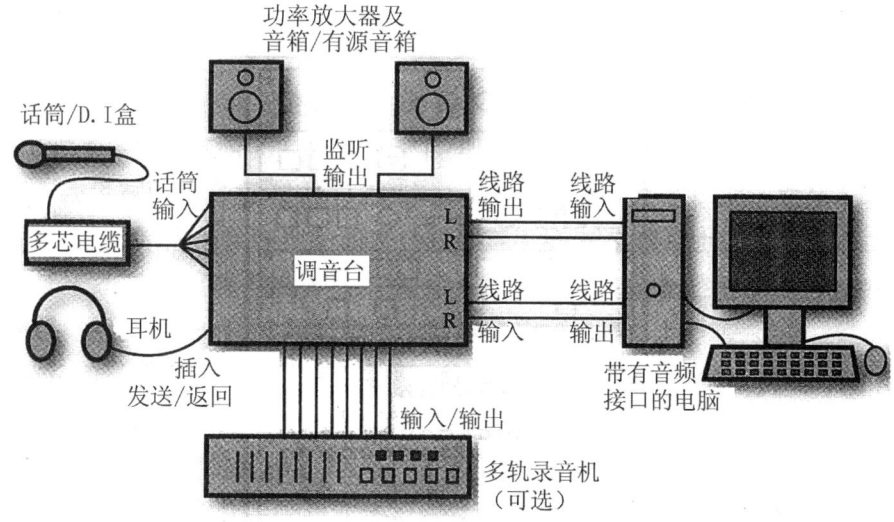

图9-13 录音棚设备的典型连接

（2）将话筒线接到话筒上。

（3）将话筒线或者接到多芯电缆盒或者直接接到调音台、话筒前置放大器或音频接口的话筒输入端。多芯电缆的接插件接到话筒输入端，如果调音台具有电话插孔的话筒输入，则需要用一个阻抗匹配转换器（卡农母头转电话公头）接在话筒线与话筒输入插孔之间。

（4）将合成器和声音单元的输出音量调节在大约3/4处，把它们的音频输出接到乐器或调音台或音频接口的线路输入端，如果出现交流声，则要用D.I盒。如果要为吉他做直接录音，则可把吉他连接到调音台或音频接口的乐器输入，或将吉他连接一个D.I盒，把D.I盒的XLR输出连接到调音台或音频接口的话筒输入。

（5）如果调音台是一台独立设备（不是录音机——调音台的一部分），则把调音台的立体声输出连接至某种音频接口的输入端。如果调音台有USB或火线接插件，则可把它们连接到计算机内相适配的接插件上。

（6）将音频接口的音频输出连接到调音台的两轨上或磁带输入端，或可连接到音量控制器上或可直接连接到有源音箱上。

（7）将调音台的监听输出接到功率放大器的输入，功率放大器的输出接到音箱上。或者使用有源音箱时，则可把调音台的监听输出接到有源音箱的输入。

（8）如果调音台没有内部效果，则把调音台的辅助发送插孔接到效果器的输入（未画出）。把效果器的输出接到调音台的辅助返回插孔，或bus in（母线输入）插孔。

（9）如果使用的是一张独立的调音台和一台多轨录音机，则把调音台的bus 1（母线1）接到录音机的track 1 IN（声轨1输入），bus 2（母线2）接到track 2 IN（声轨2输入），以此类推。同时把录音机的track 1 OUT（声轨1输出）接到调音台的line input 1（线路输入1），把录音机的track 2 OUT（声轨2输出）接到调音台的line input 2（线路输入2）……作为一种选择，也可把插入插口（insert jacks）连接到多轨机的输入和输出上。在每个插入插孔上，顶端（发送端）接到一条声轨的输入，而环端（返回端）则接到同一声轨的输出上去。

（10）如果有一些耳机要供演唱或演奏人员使用，可把调音台的cue。output（提示输出）接到耳机返送放大器，以驱动耳机。或者调音台的耳机信号足够强的时候，可以直接接上一个具有多个并联的耳机插孔的小盒上。

半专业的录音棚设备，一般使用非平衡的接插件（通常为RCA莲花接插件），在这些接插件上运行的电平为－10或－10dBv。带有平衡接插件（XLR或TRS）的专业录音棚设备，工作在+4或+4dBu电平上。应检查所使用的设备手册来判断它们的输入和输出电平。在连接设备时，发现有不同的运行电平时，应该调节每台设备上的＋4/－10开关，以便使设备之间的电平相匹配。如果某些设备上没有这样的开关时，就需要在设备之间接入像Whirlwind LM2U型那样的＋4/－10线路电平转换器。

9.4.2 MIDI设备的连接

首先，确认连接之前将所有相应MIDI设备电源都关闭。以下所举实例为同MIDI键盘以及外部MIDI音源设备的连接操作。MIDI键盘用于为计算机输送MIDI信号，以实现MIDI 轨的播放和录制，而MIDI音源则用于MIDI乐器音色的播放。

图9-14是MIDI音乐制作设备的典型连接。

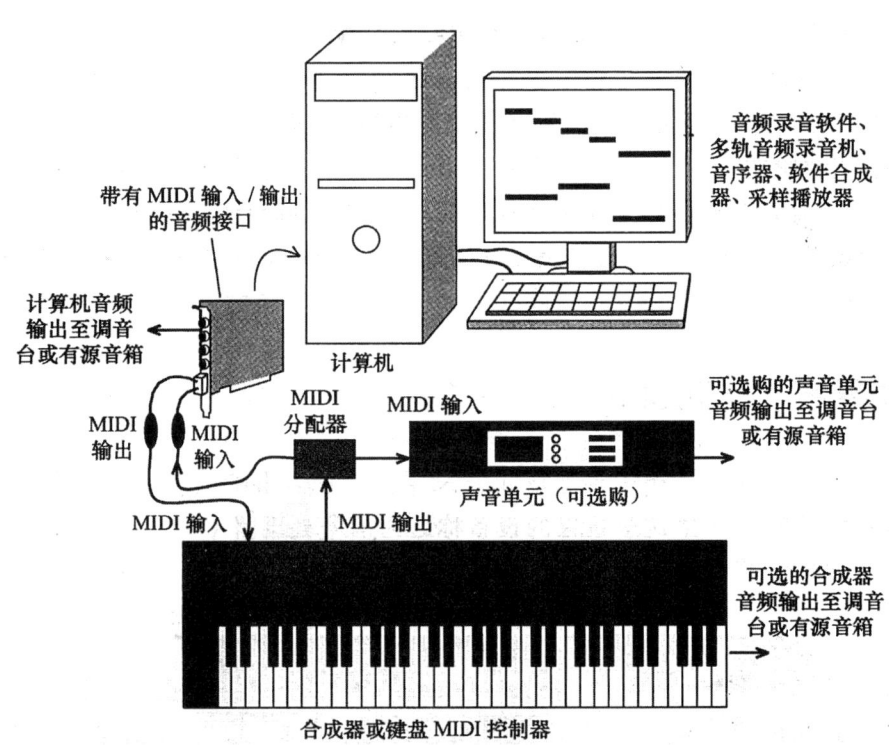

图 9-14　MIDI录音室设备的连接

第10章 数字音频工作站 Nuendo/Cubase

10.1 系统设置

10.1.1 音频设置

（1）音频设备的连接

在进行音频设备连接之前，确认所有设备的电源都要关闭。注意，音频系统设备的连接是因人因地而异的，以下所述只能作为一种常规的实例，并且也不区分数字还是模拟方式的连接。

1）Stereo Input/Output（立体声输入/输出）连接方式　这是最普通简单的连接方式。如果Nuendo只用到一组Stereo Input和Output端口的话，你可以将音频卡的Input端直接与调音台进行连接，同时把Output端连接到监听系统的放大器即可，如图10-1所示。

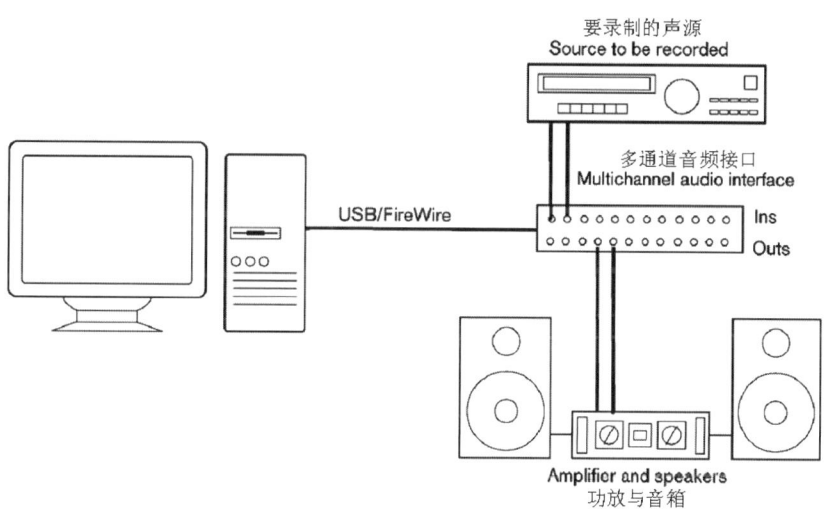

图10-1　立体声连接方式

2）多声道Input/Output连接方式　实际上在大多数情况下，都会结合多个音频设备而随Nuendo一起工作的，比如通过Mixer（调音台）窗口的Group（编组）或Bus（总线）系统来配合具有多声道端口音频硬件的各种连接方式。

本例显示的Mixer窗口中，4组Bus与音频卡Input端的信号连接方式，同时将音频卡的4组Output端连接到Mixer作为监听信号的输出。这里，Mixer的Input端同样还可以连接其他音频信号源，如话筒或乐器等等。此外，当把Mixer窗口中某个Input端连接到音频卡时，还可以用到输出总线、发送或类似总输出那种能够在播放时不被录音的独立总线，如图10-2所示。

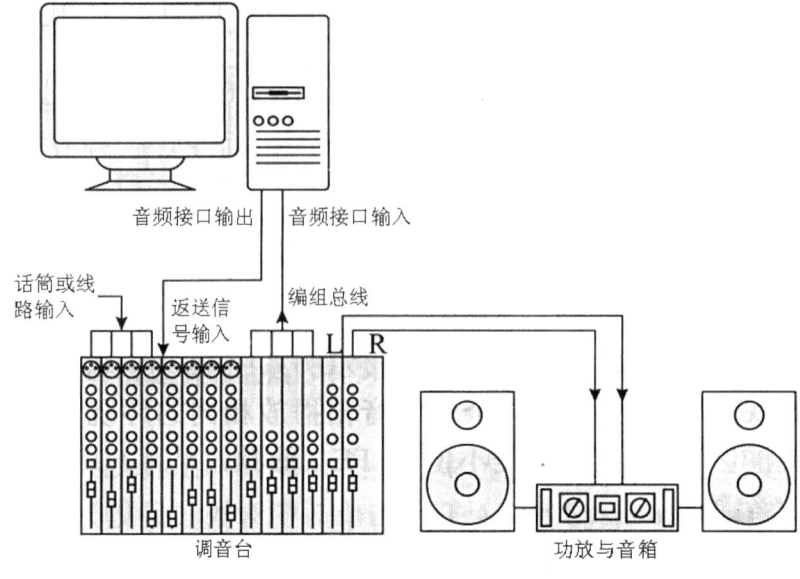

图10-2 多声道连接方式

3）Surround Sound（环绕声）连接方式 当工作于Surround Sound环境下时，需要将Output端，连接到具备Surround声道组的多声道放大器系统，Nuendo最多支持含有12个喇叭声道的Surround格式系统，如图10-3所示。

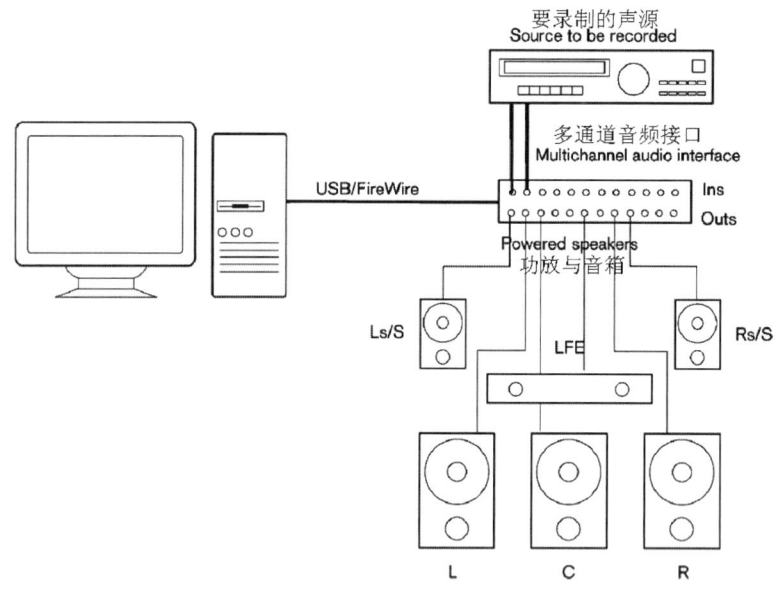

图10-3 环绕声连接方式

4）Word Clock（字时钟）连接 当通过数字音频连接方式下时，通常需要在音频卡与外部数字设备之间提供Word Clock同步连接。对于Word Clock同步连接非常重要的一点就是，必须保证有可靠的同步连接，否则在播放或录音过程中，不可避免地会出现麻烦的爆音或在同步方面的丢码现象。

（2）音频卡的设置

大多数音频卡都带有相关的控制面板程序来用于对音频硬件输入端的配置，其中可能包括：选择和激活Input/Output端、有关Word Clock同步的设置、设置音频硬件监听的ON/OFF、设置各Input端的电平量，所有这些对于正确的录音都是非常重要的。

对Output端电平量的设置，可使其匹配于监听系统的放大器。此外，选择DigitalInput/Output（数字输入/输出）的制式、音频缓存的设置也都是必不可少的操作。大多数情况下，通过音频卡的控制面板，可以完成所有相关的设置，而且也可以直接从Nuendo中打开相关的控制面板进行操作。

（3）驱动设置

在初次运行Nuendo时，必须要做的第一件事就是为Nuendo选择恰当的驱动，以保证程序与音频硬件之间的正确沟通。

首先启动Nuendo，由Devices 菜单/Device Setup对话框/VST Audiobay标签页中，从MasterASIO Driver 下拉菜单中选择系统所在的音频卡，在此可能含有对同一音频硬件的多个选择。对于Windows系统下，若可能的话，强烈建议应该优先选择由所在音频硬件厂商所提供的特定ASIO驱动来访问音频卡，如图10-4所示。

然后，可以通过音频硬件的控制面板，来对其进行恰当的设置。该控制面板窗口中的参数内容是由相关音频硬件厂商而非有由Nuendo所提供的（除

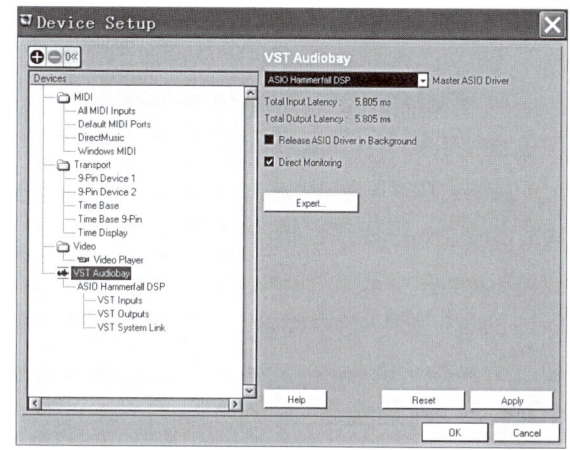

图10-4　驱动设置

非使用DirectX或MME驱动），因此，该控制面板窗口内容是因卡而异的。而ASIO Multimedia以及ASIO DirectX驱动的控制面板则是例外，它们是由Steinberg所提供。

若需要同时用到多种音频程序，这可选定Device Setup对话框/VST Audiobay标签页中的"Release ASIO Driver in Background"（在背景中释放ASIO驱动）项，这样即使在Nuendo运行期间，也能让任何其他音频程序通过同一音频卡来进行播放。

（4）输入/输出端口设置

由菜单栏Devices/VST Connections指令或使用快捷键[F4]均可打开VST连接窗口，此窗口用于对输入/输出总线的配置操作，即Nuendo与音频硬件之间输入/输出端口的音频连接，如图10-5所示。

鼠标单击Device Port（设备端口）区，将弹出你的声卡当前所支持的所有音频端口，这里输入与输出是需要分别设置的，可以在这里随意设置由哪个端口输入而由哪个端口输出。如果是要进行多轨录音，就要设置多个输入端口来分别录制来自不同音频通道的声音。例如在录音时使用了8只话筒，

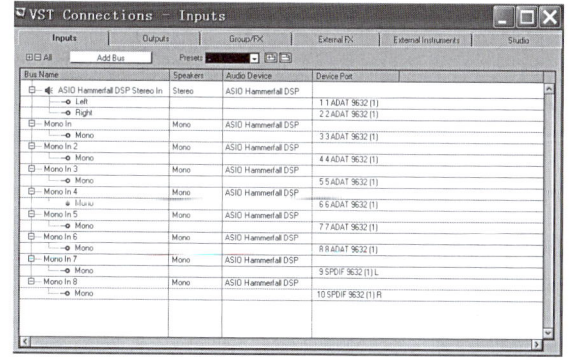

图10-5　选择音频通道

这8只话筒分别接入到音频卡的不同输入端口上，这时就需要建立8个单声道的输入端口，然后给8条音频轨指定使用各自不同的输入通道，这样就可以同时录下来自8个端口的不同声音。

（5）监听设置

在Nuendo中监听，指的是在预备录音或录音过程中对输入信号声音的监听，这里可分为三种监听方式。

1）External Monitoring（外部监听） 指的是能够听到在进入Nuendo之前的Input端信号源声音，这需要由外部硬件调音台设备来播放进入Nuendo之前的信号源，这可以是一种物理调音台，也可以是音频硬件相应的调音台程序。或者是通过Nuendo将所输入信号再向外返送来实现（这就是通常所说的"Thru"或"Direct Thru"等之类的路由方式）。

2）通过Nuendo软件监听 在这种情况下，音频信号由Input端进入Nuendo，还可能再经过Nuendo中的Effect或EQ处理），然后由其Output端输出，这样将由Nuendo的操作来控制其监听。也就是由Nuendo来控制监听音量，并能够对所监听信号加入Effect处理。但为避免监听信号出现的明显延迟现象，这就特别需要能够用到具有低Latency性能的音频硬件。

3）ASIO Direct Monitoring（ASIO直接监听） 如果所使用音频硬件具备ASIO2.0兼容性能的话，通常它也将支持ASIO Direct Monitoring功能。在该监听方式下，实际的监听是通过音频硬件来实现的，即把Input端信号直接再返送回来，所不同的只是监听，将由Nuendo来控制。这也就是说，音频硬件的直接监听功能是通过Nuendo的控制而自动开启或关闭的。

Nuendo默认的状态是通过Nuendo软件来监听，要激活ASIO直接监听功能，需要在Device菜单中的Device Setup选项中选中VST Audiobay，然后将右侧的Direct Monitoring勾选即可。

10.1.2 视频设置

Nuendo能够以AVI、Quicktime以及MPEG格式等三种播放引擎来播放视频文件。在Windows下，这种视频播放是以Video for Windows、DirectShow以及Quicktime这三种播放引擎来实现的，这保证了对各种不同视频文件格式的兼容性，而在Mac OS下，则总是使用Quicktime作为其播放引擎。

通常都是使用这二种方式来播放视频，一种是完全不使用任何特定的视频硬件而只依赖于计算机CPU的工作，这将由软件Codec来作为解码处理。这时，根据原有图像质素的不同而在视频播放窗口的尺寸上有一定限制。还有一种就是使用连接到外部监视器的视频硬件，这种视频硬件应当带有适当的Codec以及相关的Windows驱动程序。

10.2 新建工程文件

在所有设置完后，就可以开始进入Nuendo世界了。首先建立一个新的工程文件，选择菜单中的File/New Project（文件/新建工程）命令。

Cubase把一个文件称为工程，这个工程中将来会包含所有的音频素材和相关编辑操作文件。

10.2.1 选择工程模板

选择新建工程之后，Cubase会弹出一个NewProject（新建工程）对话框，询问建立哪种工程，如图10-6所示。可选的项目包含有Empty（空白工程）、16Track MIDISequencer（16条音轨的

图10-6 选择工程模板

MIDI音序)、8Mono 4Stereo Audio Tracks Recorder(8条单声道4条立体声音频录音轨)、default(默认)、Music(5.1 Surround)For Movie(5.1环绕声电影音乐)、Mastering Setup(母带设置)等。

其实这些项目都是事先建立好的工程模板,用户可以根据已经建立好的音轨立即进入不同的工作状态。一般来说,选择Empty的空白工程即可。

10.2.2 选择工程文件夹

在选中Empty之后,单击OK按钮,Cubase又弹出Select directory(选择目录)对话框,让用户为新建的工程选择一个文件夹,专门存放该工程的所有相关文件。推荐在一块有足够大空间的硬盘上,单击Create(建立)按钮,新建一个文件夹,专门存放所有工程文件。

输入新文件夹的名称之后,单击OK按钮,可以看到新建的文件夹已经出现了,选中新建的文件夹,单击OK按钮,确认使用该目录存放工程文件。

10.2.3 保存工程文件

现在即可看到新建的空白工程了,如图10-7所示。

后面将使用这个新建的空白工程,带领用户学习各种Cubase中的操作。不过在这之前,用户应该养成良好的习惯,对工程进行保存。选择菜单中的File/Save(文件/保存)命令,对当前的工程进行保存。

由于是第一次保存工程,所以要对当前工程进行命名。在File name文本框中输入一个名字即可。

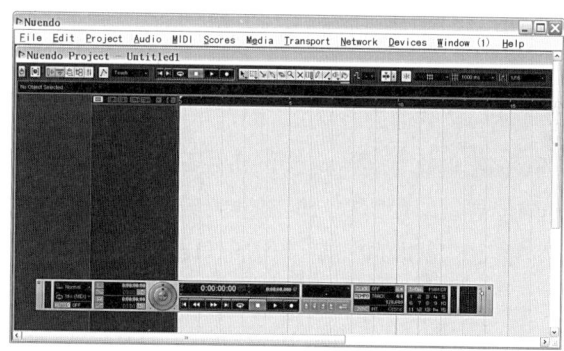

图10-7 空白工程界面

保存完工程后,进入Windows的资源管理器,可以看到新建的工程文件保存在新建文件夹中,后缀是npr,这是Nuendo Project的缩写(见图10-8)。除了一个NPR文件外,还有一个Audio文件夹,这个文件夹是在建立工程时自动生成的,今后所有在该工程文件中录制的音频素材,都将保存在Audio文件夹中。

10.2.4 设置工程文件

对工程文件的设置可能会被忽略,其实这是非常重要的步骤。选择菜单中的Project/Project Setup(工程/工程设置)命令,对工程进行设置,如图10-9所示。这里有几个重要参数需要自己设置。

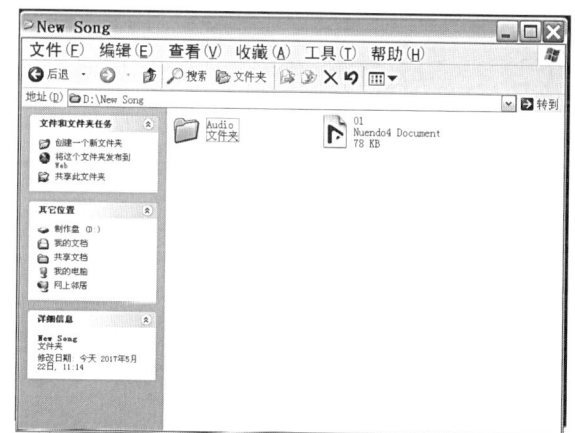

图10-8 工程文件夹中的内容

如果需要与外部硬件进行同步,必须使用与外部硬件相同的帧数,通过Frame Rate(帧数)选项设置。

Sample Rate(采样率)必须与音频设备的采样率一致,一般Nuendo可以自动辨认出音频设备的采样率,不需要设置。

Record Format（录音格式）为Nue处理音频数据的精度，而非音频设备的量化精度。如果只是一般的音乐作品，为了节省一些硬盘空间和系统资源，可以选择16Bit或24Bit。但对于要求较高的录音作品，最好使用32Bit Float（32位符点），这样Nuendo能够最大限度地保证声音处理的精度，而且可以记录大于0dB电平以上的声音，就算录音中出现了削顶，削顶的声音也会被记录下来，以备今后处理，保证不破坏任何声音。

Record File Type（录制文件格式）默认选择为Wave，这是Windows系统通用的非压缩音频波形文件；Broadcast Wave文件与常用的Wave文件几乎完全一样，它只是不具备Waave的有损压缩功能。如果需要录制长时间不间断的高精度多通道声音，最好选择Wave64格式，它与Wave文件唯一的不同是它使用64位数值进行寻址，而非常用的32位。虽然Wave64文件比普通Wave文件占用空间大，由于使用64位寻址，所以Wave64文件突破了单独文件容量不能超过2GB的限制，可以记录超大容量的声音波形。

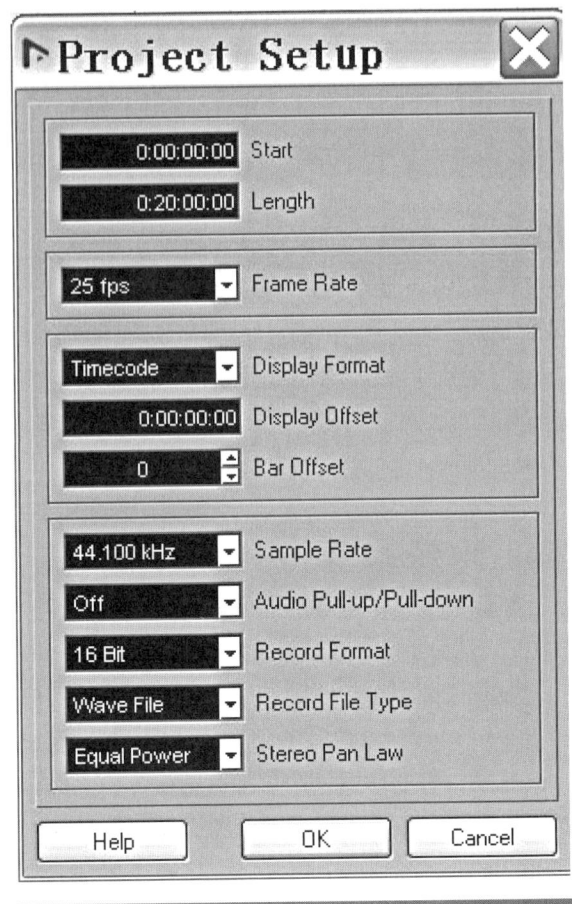

图10-9 工程设置

10.3 音频文件的操作

10.3.1 导入音频文件

由File菜单/Import/Audio File指令打开导入音频对话框，在此可以将Nuendo支持的音频文件导入到Project中，如图10-10所示。

在导入音频文件时，有些相关选项是需要了解的。由File/Preferences对话框/Editing、Audio标签页中，由On Import Audio Files部分提供有下拉菜单项以及相关的选项。

Open Options Dialog（打开选项对话框）：当从下拉菜单设定该项，在导入文件时将出现Options对话框，在此可选择是否将由Project所引用的音频文件拷贝到Project所在的Audio文件夹，或使其转换成当前Project的设置，这是为了Project管理的需要并保证Project自身的完整独立性。

注意，当导入单个文件的格式不符合当前

图10-10 导入音频文件对话框

Project设置的话，这需要对其设定所要转换的适当属性（如采样率和精度值等）。当同时导入多个文件时，可以选择是否对所导入文件自动进行必要的转换处理（如果存在采样率与Project设置不匹配或精度低于Project的设置等）。

Use Settings（用户设置）：当从下拉菜单设定该项，在导入文件时将不再出现Options对话框，但这将按照下面的设置情况作为默认而自动处理。

Copy Files to Working Directory（复制文件到工作目录）：如果所导入文件不是位于Project所在Audio文件夹中，它们在导入之前将被拷贝到此。

Convert and Copy to Project If Needed（转换和复制到工程）：如果所导入文件不是位于Project所在Audio文件夹中，它们在导入之前将被拷贝到此。同时，当文件格式不符合或低于Project所设置的精度，则也将对此自动进行格式转换。

Split multi channel files（分离多通道文件）：当导入的是多声道音频文件时（包括双声道的立体声格式），将对其拆分为多个单声道文件，每个文件对应每个声道，并将每个文件分别放置在自动建立的单声道轨上。

10.3.2 导入音频CD

可以将音频CD中的音频数据导入到Project中。使用File 菜单/Import/Audio CD（导入CD音频）指令，或Pool 菜单/Import Audio CD指令，将打开Import from Audio CD（从CD中导入音频）对话框，在此可导入CD中的音轨。所导入CD的音轨将被插在指定音频轨的播放光标所在位置，或者也可以在Pool窗口中导入CD 音轨，这样可以一次导入多个CD音轨，如图10-11所示。

在Import Audio CD对话框中，如果系统安装有多个CD驱动器的话，可从Drives下拉菜单选择所放置音频CD的CD驱动器项。

由Speeds下拉菜单，列有对选定CD驱动器所有可能的数据传输率选择项，通常选择较快的速度即可，只是在声音出现有问题时可考虑选择较慢的速度。然后，在对话框的显示区域，将列有所在音频CD中的所有音频轨项。

Grab：由所要导入音轨所在栏选中该项，若要导入多个音轨，则可选定相应的多项。

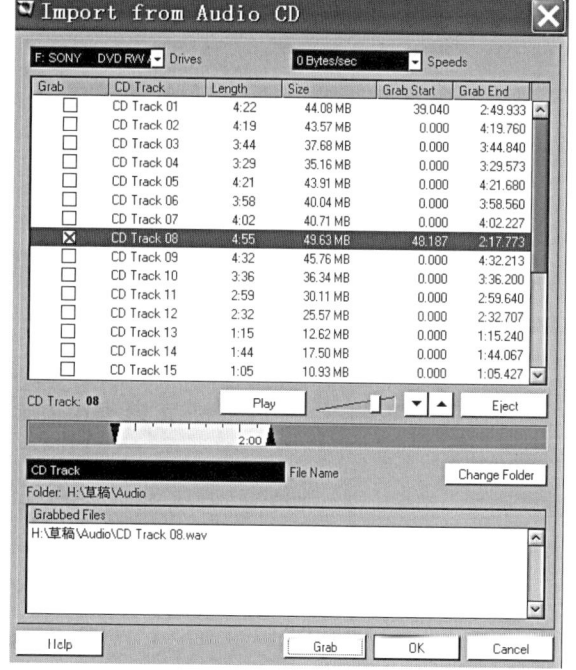

图10-11　从CD中导入音频对话框

Track：再导入音频CD 轨时，其文件名将按照该栏的名称，你也可以在此对其重命名，或者也可以对所有CD 轨沿用同样的名称（如按照Album名）。

Length：显示CD 轨的总长度（min：sec）。

Size：显示CD 轨的文件尺寸（MB）。

Grab Start：需要的话，可以只对音轨的片段进行导入，这里指示的是对所在音轨的指定起始位置。作为默认，初始设为音轨的起始端"0.000"，这可以通过Grab选择标尺进行调整。

Grab End：这里指示的是对所在音轨的指定尾端位置，作为默认，初始设为音轨的尾端，这可以通过Grab选择标尺进行调整。

"Play"按钮：点击该按钮，可播放所在选定的CD音轨，这时，音轨将从指定位置起播放直到尾端或再次点击该按钮，由"Play"按钮旁的箭头按钮可设定播放的起始位置。由左侧按钮可播放指定位置的片段部分，而由右侧按钮播放指定位置后的片段部分。

File Name：作为默认，所导入音频文件将按照列表中的音轨编号，如"Track 01"，"Track 02"等等。有必要的话，也可以在File Name框设定对音频文件的命名，则所导出音频文件，就将按照所设定的文件名。

"Change Folder"按钮：作为默认，所导入音频CD音轨，将被储存为Wave文件并放置在当前Project目录下的Audio文件夹中，而使用该"Change Folder"按钮，则可以选择其他文件夹位置。

"Grab"按钮：点击该按钮即开始对选定的CD音轨转换成音频文件。被转换后的音频文件，将被列在对话框底部，然后点击"OK"按钮，即把所转换文件导入Project并退出对话框，点击"Cancel"按钮，则取消所转换的文件。

10.3.3 导出OMF文件

OMF文件是Open Media Framework Interchange（开放媒体框架交换）的缩写，这是Avid公司开发的一种适用于多轨音频、视频软件的通用格式。Cubase可以导出OMF格式的文件，这意味着其他符合OMFI标准的软件，都可以导入Cubase导出的OMF文件进行进一步的编辑。

选择菜单中的File/Export/OMF（文件/导出/OMF）命令，即可进入Export Options对话框，对导出OMF的文件进行详细设置，如图10-12所示。

在窗口左侧列出了当前工程窗口的所有音频音轨（OMF文件不能包含MIDI音轨），将需要导出的音轨选中，单击Select All按钮，可以自动选择所有音轨。如果选中From Left to Right Locator复选框，那么只会导出左右标尺之间选中音轨的部分。单击Media DestinationPath（媒体目标路径）选项中的Browse（浏览）按钮，选择一个目录，OMF文件就将导出到这里。

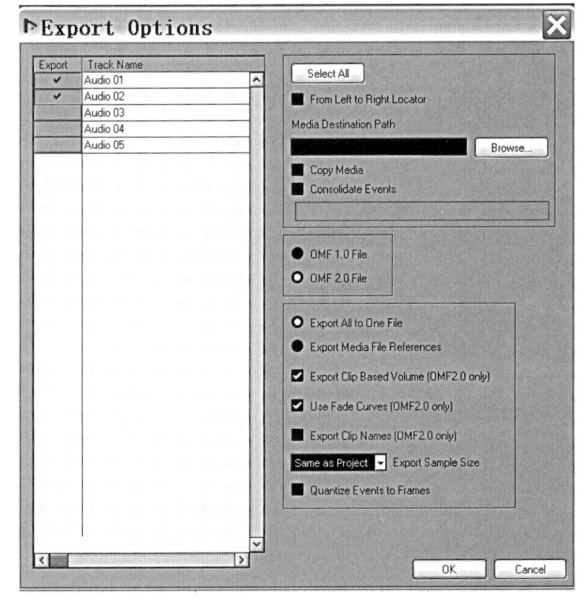

图10-12 导出OMF文件

OMF version（OMF版本）选项区域中，可选择导出OMF文件的格式是1.0还是最新的2.0。

Options选项区域中，是一些零碎的属性设置，选中Export All to One File（导出所有到一个文件）单选按钮。那么OMF将包含所有相关的音频文件素材，其他软件在导入OMF文件时这些相关音频文件素材也会自动导入。如果选中了Export Media File References（导出相关媒体文件）单选按钮。那么OMF文件将不包含任何音频文件素材，需要手动复制Audio文件夹下的所有音频文件。选中Export Clip Based Volume（导出基于素材的音量）、Use Fade Curves（使用淡化曲线）和Export Clip Names复选框，可以将音频素材的音量曲线、淡化曲线、音频素材名称一同导出，这三项只对2.0版本的OMF文件起作用。Export Sample Size

（导出采样大小）默认选择的是Same as Project，表示导出的音频素材采样率不变。OMF文件不包含视频素材和MIDI片段。

10.3.4 导出MIDI文件

选择菜单中的File/Export/MIDI File（文件/导出/MIDI文件）命令，弹出ExportMIDI File（导出MIDI文件）对话框，在这里选择路径和文件名。

在单击Save（保存）按钮之后，又弹出一个Export Options对话框，这里需要对导出的MIDI文件进行详细设置。

ExportInspector Patch（导出侧边栏音色）表示MIDI音轨将自动生成音色库选择和音色选择的MIDI信息，使播放MIDI文件时自动选中需要的音色库和音色。

Export as Type 0（导出为格式0）表示导出的MIDI文件将以MIDI 0格式存在，所有音轨均被混合到同一条音轨中。不选中该复选框导出的MIDI文件，就是常用的MIDI 1格式，每个音轨将以独立音轨形式存在。

10.3.5 导出混音

混音导出音频文件对话框，如图10-13所示。

混音导出音频文件对话框的功能及混音导出的步骤为：

① 首先，将标尺栏上的Left Locator/Right Locator蓝色滑标设定在所要混音输出范围的首尾侧。

② 选择由混音输出含有的音轨。

③ 使用File 菜单/Export/Audio Mixdown指令，以打开Export Audio Mixdown对话框。

这里上半部分为标准的文件对话框，下半部分是有关文件格式选项以及混音导出的设置，所有设置项内容将根据选择的文件格式不同而有区别。

④ 由Outputs下拉菜单，选择所要导出的总线或通道项。在Outputs下拉菜单中，列出当前Project中所有的输出总线和通道。

⑤ 从Channels下拉菜单，选择对导出文件的声道配置方式。通常可以选择和所混音输出的总线或通道相同的声道配置，但也可以将立体声总线输出

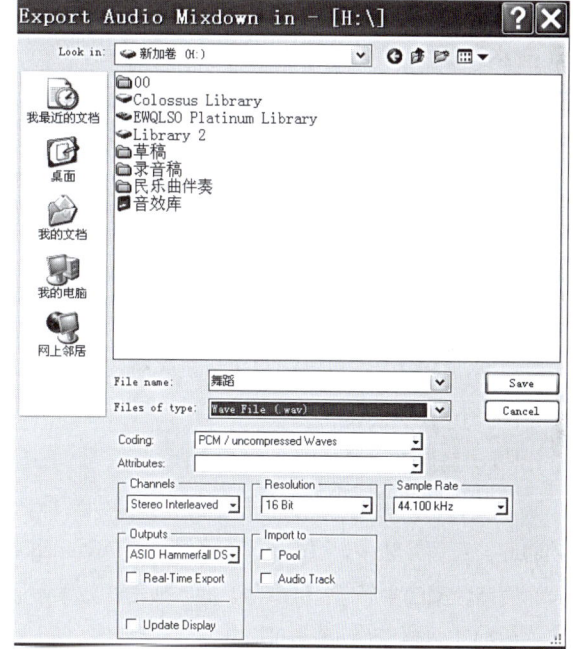

图10-13 混音导出音频文件对话框

为单声道文件，这时会出现提示是否确认这样做。此外，这里还提供有N.Chan.Split和N.Chan.Interleaved两个选项，可以允许建立Surround（环绕声）混音文件，这可以是对应每个Surround声道的Mono（单声道）文件（Split），也可以是单独的一个多声道文件（Interleaved）。

注意，Channels下拉菜单和N.Chan选项只在所选择导出文件为非压缩格式情况下才有效，如AIFF、Uncompressed Wave，Wave64或Broadcast Wave等格式。对于其他文件格式还可以对其选择Stereo（立体声）或Mono格式。在对5.1 Surround进行混音输出时，也可选择导出为Windows Media Audio Pro格式。

⑥ 然后，从File类型下拉菜单，选择所需要的文件格式。

此外，对于所建立文件还提供有其他一些相关的设置。这些包括音频文件选择Sample Rate（采样

率）、Resolution（采样精度）以及Quality（品质）等，这些选项内容将根据所选择文件格式而有区别。

当选中Import to项，在混音输出完成后，将把所得音频文件自动重新导入回Nuendo中。

当选中Pool项，所指向音频文件的音频索引将被列在Pool窗口，而选中Audio Track项，将自动建立播放该索引的音频事件且被放在新建音频轨的Left Locator（左定位）位置。

⑦ 选中Real-Time Export项，其导出处理将以实时方式，其处理过程完全按照普通播放相同的时间。这是由于某些VST Plug-In（VST插件）在混音输出过程中需要一定的时间才能得到恰当的显示与刷新。

当选中Update Display项，在导出过程中，电平表将即时有相应的指示，由此能够对输出电平进行实时监测。

⑧ 现在，为所要建立文件选择存放路径目录以及输入文件名。

对于某些文件格式，可以建立Split Stereo文件，这将得到相应声道的两个同名文件，指示对左声道文件名标以"L"，对右声道文件名标以"R"。同样，对于分离式多声道文件，按"Surround"也是对每个同名文件分别标以相应Surround声道的标志。

⑨ 最后，点击"Save"按钮，即开始进行处理。

根据所选择的导出文件格式，还可能出现对话框。比如在导出为MP3文件格式时，由此出现的对话框，还可以对此输入相关的文件信息，如Title（标题）和Artist（艺术家）等内容。完成后确认设置，点击"OK"按钮，即开始进行处理。这时将出现处理进程对话框，显示其处理进程。这时，点击"Abort"按钮，将中止当前的操作进程。如果之前已选定Import to项，当音频文件生成后将自动被重新导入回当前Project。

10.4 音轨类型

在Project窗口中，鼠标右击音轨区空白地方，弹出添加轨道类型菜单，用于工作的轨道类型有以下几种，如图10-14所示。

（1）音频轨（Audio）

用于音频事件的录制和播放，每个音频轨对应调音台窗口中的相应音频通道。在音频轨中，可以带有多种类型的Automation（自动混音）子轨，作为调音台窗口中通道各种参数、插入或发送效果设置等参数的自动控制。

（2）视频轨（Video）

用于视频事件的播放，每个工程文件只能含有一个视频轨。

（3）MIDI轨

用于MIDI的录制和播放，每个MIDI轨对应调音台窗口中相应的MIDI通道。MIDI轨可以带有多种类型的Automation（自动混音）子轨，作为调音台窗口中通道各种参数、插入或发送效果设置等参数的自动控制。

（4）效果通道轨（FX Channel）

作为发送效果的应用，每个效果通道可含有8个效果器，通过将音频通道的效果发送端路由到效果通道轨，就可以实现把音频通道的音频信号发送到效果通道上的效果器。每个效果通道具有调音台窗口中的对应通道，实质上这就是效果返送声道。

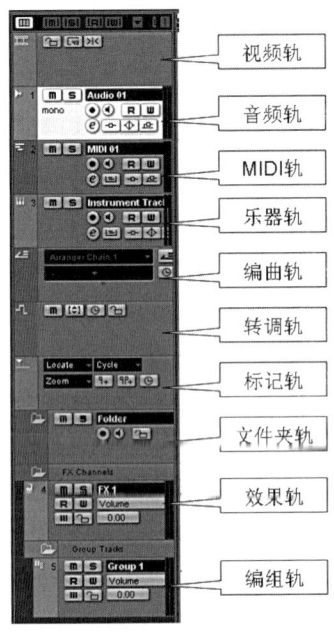

图10-14 常用轨道

效果通道轨也同样带有多种类型的Automation（自动混音）子轨，以作为调音台窗口中通道各种参数、插入或发送效果设置等参数的自动控制。

（5）标记轨（Marker）

由标记轨显示的是标记，在此可以对标记进行移动或重命名等管理。在工程窗口中只能有一个标记轨。

（6）文件夹轨（Flodcr）

文件夹轨作为其他轨道的一种"容器"，能够同时对多个轨道进行编辑操作。

（7）编组轨（Group Channel）

编组通道轨相当于通道编组功能，通过把多个音频通道路由到编组通道，就能以同样的信号控制设置（如对它们应用相同的效果处理）来进行混音处理。每个编组通道轨都有在调音台窗口中对应的通道。

（8）标尺轨（Ruler）

由标尺轨提供有更多的附加标尺栏，在Nuendo中，可以使用任何数目的标尺轨，可根据需要使它们分别显示不同的时间格式。

（9）乐器轨（Instrument）

在这里创建专用乐器轨道，可以更容易、更直观地创建VST乐器。乐器轨道在混音台中有一个相应的声道控制条。在工程项目窗口中，每个乐器轨可以有任意数量的自动控制二级声轨。而音量和声像自动控制来自混音台内部。可以使用Edit In-Place（就地编辑）功能，直接在工程项目窗口中编辑乐器轨。

（10）编曲轨（Arranger）

编曲轨用来在工程项目窗口中编曲，标记出在该工程项目中的小节，并确定它们应该播放的顺序。

（11）移调轨（Transpose）

移调轨允许设置更改的总音调，一个工程项目只能有一个移调轨。

10.5 工程窗口界面详解

Project窗口是Nuendo的主窗口，这里提供了Project总的图形化的全貌，在此可以进行定位操作以及大范围的编辑处理，如图10-15所示。在Project窗口中分为几个区域。

① 音轨属性区域：这里提供了有关对音轨的参数设置。

图10-15　工程窗口

② 音轨区域：这里列有不同类型的轨道。

③ 事件区域：这是Project窗口中的事件显示区域，在此可以对Project中所有音频事件和MIDI事件、自动混音曲线等对象进行查看和编辑操作。

④ 播放光标：定位、指示当前的录音、播放位置。

10.5.1 菜单栏、工具栏、信息栏、标尺栏

（1）菜单栏

Nuendo的菜单包含12项，分别是File（文件）、Edit（编辑）、Project（工程）、Audio（音频）、MIDI、Score（乐谱）、Media（素材库）、Transpost（走带）、Network（网络协作）、Devices（设备）、Window（窗口）、Help（帮助）。

（2）工具栏

工具栏提供了Nuendo中的相关编辑操作工具以及可打开其他窗口的按钮，还包括有关工程的参数设置功能。这里从左至右的工具图标有：工程指示、显示属性栏按钮、显示事件信息栏按钮、显示预览按钮、打开素材库按钮以及调音台按钮等。再向右侧的是用于选择自动混音录制模式的下拉菜单框。再过去，是走带控制部分，还有工程窗口的工具栏。接着是自动搜索按钮、吸附按钮、吸附模式下拉菜单、栅格下拉菜单、量化下拉菜单以及颜色下拉菜单等。此外，在工具栏还可以含有许多其他工具以及快捷图标，但默认是非可视的，如图10-16所示。

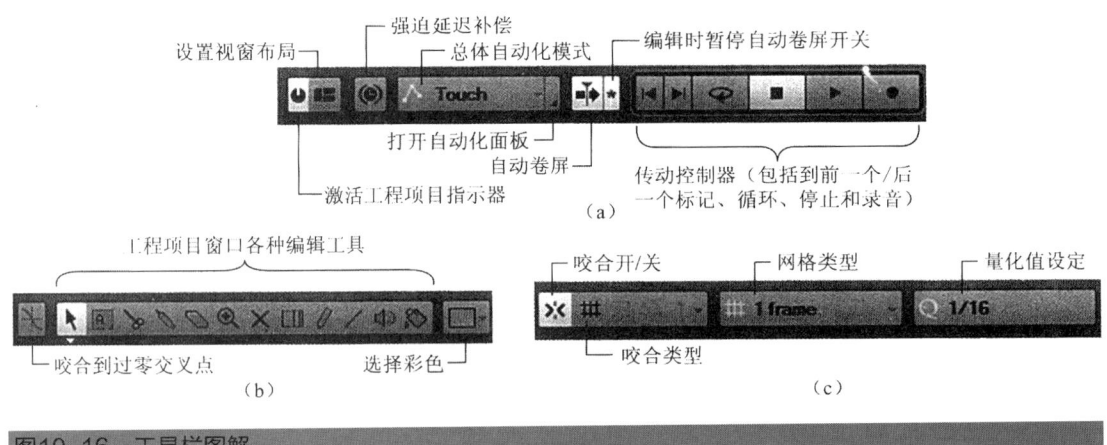

图10-16　工具栏图解

（3）信息栏

由信息栏显示了Project窗口当前选定事件的相关参数信息，在此能以数值输入方式对大多数参数进行编辑，长度和位置数值框，将根据标尺栏当前设定的时间格式而显示相应的数值，由工具栏"Info"按钮，可显示或隐藏信息栏。

（4）标尺栏

由窗口顶部的标尺栏显示的是时间线。作为默认，标尺栏时间显示格式将按照Project Setup对话框所设定的时间显示格式。但也可以在此选择不同的时间格式，这可从标尺栏右端箭头按钮的下拉菜单进行选择，若要设定Project的全局时间格式（对于所有窗口），这可从走带控制面板的显示格式框进行选择。以下对各种显示格式进行说明。

① Bars+Beats：显示以"小节，节拍，16分音符，嘀嗒"的音乐格式。作为默认，以每16分音符含

120个嘀嗒单位。

② Seconds：显示以"小时，分，秒，毫秒"的时间格式。

③ Timecode：显示以"小时，分，秒，帧"的时间码格式。其中每秒的"帧"数（fps）可由Project Setup对话框设置。

④ Samples、Samples User：显示以"小时，分，秒，帧"时间码格式。其中每秒的"帧"数（fps）为用户自定义fps数，用户可以从Preferences对话框/Transport标签页来设置所需要的fps数。

10.5.2 音轨栏与音轨属性栏

（1）音轨栏

在工程窗口左侧是轨道列表栏，这里显示了轨道的名称以及所有参数设置框，不同类型的轨道具有不同的相关参数，可以调整轨道区域的尺寸以显示更多参数框。对于自动混音子轨（点击轨道左下角的"+"标记），可显示所在轨道相关的效果发送、均衡或插入效果等自动混音子轨，如图10-17所示。

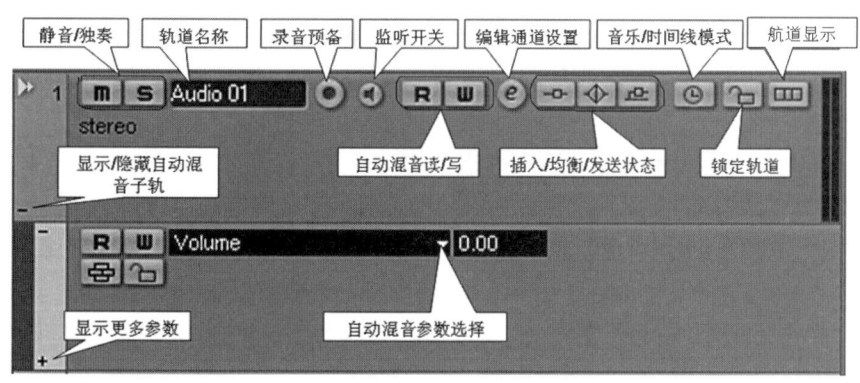

图10-17 音轨面板图解

（2）音轨属性栏

由音轨属性栏所显示的内容将根据所选定的轨道类型而定。通常来讲，音轨属性栏含有与音轨列表区相同的内容，另外，还提供有相关的其他控制件和参数，如图10-18所示。

1）顶页 "Auto Fades Setting（自动淡入淡出设置）"按钮：为所在轨道打开Auto Fade Setting对话框，在此可为所在轨道进行自动淡入淡出设置。

"Edit"按钮：为所在的轨道打开通道设置窗口，在此可查看调整效果和EQ参数设置。

Volume：调节所在轨道的音量，这里的设置状态也将同样作用于调音台窗口对应的通道推子，反之亦然。

Pan：调节所在轨道的声像位置，如同Volume设置，这也同样作用于调音台窗口对应的声像控制，反之亦然。

Delay：调节音频轨道的播放位置偏移量，设为正数值可延迟播放，而设为负数值则提前播放，其数值单位为ms（毫秒）。

In：设定轨道所使用的输入总线。

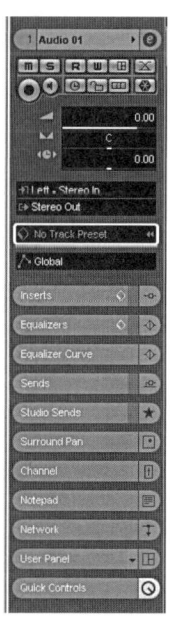

图10-18 音轨属性栏

Out：设定轨道所路由的输出总线。对于音频轨，还可以被路由到Group Channel（编组通道）。

2）Insert（插入）　为轨道加入插入效果，点击顶侧的"e"按钮，可打开所在轨道的通道设置窗口。

3）Equalizer（均衡）　为轨道调节EQ，每个轨道可以使用4段EQ。点击顶侧的"e"按钮可打开所在的轨道的通道设置窗口。

4）Equalizer Curve（均衡曲线）　以图形化方式来为轨道调节EQ，在此可拖动曲线显示图上的控制点进行操作。

5）Sends（发送）　将音频轨路由到一个或多个FX Channel（效果通道），最多可用到8个效果通道。对于MIDI轨来讲，在此可分配MIDI发送效果。由顶侧"e"按钮可打开每个效果通道首位效果器的控制面板。

6）Studio Sends　演播室监听发送通道，调节发送到演播室中歌手或配音员的音量。

7）Channel（通道）　这里显示的是所在轨道的通道，这也就是调音台窗口对应的通道。由左侧通道总览部分可对插入效果、均衡及发送进行激活或禁止操作。

8）Notepad　这是个标准文本记事本，用于所在轨道的文字信息摘写。

9）Network　用于网络协作的设置。

10）User Panel　用户自定义面板。

11）Surround Pan　当环绕声像调节器在轨道中使用时，在Inspector中也是可用的。

12）Quick Controls　可以在这里配置快速控制器，例如使用远程设备。

10.5.3　走带控制面板

如图10-19所示的是走带控制面板，其他所有控件都设为显示状态且处于默认位置。用户可以对控制条的外观进行自定义配置，比如隐藏某些不常用的控件或重新布局这些控件的位置等等。

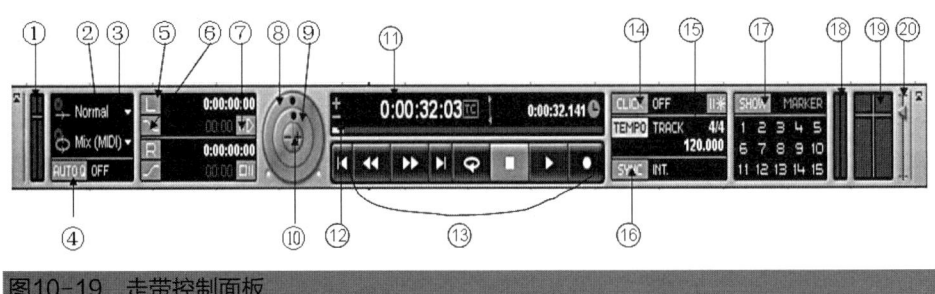

图10-19　走带控制面板

① 显示当前CPU和磁盘的使用资源等状况。

② 线性录音模式：由该模式决定着录音时音频事件是否为覆盖方式。

③ 循环录音模式：设定循环录音模式。

④ 自动量化按钮：这就是自动量化功能，当按下该按钮，在录音的同时就将对MIDI音符自动进行量化处理。

⑤ 定位：显示着左定位与右定位的位置，在此能以数值方式进行输入编辑。点击"L"/"R"按钮，可将播放光标定位到相应位置，而按住[Alt]键，点击"L"/"R"按钮，则为设置相应定位位置。

⑥ 插入/穿出按钮：按下该按钮，录音将分别按照左定位与右定位的位置而自动开始和结束。

⑦ 设定播放的提前和滞后。

⑧ 速度轮：使用该外圈轮能够以任意速度来进行播放，包括进行前后快进倒进等操作。

⑨ 搜索轮：使用该中圈轮能够带声音来移动播放光标位置，以便于搜寻编辑操作。

⑩ 帧表、微调按钮：这些按钮能够以"帧"单位精确地前后移动播放光标位置。

⑪ 位置显示框：以两种不同格式显示当前播放光标所在位置，由所在行右侧下拉菜单可选择不同的显示格式，点击两行之间的双箭头可以互换显示格式。

⑫ 播放光标滑杆和微调按钮：由位置显示框下面的滑杆可拖移播放光标位置，而使用滑杆左侧的"+"/"-"按钮，则可以微调播放光标位置。

⑬ 走带控制：按钮从左至右分别是，定位到前位标记点或光标起始位置、倒进、快进、定位到后位标记点或光标尾端位置、循环切换、停止、播放以及录音。

以下是对应数字小键盘的快捷键操作，如图10-20所示。

[Enter]：播放

[+]：快进

[-]：快倒

[*]：录音

[/]：循环

[,]：复零

[0]：停止

[1]：定位到左定位点

[2]：定位到右定位点

[3-9]：分别定位到标记点3-9

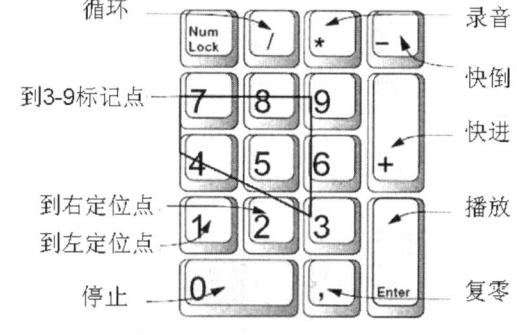

图10-20 走带控制数字小键盘快捷键

⑭ 节拍器和预备拍按钮：分别切换节拍器和预备拍。

⑮ 速度与节拍部分：由速度按钮决定着工程的播放是根据速度轨还是以固定的速度。在固定速度模式下，可以直接设定速度值，同样，在此还可以设定拍号。

⑯ 同步按钮：使Nuendo同步于外部设备的同步信号并指示当前的同步状态。

⑰ 标记部分：点击这些数字按钮，可将播放光标定位到相应的标记点位置，按住[Alt]键，点击按钮则将所在标记点设为当前播放光标位置，按下"Show"按钮，可打开标记列表窗口。

⑱ MIDI 输入/输出状态表：指示MIDI信号的进出状态。

⑲ 音频输入/输出状态表：实际上，也就是音频输入通道和输出通道的缩略电平表。

⑳ 输出总音量控制。

10.5.4 通道设置窗口

在调音台窗口中的每个音频通道以及在音轨属性区域和音轨区域的每个音频轨，它们都具有"e"按钮，点击该按钮，可打开通道设置窗口。在该窗口中，含有Common（公共）区域、通道部分、8个插入效果栏部分、4个EQ模块和相应的EQ曲线显示区域、8个发送效果栏部分。每个通道具有各自独立的通道设置窗口，当然，可以由同一个窗口来显示每个通道，如图10-21所示。

通过该通道设置窗口，可以实现如下操作：应

图10-21 通道设置窗口

用EQ处理、发送效果处理、插入效果处理、对通道参数设置进行拷贝并用于其他通道。而且，所有通道参数设置都可以用于立体声通道中的任何声道。

10.5.5 调音台窗口

（1）调音台的显示模式

对于调音台窗口中的任何通道，都可以选择以常规或扩展的显示方式，以及选择由通道顶端是否显示输入/输出设置部分。如图10-22所示。

（2）音频通道

在常规显示模式下（即推子和输入/输出设置部分为可视状态），调音台窗口的布局从左至右为公共区域、VST乐器通道、音频通道、效果通道以及编组通道。这里，所有基于音频类的通道（指音频输入/输出、编组、效果、VST乐器以及ReWire等通道），具有大致相同的通道样式布局，当然其中各有不同差别，如图10-23所示。

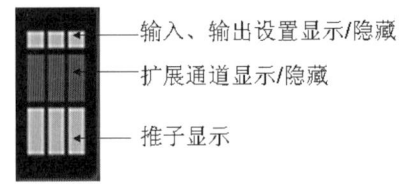

图10-22　调音台显示模式

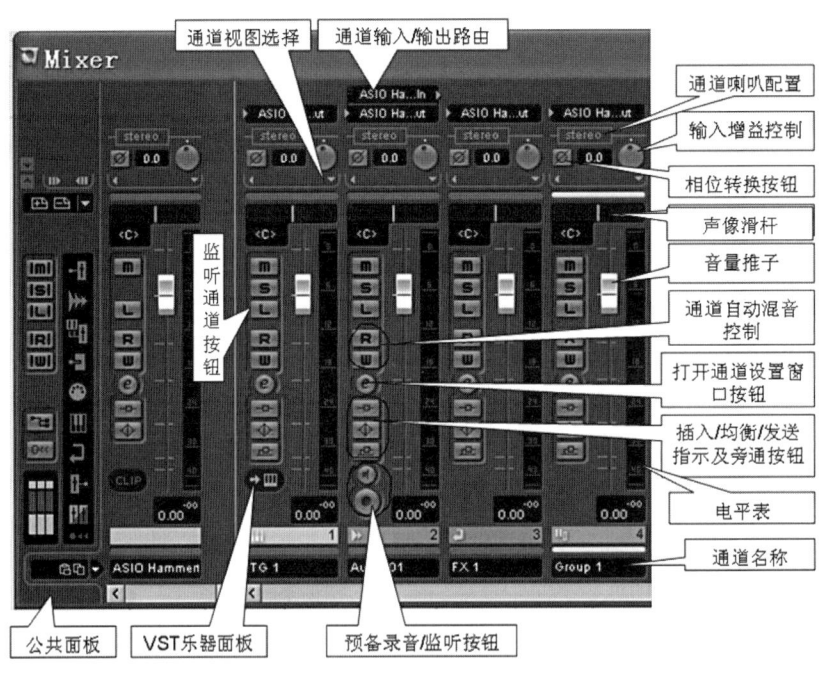

图10-23　调音台音频通道图解

只有音频通道才具有输入路由下拉菜单、"录音预备"和"监听"按钮。效果通道和输入/输出通道没有发送。VST乐器通道含有可打开所在乐器控制面板的按钮。输入/输出通道带有Clip（削波）指示。

（3）MIDI通道

通过MIDI通道，可以控制MIDI音源的音量和声像（即控制所接收到的相应MIDI信息），这些控制同样也可以在MIDI轨的音轨属性栏进行操作。

（4）公共区域

由调音台窗口左面的公共区域含有为窗口视图布局的相关设置项，是对所有通道的全局设置。

（5）输入、输出通道

由VST连接窗口所设置的总线，将对应调音台窗口中的输入通道和输出通道，它们分别置于普通通道左右侧单独的窗格内，具有各自独立的分隔栏和平行滚动条。输入通道和输出通道与其他音频通道也是非常相像，只是在输入通道上没有"Solo"按钮。

由VST连接窗口所设置的输入总线，可以通过输入路由下拉菜单来选择，但在调音台窗口中，不能看到输入总线或对其进行设置。

10.6 音频录音

10.6.1 节拍与节拍器

在录音开始之前，还要做一些准备工作，比如设置节拍。

Cubase的"走带控制器"窗口，默认情况下TEMPO（节拍）为FIXED4/4，120.000，表示节拍固定为4/4拍，120BPM、（Beat Per Minute，每分钟拍子数），单击数字可以改变为录音需要的节拍数，如图10-24所示。

单击FiXED，可将其改为TRACK，此时为可变节拍。也就是说，今后可以在音乐中任意位置改变为任意的节拍。

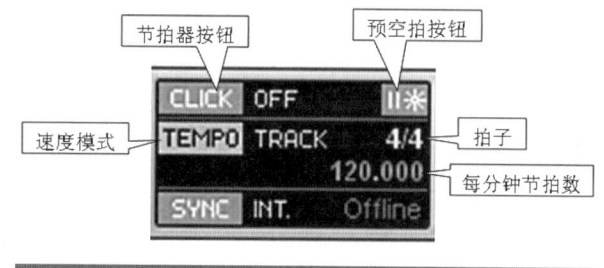

图10-24 节拍设置

为了使歌手或乐手能够在录音中把握好节奏，可以激活Cubase中的节拍器，单击CLICK即可。有些用户习惯于在录音前预先感受一下节拍，只要单击CLICK后的按钮即可。Cubase录音开始前的预空拍为两个小节，在节拍器设置对话框中可以进行更改。

当激活节拍器之后，进行播放和录音时就可听到节拍器的声音。可以马上播放试试，如果没有听到声音，那么有可能是节拍器的设置不正确，可以选择菜单中的Transport/ Metronome Setup（走带控制器|节拍器设置）命令，或是按下Ctr键的同时，单击CLICK按钮，进入节拍器设置对话框。

10.6.2 监听设置

（1）监听通道的设置

首先要了解监听通道的作用。以往，如果我们想做到发送某轨到歌手的耳机上，或者和棚里的歌手对讲，就必须要有硬件的调音台支持。但现在不用了，Nuendo可以说已经颠覆了传统的硬件监听模式。只要音频接口的输入、输出通道足够，便可以搭建各种自由而灵活的监听模式，比传统的硬件更加方便和直观。

下面来看一下Nuendo的监听设置。和Cubase一样，按F4键，进入它的输入、输出通道设置窗口，选择Studio选项卡。默认情况下，Studio通道是关闭的，单击便可以激活。

之后单击鼠标右键，就可以看到新增的功能，如图10-25所示。小话筒图标是和歌手对讲用的对讲通道，五角星图标是Studio通道，耳机图标是监听耳机，喇叭则是监听音箱。

可以这样理解：Studio是棚里的歌手戴的耳机的声音，监听耳机是录音师自己的耳机，而Monitor则是控制室里的监听音箱。

也就是说，所有的一切都是分开的，灵活可变的。你愿意让歌手听到哪一轨，就让他们听到哪一轨，不想让他们听到的声音，他们就听不到。录音师本人也是同样，监听耳机里的声音和监听音箱里的声音也可以是完全不一样的，不同监听音箱的声音也可以是不一样的。

在这里可以看到，Studio能添加4个，Monitor也能添加4个。也就是说，可以让4个歌手各自听到不同的内容。监听音箱也可以有4对，比如远场、中场、近场和参考箱，而每对监听都可以输出不一样的内容。

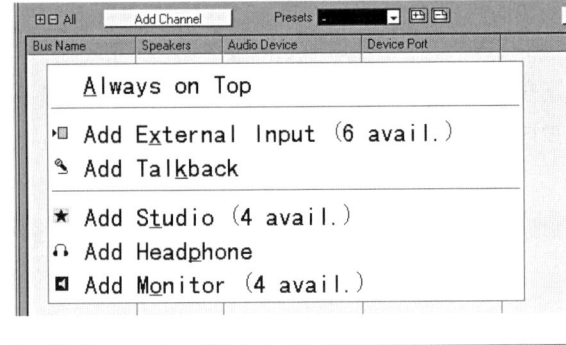

图10-25 监听选项

下面先添加一个Studio通道，添加后，要给它分配输出端口。比如把这个Studio的左右输出给声卡的3和4。当然，要确保歌手所用的耳机（或耳机分配器）也是接在声卡的3、4出口。

在每一个音频轨上，都有一个Studio的发送选项。点亮开关，调节发送量，这样，可以自由地选择将任意一轨从音频接口上的3、4发送给歌手。想让歌手听到的，那就发送过去，不想让歌手听的，就不发送过去。

接着，再用同样的方法添加一个Monitor和一个监听耳机，再加上一个对讲话筒通道，然后给它们分配上不同的输入输出端口，如图10-26所示。

然后，选择菜单中的Devices/Control RoomMixer（设备/控制室调音台）命令，调出控制室调音台窗口。在这个调音台上，可以设置更多。它的图标一目了然，"1"就是Studio输出，现在只有一个所以显示为1。耳机图标是监听耳机，喇叭是监听音箱。按钮都可打开或者关闭，如图10-27所示。

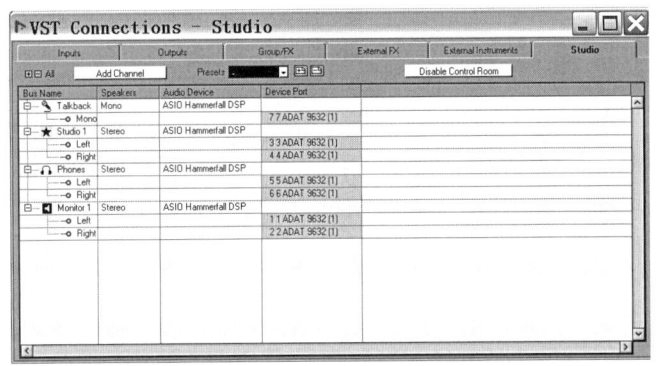

图10-26 添加监听和对讲通道

图10-27 控制室调音台

监听的来源是可以选择的。选择AUX，是发送了哪轨就听到哪轨。选择MIX则是全部都能听到。CLIK是节拍器，如果装上Nuendo后发现节拍器不响了，原因就在这里。可以只给歌手听节拍器，而自己根本不听，也可以都听，并且不用担心节拍器的声音被录进去。

TE是对讲话筒的开关。它和节拍器开关的下面都有数值，单击数值就会在旁边出现一个推子，调节电平大小。TALK则是对讲键，按下它，可以和歌手讲话。

点亮画着波形的圆形小图标，监听音箱的推子衰减20dB的电平。点亮AFL则是推子后监听模式。"L"按钮是将声音发送到AuDITION通道中。"8"字型按钮则是立体声、单声道模式切换。

单击右上角的图标，可以展开调音台的电平表。单击右边的电平图标，可以切换到效果器机架模式，这里也可以加载效果器，和Nuendo本身的调音台一样，1~6是推子前，7、8是推子后。但这效果只是歌手听的，并不会被录进去，也就是我们常说的"听湿录干"。

选择菜单中的Devices/Control Room Overview（设置控制室路由总览）命令，可以看到整个监听系统的总览。在这里可以一目了然地看到当前监听的信号路由。

在过去，这些监听、对讲等功能只有借助高档的调音台才能办到，而现在，软件也一样能做到，而且比传统硬件更直观、更方便。不过，前提是音频卡要有好的ASIO性能，而且音频接口必须要具备多进多出的物理端口，这些功能才能真正发挥作用。如果你的声卡只有一对立体声输出，或者没有独立的录音棚，录音和控制在一个房间里，那么这些功能也就无法使用了。

（2）录音监听的设置

录音中，我们需要听到所录制的声音，就需要对监听进行设置。首先，打开录音预备键（Enable Record），使其变红，如果需要同时多轨进行录音，就要把需要录音的音轨的录音预备键都激活，并为每个音轨选择不同的输入通道，就可以同时对多条音轨进行录音了。

然后使录音音源开始发声，比如让乐手开始弹吉他、弹合成器、演奏乐器，歌手进行试唱等，此时走带控制器窗口会显示出输入电平，说明声音信号已经进入Cubase。

单击音轨的监听按钮（Monitor），就可以听到声音了（图10-28）。

Cubase的监听模式是可以改变的，选择菜单中的File/Preferences（菜单/参数）命令，在弹出的Preferences（参数）窗口中选中VST项目，右边Auto Monitoring（自动监听）下拉列表中共有4种监听模式可供选择。

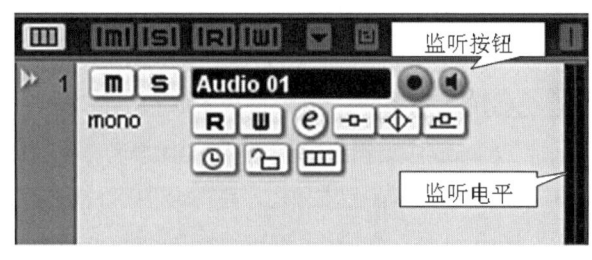

图10-28 监听按钮与监听电平

默认的Manual（手动）项目就是当前的监听形式，必须手动打开某个音轨的监听，这个项目适合使用外部调音台作为监听时使用，因为这时不需要Cubase的软件监听。

While Record Enabled（录音时可用）表示只要该音轨允许录音，那么同时也就允许监听，而不必再手动打开监听的按钮了，这适合用Cubase本身监听时使用。

While Recold Running（录音进行时可用）则是在真正开始录音时自动打开监听，而在录音开始前不监听。

Tapemachine Style（磁带机风格）则模拟了传统的磁带机的监听形式，在按下允许录音按键和录音开始时，都自动打开监听，而进行回放时关闭监听，这种模式非常流行。

另外，如果你的音频设备支持ASIO 2.0驱动，那么可以进行直接监听。所谓直接监听就是使音频设备将输入通道的声音直接输送到输出通道，这是硬件的传送，不必经过软件的处理，所以理论上将完全是零延迟的。默认情况下Cubase Sx不允许硬件的直接监听，需要在Devices菜单中的Device Setup选项中选中VST Audiobay，然后将Direct Monitoring复选框选中即可。

不过这样做的后果是，无法监听被Cubase加入效果的效果湿声，也无法监听到输入音量的变化，也就是俗称的"推子后声音"。

录音前监听最重要的一个作用就是调节输入电平，使其尽量饱满而又不至于超过0dB而造成爆音。打开Cubase的调音台，确认左侧第一个按钮没有变红，以保证输入通道是可见的。找到当前所用的输入通道，拖动鼠标即可调节输入电平的高低。

10.6.3 录音操作

(1) 创建音频轨

首先要进行通道配置，音频轨可以被配置为Mono（单声道）、Stereo（立体声）或Surround（环绕声）轨，这也就是说，所录制或导入的含有多声道文件可被作为整体，不必将其拆成多个独立的单声道文件。所在音频轨的信号路径将保持原有输入总线的通道配置，经过EQ、电平以及相关混音处理而输出到输出总线。

在创建音频轨时即可对其进行通道配置的设置。首先，从轨道列表区域的右键菜单或从Project菜单选中Add Audio Track（添加音频轨）项（提示，如果先选定音频轨，双击轨道列表区域可新建相同属性的音频轨。同样，当选定MIDI轨，双击轨道列表区域则为新建相同属性的MIDI轨）。

现在，将出现对话框，从中设定所需要的音频格式。由下拉菜单已提供最常用的一些通用格式，有More（更多）子菜单还将列有更多的Surround格式。完成后点击"OK"按钮。

轨道即会出现在Project窗口，同时在调音台窗口也将出现对应的该音频通道。这里要特别强调的是，一旦音频轨建立后，就不能再更改其通道配置了。

接下来要为音轨选择输入总线，在为音频轨录音之前，必须对其设定从哪个输入总线来进行录音。在音轨属性区域，可以从顶部"in"下拉菜单，来为音轨选择所需要的输入总线。而在调音台窗口，可以从所在音频通道顶部的Input Routing（输入路由）下拉菜单，来选择输入总线。

(2) 预备录音

在Nuendo中，无论是音频还是MIDI录音，都可以对单个或同时对多个轨道来进行录音。要确定所要被录音的轨道，可在音轨列表、音轨属性区域或在调音台窗口中按下相应轨道的"Record Enable（允许录音）"按钮，以使之点亮，这样该轨道即处于预备录音状态。

(3) 手动录音

按下走带控制面板或窗口工具栏中"Record"按钮、或使用相应快捷键[*]即可开始录音，这时，录音将从当前播放光标或Left Locator（左定位）位置下由停止状态或播放进程中开始。如果是在播放过程中按下"Record"按钮，这将即刻切换录音状态并从当前播放光标位置开始录音，这就是所谓的手动Punch-In（插入）录音方式。此外，Preroll（预播）设置或Metronome（节拍器）预备拍也同样适用于录音操作。

(4) 同步录音

当Nuendo的走带控制设为同步于外部设备（由走带控制面板启用Sync同步模式）并开始录音的话，程序将处于"录音准备"状态下。此刻走带控制面板上的"Record"按钮为点亮，然后，一旦从外部设备接收到有效的同步时基码（或手动按下"Play"按钮）即开始录音。

(5) 自动录音

Nuendo能够在指定位置从播放状态自动切换到录音状态，这就是所谓的自动Punch-In（插入）录音方式。常用于需要对已录制内容中的某些部分进行替换，而且这样可以在整个运行过程中监听到原有的声音内容。

首先将Left Locator（左定位）定位到所要开始录音的位置，按下走带面板上的"Punch In"按钮以启用Punch In录音模式。然后从Left Locator位置略前地方开始播放，当播放光标到达Left Locator位置时即自动切换到录音状态，如图10-29所示。

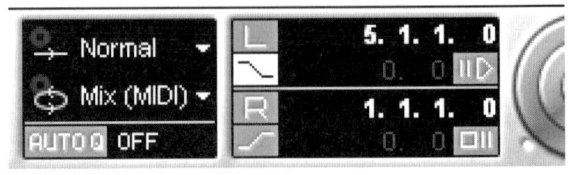

图10-29 自动录音设置

（6）停止录音

对于录音进程的停止操作同样也有自动和手工两种方式：如果按下走带面板上的"Stop"按钮或使用快捷键[0]，既可从录音状态切换到停止状态，也可以再按走带录制面板上的"Record"按钮。如果使用快捷键[*]的话，这将退出录音状态而仍然继续播放，这就是手动Punch-Out（穿出）录音方式。

如果已启用走带控制面板上的"Punch Out"按钮，则当播放光标到达Right Locator（右定位）位置，将自动退出录音状态，这就是自动Punch-Out（穿出）录音方式，如图10-30所示。由此结合自动Punch-In录音方式，你可以对指定部分进行自动录音，这尤其适用于需要对已录制内容中某些部分进行替换的录制工作。

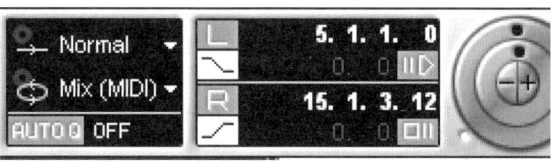

图10-30 自动停止录音设置

（7）取消录音

如果对当前所录制内容不满意的话，使用Edit 菜单/Undo（撤消）指令，可以取消之。这样，所建立的文件将从Project窗口中被删除，在Pool（素材库）窗口中的音频片段，将被转移到Trash（回收站）文件夹，但已录制的音频文件现在还不会从硬盘被真正删除，由于相应的音频片段已被移到Trash文件夹，因此可以在Pool窗口中使用Pool 菜单/Empty Trash指令，来真正删除音频文件。

10.6.4 录音模式

（1）线性录音

Cubase共有两种录音模式，可以称为线性录音和循环录音。所谓线性录音，就是一种按照时间顺序录音的方式。在走带控制器窗口左侧，有一个线性录音模式的下拉列表框（图10-31），默认为Normal（普通），还有另外两种模式，分别为Merge（混合）和Replace（替代）。

这里的线性录音模式是根据重复录音来讲的。Normal模式下，在已经录音的音轨上重复录音时，Cubase会同时保留两段重叠在一起的音频波形素材，虽然回放时听到的是后录音的部分，但实际先前的部分并没有被删除。

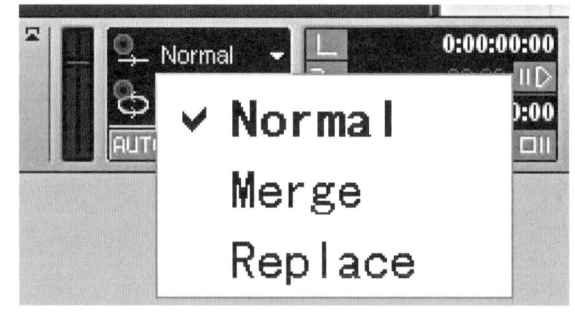

图10-31 线性录音模式

用鼠标将重叠部分的音频波形素材拖动到其他位置，可以看到两段录音都完好地保存了下来，并没有产生冲突。可以将无限多个音频波形素材重叠起来，在重叠部分上单击鼠标右键，选择To Front（到前面）命令，可以看到被覆盖在下面的音频波形素材名称，选择其中一个，就可以将其放到最上面，回放时听到它的声音，而不是其他素材的声音。

当走带控制器窗口中的线性录音模式变为Replace（替代）模式就不同了。顾名思义，在替代模式下录音，覆盖部分将把以前的声音删除掉。

第二个线性录音模式Merge（混合），这种模式下并不是将重叠部分与原有部分进行混合，而是和Normal（模式）完全一样。其实Merge模式是为MIDI录音设置的，所以对音频录音不起任何作用。

（2）循环录音

要进行循环录音，首凭要使Cubase 的回放循环。需在"走带控制器"窗口中单击循环播放按钮。

Cubase提供了3种循环录音模式，可以通过"走带控制器"窗口的下拉列表框进行选择，其中前两项Mix（混合）和Overwrite（覆盖）是为MIDI录音设计的，后3项才是音频录音的循环模式，如图10-32所示。

　　选择第一种循环录音模式Keep Last（保持最近的），在设置好循环点之后，按下录音键，开始录音。当播放指针到达循环结束点时，自动重新返回循环开始点，继续录音。录音结果只能看到最后一次录音的音频素材波形，它把之前所有次的录音都覆盖在了下面。

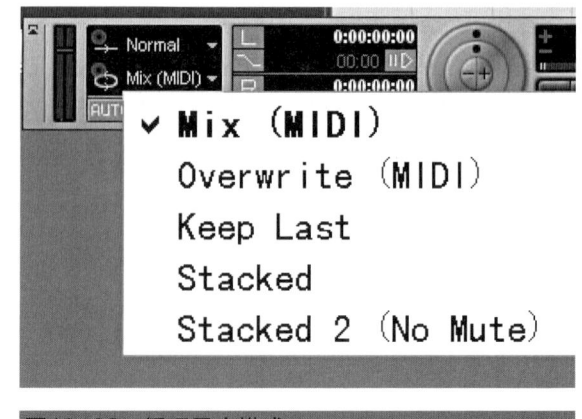

图10-32　循环录音模式

　　现在的情况是，回放时也只能听到最后一次录制的声音。那么如何找回之前的录音呢？在循环录音的音频素材波形上单击鼠标右键，选择Set To Region（区域查看）命令，可以看到总共有Take1、Take2、Take3等项目，进行几次循环录音这里就有几个项目。默认听到和看到的都是最后一次循环录音的音频素材。选择其他的Take，就可以将任何一次的循环录音提到最前面。

　　下面选择另外一种循环录音模式Stacked（堆叠）进行录音。在录音时可以看到每次录音的结果都依次整齐地排列在该音轨中。每次循环录音后，前一次的录音结果就变成了灰色，这表明它被静音了。虽然可以看到各次的录音结果，但实际收听时只能听到最后一次的音频素材。用工具栏的静音工具单击某次的录音，就可以将它静音。例如，将最后一次的录音结果静音，即可听到倒数第二次的音频素材。Cubase自动寻找最靠下方的没有被静音的音频素材回放。

　　当以Stacked模式录音时，每次循环结束后都在轨道上得到一个单独的音频文件。不过，也可以为个别轨道选用手动轨道模式，并在Project（工程项目）窗口中编辑时使用它，这样更容易查看它和处理重叠的事件和组件。

　　在轨道栏或在Inspector（属性栏）上选中的轨道中，单击其上的Lane Display Type（轨道显示类型）按钮，从弹出的菜单中选择Lanes Fixed（轨道固定）选项，默认情况下，所有的音频事件最终固定在第一（上面）轨道上。可以通过拖曳或通过使用Edit（编辑）主菜单上或Quick（快捷）菜单上的Move to NextLane/Previous Lane（移动到下一轨道/前一轨道）命令，把事件或组件在轨道中移动。

　　第三种循环录音模式Stacked 2（NO Mute）（无静音的堆叠）其实和第二种循环录音模式相似，只是它不会自动将每次的录音结果进行静音处理。

　　循环录音模式，可以和之前讲到的线性录音进行结合，在穿插录音的同时进行循环录音。

10.6.5　听湿录干

　　简单地说，就是录音的时候监听到的声音是带有效果（湿）的，而真正录进去的信号是没有效果（干）的。"听湿录干"的作用就是为了让歌手或乐手在演唱、演奏的时候感觉像在真实的音乐厅演出效果一样，这样有助于演唱、演奏者的情感表现。如果前期就把效果录进去后期混音时调节的范围就小了，所以这就叫"听湿录干"。在NUENDO或CUBASE中，"听湿录干"的方法首先添加要录音的音频轨，再添加一条效果轨，在效果轨中插入要使用的效果器，比如混响效果器。然后把录音轨的信号发送到效果轨，通过调节发送量来调节效果的大小。点击录音轨的监听小喇叭，听到的声音就是带效果的声音了，而录进去的信号是没有效果的，在后期混音的时候，再把发送效果关闭或移除。

"听湿录干"也可以在录音的音轨通道中直接插入效果器,通过效果器面板来调节效果的大小。值得注意的是:首先打开Devices-Device Setup,在"VST Multitrack"中把"Direct Monitoring"前面的"钩"去掉,这样实现"软件监听",这里说的"软件监听"就是指通过Nuendo监听,Nuendo控制整个监听过程。

10.7 音频编辑

10.7.1 音频事件条的操作

(1)命名

作为默认,音频事件沿用的是所在源音频波形的名称,当然你也可以为每个事件单独来命名,这可在选定事件后,从信息栏的Description(描述)框输入其名称。在输入轨道名称时,当完成后按下[Shift+Enter]键,这可使所在轨道中所有事件都具有与轨道相同的名称。

(2)选择

音频事件条又称波形显示条,使用箭头工具可选定任何事件。由Edit菜单/Select子菜单提供有更多的相关操作指令。要注意的是,在使用Range Selection Tool(范围选择工具)时,这些指令作用将有所区别。

在Project窗口中的编辑操作并非只限于完整的事件对象,同样也可以针对任何指定范围进行操作,这种通过选择操作而建立的区域就称为"Range"。使用范围,选择工具拖到可选定范围,双击事件可使其整个被定为Range,如图10-33所示。

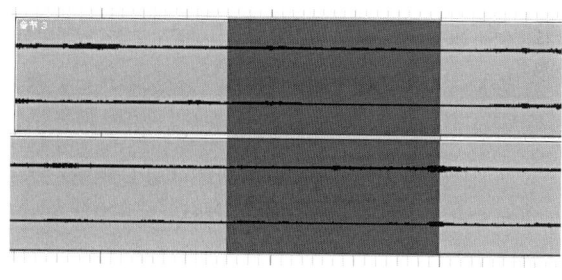

图10-33 范围选择

(3)移动

在Project窗口移动事件的位置,可直接将事件拖到任何地方,这时选定事件都将被移动且保持它们之间的相应位置。

如果已启用Snap功能,这将决定事件所移动位置的精确定位。此外,当按住[Ctrl]键拖动事件时,这将使其固定于垂直或平行方向的移动。

另外,还可以在选定事件后,通过信息栏编辑开始数值框,来精确设置其位置。由Edit菜单/Move to(移动到)子菜单指令,还提供有更多的操作。

(4)复制

按住[Alt]键拖动事件,可对其进行复制并拖动到其他地方。若启用Snap功能,这将决定了所复制事件的精确位置。

使用Edit菜单/Duplicate指令,将对选定事件进行复制并被放在原事件之后,若选定多个事件,则它们将作为整体单位而被复制,并保持它们之间原有的相对位置。

由Edit菜单/Repeat指令,将打开对话框,在此可对选定事件进行重复复制,该指令作用与Duplicate指令相同,只是它可以设定复制数。

同样可以由拖放操作来进行Repeat相同的功能,首先选定所要复制的事件,按住[Alt]键,点击所选定最后一个事件右下角控制点,并向右拖动即可。越是向右拖,复制份也就越多(会显示有提示框)。

使用Cut、Copy和Paste指令操作:当使用Edit菜单/Cut或Copy等指令对选定事件操作后,就可以使用

Edit菜单/Paste指令而粘贴到其他地方。在把事件插在原音轨时，将被放置在对齐播放光标位置。如果是使用Edit菜单/Paste at Origin指令操作的话，事件将被粘贴在原有位置（即原先被复制或剪切的位置）。

（5）删除

使用工具栏删除工具，点击任何事件即可删除。按住[Alt]键进行操作，这将删除所在轨道中随后所有的其他事件，无论之前有任何事件是否为选定状态。还可以选定一个或多个事件，然后按下键盘[Delete]键，或使用Edit菜单/Delete指令来进行删除。

（6）切割

使用剪刀工具，点击事件即可对其切割。如果已启用Snap功能的话，这将决定切割点的精确定位。或在使用箭头工具时，按住[Alt]键来进行切割操作。

使用Edit菜单/Split at Cursor（在光标处切割）指令，可对选定事件以光标位置进行切割，若未选定任何事件，则对所有轨道以光标所在位置下的所有事件进行切割。

（7）粘合

使用胶水工具，点击事件，可使其与所在轨道下一个事件进行粘合。

（8）静音

使用工具栏静音工具，点击任何事件，即可切换其静音状态。要对多个事件进行静音设置，这可由画框来选定多个事件、或使用Edit菜单/Select子菜单各项指令，然后使用Edit菜单/Mute或Unmute指令来进行设定。

在Mute状态下的事件，将显示为灰底色且不能被播放，这时，事件仍然可以被正常编辑但不能改变其淡入、淡出设置。

使用音轨列表区域、音轨属性区域或调音台窗口中的"M"按钮，可设定对整个轨道的静音状态。如果点击某个轨道的"S"按钮，则相当于对所有其他轨道设为静音。

（9）编组

有时会需要将多个事件作为独立单位来进行编辑操作，还可对其进行编组。先选定事件（可以是同一轨也可以是在不同轨），然后使用Edit菜单/Group指令即可，被编组事件的右上角将带有"g"标记，如图10-34所示。

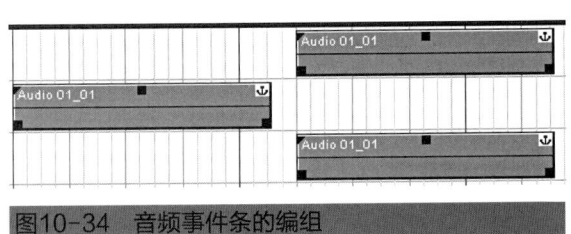

图10-34 音频事件条的编组

这样，当在Project窗口为任何一个编组事件进行编辑的话，所做的编辑将同样作用于编组内的所有其他事件。

由这种编组方式可被编辑的操作包括有：选择事件、移动和复制事件、改变事件长度、调整Fade-In/Fade-Out（针对音频事件）、切割事件（在切割一个事件时也将同时对编组内其它事件以相对位置进行切割）、锁定事件、事件静音、删除事件等。

10.7.2 改变音频波形的长度

对事件的长度改变可通过对其首尾端的伸缩来达到，只要前后拖动事件左右下角的控制点，即可任意伸缩首尾端的长度尺寸。如果已启用Snap功能的话，由所设定的Snap单位将决定操作时的精确定位。当事件在选定状态下，将会显示左右下角的红色控制点，也同样可以对任何未选定事件进行操作，只要直接拖动事件块的左右下角即可。如果已选定多个事件的话，同样操作将作用于所有选定事件。

还可以移动事件中的内容但不改变事件在Project窗口中的位置，可按住[Ctrl+Alt]键时来拖动事件。注意，当在对音频事件做这样的移动时，不能使移动位置超出实际播放源音频波形的首尾段。

由Nuendo提供有3种不同的操作方法，从窗口工具栏Arrow Tool按钮的箭头下拉菜单，可选择不同的操作方式，并且按钮图标也会显示相应状态，如图10-35所示。

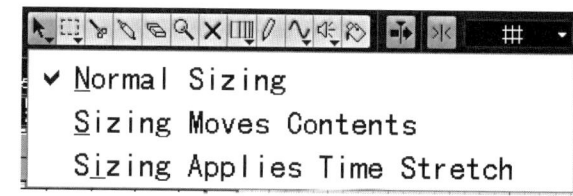

图10-35 箭头工具下拉菜单

Normal Sizing（正常尺寸）：在改变事件的尺寸时，其内容位置总是固定不变，即Event内容的多少将随着首尾段的伸缩而不同。这是默认操作方式，也是最常用的操作。

Sizing Moves Contents（移动内容）：在改变事件的尺寸时，其内容将随着首尾端的伸缩而移动。

Sizing Applies Time Stretch（时间伸缩）：在改变事件的尺寸时，其内容将适配事件的长度（即对首尾端伸缩的改变）而做时间上的伸缩调整。当在调整事件控制点时，将出现提示信息，表明当前鼠标位置以及事件长度。一旦放开鼠标，所在事件将适配新的长度尺寸而在时间上进行伸缩调整。

注意，这对于音频来讲是需要一定处理时间的，这由提示框进度条将显示当前的处理进程。此外，由Preferences对话框/Audio-Time Stretch Tool标签页中，可以选择不同品质的Time Stretch算法。

10.7.3 音频波形的音量控制

音频事件条的音量控制包括淡入/淡出、音量增益及包络控制三种方式。

（1）淡入/淡出、音量增益

当点选任何一个音频事件条的时候，在事件条的上方就会有一条蓝色的线条，这蓝色的线条就是专门用来进行淡入/淡出、音量增益的操控线。在操控线上有三个点，分别位于两端和中间。两端的两个操控点分别用来进行淡入/淡出的操作，中间的点用来调节音频块的音量。

当鼠标移动到操控点上时，鼠标就会变成一个移动箭头，上下拖动中间的控制点就可以调节音频块的音量增益。左右拖动两端的控制点，淡入/淡出就做出来了，如图10-36所示。

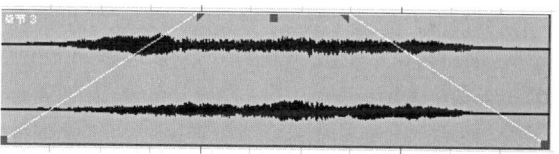

图10-36 淡入/淡出调整

（2）交叉淡入/淡出

当有两个音频条叠加在一块的时候，可以通过Audio/Crossfade指令做出两个事件条的交叉淡入/淡出，如图10-37所示。

（3）包络控制

Nuendo提供了一个模仿音频淡入/淡出设置的音量包络，可以实时控制音频的音量。

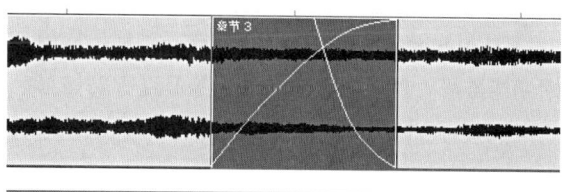

图10-37 交叉淡入/淡出

在工具栏中选取画笔工具，在音频事件条上点击，就可以得到一个包络控制点，移动包络控制点，就可以调节音频事件条的音量。将控制点移到波形显示区域以外，就可删除该控制点，通过菜单Audio/Remove Volume Curve，可清除选中波形中的所有包络控制点，如图10-38所示。

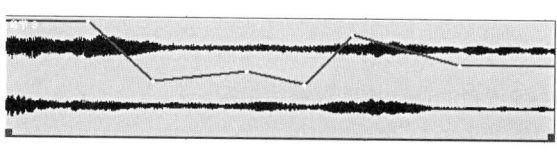

图10-38 音量的包络控制

213

10.7.4 音频波形的音高调节

音高调节很简单，选中需要改变音高的音频事件条，在事件信息栏中，改变Transpose（移调）和Finetune（微调）的参数，就可以随意改变音高，而长度不变。

Transpose（移调）参数可取正数或负数，以半音为单位改变音高。Finetune（微调）同样可取正负值，以半音的1/100为单位改变音高。

Nuendo默认的移调算法并不是最佳的，可以选择菜单中的File/Prferences（文件/参数）命令，选择Editing中的Audio选项，将右侧的Time Stretch Tool（时间伸缩工具）改成MPEX 2，这个移调算法是比较精细的。

10.7.5 参数自动控制

Nuendo为用户提供了非常全面的Automation（自动缩混）功能，几乎调音台窗口中的任何参数以及效果器参数都能得到自动控制。使用这种自动缩混的参数控制主要有两种方式：一种是在工程窗口的自动缩混轨道中手工来描画自动控制曲线，另一种就是使用调音台窗口中的"Write"/"Read"按钮功能来录制各种自动控制参数。

（1）录制自动控制曲线

在调音台窗口、轨道列表区域或通道设置窗口，所有轨道类型（除文件夹轨、标记轨、视频轨等），它们都具备"W"和"R"按钮。此外，所有效果器插件和VST乐器的控制面板也同样提供有"W"和"R"按钮。

当为通道按下"W"按钮后，在播放过程中，对该通道所做的任何参数调节动作都将被记录成自动控制事件。然后再按下"R"按钮并进行播放，之前对通道所做的任何动作都将原样重现。由轨道列表区域轨道上的"W"和"R"按钮与调音台窗口中对应通道上的"W"和"R"按钮是互为镜像，也即同一控制件。在调音台的公共区域或在轨道列表区域顶侧，还提供有全局式的"Read All"和"Write All"按钮。当按下"Write All"按钮，在播放时对所有通道上所做的任何调节动作都将被记录成自动控制事件。

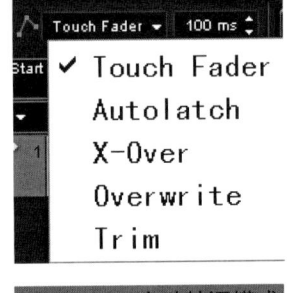

图10-39 自动缩混模式

在记录自动缩混动作时，从工程窗口工具栏可以选择5种不同的自动缩混模式，如图10-39所示。

1）Touch Fader（接触推子）模式 当鼠标接触并移动任何控制件时，即开始记录数据，并抹去原来记录，松开鼠标时停止记录。

2）Autolatch（自动封闭）模式 当鼠标接触并移动任何控制件时，即开始记录数据，并抹去原来记录，松开鼠标时按最后的数值继续记录，也抹去原来记录，直到播放停止或退出Write状态。对于大多数的插件参数的自动控制记录方式来讲，程序使用的都是这种AutoLatch模式。

3）X-Over模式 类似于AutoLatch模式，所不同的是在记录过程中，一旦涉及原有的自动控制曲线部分，都将自动停止记录。

4）Overwrite（覆盖）模式 该模式只应用于对音量参数的记录，它类似于AutoLatch模式。所不同的是，只要一开始播放就会持续进行记录直到退出Write状态，即使其间并未触及任何控制件，该模式对于要清除已有的自动控制数据很有用。

5）Trim（修正）模式 移动鼠标时开始记录，并抹去原有记录，按住鼠标不动或松开鼠标时停止记录。该模式特别适合对音量参数的记录，它只是对已有音量参数的自动控制曲线进行修改而并不覆盖，由此可以对已有的自动控制曲线进行修改调整而不必每次重写。

（2）手工描画自动控制曲线

自动控制曲线分两种类型：Ramp和Jump。Jump曲线是由ON/OFF数值方式的参数所得到的，如"Mute"或"Solo"按钮的切换状态。Ramp曲线是由连续变化数值类参数所得到的，如推子或旋钮等的连贯变化动作。

以下讲解在工程窗口的自动缩混子轨中以手工描画方式来写入自动控制曲线的方法。

1）对音频轨点击"＋"按钮，以展开自动控制参数的子轨，在这里所显示的将是已分配的默认参数。要为所打开的子轨选择显示其他的参数，这可点击其参数显示框，由下拉菜单将列有部分自动控制参数项，在此可以直接选中所需要的参数。新选择的参数就会替换所在子轨原有的参数。如果所需要的参数未被列在该下拉菜单中，可选择More项以打开添加参数对话框，从对话框中选择所需要的参数项并点击"OK"按钮，这样所选定的参数就会替换所在子轨原有的参数。本例选择音量参数。

2）使用画笔工具或者也可以使用Line Tool（线形工具）的不同模式来描画控制曲线，这只要点击表示当前的参数值状态的静态数值线，即可写入一个自动控制事件（红色控制点）。这时，音轨将自动切换到Read模式，该静态数值线也将变成蓝色。按住鼠标进行拖移也可连续写入控制点，如图10-40所示。

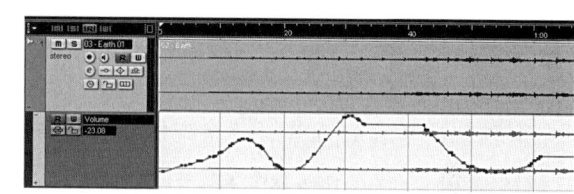

图10-40 使用画笔描画自动控制曲线

3）开始播放，所在轨道的音量将随着该自动控制曲线而相应变化，在调音台窗口中对应通道的电平推子也会随其移动。

使用箭头鼠标工具点击或拖移可选中事件控制点，被选中的控制点将显示为红色。按下[Delete]键或使用擦除工具，点击可删除选中的控制点。在子轨参数显示框下拉菜单中选择Remove Parameter项，这将删除所在子轨中的所有自动控制事件内容，同时关闭子轨。

在调音台窗口进行"Write"方式录制自动控制参数时，并不需要像在自动缩混子轨中预先从添加参数列表框选择任何参数项，就像在真正的硬件调音台上操作那样，在调音台窗口中所做的任何动作，都将被自动记录在各参数项的子轨中，然后打开相应子轨，即可对此进行进一步的编辑处理。

事实上，有关自动控制处理的两种方法都有各自的优越性，通常来讲，使用录制方式和使用画笔描画方式具有互补性，甚至根据个人习惯和爱好会有不同侧重。

10.8 音频效果器的使用

在Nuendo中，音频效果器的使用有三种方法，分别是插入法、发送法及处理法。

10.8.1 插入法

在音轨属性区域的插入页，或通道设置窗口的插入效果栏，以及调音台窗口扩展模式下的插入效果栏，均可使用插入效果。

Insert Effect（插入效果）是被插入在音频通道的信号路径中的，也就是说通道整个信号都将经过效果器的处理。因此，所适用于插入方式的效果应该是那种不需要对Dry/Wet（干/湿）声音做混合处理的效果处理类。比如像Distortion（失真）、Filter（滤波器），以及应用于影响到声音音色或动态特性之类的效果器，如图10-41所示。

对于每个通道，共可以用到8个不同的Insert Effect。同样，对于Input/Output Bus来讲，由此就能够实现录制带效果处理后或"Master Effect"后的音频。

对于每个音频通道（包括Audio Track，Group Channel Track，FX Channel Track，VST Instrument Channel或ReWire Channel）以及Bus来讲，都可以各自加入共8个不同的插入效果，通道所在的音频信号，将从上至下依次经过所有的效果器。

此外，其中最后两位插入栏属于Post-Fader（推子后）方式的，这里最适合用于那些在信号电平上不要受其他效果影响的那类Insert Effect。比如像Dithering（抖晃）以及Maximizer（激励器）等。最常见的用法就是用在Output Bus（输出总线）的插入效果。

图10-41　应用插入效果

注意，对过多通道应用插入效果将耗费更多的CPU资源。因此，可考虑多加利用Send Effect（发送效果）方式，尤其是在需要使用同一种类型的效果用在多个通道的情况下。

10.8.2　发送法

在音轨属性区域的发送页，或通道设置窗口的发送效果栏，以及调音台窗口扩展模式下的发送效果栏，均可使用发送效果。

Send Effect（发送效果）的实际用途出于两种主要原因，通过对每个通道上发送的发送量操作，可以控制Dry（直接声）与Wet（处理声）声音之间的比例。另外，可以使许多不同音频通道，能够用到同一种发送效果。

Send Effect是通过FX Channel Track（效果通道轨）得以实现的，这是一种特定的轨道，其中将包含有共8个Insert Effect。它的信号流程是这样的：通过把音频轨的音频信号发送到该FX Channel且经过其中的Insert Effect而进行处理。

每个音频通道各具有8个发送，因此，可以分别被路由到不同的FX Channel（效果通道）中去，调节效果发送电平，就可以控制发送到FX Channel的信号量。

当对FX Channel使用了多个效果器的话，其信号将以从上至下的顺序而经过路径中所有的效果器。你可以根据需要，任意对发送效果的顺序进行配置，比如从EQ、Chorus（合唱）再经过Reverb（混响）等。

在调音台窗口中，FX Channel Track以效果器返送声道方式而具有自己独立的通道，因此，你可以对其调节效果返送量和效果均衡，增加EQ，可以将FX Channel Track路由到任何输出总线。此外，每个FX Channel Track都具备Automatic Subtrack（自动混音子轨），以提供对各种效果相关参数的自动控制。

10.8.3　处理法

之前介绍的效果器通常都是以实时方式来运用的，比如插入和发送方式。但有时也会需要以"永久"处理方式来对选定事件进行效果处理。

首先，在Project窗口、Pool窗口或编辑器窗口选定所要被处理的事件，然后从Audio菜单/Plug-Ins子菜单选择所要使用的效果项，打开Process Plug-In（效果处理插件）对话框。如果是对单声道音频材料使用立体声效果器进行处理的话，这将只会用到效果器的单个Output端，如图10-42所示。

在Process Plug-In对话框上半部分是所在效果器的有关参数，具体参数内容因效果器不同而异。而对话框下半部分是有关处理方面的设置，适用于所有效果器插件的操作。

1）Wet mix/Dry mix　由该两个滑杆可调节Wet（已处理）/Dry（未处理）信号之间的混合比例。通常该两个滑杆是互为反向逆动的，即在提高Wet mix滑杆的同时也将以相同量降低Dry mix滑杆位置。如果按住[Alt]键调节滑杆时，就可以分别独立移动。比如可以将Wet和Dry信号量分别都设为"80%"，但这要注意避免产生声音的过载。

图10-42　效果处理对话框

2）Tail　当所应用的一种效果处理是对音频材料尾部影响很大的情况下（比如像Reverb或Delay类的效果器），该参数就很关键了。当选定该项，就可以通过滑杆来设定尾部长度。而且在使用"Preview"功能进行预听的话，也能包括所设定的Tail长度结果。

3）Pre/Post Crossfade　由这些设置能够使效果的处理具有渐进和渐出的过渡。当选定Pre-Crossfade项并使其设为"1000ms"左右的话，这将从事件的起始端经过所设定长度才真正达到完全的效果处理。同样，当选定Post-Crossfade项的话，也将从事件尾端前的设定长度起就开始逐渐减少效果处理。当然，对Pre-Crossfade和Post-Crossfade时间的设定总长度不能超过所选定事件本身长度。

4）"Preview"按钮　使用该按钮，可以对当前处理参数设置结果进行预听，直到再次点击按钮前将总是循环播放，在预听过程中可以随时调整参数设置。

5）"Process"按钮　执行效果器的指令处理并退出对话框。

6）"Cancel"按钮　关闭对话框且不做任何处理。

第11章 录音的方法

11.1 基本录音方法

目前使用的录音方法基本上可分为同期录音和分期录音两大类。同期录音和分期录音的区别主要是从演奏的形式上区分。同期录音要求组成音乐各声部的所有乐器与人声同时演奏或演唱；分期录音则是将各声部分别单独进行录音，然后再将各声部按要求合在一起。若从录音的记录形式上说，又可分成直接合成（立体声）和多声道录音两种。同期录音可以采用以上两种记录形式，而分期录音只能采用多声道录音。

同期录音要求各声部同时在一起演奏，无论它们是在同一空间或是在相隔的几个不同空间内。在进行同期录音时，整个乐队可以在统一的指挥下演奏，因此，在音乐的进行过程中，容易做到对整体的把握，有利于音乐情绪的表现。特别是对旋律表现力较强的作品，如抒情的段落，音乐进行的轻重缓急，在很大程度上，受到当时演奏气氛的影响时，适合采用同期录音。

根据录音现场的情况，同期录音又分成相同空间内的同期录音和不同空间内的同期录音两种。相同空间内的同期录音，各声源之间的交流更为自然，声音的融合较好，空间形象及分布显得较自然。但是，如果以多声道方式录音，则各路信号间的隔离就不太好，因而想对某一声源信号进行单独补偿处理就会不太方便，而且不能轻易更改声像的安排，不能做大幅度的电平或频率补偿的改变。

不同空间的同期录音，可以提高多声道录音时各信号的隔离度，便于单独对各路信号进行加工处理，提高节目可制作的程度。但是，由于声部间处于不同空间内演奏，各声部的声音会具有各自演奏空间的特点，这样在合成时，就容易出现多重空间感，导致各声部间的融合性变差。

对于分期录音，由于各声部不在同一时刻演奏，所以各声部之间没有串音的问题，可以灵活地对各声源信号进行单独加工处理。但是，由于各声部的乐器之间没有相互协调的演奏条件，所以整体的融合性不太好，故不适合进行大型管弦乐作品的录制。通常流行音乐大都要用分期录音。

11.2 基本拾音方法

无论是同期录音，还是分期录音，采用的基本拾音方法主要有以下几种：单话筒拾音法、主辅话筒拾音法和多话筒拾音法。

（1）单话筒拾音法

单话筒拾音法又称单点拾音法，是指用一只话筒同时拾取各声部的混合声音及反映演奏空间的混响声信号。若是立体声录音，那么这只话筒应是一只立体声话筒。

利用单话筒拾音法录制立体声节目时，要注意选择的立体声话筒与节目形式的对应。这里包含选择话筒的夹角，以控制声音舞台的宽度。选择指向性的类型，解决声源取向的问题等。一般地，单话筒拾音法要服从以下一些条件：

1）话筒应设置在具有自然声音平衡的位置上。为了取得这样一个平衡点，要求在布置乐队各乐器的位置时就应考虑到形成平衡的声音。这种平衡一般包括左右声像的声音平衡，前后纵深方向上的声音平衡，以及高、低音的声音平衡等。通过调整话筒在水平方向上的位置，可以调整左右声像的声音平衡关系。通过调节话筒的高低与指向角度，可以改变纵深的平衡。

2）话筒应放在声场中直达声与混响声比例合适的位置上。这一点对于利用自然混响的录音来说特别重要，它决定了录音节目中各声部融合的程度和对演奏空间印象的表现程度。另外，它还决定了声源声像及音色特征的清晰度。一般这个比例是通过改变话筒与乐队的距离来调节的，这个距离要根据所要求的直达声与混响声比例的大小、演奏空间的混响半径和话筒的指向性类型来决定。单话筒拾音只能用于同期相同空间的录音方式中。由于它能获得较自然的深度感和层次感，所以演奏形式相对固定，有较好平衡的管弦乐队录音，常采用此种拾音方法。通常，单话筒拾音的话筒设在指挥背后的上方。

（2）主辅话筒拾音法

这种方法是单点拾音法的改进形式。它主要是针对单点拾音法在拾取大中型乐队演奏时可能会出现某些乐器的声音不够清晰的情况，或可能有些乐队演奏时自然平衡不好的情况。它是在保留单点拾音法的整体拾音条件下，再对需要加强的声源增设辅助话筒，以便增强整体拾音的主话筒拾取信号中某一部分的分量。但应注意，主话筒所拾取的信号（与单点拾音法拾得的信号相似）在整个录音节目的信号中始终占据主导地位，增设的辅助话筒，只是对某种信号分量起增强作用，它不应超过主话筒中相应信号的分量。而且，要注意尽量少用辅助话筒，能通过主话筒达到改变拾音效果的，就应尽可能避免增设辅助话筒。通常设置主辅话筒应注意以下几点：

1）主话筒电平要大于辅助话筒的电平，以确保主话筒信号的主导地位。这样可以使录音节目仍保留单点拾音法的特点。同时由于增设了辅助话筒，因而可以得到更清晰和稳定的声源声像和音色特征。

2）在话筒选择上，主话筒的灵敏度和频响、动态等都要求较好。辅助话筒的灵敏度可以不那么高，它主要是用来拾取直达声与混响声比例较大的信号。

3）主话筒的设置与单点拾音法相同。辅助话筒的设置，要注意防止辅助话筒之间过多的重叠（指拾音范围的重叠）。同时在声像控制上，辅助话筒信号的声像应服从主话筒中建立的声像，与它重合，否则不仅达不到增强的目的，还会使声音变得混浊不清。

主话筒拾音法具有自然的空间深度与层次，以及和谐的整体性，又具有清晰的声像和音色特征。它也适用于相同空间同期录音方法的拾音。

（3）多话筒拾音法

多话筒拾音法又称多点拾音法，就是利用多只话筒（同时或分时）分别拾取各不相同的某一部分声音，通过人为的加工处理后，合成为一个统一的节目信号。由于这种方法提高了制作的可能性，所以对于一些配器不甚理想、自然平衡差的音乐，用这种方式效果较好。

在多话筒拾音方法中，按演奏空间设置的不同又可分成：全封闭多话筒拾音法、半封闭多话筒拾音法和不封闭多话筒拾音法三种。

1）全封闭多话筒拾音法：该方法把声源的各部分以封闭的隔音房间完全隔离开，使各部分间的串音最小，信号可完全独立地进行加工处理。

2）半封闭多话筒拾音法：该方法只对各声源做部分隔离，允许存在一定量的串音，故信号间的独立性不如全封闭形式，处理起来灵活性稍差，但它对录音场所的要求下降了。话筒选择上主要选用指向性相对较强的话筒，并且以近距离拾音为主。

3）不封闭多话筒拾音法：该方法对各声源之间不加任何的隔离，仅通过话筒的选择（灵敏度与指向性）和设置（拾音距离及拾音方向角）来取得声源之间的相对隔离，所以这种方式的拾音对节目质量的影响很大。在采用这种方法拾音时，应做到以下几点：

① 提升或衰减本路信号，不会影响其他路信号在整个节目中的作用。

② 改变本路信号的声像位置，不会引起其他声像的变化。

因此在安排各声源的演奏位置时，应将声源各部分拉开一定的距离，以提高隔离效果。在位置安排时，要考虑到声像设计的要求，尽量做到声像设计与现场位置安排的一致性。相对提高直达声信号的比例，故应采用心形或超心形的话筒进行近距离拾音。各路信号的强弱程度应大体相当，不可相差太悬殊。

总之，多话筒拾音方法的目的就要提高各声部信号间的隔离度，增加它的可制作性。多话筒拾音法与主辅话筒拾音法不同，尽管这两种拾音法都使用多个话筒，但在多话筒拾音法中，各话筒拾取的信号并没有明显的主次之分，它们都作为一种声信号独立存在，然后在录音室中通过一定的制作技术与技巧制作完成。因此，这种拾音法一般都是与多轨录音技术相联系的。换句话说，这是一种多话筒、多轨录音，最后通过后期制作完成的一种拾音法，见图11-1所示。

在实际拾音中，并不一定局限于这三种方法，也可采用这三种方法的混合形式，充分发挥各自的特点，为制作出好的节目，奠定一个良好的基础。

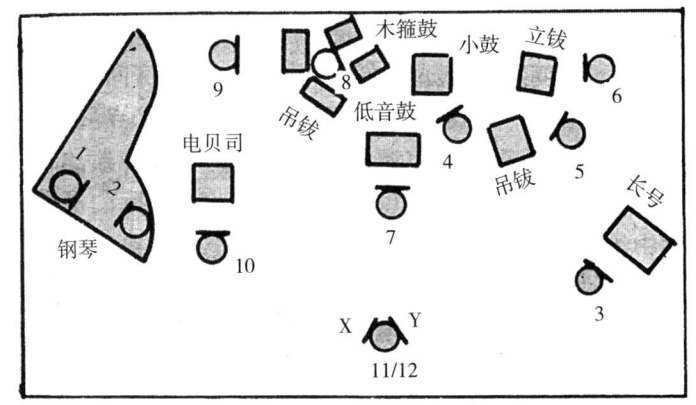

图11-1 多话筒拾音示例

11.3 单声道录音与分轨录音

（1）单声道录音

单声道录音是只使用一个声道的声电转换技术。在录音时，单声道录音只使用一只话筒，或者将若干只话筒拾取的声音信号混合成为一个声道的记录信号。声音重放时一般使用一只扬声器，或者使用若干只扬声器重放相同的信号。可以说，单声道录音的听音是比较"自然的"。单声道声音信号中较好地保留了原声场中除了左右信息以外的其他主要声音成分，包括原声源发声环境的声学特性、声源的纵深等。单声道录音最大的缺陷是声音还原时所有的声音都来自一个方向，即声源是一个点。

（2）分轨录音

这种录音方法就是将器乐演奏员所演奏的各种不同乐器的声音（既可以是真实乐器发出的声音，也可以是通过电子合成器模拟发出的各种声音）按音乐总谱中对各声部的要求依次分批演奏，并通过调音台进行艺术和技术加工处理后，分别输出到多轨录音机上或音频工作站录制下来。所有音源全部录制到多轨录音机以后，音乐录音师再将多轨录音机上各种音源声音进行还音，通过调音台，再一次地对各种声音进行艺术和技术加工处理后，混音为两轨或多轨的立体声音乐，录制到某种记录媒介上去，完成音乐母带的制作。

这种音乐录音方法，一般称之为"分期录音多轨混音"录音方法。用这种方法录制的音乐艺术作品，优点是乐队演奏的音准和节奏一般要高于用"同期录音两轨混音"方法录制的乐队水平。并且各个声部的乐音色彩层次分明，演奏时互不干扰，音乐的频响及动态范围也较宽广。同时当录音过程中出现了演奏或演唱错误时，进行修改也很容易，这样对音乐录音师和演唱及演奏者的工作压力也就减轻。缺点是感情色彩不如"同期录音两轨混音"或"同期录音多轨混音"录音方法所录制的音乐作品。另外，投资大、录音制作的周期也比较长。

11.4 立体声录音

11.4.1 概述

双声道立体声是以两个通路记录与再现声场的录音和重放方法。为了利用话筒拾取高保真的声音信号，人们创立了许多立体声拾音制式，这些拾音制式大都是根据人耳的双耳听觉效应原理，并结合人们各自的美学观点和不同类型音乐的音响要求，经过反复实践逐步形成的。但是从技术原理上来讲，目前使用的立体声拾音技术都是根据人耳对声源定位的基本因素——强度差（声级差）、时间差创立起来的。在各种拾音技术中，话筒或者拾取具有强度差的声源信号，或者拾取具有时间差的声源信号，或者拾取既有强度差，又有时间差的声源信号来获得立体声效果。因此，立体声拾音技术也常以这三种工作原理来分类。应该说，所有这些拾音制式都各有优点和缺点，不存在一种十全十美的拾音制式，每种拾音制式都有其最适合的场合，即不同的录音场地、不同的音乐节目形式 都有其最适合的拾音制式。

在具体分析立体声拾音技术之前，首先需要说明的是立体声拾音时的有效拾音角（有时也称为覆盖角或录音角），也可以称为有效拾音区域。

立体声拾音的有效拾音角，即重放听音时最大声像角所对应的拾音时的声源方位角，也就是话筒对将声源均匀再现于扬声器间的拾音角度。由于每种拾音技术中话筒之间的轴向夹角和距离等设置的不同，所以它们的有效拾音角也各不相同。

在选择拾音方式和设置话筒时，其有效拾音角要适合于声源的宽度，即，使声源的宽度尽可能接近从话筒对到声源俯视所得到的有效拾音角，如图11-2（a）所示。在图11-2（b）中，有效拾音角太小，声源被设置在有效拾音角以外，在这种情况下，声源重放再现于两扬声器时，将造成立体声声像的失真。

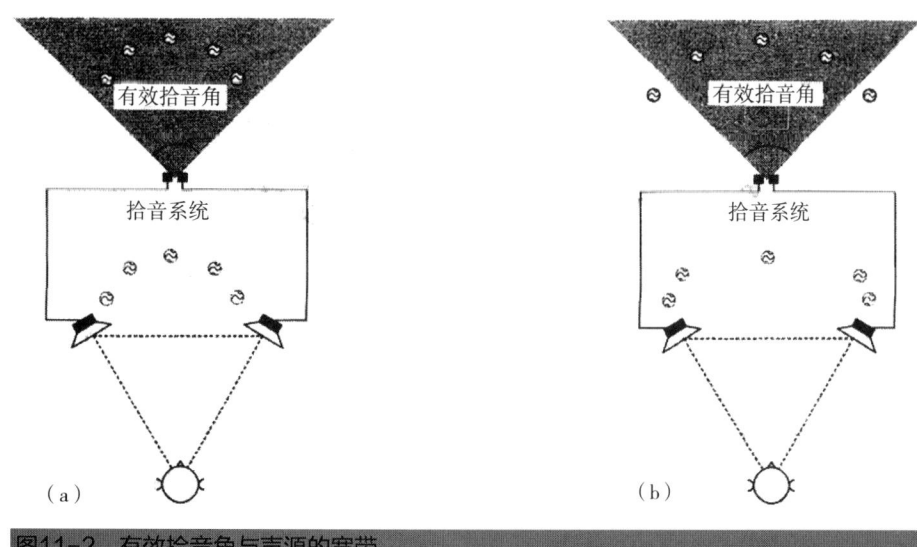

图11-2 有效拾音角与声源的宽带

11.4.2 时间差拾音方法

时间差拾音方法，是最早使用的立体声拾音方法。由于使用时间差拾音方法录制的音乐具有"温暖"感、自然感、纵深感等优点，尤其是录制古典音乐更显出它的这一优越性。所以，时间差拾音方法是录制古典音乐的主要拾音方法之一。

时间差拾音方法通常采用两只全指向性话筒，彼此间隔几十厘米（一般应为25~50cm），平行设置于声源的前方，声源到话筒的距离要远远大于话筒间的距离（通常是话筒与声源的距离等于声源宽度的两倍），这样可使由于话筒间的距离而造成的强度差（声级差）忽略不计。

（1）A/B拾音制式

A/B拾音制式是时间差拾音方法中的"经典"，被使用的频率很高。该拾音制式使用两只型号和特性完全一致的话筒，彼此拉开一定距离平行设置于声源前方，并将左边话筒拾取的信号馈送到记录载体的左声道，而将右边话筒拾取的信号馈送到记录载体的右声道（见图11-3）。

（2）Decca Tree拾音制式

图11-4的拾音制式是由著名的Decca唱片公司设计的，且话筒的设置很像圣诞树的形状，故命名为"Decca Tree拾音制式"。

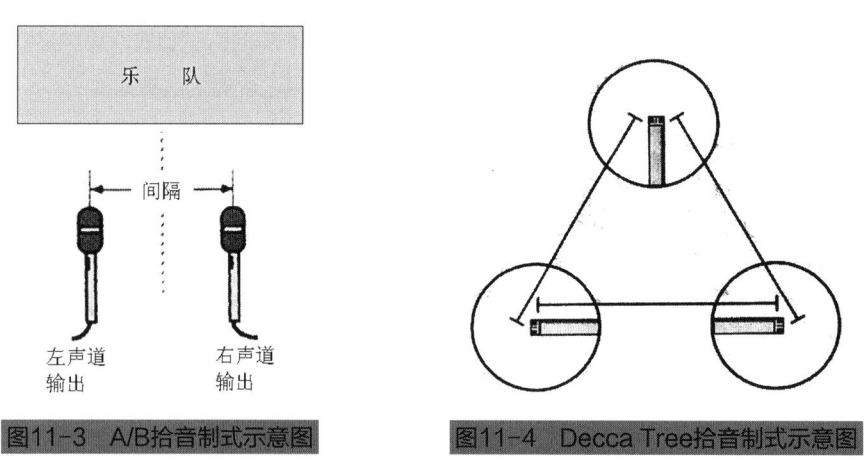

图11-3 A/B拾音制式示意图　　图11-4 Decca Tree拾音制式示意图

该拾音制式使用三只全方向特性话筒组成一个等边三角形，其中一只话筒正对声源的中央，另外两只话筒指向声源的两侧。

它与A/B拾音制式主要区别是增加了中间话筒，增加的这只话筒拾取的声音信号通道的Pan Pot置于"中间"位置，该中间话筒与立体声原理无关，其设计思想是为了加强声音的融合性，缓解中间声音的稀疏和后退现象。

Decca Tree拾音制式的话筒设置并不严格和固定，可以灵活调整。

11.4.3 强度差拾音方法

强度差拾音方法，是将立体声话筒系统的两只话筒在理论上置于声场中的一个点，也就是两只话筒的间距为零。这样，声场中来自任意方向的声音都将同时到达两只话筒，记录的声信号不存在声道间的时间差，也就不存在相位差。这样的立体声信号做单声道重放时，不会出现时间差拾音方法中的声音畸变，也就是说，强度差拾音方法的立体声/单声道兼容性很好。在实践中，由于话筒外壳的存在，两话筒的间距为零的理想状态是无法实现的，但要在轴向上使两话筒尽量靠拢。两话筒无法避免的间距产生的误差是很小的，可以忽略不计。在理论上，可以理解为两话筒的间距为零。在使用强度差拾音方法时，最好使用立体声话筒，立体声话筒的构造是将两只话筒的振膜安装在一个外壳里，使两只话筒的间距缩小到最小。

强度差拾音方法，是依靠两只话筒的指向特性和放置角度，使拾取的声音信号产生声道间的强度差（如X/Y拾音制式），或将两只话筒拾取的声音信号经过技术处理，生成声道间的强度差（如M/S拾音制式），并利用强度差完成立体声重放声像定位的拾音方法。

(1) X/Y拾音制式

X/Y拾音制式，是将两只话筒彼此重叠设置，使两只话筒的膜片，在垂直的轴线上尽量靠近，彼此张开一定的角度。所采用的两只话筒，必须严格匹配、统一。主轴指向左边的话筒称为X话筒，所拾取的信号馈送到记录媒体的左声道。主轴指向右边的话筒称为Y话筒，所拾取的信号馈送到记录媒体的右声道，重放时，X/Y话筒拾取的信号分别送入左、右扬声器。

X/Y拾音制式，通常采用心形指向性的话筒，两话筒轴向夹角可选择的范围为80°～130°。在实际应用中，话筒的轴向夹角常选用90°或120°，如图11-5，图11-6所示。

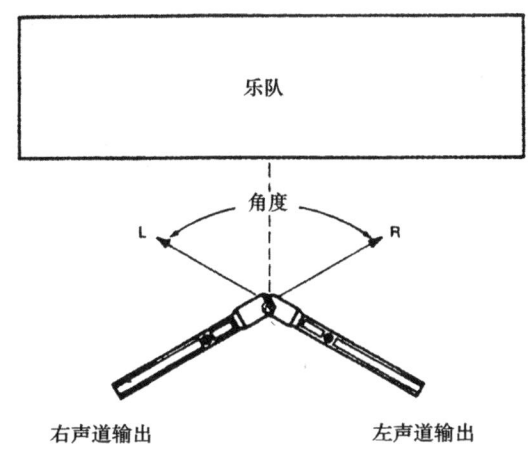

图11-5　X/Y拾音制式示意图

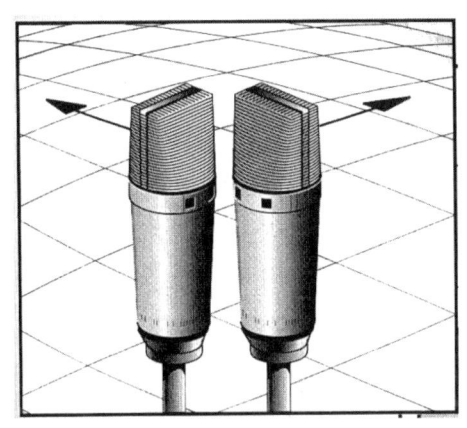

图11-6　大振膜话筒X/Y拾音制式示意图

(2) M/S拾音制式

M/S拾音制式，两只话筒的膜片同样需要上下尽可能的重合，利用两话筒之间拾取的声级差来定位，组成MS拾音制式的一只话筒M（Middle或Mono的缩写）。可以采用任何一种指向性，话筒的轴向指向声源，拾取前方声源总的声音信号，即声源左右方向的和信号。另一只话筒S（Side或Stereo的缩写）则必须采用8字形指向性，话筒的轴向指向左边，与M话筒的轴向垂直，主要拾取的是两边混响成分比例较高的声音信号，即声源左右方向的差信号，如图11-7所示。

需要注意的是，M和S话筒拾取的和、差信号并不能直接成为双声道立体声的左右声道信号，需要经过一个和差变换电路，才能形成双声道立体

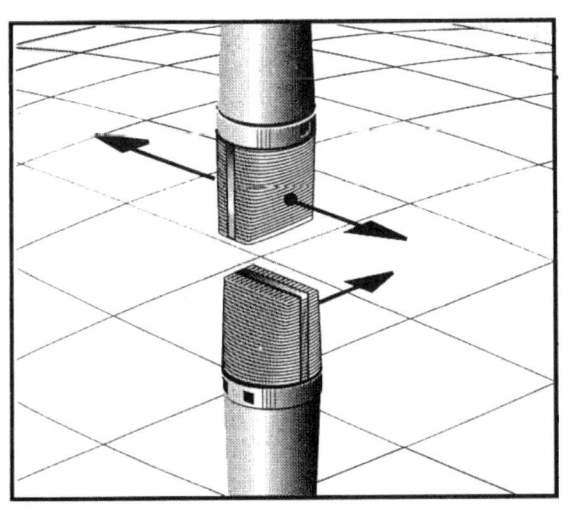

图11-7　M/S拾音制式示意图

声的左右声道信号。假设M话筒采用心形指向性，则和差变换为：左声道=M+S，即在话筒的极坐标指向性图中，心形话筒的波瓣加上8字形话筒的正瓣。右声道=M-S，即在话筒的极坐标指向性图中，心形话筒的波瓣加上8字形话筒的负瓣。

MS信号的矩阵变换电路，可以用特殊的变压器来完成或直接在调音台上来进行（图11-8）。

11.4.4 "混合"拾音方法

"双耳效应"理论认为：人耳对声源方位的判断能力是依据声源到达双耳的时间差、强度差、相位差和音色差信息。从理论上讲，"时间差"拾音方法和"强度差"拾音方法是利用声道间的某一种信号差完成立体声重放声像定位

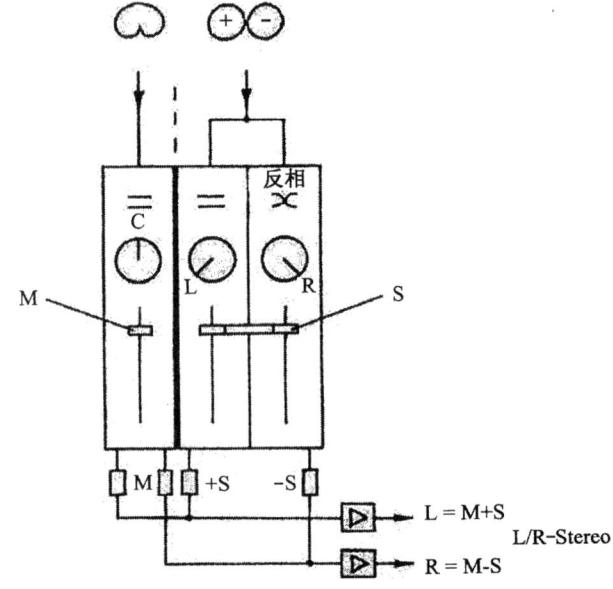

图11-8 使用调音台的三个通道的设置

的。"混合"拾音方法是既利用了时间差又利用了强度差来完成立体声重放的声像定位。在这个意义上，"混合"拾音方法拾取的声音更接近人自然听音状态下的声音。

"混合"拾音方法最大的优点是使用简单。一旦选择了"混合"拾音方法中的某一种拾音制式，也就确定了话筒系统的设置，无须再对话筒间距、主轴张开角度、拾音范围角度等进行调整，这些概念在"混合"拾音方法中也显得不十分重要。另外，"混合"拾音方法既保留了时间差拾音方法良好的厅堂特性，也保留了强度差拾音方法声像定位准确的优点。还有，"混合"拾音方法的立体声/单声道兼容性比A/B拾音制式要好。用耳机做立体声重放时，"混合"拾音方法的声音也比另两种拾音方法好。可以说，"混合"拾音方法拾取的声音比"时间差"拾音方法和"强度差"拾音方法拾取的声音更自然一些。

下面介绍一种被称为ORTF的混合拾音方法。ORTF的命名是使用法国电视台（Office de Radiodiffusion Television Francaise）的法语缩写，它因为法国这家电视台最早使用这种拾音制式而命名。图11-9是ORTF拾音制式的话筒系统设置示意图。

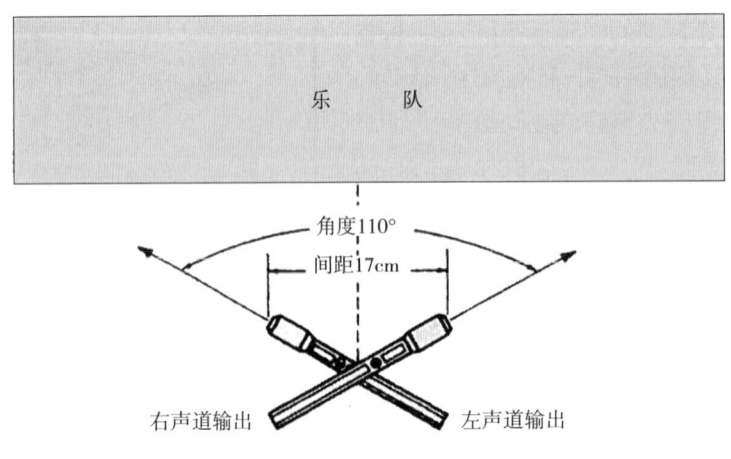

图11-9 ORTF拾音制式示意图

② 2轨道上中置话筒，声像旋钮放在中间的位置。

③ 3、4、5轨道分别是左前、中、后话筒，声像旋钮放在左声道位置。

④ 6、7、8轨道分别是右前、中、后话筒，声像旋钮放在右声道位置。

如此安排，是为了尽可能精准地捕捉乐器的各种声音效果。在技术上，它发挥了数字录音精密完整的优势。由于使用的是真正的二胡现场演奏，所以突出了模拟现场的淳美厚重的特质。其音质上的最突出特色是，不但在层次和解析度方面有了极大的提升，而且声音的细节得到了尽可能完整的保留，音色极其饱满和温暖。

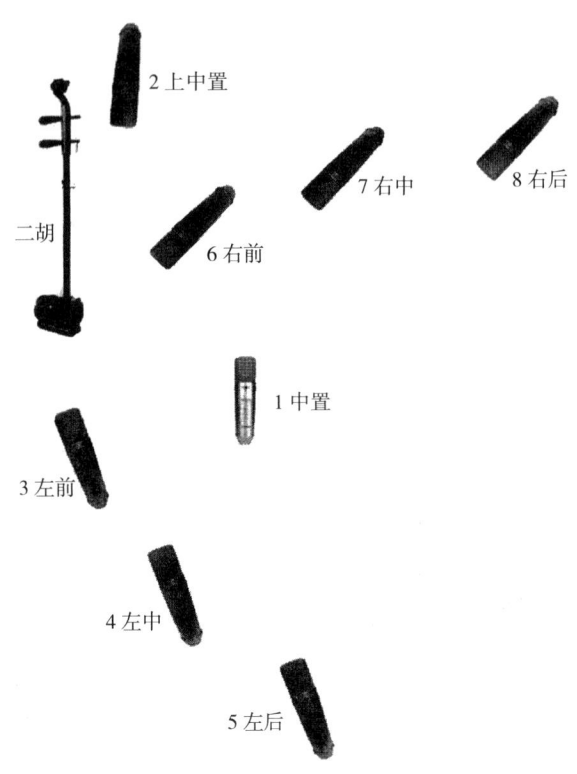

图11-10 多轨录音示例

11.6 环绕声录音

随着5.1环绕声制作技术的发展，利用环绕声调音台或数字音频工作站就能够将单声道或双声道音源处理成环绕声声场。在某些情况下，当然也可以利用多声道拾音技术来拾取真实的环境声场并混合成环绕声节目。

一种相对简单又有效的方式来拾取现场或录音棚的环境环绕声，也就是简单地将分隔式话筒对着放置在录音棚中，远离音源的位置。它可以正对或背对着音源，当然这全取决于试验。在环绕声混音阶段，将环境环绕声话筒拾取的信号与录音棚或音乐厅话筒信号混合，可以为合唱、鼓组或乐器合奏增加丰富的空间感。

录制合唱或乐器最合理的方法之一是利用5个话筒的DeccaTree变体。这种灵活简单的系统也就是在现有的3个话筒Decca tree系统中增加2个后方话筒。另一种简单的方法是将5个心形话筒摆放成一圈，中间声道正对音源，以此创造一个简单的设置并分配成L-C-R-SL-SR。如图11-11将5个心形话筒围成圈，来创造一个改良的小型环绕声Decca Tree（中间话筒正对音源）。

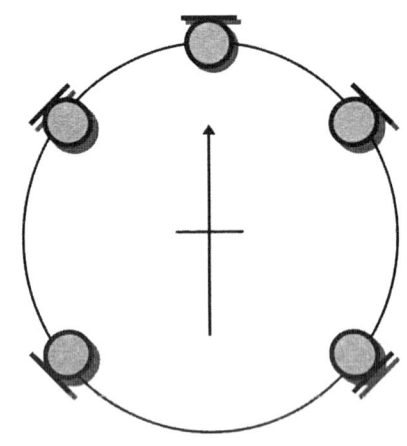

图11-11 环绕声Decca Tree拾音制式示意图

11.7 各种节目形式的录音方法

11.7.1 古典音乐的录音

古典音乐通常是指在欧洲16世纪之后发展起来的管弦乐，以及教堂里为各种仪式演奏、演唱的宗教音乐、各种剧院音乐等。通常人们所说的古典音乐大多是指西洋古典音乐，其实它还应包括传统形式的民歌、典型民族音乐等等。古典音乐的特点是：具有比较严格的音乐体裁形式和相对稳定的演奏形式。所以在录制这类音乐时，应要求和谐、平衡，声音圆润、柔和，带有明快和悠扬的音色。

由于这类音乐基本都是在音乐厅、歌剧院或特定的声学环境下演出的，所以演出场所的声学环境特点，已成为这类音乐的音色特征之一。因此在录制古典音乐时，要特别注意整体声音在特定声环境（如音乐厅、教堂）中所形成的自然声场特点，以及各声部之间的平衡与融合。这就要求在拾音时要注意乐器的直达声与演奏空间混响声的比例，要注意拾音方式的选择应能适合表现声音舞台的空间造型。

因此，在对古典音乐进行录音时，应注意以下几个基本原则：

1）如果可在自然混响条件下进行录音，则宜采用同期立体声录音方法。在拾音方式的选择上，以主话筒拾音方式为最理想。如果录音场所的自然条件不理想，或乐队编制不甚合理，造成乐队各声部之间无法做到自然平衡时，可利用多话筒方式来拾音，但应尽量减少使用话筒的数量，以求最大程度地取得整体声音的自然融合。

2）创造声音舞台的空间分布，是录音中的重要组成部分。由于古典音乐有相对固定的乐队分布形式，所以在进行立体声录音时，立体声声像要与现场乐队的分布形式相同，要体现出方向感、层次感，以及声音舞台的形状及声学特性。

3）在进行调音时，应以在理想演奏厅中，观众席理想听音位置的听音状态，作为调音的标准。

以下就交响乐、室内乐和合唱来叙述古典音乐的录音方法。

（1）交响乐的录音

交响乐通常是由大型管弦乐队来演奏的。我们经常接触的管弦乐队有3种基本形式，即西洋管弦乐队、民族管弦乐队以及两者混合而成的管弦乐队。

1）西洋管弦乐队的录音

西洋管弦乐队由弦乐、木管、铜管和打击乐器组成。有单管、双管和三管编制，各编制的差别，只是各乐器组乐器比例数量的差异。乐队声音的整体性和融合性好，音色较柔和，高频噪声较少，乐队各乐器组的位置比较符合声学要求。

录音基本都采用主话筒方式来拾音。主话筒的位置会随音乐厅、演播室的条件和乐队的编制规模、曲目的不同而有所改变。通常是在指挥后方3～5m，高2～5m处设置主话筒。主话筒拾取乐队的总体声音，有时可根据需要设置辅助话筒。辅助话筒可根据要求采用点话筒或重合话筒拾音。图11-12为西洋管弦乐队录音的一种现场设置示意图。

2）民族管弦乐队的录音

民族管弦乐队是由拉弦乐器组、弹拨乐器组、吹管乐器组和打击乐器组组成。一般是拉弦乐器位于指挥左侧，除扬

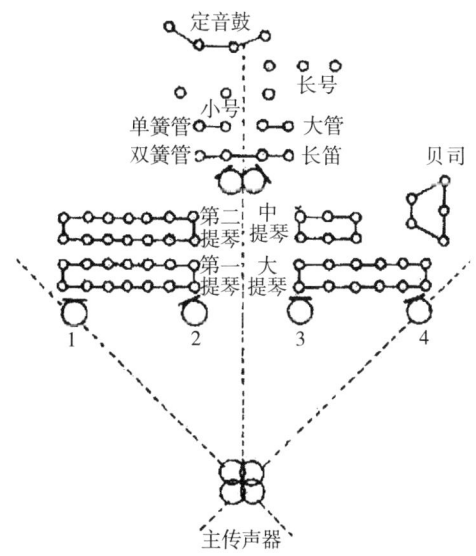

图11-12 西洋管弦乐队录音示例图

琴、古琴、筝之外的弹拨乐器位于指挥右侧，扬琴、古琴和筝位于中央，吹管乐器在扬琴之后，打击乐在最后。民族管弦乐队中各个乐器的个性较强，整体的融合性较西洋管弦乐队差，并且演奏过程中高频噪声较大，乐队的平衡性也不十分理想。

民族管弦乐队的录制一般也和西洋管弦乐队的拾音方式差不多，采用主辅话筒拾音方式，但也存在特殊的地方。

由于民族管弦乐队整体演奏位置比较低，所以主话筒的高度应比录西洋管弦乐演奏时低。另外，民族管弦乐队中的拉弦乐器的声辐射方向与西洋管弦乐队中的拉弦乐器不同，所以辅助话筒设置比较低，并且话筒方向偏向琴窗方向。

由于民族管弦乐队弹拨乐器的高频噪声比较大，所以辅助话筒的摆放应有意识地避开拾取这部分噪声，并且可辅以调音台的均衡加以解决。对于动态较大的吹管乐器和打击乐器，应选择可承受大声压级的电容话筒或优质动圈话筒来拾音。另外，在采用主辅话筒拾音时，串音是一个比较严重的问题，所以可以在拾音时加一定的隔声处理，或将乐队各乐器组之间的间距加大，但是在调音时声像也应与现场设置相同。对于色彩乐器的声像则可以灵活处理。

3）西洋和民族混合的管弦乐队的录音

现在在一些改编的民族管弦乐曲或戏曲曲目中，经常采用这种乐队形式来演奏。一般而言，这种乐队并不很大，而常常以西洋管弦乐队为主，民族管弦乐队为辅。

在对这种乐队录制时，应充分注意融合性问题。由于民族乐器瞬态都比较强，声音的持续过程比较短，所以不容易与西洋管弦乐的演奏相融合。同时串音也比较严重，所以拾音时应注意声隔离。除了采用主辅话筒来拾音外，也可采用在流行音乐中常用的多话筒拾音方法，但话筒数目不宜过多。

（2）室内乐的录音

作为一般形式的室内乐，往往演奏人员比较少，甚至只是一两个人的独奏或重奏，因此，音量的变化相对于交响乐来说就要小得多了。所以，不要对音乐的动态进行压缩，甚至于为了表现出室内乐的典雅，而稍将电平压得低一些，以增添少许清幽也是常见的。

由于室内乐的声像范围较窄，因而在声像配置上，不要拉得太开，但仍应注意声像间的界限应分明，具有明确的对比形象。拾音方式大都选择主话筒方式。

（3）协奏曲的录音

对于协奏曲形式的音乐，由于主奏乐器与伴奏乐队之间形成较为突出的明显对比关系，所以在电平控制上，应注意做到使主奏乐器的音量与乐队伴奏的音量之间不要相差太大。其余的要求与室内乐的要求差不多，只是增加了对主奏乐器的拾音。

（4）合唱的录音

合唱主要有童声、男声、女声和混声合唱几种形式。演员一般是按照声部的划分来排列的，但排列的方式不尽相同。有按照女低音、女高音、男高音、男低音的顺序从左至右扇形排列的，也有将男、女高音在前，男、女低音在后面较高位置排列的，或者女声在前中央，男声在后面较高位置排列等。不同的排列方式，决定了话筒摆放的方法，但对话筒摆放的基本要求，应以取得良好的各声部平衡为准。因此，话筒不能架设太近，以免将个别声部或个别演唱者的声音过分强调，产生"特写"的情况。话筒与合唱队距离应根据拾音方式和合唱队的规模来决定，话筒的高度，也应根据合唱队的排列来决定，一般在2m左右。

对于无伴奏合唱的录制方式，基本上与管弦乐队的录制方式相同。但对于有伴奏合唱的录制，情况要相对复杂一些，主要是要处理好合唱与伴奏的关系。在大多数情况下，是以合唱为主，乐队伴奏为辅。但在一些特殊的乐段，如前奏、间奏时，则以乐队为主，而合唱起衬托作用。在录音中，不要人为地强调两者的差别，使两者形成鲜明的对比。

对有伴奏合唱的录音，应将乐队声音处理在前方，而将合唱声音处理在后方，因此要将乐队拾音用的加强话筒设置得近一些，而拾取合唱的加强话筒设置得远一些。另外，对乐队后排的打击乐器或铜管乐器，要进行适当的隔离，或将其与合唱前排的距离拉开，以免产生太大的串音。

在声像处理上，应将伴奏乐队处理成铺满整个声音舞台，而将合唱适当地在声音舞台中央展开。

11.7.2 流行音乐的录音

流行音乐的乐队编制不像交响乐队那样严格，而且乐队中各乐器的声音也不一定能达到自然平衡。相对于交响乐队来说，流行音乐的特点是各乐器能突出个性的表现。

因此，目前流行音乐的录制，以分期多声道录音为主，后期制作对节目质量的影响比较大，也有采用同期录音方法的。

在拾音和混合时，要使各声源能够最大限度地独立发挥自己的特长，在声像安排和音量控制上，应做到整体的平衡，以弥补演奏中的不平衡问题。

由于采用的是多声道录音方法，所以拾音基本上采用对单件乐器或乐器组的拾音方法。

11.7.3 戏曲节目的录音

戏曲的拾音一般包括两个方面，即唱腔拾音和器乐拾音。

戏曲乐队的构成一般是两部分，即管弦乐和打击乐。如今的戏曲乐队的管弦乐部分又增加了西洋管弦乐队中的一些管弦乐器。

戏曲乐队与一般的民族管弦乐队的区别是，打击乐占的比重比较大，其中的锣鼓点在一些剧种中起到指挥作用，所以录制好戏曲乐队中的打击乐，是比较重要的。

由于打击乐的音量很大，所以产生的串音比较大，如果不加处理的话，就会造成同期录音中所使用的每只话筒都有较大的打击乐串音。为此，录制戏曲的打击乐器时，常用屏风进行隔离，或者将它与其他乐器的距离拉远，或者将它安排在半封闭的声环境下演奏。这样既减小了串音的量，也便于其他乐器与打击乐的配合。为了使乐队间配合更默契，也可以在不影响乐队表现力的条件下，采用将话筒适当移近打击乐器的方法，或使演员适当降低打击的力度，以便减小串音。

录制戏曲节目的另一个问题是，要根据不同的剧种和不同的流派来处理主奏乐器与伴奏乐奏的比例关系，以便有利于突出不同剧种和流派的艺术特点。

戏曲录音可以根据录音场所的条件来选择采用同期或分期录音方法。如果录音场所比较大，就最好采用同期录音的方法，以便于乐队间的协调，使之具有整体感。如果录音场所条件有限制，就可以采用分期录音的方法。

在进行戏曲节目立体声录音时，由于演员与乐队之间的位置关系与西洋管弦乐队有很大的不同，所以立体声声像处理没有一个严格的标准。如果按照实际演出的位置来处理声像，势必造成立体声声像的失衡。所以在处理声像这一问题上，经常采用民族管弦乐队中所用的方法，即将拉弦乐和弹拨乐分置两侧，演唱安排在中间，打击乐安排在中间偏左或偏右的位置。当然这不是严格的规定，录音师或节目制作人可以根据节目的要求加以改变。但是应尽可能使各个乐器不要分得太开，以免和听戏习惯相差太大，尤其是进行戏曲选场或全剧录音时，这一问题更应加以注意。最好将乐器声像处理在中间偏右一侧，以强调现场感。

11.7.4 语言节目的录音

如果人声是演播室中的固定声源的话，那么话筒一般是设在嘴的斜上方或斜下方，这样可以避免讲话气流产生的"喷口"现象。在电台或电视台对播音员拾音时，为了避免桌面等其他边界产生的反射声与直达声相位作用（梳状滤器效应），桌面上应铺上一些毛毡类的吸声材料，或者采用PZM话筒来拾音。

11.7.5 广播剧的录音

广播剧是一种特殊的综合艺术形式。它是通过将旁白、人物对话、配乐和音响效果等多种声音有机地结合在一起，反映在特定的环境空间中所发生的剧情。

广播剧的录音要产生广播剧的环境感，制作过程是对广播剧进行整体连贯性的创作。

在录制广播剧时，演播室要根据录音的要求进行适当的声学空间分割。一般分成一或二个表演区和音响效果区。在表演区，演员走动说话，按剧情表演，在音响效果区，由专门人员进行脚步、端水、倒水及其他音响效果的模拟。

广播剧对声音的要求比较高，它不仅要求语言的清晰度要高，而且还要求由声音及其效果所表现的人物所处环境必须易于听辨。因此录制人员必须通读剧本，对音响设计有一基本的方案。

在室内演播室录制广播剧时，要根据剧情的发展以及时空的转变，随时改变演播室的声环境，从而产生剧本中所要求的空间感。这一点，一般是在后期合成时通过不同的混响处理来实现的，但对它也应在录制拾音过程中有所考虑。如果在室内录制室外戏时，根据声波在开放空间的传播特性，应在表演区加置吸声屏风和悬挂布幕的方法来加强对声音的中、高频的吸收。同时也可以配合压缩器，对人声进行低门限、中等压缩比的压缩，以免瞬态过强。

目前广播剧也采用立体声的形式来制作，所以要在表现层次感的同时，还要表现出方位感，充分发挥立体声在广播剧创作中的优势。

在广播剧录制中，建立立体声声像基本有以下三种方法：第一种是在演播室的表演区内采用立体声方式拾音，比如采用A/B立体声成对话筒拾音。为避免出现中空现象，可在两话筒之间加一只心形话筒。在演员表演的同时，音响效果师在同一动作点配以效果声，录音师要随演员位置的变化来控制调音台的推拉衰减器，使其不产生重叠声。第二种是让演员在话筒前固定位置表演，效果声也一样，就像录制单声道广播剧一样。然后通过录音师随剧情变化调整声像电位器来调节声像，产生方位感。这两种方法各有利弊，第一种方法产生的声音方位感比较自然，但很难一次完成，需经反复试验，才能将效果声与表演声的方位有机地结合，达到满意的效果。第二种方法操作起来非常方便，但声像移动不太自然。第三种方法是利用多声道录音，先将人声与效果声录在不同声道上，在后期制作中精心调整声像电位器以及音量平衡，来获得满意的效果。

在广播剧中，通常还有旁白。旁白起着贯穿剧情，推动情节发展的作用。它的声音应有别于剧中人物的声音，在音色、深度上，都要与剧中对白有明显的区别，以免与剧情产生混乱。

另外，录制广播剧中的人物对白，在电平方面也与录其他语言节目不同，应将录音电平适当压低。这是因为演员的声音，要根据剧情的要求有很大动态变化，应保证在绝大多数情况下，VU表的指针保持在0VU以下，在大声喊叫时可瞬间超过0VU。

第12章 混音技术

12.1 监听

混音时,录音师应尽可能坐在靠近声场中心的位置(其他参与者能够坐在最佳位置),并保证扬声器音量调整为相互平衡。假如录音师更靠近其中一个扬声器,那么对录音师来说,一个立体声源从该扬声器听到的声音就会更大,从而迫使他将该声源的声像往另一边调整,或者将另一边扬声器的音量推大。此时的混音在该房间听起来正合适,可是放到其他环境中重放,其声像就会偏向一边而失去平衡。避免中心失衡的快速检验方式,是录音师必须时刻确保不同扬声器之间的音量差变化在主输出VU表或显示表上显示为平衡的。另一种方法是将粉红噪声或纯音测试信号馈给声场中的每个扬声器,然后检查它们的输出音量是否相等(可以通过仪表进行简单测试,也可以通过将测试话筒放置在中心听音位置拾取每个扬声器的测试信号后比较来得到)。

12.1.1 监听的音量

在录音和混音阶段,要时刻注意Fletcher-Munson等响曲线始终直接影响着整个节目的频率平衡。因为人耳在不同监听音量下对声音的感知也是不同的,若在高音量下监听,人耳很容易就感知到混音中的极高频和极低频(声音听起来很丰富)。然而,当我们将该节目在低音量条件下重放时,人耳就几乎感觉不到这些频段的信息,极高频和极低频,都将存在缺陷(混音作品也就失去了生命力,显得苍白单调)。

监听音量普遍提倡为适中的75~90dB声压级。一个最方便的判断标准就是当你和你的同伴需要在控制室中通过喊叫才能交流的话,那么你的监听音量就太大了。这个适中的监听音量是混音的折中点,它精确地表现出房间中的各频率元素(即Fletcher-Munson等响曲线接近平坦)。同时,又不至于使人耳长时期暴露在高声压级环境下,产生听觉疲劳和损伤。

12.1.2 监听的配置

除了获得最佳整体混音效果外,监听还有一个很重要的目的就是要与最终用户的重放环境和扬声器系统设置相匹配(即单声道到立体声、单声道到环绕声和立体声到环绕声)。关键是要记住你的潜在客户群中有很大一部分是通过电视机、计算机或AM和FM收音机等单声道重放环境第一次听到你的作品。因此,如果录音作品在立体声环境下听起来很棒却无法很好地在单声道环境下重放时,它就会无法满足这一部分群体。同样的情况也会发生在环绕声音乐录像带或电影发行中,人们时常对单声道和立体声转化过程中的相位抵消问题重视不够。

为了避免这类潜在问题的出现,混音过程必须避免出现诸如因反相而使某乐器声抵消或衰减失衡。检查不同格式的兼容问题,以保证整体声音质量。

如今最常见的扬声器系统配置就是单声道、双声道立体声和环绕声。

ORTF拾音制式使用两只心形指向特性话筒，话筒间距是17cm，话筒主轴张开角度是110°。从ORTF拾音制式话筒系统的设置就可以分析出：两只话筒彼此拉开一定间距，以便拾取声道间的时间差，这带有A/B拾音制式的特性。两只话筒使用心形指向特性话筒，并且主轴张开一定角度，以便拾取声道间的强度差，这带有X/Y拾音制式的特性。

ORTF拾音制式立体声话筒系统的设置是固定不变的，即该拾音制式的话筒指向特性、话筒间距、主轴张开角度从严格意义上讲都不允许调整，一旦调整，也就不称其为ORTF拾音制式了。录音师在使用ORTF拾音制式录音时，只需将"拾音范围角度"与乐队宽度的外侧相重合即大功告成，其他不必劳神。

11.5 多轨录音

多轨录音技术从某种意义上讲是单声道拾音。使用多轨录音技术录音时，要求将乐队根据录音要求和乐队编制分成若干声群，对每一声群进行单声道拾音，然后再将若干个单声道信号利用调音台的声像电位器，根据艺术创作的要求，以不同比例人为地分配到左、右声道中去，实现立体声重放的声像定位。需要说明的是，对每一声群单声道拾音的过程可以单独进行（即分期分轨），也可以与其他声群的单声道拾音同时进行（即同期分轨），而最终每一声群在立体声重放中的位置是录音师创造出来的，与录音时声群的实际排列位置无关，所以也有人称多轨录音技术录制的立体声节目是"假立体声"节目。调音台上的声像电位器使一个单声道信号分配到左右声道电平大小不同，导致立体声重放时的声像左右偏移。这个左右声道间电平大小的差异就是强度差。

多轨录音技术的立体声重放声像定位，就是根据左右声道间的强度差实现声像定位的。从这个意义上讲，可以将多轨录音技术理解为是强度差拾音方法中的一种拾音制式。

多轨录音技术一般分为两种基本方法："同期分轨"和"分期分轨"。

同期分轨是指乐队的所有乐器同时演奏，但是分别记录在多轨录音机上。在后期加工阶段，将各声道混合成双声道立体声。

分期分轨即不同乐器或乐器组分别拾音，并分别记录在多轨录音机上。在后期加工阶段，将各声轨混合成双声道立体声。

分期分轨录音，因演奏员是单独或者分组进行录音，必须使他们掌握音乐节奏的进行。一般使用一轨事先录上节奏、小节数、反复记号等，演奏员录音时通过耳机返送的提示信号演奏，所以分期分轨必须使用耳机监听信号。

下面以录制二胡乐曲为例，说明多轨录音在音频工作站中的通道设置。

二胡面前摆放了一大堆话筒，除中置声道、低音声道话筒以外，左右声道还分成远、中、近3对话筒，这样共计有8个话筒来收录一个二胡的声音，精准地捕捉现场效果。将乐器的直达声以及泛音都一次收录完成。与以往先录音后调混响不同，它是通过话筒一次拾音的调校和收录，现场直接录音母带，不加后期制作，以最真实的方式，表现乐器的声音。在录制古筝独奏或者古筝、胡琴等乐器合奏的时候，同样可以采用这种"原汁原味、一气呵成"的方式录制。

利用非线性制作软件，可以很方便地实现8进8出的同步录音功能，这里采用美国的马头896HD声卡与797厂生产的N1"2S话筒，录音软件采用Nuendo，分别设置为8个单声道输入，话筒的摆放如图11-10所示。音频轨道的设置如下：

① 1轨道中置话筒，声像旋钮放在中间的位置。

（1）单声道监听

即使是在当今，消费大众首先都是通过单声道媒介听到音乐产品的（见图12-1）。换句话说，他们会首先在收音机、电视机，甚至是在电梯里或计算机上听到你的作品。因此，唱片公司、制作人以及参与唱片制作的每一个人，都要非常重视其作品的单声道兼容性以及单声道作品的整体质量。事实上，很多作品都会另外制作一份单声道版本，来满足在特定重放媒体上的播放质量。

（2）立体声监听

自从开发了45°/45°唱片刻盘技术以来，双声道立体声（Stereo）就开始了对唱片媒介的统治时代（见图12-2）。当然，近年来双声道立体声也已经渗入了FM调频广播、CD播放器、电视机和互联网当中。因此，高质量的立体声混音制作，越来越注重L-R声道平衡关系、整体频率平衡、动态、纵深以及效果等细节。

混音环境必须保证在声学设计和物理建筑设计中关于左右对称，从而保证混音时L-R声道平衡、效果平衡以及在立体声声场中的声像定位精准。除此之外，切记随时检查单声道的兼容性。当立体声混合成单声道节目时，常会产生相位抵消，从而导致某些乐器或某些频率消失。因此，减少相位问题最好的办法是科学的拾音技术、接入相位表或显示表，当然，还有你的耳朵。

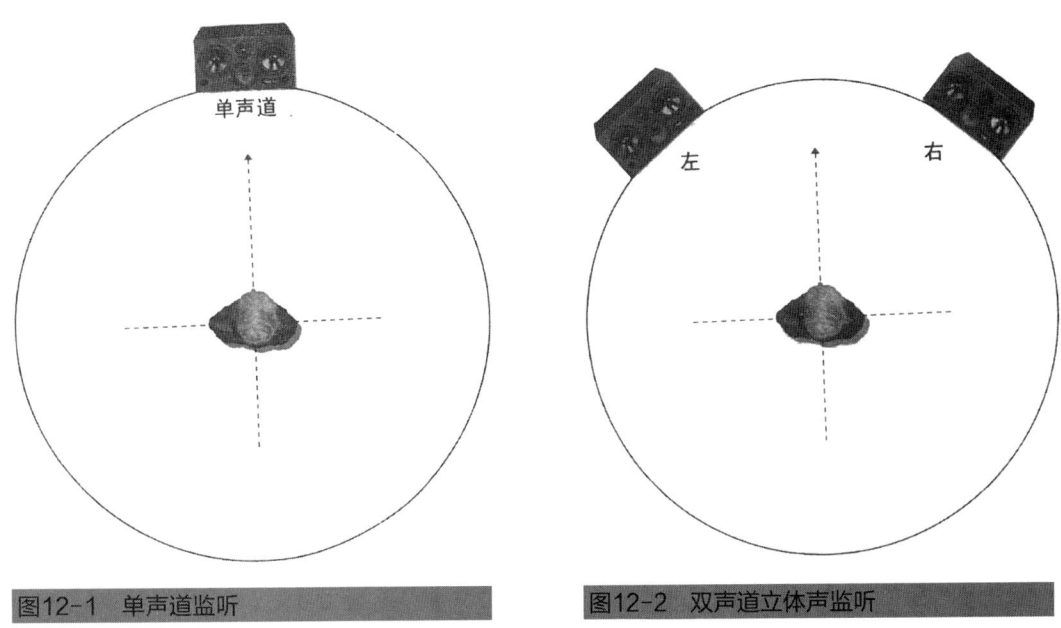

图12-1 单声道监听　　　　　　　图12-2 双声道立体声监听

（3）环绕声监听

随着5.1环绕声家庭影院系统的发展，环绕声（见图12-3）在专业领域和民用娱乐领域都有广阔的市场。所谓5.1指的是5个全频段声道（左、中、右、左环和右环）和第六个超低音声道。DVD视频光盘通常使用的是Dolby Digital格式的5.1声道编码（将离散的5.1信息编码成单一数据流的方法，如AC-3和DTS格式）。

有人认为，音乐的主要信息应该集中在前方L-C-R声道，而将环境声和特殊效果声放置在后方环绕声道，有些人喜欢把传统的混音观念抛在脑后，寻求360°全方位的声像定位，不同的乐器和混音元素，能够定位在环绕声声场的任意一个方向。

当处理离散的5.1环绕声时，兼容性并不是主要的问题，因为节目会在离散的重放系统中重放。此时，并存的分离双声道立体声和单声道混音素材，通常就能够直接用于向下的重放。然而，如果混音节目由Dolby Prologic（一种环绕声编码方式，其L-R立体声轨由复杂的相位关系建立）编码，就需要注意保证环绕声、立体声和单声道重放的兼容性。

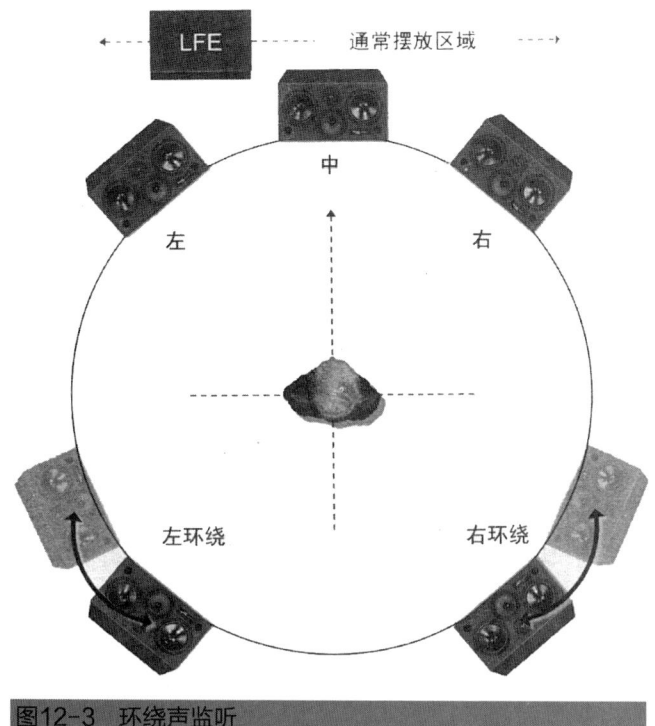

图12-3 环绕声监听

12.1.3 监听电平的控制

当监听系统发展成能够兼容不同制作和重放不同格式时,如何控制监听电平以及在不同音源之间切换,就成了棘手的问题。很多母线调音台以及高端的数字音频工作站系统能够处理不同格式的监听要求(包括环绕声)。然而,在重放多声道音源时,电平调整以及其他平时容易控制的参数都成了问题(尽管最新的音频接口设计能够提供全方位的多声道电平控制)。因此,高端的前置放大器、音频接口和专门的录音棚监听控制系统(见图12-4)就成了很多专业录音棚和制作棚用来控制监听的首选。

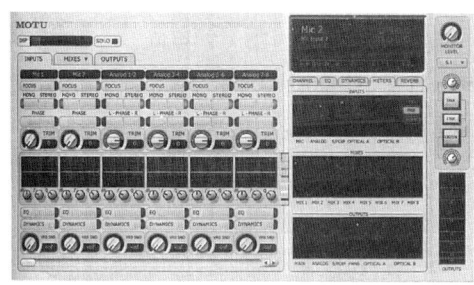

图12-4 Motu 环绕声音频接口控制面板

12.1.4 监听的方式

(1)远场监听

远场监听(farfield monitoring)通常使用较大的多驱动单元扬声器,它能够以中高音量电平相对准确地辐射声音。由于它们的大尺寸和设计要求,因此通常为嵌入式安装(安装在控制室墙体内以减小向两边和向后的辐射,以提高扬声器效率)。然而,这类监听由于如今更便捷、价格更经济的近场监听的广泛使用而不再流行。

(2)近场监听

尽管远场监听通常是高声压级监听最好的参考,但这类扬声器几乎不能够在如此高声压级的情况下辐射"干净"的声音。因此,大部分专业录音棚还会运用近场监听,更真实地反映大众听音环境。同时,这也是大众最常用的聆听方式。

"近场"一词指的是放在工作台两侧或者制作调音台表桥两侧(稍微偏后)的中小型书架式扬声器。这些扬声器通常放置在距离听音位置较近的地方，使我们能够听到更多直达声，减少房间声学环境对节目的影响。

（3）小扬声器监听

由于收音机、电视机和网络传播是如今主要的音频传播方式，这有助于唱片的传播和销售，因此，最好将你音乐的最后成品通过一些小型的、价格不高的扬声器来监听，因为这些媒体都会有一些非线性的失真以及低频响应的缺失。有时，这些小型监听扬声器（small speakers）已经成为调音台和两轨ATR简易监听设计中的一部分了。

在用这些小型扬声器监听之前，最好让你的耳朵和大脑有个短暂的休息，从长时间通过大型扬声器监听的高声压级环境中恢复过来。

（4）耳机监听

耳机（headphones）也是一个非常重要的监听工具，因为它能够完全摆脱房间声学环境对混音作品的影响。同时耳机也提供了出色的空间定位听感，能够使艺术家、录音师或制作人在立体声声场中灵活地改变音源的位置，而不会受到来自房间界面反射的影响。由于耳机体型轻便，你可以戴着你最喜欢的耳机，在任何一个不熟悉的环境中快速、容易地监听混音作品。

应该注意的是，耳机监听能够消除房间因素的干扰，但并不能完全代表扬声器的重放效果（特别是声像定位）。通过耳机监听，通常会比房间中扬声器更强调诸如混响等低声压级的效果。因此，混音节目需要同时通过扬声器和耳机切换进行监听，才能得到最合适的效果。

12.1.5 频谱参考

即使你的监听扬声器拥有近乎完美的时间和频率响应指数，但唱片购买者很少有人拥有一套绝对完美精准的重放系统。因此，人们无法听到与在控制室里一样出色的混音作品。消费大众通常由于使用扬声器的种类繁多和听音环境条件上的千差万别，导致听到的音响效果大相径庭。鉴于这样的事实，作为一名专业人士，能够做的就是依靠自己的判断、经验和自己的双耳，尽可能创造出适合于广泛听音条件的、各方面都相对平衡的作品。

除了我们自己最好的工具——经验、判断还有耳朵外，还可以借助频谱分析仪，它能够通过图像，显示音频节目在任意一个时间点上的全频带频率平衡。这类设备（既可以是外部独立的，也可

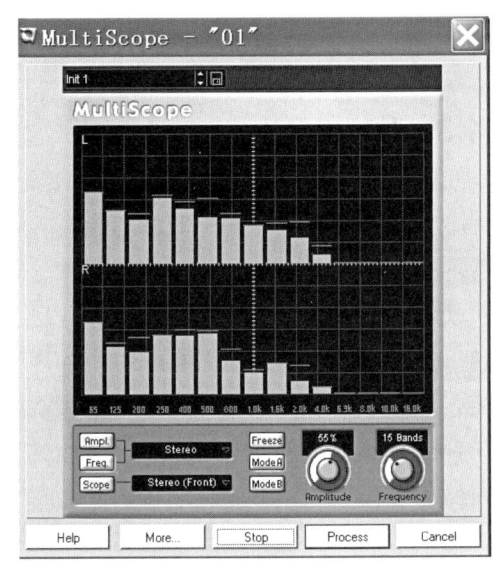

图12-5 Nuendo软件频谱分析工具

以是数字音频工作站程序中的一个插件）能够在图像上显示同频带中不同频率的信号电平读数（见图12-5）。显然，频谱分析仪能够帮助录音师或制作人随时便捷地观测频率畸变、频率缺失和带宽。无论是在录音阶段还是在混音阶段，这类设备都能够提醒并帮助你避免出现潜在的相位和频率问题。

12.2 混音的要点

音乐是以音响的形式存在的。可以说，音乐是内容，音响是形式；也可以说，音乐是信息，音响是载体。

无论同期分轨录音还是分期分轨录音，在前期录制的都只是音乐素材，还不能称为完整的音乐。一段完整的音乐，除了音乐家将作曲家创作的乐谱演唱、演奏为音响以外，还应该包括演奏、演唱的方位信息和厅堂的声学特性。为了追求高质量的声音，这些方位信息和厅堂的声学特性在多轨录音的前期录音阶段一般都是被摒弃掉的，那么，在后期的加工处理阶段必须用人工的方法加载这些信息，业内人士称这个加工处理阶段为"缩混"。这是多轨录音最重要的步骤，也是录音师表现创作风格、施展才能的重要环节。后期加工处理包括：声像定位（声像分配）、声场塑造、音量平衡、音色调整等。

12.2.1 声像定位

立体声音响的核心是"立体"，立体感是通过听音人对声源在空间位置分布的感受形成的。声像定位像一幅听觉幻象组成的心理图像，是舞台上真实声源在眼前的再现，同时也是立体声技术塑造音乐空间的重要手段。

声像定位不是"点"的，而是"阵"的，是"三维"的，即左右、前后以至于上下的声像定位。它还应对每一件乐器、每一组乐器，直到整个乐队形象的准确描绘，否则就完全破坏了音乐形式的真实，破坏了"立体"的美。

实现声像定位的技术手段是声像分配，即将前期录制的单声道多轨音乐素材根据创作的要求，分配到立体声的左右声道中去。声像分配是借助Pan Pot（声像电位器）实现的。此时的Pan Pot就是录音师创造人工立体声的工具。

下面以鼓组的混音为例，说明声像分配的处理方法。

① 底鼓（B.D）：和主唱一样处于整个乐队的中心位置。
② 军鼓（S.D）：多数情况在中间，爵士乐放在偏右1点位置。
③ 踩镲（H.H）：定位在3点位置。
④ 通通鼓（T.T）：高通10点，中通2点，地通3点。
⑤ 吊镲（Cym.）：极左或极右。

另外，如果乐队中只有一把吉他，通常将吉他做成立体声。如果有几把吉他，可将各吉他做成单声道并置于声像的左右两侧，这样更能分清各吉他的位置。

12.2.2 音量平衡

音量平衡是声音能量的合理分布，是指乐队、合唱队各个声部之间，乐队与合唱队、独唱、独奏之间的音响平衡。

音响的平衡是按照一定的比例在运动中变化的平衡，各声部在平衡中此起彼伏，独唱独奏和乐队在平衡中有主有次。只有这样，才能形成匀称、和谐的音响美。

从技术层面讲，在多轨录音的后期"缩混"阶段，录音师对音响平衡的调整和把握主要是利用调音台上的音量电位器，也称"推子"完成的。在调音台的"口子"、输入通道、输出母线、辅助输出等节点布满了各种音量电位器，对音响平衡的调整，实际上是音量电位器对各节点电平的调整。

（1）电平控制

① 模拟时代的0dB以上有12～18dB的增益余量，数字时代的0dB就是天花板，不允许破关。每增加一轨，电平增加3dB。

② 保留每一轨峰值余量的方法：如果共有2轨，每轨的峰值余量最少 -3dB，4轨为 -6dB，8轨为 -9dB，16轨为 -12dB，32轨为 -15dB。

③ 增益与推子的关系：推子在较低位置做较小的改变电平却有较大的变化。让推子尽量保持在0dB左右，可以进行更精细的调节，这是使用增益的原因之一。在模拟时代要尽量让增益大，以增加信噪比。在数字领域这种概念不一样。

④ 通常各通道的最佳工作电平为–18dB，以保证Buss的电平不会过0dB。人耳对音量的感知主要是平均电平（Rms），不是峰值电平（Peak）。

（2）监听与环境

① 在强吸音的环境中混音的作品放在现实空间回放时通常是有问题的，要特别注意混音时的直混比（Mix）。

② 人的监听位置应在监听音箱的声能集中点上，如果不在这个点上监听，混音出来的结果有可能存在声音缺陷。

③ 利用镜子寻找声音的反射点，从而对反射点做声学处理。

④ 监听音箱的后面墙也要做声学处理，或将音箱离后墙远一些。音箱的摆位有时比音箱本身的质量更重要。

⑤ 拿同类型、风格的音乐作品作为混音参考是很重要的。

⑥ 时时保持听觉的新鲜感，因为耳朵是很容易适应的，不要反复多次听一首作品。监听的音量一般在85dB左右（C加权）。

12.2.3 音色调整

音色是人们在主观感觉上区别具有同样响度和音高的两个音之所以不同的特性。它是声音中最小的表意因素，它的变化十分丰富，极具感情色彩和独特的感染力。录音师也借助均衡器、声音激励器、混响器、压限器等几乎所有手段去刻画"完美的"音色。

最好的录音师致力于用选择话筒的类别和调整话筒的设置获得最佳音色。

（1）使乐器具有自己特定的频率范围

① 频谱定义了一件乐器的特有音色，赋予了一件乐器的定义感。乐器缺乏定义感主要是在中频段（400~800Hz）区域内过分加重引起的。

② 对不同的乐器在不同的频段采用均衡，就可以使其音色产生差别，混合起来就会获得较好的效果。如对底鼓和贝司在50Hz和100Hz分别提升，如图12-6所示。

③ 歌唱声与处于同一频段的键盘声或吉他声等中音乐器的均衡处理，可采用互补均衡的方法。这种均衡可以使乐器之间的干扰减少，它在突出歌唱声的同时并没有减弱其他乐器的声音，如图12-7所示。

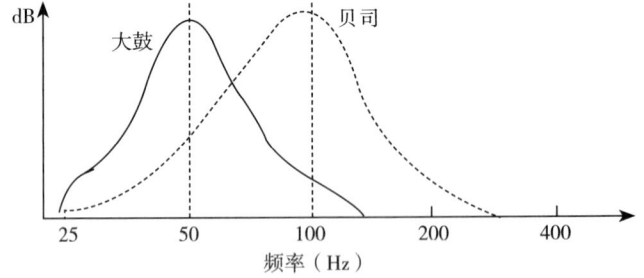

图12-6 对低音乐器的互补均衡

（2）频率调节原则

① 如果要使声音好，先衰减再提升。

② 如果要声音不同，先提升再衰减。

③ 衰减的时候用窄带宽，提升的时候用宽带宽。

④ 利用衰减低频来突出一件乐器，利用衰减高频来使乐器彼此融合。

⑤ 混音中使用的都是参数均衡，均衡使用的段数越少越好，一般3~4段，应重视拾音的前期工作。

⑥ 除低音乐器外，一般均衡时会用低切，而较少使用高切，人声也一样。

⑦ 均衡的调节衰减多于提升，得到的声音更自然，宽带宽调节比窄带宽调节效果更明显，调节的幅度不宜过大，过大声音会不自然，通常3dB左右。

⑧ 当用几只话筒同时为一件乐器拾音时，对生成的各音轨可分别进行均衡处理。

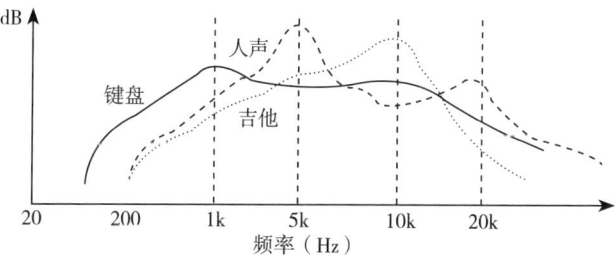

图12-7　对中音乐器的互补均衡

⑨ 在缩混阶段，均衡的调节应突出各声部的特征音色，互相避让，特别注意要为人声留出频谱空间。

12.2.4　动态控制

音乐不像语言那样包含准确的内涵。音乐音响是一种模糊信息，声音的流转和情感的运动是在时间的载体上形成的，所以说音乐是时间的艺术。音乐的急缓、强弱对比，是随时间的流动而存在的，这就要求在技术处理上把握好"相对响度"和"绝对响度"之间的关系。音乐在急中不"躁"，缓中不"滞"。弱时，不能被噪声淹没；强时，不能引起失真。这是技术上的需要，也是艺术上的需要。

（1）压缩与限制

① 压缩器的工作分两个步骤：压缩与补偿，主要目的是补偿增加响度。较大的压缩可去除乐器底部频率和较高频率的组成部分，既会改变频响的分布，也会改变音色。

② 均衡与压缩的关系，如均衡做得较大，可将均衡放在压缩前；如均衡做得不大，常将均衡放在压缩后面，但它们之间的先后，效果是不一样的。

（2）压缩的典型应用

① 鼓组：压缩比：2∶1至3∶1或4∶1至8∶1

　　启动时间：快

　　恢复时间：中到快

　　门限：压缩最大响度峰值为4～6dB或6～8dB

② 贝司：压缩比：4∶1或无限大∶1

　　启动时间：中

　　恢复时间：中到快

　　门限：压缩最大响度2～4dB

③ 人声：压缩比：3∶1到4∶1

　　恢复时间：中到快

　　启动时间：中到快

　　门限：压缩最大响度峰值3～6dB

④ 节奏吉他：压缩比：4∶1或3∶1

　　启动时间：中

　　恢复时间：中

　　门限：压缩最大响度峰值3～5dB

12.2.5 声场塑造

在特定的声学环境中产生的声音音响必然带有特定的空间特质，如教堂、音乐厅、剧场等。音乐由于形式、体裁、风格的不同，对声场的要求也大相径庭，这是不言而喻的，语言和效果音响的声场就更具多样化。所以，对某声音形象塑造时，相应的声场便十分重要。

声场塑造，是多轨录音的后期声音处理阶段十分重要的环节，在这个环节，录音师几乎无一例外地使用混响器、延时器等时间处理设备。声场塑造，是对前期录制音乐素材的整体、合理"包装"，故对所有量值的设定要十分慎重。一般来说，混响器参数的设定，决定完整音乐表演事件发生的整体空间特征，而个别乐器加载混响量值的大小，决定该乐器在空间的位置。这二者之间的关系一定合理，要符合声音传播的规律，切忌随意。

（1）混响、延时使用要点

① 声场塑造通常用混响及延时来确定乐器之间的前后距离。

② 较短的延时及混响（5~10ms）可以增加乐器或领唱的厚度。

③ 高频需要更长的混响时间，低频混响时间不宜过长，贝司不需要混响。

④ 较大的延时（100ms）或混响，将乐器推远。小延时（10ms之内）或小混响，可使乐器体积增大。

（2）乐队的层次划分

通常一个乐队的纵深可以划分为5个层次：第①层安排乐队中最突出的乐器，第②层节奏乐器，第③层和声元素（钢琴、吉他伴奏），第④层背景和声、混响信号，第⑤层其他小信号，如图12-8所示。

主唱：层次划分依据音乐类型，一般在第①层到第③层，绝大多数流行歌曲、民歌和乡村音乐安排在第①层。也可将主唱放在第②层以增加与乐队的融合度。

军鼓：第②层是军鼓最常占据的空间，适合任何一种音乐类型。配器的元素越多，军鼓的响度就应该越低，所排的层次就应该越靠后。

底鼓：绝大多数底鼓放在第②层，Rap，Hip hop，House，Blues，Reggae音乐将底鼓放在第①层，

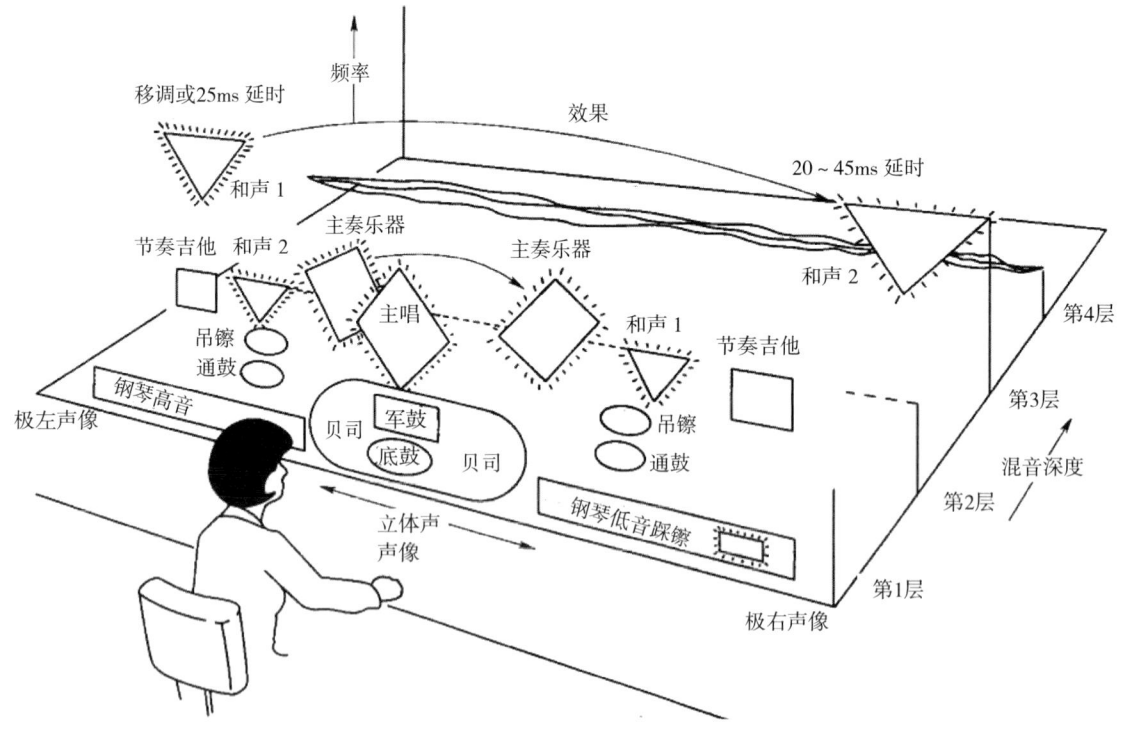

图12-8　大型乐队编制各元素的声场排列方式

Jazz，New age音乐底鼓放在第③层。

贝司：通常放在第②层。

通通鼓：通常安排在第②层，也可以从第①层一直排列到最后①层。

踩镲：多数音乐定位在第②或第③层，重金属、R&B、Jazz音乐放在第①层。

吊镲：多数情况放在第②或第③层。

（3）影响混音中乐器体积的因素

① 频率范围：低频乐器所占的空间比高频乐器大。

② 响度：响度越大的乐器体积就越大，越容易对其他乐器形成掩蔽效应。

③ 立体声声场：信号宽度越大，对其他乐器的掩蔽效应就越大。

④ 混响：混响信号占有大量的空间，是形成掩蔽的另一个因素。

12.2.6 个性表现

个人表现是指作品在声像安排上、效果运用上具有独到之处，整个混音作品让人耳目一新，不落俗套。关于个人表现提供以下几点建议。

① 有时声音风格决定音乐风格。

② 钢琴拥有最大的频响，如果它与贝司及鼓结合时，就可能要放弃钢琴的某些频响，这就是对声音保真的认识。

③ 通过声音展开联想，对声音进行塑形（添加效果），耳听为虚，眼见为实，说明听觉的记忆比视觉的记忆要弱，这也为声音提供了更大的想象空间。

④ 是保证声音的保真度还是进行声音的再创造取决于个人的理解。

12.3 混音的流程

12.3.1 前期准备

混音师拿到手里的混音素材一般会附带有说明——工程文件的注释、音轨列表、编辑记录单以及其他一些相关说明。通常，这些东西在混音开始前都要仔细阅读。顾客对混音的效果一般也会有自己的想法、要求或指导性意见，这也需要在前期准备阶段加以讨论。另外，还会有各种各样的技术环节需要确认，在这个阶段也应对此进行简短的讨论。

12.3.2 试听与粗混

除非是在混音前的制作阶段就已经参与进来，并且已经对混音素材了如指掌。否则，在动手混音前必须仔细听一听要混的东西。试听混音素材，能够了解这段音乐，捕捉它蕴含的情绪与情感，确定其中重要的元素与重点片段，以及需要进行修正的问题。这就好比在开始做饭以前必须弄清原材料一样。

最好还是自己完成一版乐曲粗混——这会让我们了解乐曲的配器、结构、录音的质量，最重要的是，搞清楚如何传达出乐曲所负载的音乐理念。通过自己动手做粗混，能够获得一个机会，去了解将要做什么、必须做什么以及如何去做。同时，这也可以帮助我们制定混音计划。

粗混带来的一个问题在于，无论是音乐家还是自己，有时会不由自主地习惯于粗混的效果，并把它当成最终混音的模板。这种无意识的行为，只有在一个时刻是可以被接受的，那就是粗混经常会让我们第一次感受到混音中的多种元素是如何结合在一起的，以及这种结合的最初效果如何。这确实是一个令人兴奋的时刻，但是，以粗混作为混音模板是非常危险的事情，因为粗混本身从一开始就缺乏对混音素材中细节的把握，有时还包含有随意的试验成分，这使得粗混很难带来混音在技术和艺术处理上的参考价值。尽管如此，一旦用上了粗混，就很难放弃它——这一点是需要混音师牢记的。

12.3.3　混音计划

将推子推起来，去做那些看上去似乎是正确的事情。这其实并不一定能够让混音正确进行下去——就好比要打一场橄榄球比赛，事先却没有战术安排一样。每一项混音工作之间都是不同的，而不同的音乐也要求不同的处理方法。一旦我们充分熟悉了混音素材，那么一个有针对性的混音计划——具体的操作步骤——就应该在脑海里形成，或者落实于纸上。这种混音计划对混音师接下来的工作将非常有帮助，即使记录下来的或者设计出来的内容有一些完全是关于音乐本体的东西——它们能够让混音师从任何对于音响效果的臆想中摆脱出来，并重新规划自己的混音流程。

在混音的开始阶段，我们可能很难找到感觉。当然，制定出一个包含所有内容和全部步骤的混音计划，也是不可能的。而且，这种过于详细的混音计划会限制我们在工作中的创造性和偶然性，而这些对混音而言都是至关重要的。因此，我们不需要在整体上形成一个庞大的混音计划，而只需要针对具体工作阶段制定一个小型的混音方案，这会让我们的工作变得容易一些，当某个小型混音方案完成以后，实际上我们也就完成了对混音的新的预测，也建立了更加合适的混音计划。以下各项就是一个真实存在的混音方案的部分内容，它是针对混音的后期阶段而制定的。

① 底鼓听上去要显得丰满。
② 副歌部分的军鼓声好像太靠后了——用鼓采样替代法来代替它（只在副歌部分）。
③ 小提琴声部的立体声左右不对称——修正声像。
④ 独奏部分小提琴的混响不够出色。
⑤ 用哈斯技巧得到的吉他还不够清晰。
⑥ 军鼓的混响需要进行自动化控制。

并不是所有的混音师都需要这种落实于纸面详细的混音计划，有些人会不知不觉地在头脑中完成计划。但是，无论是用笔记录还是用脑思考，混音总是需要按照一定的方法和步骤进行。

12.3.4　混音环节

（1）技术性环节

混音的过程既包含技术性环节也包含创造性环节。技术性环节通常是指那些不影响或者很少影响混音效果的工作，或者是针对原始素材中存在的技术性问题进行的处理。技术性环节基本上不要求操作者具备音响处理上的专业技能。这里举一些例子加以说明：

① 重置调音台的状态——模拟调音台在完成一项工作后，都需要将各控制器恢复到默认状态，但事实上并不是所有的模拟调音台都能够被及时恢复。如果没有被恢复成默认状态，那么线路信号增益和辅助输出都有可能在随后的工作中造成问题。线路信号增益能够导致立体声声像的不平衡或者额外的失真，而辅助输出则会将错误的信号发送给效果处理设备。

② 混音工程调整——拿到手里的混音工程可能还需要更多的调整才能正式开始混音，其中一些调整也是为了方便我们操作而进行的。比如，为素材文件重新命名、删除没有用的素材文件、合并编辑产生的多个片段等。

③ 排列音轨位置——调整音轨的顺序，使其符合我们的工作习惯。比如，将所有的背景人声音轨或者所有的鼓音轨排列在一起，将次级振荡器音轨紧挨着底鼓音轨放置。有的时候，排列音轨的顺序就是它们将会被处理的顺序。还有的时候，最重要的音轨会被安排在大型调音台的正当中以方便操作。不同的混音师根据自己的工作习惯都会使用不同的音轨排列方法。这会使我们在调音台上寻找某个音轨的速度更快、工作效率更高。

④ 相位检查——录音得到的素材可能会存在各种相位问题，这些相位问题对声音会产生影响，因此在混音过程一开始就解决是非常重要的。

⑤ 音频信号编组——将乐器按照一定的逻辑进行音频信号编组，通常要编组的乐器包括鼓、吉他、人声等。

⑥ 编辑——进行任何需要的编辑，或者对演奏问题的修正。

⑦ 清理——许多录音都需要对一些干扰噪声进行清理，比如吉他放大器发出的"嗡嗡"声。此外，清理的内容也包括那些与混音工作无关的声音，如打点报号声、音乐家的谈话声、唱歌之前清嗓子的咳嗽声等。除去这些声音通常会使用噪声门，或者对整个通道进行静音，以及音频块修整等。

⑧ 修补——很不幸，音轨素材一般都会带有噪声、嘶声、"嗡嗡"声或者"咔嗒"声。这些瑕疵通常由低成本录音造成的，但是也可能由信号载体老化所导致。需要注意的是，"咔嗒"声的波形可以被看到，但可能会听不到（不可闻的"咔嗒"声在经过类似信号增强器的设备处理，或者经过不同的D/A转换器以后，都可能变成可闻的"咔嗒"声）。有一些修补处理，如降噪，或许可以解决上述问题。

（2）创造性环节

从根本上说，创造性环节就是我们用以塑造混音的手段。这种环节可以包括：

① 用噪声门来塑造低音通鼓的音色。

② 改变一个混响器的预置使萨克斯的声音变甜。

③ 对人声进行均衡，使他们更富于表现力。

混音的过程，是我们进行连续思考和行动的过程。而由许多创造性环节所构成的创造性处理，是最需要我们注意的，通常需要我们全神贯注才能完成。任何技术性环节都可能会转移或者打断我们的创造性思考。比如，在你对一个倍大提琴音轨进行均衡处理时，发现它在第三次齐奏的时候节拍不准，你多半会努力修正这个演奏上的错误。不过，当编辑完成以后，你或许会发现，自己已经完全没法继续之前的思路来进行均衡或者相关的创造性处理了。你需要时间来使自己回到那种进行创造性工作的情绪当中。因此，在进入创造性环节之前，最好是先完成所有的技术性环节，以扫清我们前进的道路，使我们不至于分心。

12.3.5 混音顺序

不同的混音师会采用不同的顺序来处理不同乐器。在混音顺序这个问题上，牵扯的因素实在很多。某些混音师不会总按一种顺序来混音——他们认为，每一首作品都应该按照自己认定的最合适的一种顺序来混音。这里总结了一些最常使用的混音顺序，以及它们可能存在的优点与不足。

（1）由少到多依次进行

一开始只选出很少的几个音轨，先单独听它们，并将它们混合在一起，然后逐渐加入越来越多的音轨。这种"分而治之"的方法，让我们能够集中注意力处理单独的乐器（或者主要乐器）。这种方法的不足在于，随着越来越多音轨的加入，混音空间会被占满，导致没有足够的空间留给剩余声部。

（2）由节奏声部到和声声部再到旋律声部

一开始先单独处理节奏音轨（鼓、打击乐器和贝司），然后处理和声音轨（节奏吉他、Pad与键盘），最后处理旋律音轨（人声及其他独奏乐器）。这种方法基本上遵照了分期分轨录音的制作顺序。但是可以想象，从混音的角度上说，在处理主唱人声之前就处理管风琴音轨是没有意义的。

（3）按照重要性排序

按照在音乐中的重要性的顺序，依次将不同的音轨推起来进行混音。因此，比如对hih-hop音乐来说，混音或许会从打击乐器开始，然后是主唱人声，再下来是伴唱人声，最后是其他各种音轨。这种方法的优点在于，重要的音轨会在混音一开始就被处理，这样会有足够的空间，来让它们的声像足够大。而不太重要的音轨，会在混音后期加入进来，尽管这时混音在空间上已经非常拥挤了，但是，把这些乐器的声像弄小一点，不会对整体效果造成太大影响。

（4）并行推进法

这种方法是把所有音轨的推子都推起来，大概调整一下电平平衡和声像位置，然后按照个人习惯的顺序，去处理单独的乐器声部。这种方法的优点是，混音时没有一个音轨处于孤立状态。不过，这种方法仅对于配器比较简单的作品适用，而碰到配器比较复杂的作品时，如果过多的音轨同时被推起来，可能会产生问题——很难将注意力集中在单个乐器声部上，而混音的整体效果在开始阶段也很难具有参考价值。类似的情况，就好比是在橄榄球比赛的球场上同时存在8个球一样。

以上一些混音的顺序，还存在无数的变体。例如，有时以鼓音轨开始（节奏核心），然后处理人声（最重要的声部），最后处理围绕这两种元素，对混音中的其他音轨进行处理。另一种混音顺序在声场很深的电子乐混音中经常出现，这就是先混合那些位于声场前排的乐器，再加入那些位置比较靠后的乐器。

（5）鼓组的混音

对于鼓组的混音，也存在各种不同的方法。这里简单说明一下：

① 吊镲（Overheads）——吊镲话筒音轨（一般使用一对立体声话筒拾音）是处理其他鼓组乐器的参考。比如，在军鼓的声像位置时，我们需要按照其在吊镲左右音轨所形成的立体声声场中的位置来确定。我们对吊镲话筒音轨所做的改变会影响其他的鼓组乐器。因此，混音时先处理吊镲话筒音轨，能够带来更多的好处。尽管如此，很多混音师还是喜欢先从底鼓入手，然后是军鼓，在这之后，才可能是吊镲音轨。有时候，吊镲话筒音轨可能是所有鼓组乐器中最后一个进入混音的。

② 底鼓（Kick）——作为大部分作品中最具有支配性的节奏元素，底鼓经常先于其他鼓乐器进入混音，有时甚至先于吊镲话筒信号。在底鼓之后，贝司很可能会加入进来，之后才是其他的鼓乐器。

③ 军鼓（Snare）——作为大部分作品中第二重要的支配性节奏元素，军鼓经常紧随底鼓进入混音。

④ 通鼓（Toms）——与鼓组中的其他鼓乐器不同，通鼓只在某些时候才出声，这使得它们对整个鼓组的音响效果作用最不明显。不过对全部的混音而言，单独出现的通鼓还是非常重要的。

⑤ 镲（Cymbals）——踩镲（Hi-hats）、开镲（Ride）、炸镲（Crashes）以及其他镲片往往会在吊镲话筒音轨中存在相当多的串音。在这种情况下，这些镲片在混音时经常被用来加强吊镲话筒音轨的效果。只有在歌曲的某些特定乐段，为了达到某些有趣的效果，才会专门针对它们进行混音处理。有时，我们根本就不会对这些镲片的音轨进行任何处理。

（6）乐段混音顺序

混音通常要针对各个独立的乐段进行处理，几乎没有例外。每一个乐段都会对混音提出不同的挑战，同时它们在配器上也会存在些许不同（副歌部分的配器密度经常会比主歌部分大一些）。因此，混音师通常要反复播放这一乐段，对它进行混音，之后再根据已经混好的部分进入下一个乐段的混音。问题在于：我们应该从哪个乐段开始入手？这里提供两种方法：

① 按照时间排序——从第一个乐段开始缓慢推进到接下来的各个乐段（主歌、副歌）。这种做法看上去很符合逻辑，因为音乐就是按照这种顺序演奏和录音的。但是，如果将主歌部分的混音做得极为出色——创造出一个丰满而平衡的混音效果，那么留给副歌中新出现的乐器展示空间就很小了。

② 按照重要性排序——首先处理歌曲中最重要的乐段，其次才是那些不太重要的乐段。对于录制产生的音乐来说，最主要的乐段往往是副歌部分。而对于电子音乐来说，最重要的乐段可能是其高潮部分。一般情况下，最重要的部分也是最需要下大力气处理的部分，因此首先处理它们是有好处的。

12.3.6　音频处理顺序

标准的音频处理顺序如图12-9所示。不过，除了必须先将推子推起来以保证声音能够被听见以外，即使不按照图中的顺序进行处理，也不意味着有什么错误。

图中列出的这种处理顺序还是有一定逻辑性的。如果跳过声像处理，将素材混合成单声道信号的话，那么我们将失去声音的宽度和深度。不过，由于掩蔽效应在单声道信号中会

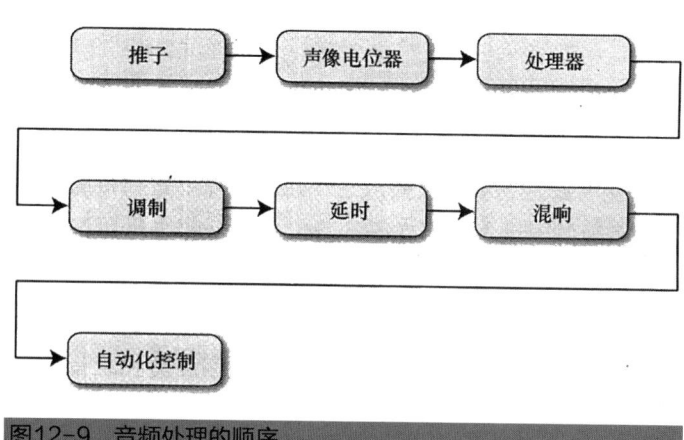

图12-9　音频处理的顺序

体现的比较明显，一小部分混音师会选择在单声道监听下做均衡来解决掩蔽问题。这种处理可能会在声像处理前完成，但是大多时候会利用单声道混合的方法来进行。在声像处理之后，由于插入式处理器的声音会替代原始信号，因此它应该在任何给声音添加新效果的发送式效果器（调制、延时或混响）之前进行，因为我们更喜欢将经过插入式处理的声音，而不是没有经过这类处理器处理的、存在问题的声音发送给外部效果器。基于类似的原因，通常会先对声音进行调制，之后再延时，而不是先延时再调制。最后，由于混响是一种模仿自然空间感的处理方法，通常希望完成混响处理之后的信号不再通过其他效果器。反之，如果将混响器的输出信号再进行某些效果处理，这会是一种创造性的处理方式。大多数情况下，自动化控制将是混音中最后一个重要阶段。

此外，还有一种"干湿处理"方法，是先将所有的音轨通过干处理工具（推子、声像电位器以及处理器）进行混合，之后再将它们发送到湿处理工具（调制、延时和混响）中得到想要的效果。按照这种方法，我们会先处理好所有的混音素材，再统一添加新的效果声。这种处理方法也会留下某些针对声场深度或时间范畴上的操作（混响和延时），待到混音的下一个阶段再来完成，从而在某种程度上简化了混音的流程。但是，有些混音师也提出，如果没有深度感和环境感作参考，实际上很难获得对声音的真实感受并指导混音进程。

最后还要指出的是，在混音作品出版前的最后一个处理步骤，通常是进一步细化声像布局与电平平衡。

12.3.7　反复加工

混音是一个前后联系非常紧密的制作过程。首先，已经存在的部分混音在有新素材加入的时候，一般情况下都需要进行调整和润饰。例如，不管鼓组的声音单独听上去效果多好，当一个失真吉他加入进来以后，可能必须对鼓组进行某些调整（底鼓的起音感可能会被调整得小一些，镲片应加强清晰度等）。其次，任何一种对声音的调整都可能需要在其他方面进行后续的调整，已达到理想效果。例如，当我们提升人声的高频部分使之更加明亮的时候，高频部分在混响器中产生的音尾可能会持续时间过长，这是我们不想要

的，因此可能得对混响器的阻尼衰减控制进行一定的调整。同时，均衡也会让人声音量听上去变大，因此对推子也需要进行适当调整。另外，如果人声是先均衡后压缩的，那么压缩参数可能需要调整。

正因为混音是一个前后联系紧密的过程，所以在操作的时候最好使用一种反复加工，由粗到精的处理方法。一开始，处理可以粗略一些，这样能够节省时间，然后随着混音的进展，可以对之前的处理进行调整，使之精确化。大部分的注意力应该放在混音的后期阶段，因为这个阶段需要做大量精细的调整工作。那种想要在混音后期阶段之前就把任何事情都做到完美的想法是没有可行性的——某一时刻的完美并不意味着最终的完美。

12.3.8 输出与母带处理

混音输出包含三个内容：输出文件的格式，文件的声道数（单声道、立体声、多声道）及文件的形式（包含所有声道的单一文件或各声道独立的一组文件）。这些都取决于声音最终产品的类型（CD、DVD、电影或电视配乐等）。音频工作站混音输出的方法参见本书（10.3）内容。

关于混音输出：

① 利用调音台及母带录音机录制出混音文件。

② 利用音频工作站自身内部录制再录入母带机。

③ 利用音频工作站直接导出混音文件。

关于母带处理：

① 根据各曲的风格特点进行音量（响度）平衡。

② 进行各曲的频响平衡。

③ 进行各曲的声场平衡。

④ 根据不同音乐类型决定响度水平，一般原声音乐的平均响度在0峰值20dB以下；民谣音乐平均响度在0峰值14dB以下；摇滚音乐平均响度在0峰值12dB以下。

12.4 音频处理

12.4.1 通用效果

混音当中需要的各类信号处理效果只有在具体应用中才能被彻底理解，但是有一些效果因为经常会用到，所以可以提前加入到通路当中。很多录音作品都会使用长混响（混响类型为大厅混响，混响时间大于2s）、短混响（板混响或是小型到中型的房间，混响时间为1s左右）、声像扩展器，以及某些类型的延时（符点八分音符、四分音符、四分音符构成的三连音）。在具体的混音工作开始之前，录音师一般会先将所需插件或者硬件效果器按照需要进行连接。通过事先的设定，可以让这些效果很方便地应用于各个通路中。录音师可以立即将人声、军鼓和主音吉他送到相同的效果器中。方法是，借助辅助送出通路。例如，混音师将辅助1连接的效果器设置为长混响，辅助2连接的效果器设置为短混响，而辅助3是将信号送到声像扩展器——当然，具体怎么连接可以根据录音师的实际需求和习惯而定。之后，效果返回到混音台或数字音频工作站的监听推拉衰减器上。

如果混音采用硬件调音台，就有可能出现辅助通路不够用的情况。此时，可以使用声轨编组来获得额外的辅助输出通路。将信号送入声轨编组母线1时，即将信号录入到第一轨之中。录音师在混音而不是在多轨录音时，可以通过声轨编组的方法来连接更多的效果设备。

来看一个给电吉他加入延时效果的例子。采用另外一个延时单元，而不是事先与调音台连接好的那台。麻烦的是，所有的辅助送出都已经被占用了。不过，此时电吉他信号也同时被送入到立体声混合通路。为了能够加入另外的延时效果，可以将电吉他信号在送入混合母线的同时也送入声轨编组母线1，然后将母线1的输出与延时器输入相连，最后再将延时器的输出返回到调音台的混合母线即可。这样，吉他信号就同时送入了混合母线和延时器，我们采用的方法是利用调音台上的声轨编组母线作为额外的辅助送出通路。

12.4.2 底鼓

将调音台设置好后，录音师就可以开始混音了。对于流行音乐而言，不管总共有多少轨，人声都是最重要的部分。但在实际混音中，混音往往从鼓开始。从人声开始的混音想法也是对的，因为其他轨，都要以它为中心，但是流行音乐的混音，99%是从最简单的鼓开始的。

在录音工作中，鼓总是最难操控的一种乐器。鼓组至少由8个部分组成，通常还会更多，这8个分离的部分，要在同一时间近距离配合完成演出（大鼓、小军鼓、踩镲、2~3个支架通通鼓、1个地面支架通通鼓、2个吊镲以及其他各种附加）。不把鼓组的声音单独提出来听，很难发现问题，因为当各种乐器同时演奏的时候，所有声音都掺杂在一起。所以录音师在混音时，总是从鼓组的部分开始，这样就能单独来听这组乐器的表现了。一旦人声和其他节奏部分加进来，给架子鼓加上合适的压缩，就会比较困难。

那么录音师会怎样处理鼓的部分呢？底鼓和军鼓通常是音乐作品节奏和力量的来源，控制着整首曲子的速度，录音师自然会从这些轨开始混音。步骤一：保证它们在混合信号中处于正中间的位置。底鼓、军鼓、贝司和人声在混合信号中占据着重要地位，它们一定要定位在中间。底鼓既要有清晰的敲击声，又要保证稳定的低频节奏，我们通过均衡器和压缩器就能做到这点。比较明显的是：用均衡器在3kHz附近做提升，可以使敲击声更加清晰，在60Hz附近做提升，会增加低频的力量。不明显的是：利用均衡在200Hz附近做窄带衰减处理，可以去掉一些混浊不清的声音，并且让低频更加清晰。

处理底鼓时，压缩器有两方面的作用。第一，可以修改底鼓波形的建立过程，从而增加底鼓的力度感，使其从混合信号中脱颖而出。低门限、中等速度建立时间、高压缩比的压缩器设置，可以使底鼓的振幅包络变得陡峭。第二，压缩能够控制相邻敲击声的响度，减小强弱敲击声之间的响度差别。击鼓是个体力活，因此鼓手在演奏一段时间之后击鼓力度下降是完全正常的，此时压缩器就派上用场了。

在均衡器后接入压缩器，便于录音师对声音做修改。由于均衡在200Hz附近做了衰减处理，压缩器就不会对该频段起作用，从而避免了声音混浊不清。当录音师用均衡器对低频进行提升时，压缩器便开始工作。如果对低频提升较大，压缩器就会对信号进行较大的衰减。通过这种处理，鼓的低频会比较有力，从而使处理后的鼓显得比真实的鼓更大。

12.4.3 基础节奏

接下来是军鼓的部分了。开始的部分和先前的操作相似，都是利用均衡和压缩。军鼓的频响很宽，从2kHz到更高。录音师会根据需要拾取他满意的频段：8kHz听起来刺耳，12kHz听起来又太弱了，那么尝试一下5kHz。这是一个主观性较强的过程，更多地要从音乐角度进行考虑。提升低频来增加鼓的打击力度也同样适用于军鼓。通常处理军鼓时提升的频率要比底鼓的高，在80~100Hz。同样，录音师也会找到那些效果不好的频段并对其衰减。大概在500Hz或1000Hz附近的频率，不但对军鼓声不利，容易导致声音凌乱不清和箱音以外，还会与人声和吉他形成竞争。我们要做的就是找到该频段，在军鼓轨上进行衰减，从而使得缩混顺利进行。

在军鼓声中加入一定的环境音对于它的处理是有利的。混音时，录音师经常将军鼓信号送入混响器中加入短混响获得自然环境声。置顶话筒（Overhead microphorles）可以拾取到自然的军鼓声，此时需要仔细聆听所有已录制的环境声。将房间声轨进行门处理，门的开关由近距离拾音的军鼓信号进行键控，这样就能在每一次军鼓的敲击中加入微妙的环境声。

在对底鼓和军鼓做了恰当的均衡、使其变得力度感更强之后，录音师接下来的工作就是推起置顶话筒（（Over heads）拾取的信号，仔细聆听，让架子鼓的声音成为一个强有力的整体。置顶话筒的位置可以"俯瞰"整个鼓组，它拾取的声音非常自然，效果很好。混音师此时需要仔细混合置顶话筒轨、底鼓轨、军鼓轨的信号，最终使鼓组的表现成为一个有力的整体。可以试着对置顶话筒拾取的信号做一点点高频提升，让鼓声清脆一些。不过录音师一定要仔细听一下，因为，如果原本拾取的鼓声已经很明亮了，那么额外做高频提升会使得鼓声听起来很刺耳，效果反而不好。实际上在1～5kHz做较宽带宽的轻微提升通常可以使鼓声音更好听。

如果通通鼓也是分轨录制的话，录音师同样需要利用均衡器和压缩器来对其进行处理。有自己的创新是必须的，不过录音师通常都会在低频部分做一些均衡，此外还会在6kHz附近做一点处理，以获得清脆感。可能还有人认为需要在200Hz处做点衰减，去掉混浊感，类似对底鼓的处理。另外，利用压缩器可以得到所需的建立过程和力度感。至此，鼓的混音就完成了。

12.4.4　贝司

鼓组的调整暂告一段落，接下来的部分是贝司。贝司常常需要做压缩处理，以平衡响度。某些音符的响度会比其他音符的响度要大，而贝司上某些琴弦演奏的声音又比其他琴弦响度小。将压缩器设置为慢速建立时间，可以加强贝司的力度感，所用方法与处理鼓时相同。

处理贝司时，压缩器恢复时间的设定比较复杂。很多压缩器能够做到快速恢复，快到可以跟得上中低频信号振动的周期变化。例如，一个40Hz的音符，周期较长（一次周期变化为25ms），压缩器的恢复时间完全可以恰好是该周期的时长。由于每个周期都对信号进行处理，就会造成某种谐波失真。录音师一般会将恢复时间调慢，避免产生失真。使用压缩器的目的是对每个音符做处理，而不是对每个周期进行处理。

使用均衡器最主要的目的是增强低频。但是要注意，贝司信号可能已经含有很多低频成分了。贝司手演奏时可能会强调低频，录音师可能也会强调低频。混音时的关键就是要在30～300Hz的低频部分做好平衡。混音师必须仔细地听，判断一下低频是否存在过量或者不足。

有时候，混音师需要回头去听听底鼓。如果底鼓在65Hz左右被加强了，则需要留出一部分空间给贝司作补偿，略微地衰减即可。处理要点就是要找到底鼓和贝司合适的均衡设置，让我们在推大贝司信号时又不会影响到底鼓的力度。

常用的方法是给贝司加上一点合唱效果。这个方法行之有效的前提是，合唱效果不要加到低频部分。贝司在低频部分能带来听觉及和声两方面的稳定性，作用举足轻重。合唱效果带来的移调效果会破坏贝司的声音。解决方法是：先用滤波器滤除250Hz以下的频率成分，再加入合唱效果。这样，合唱效果只存在于贝司的泛音部分中，既获得了丰满感，又没有减弱低频声在整个作品中的作用。

12.4.5　旋律吉他

在混音的基本流程中，节奏吉他是做过加倍处理的。可以说，节奏吉他录制两轨已经是约定俗成的事情了。这两轨节奏吉他几乎相同，除了演员弹奏时不可避免的微小差别。两轨吉他的声像是分开的，从而使之获得宽阔、饱满、悦耳的声音。如果两轨吉他声有更多细微的差别则效果更好。例如第二轨信号使用不同的吉他录制，或使用不同的吉他音箱，也可采用不同的话筒拾取，或是采用不同的拾音位置，总之是采用区别于前者的其他方法。

在混音过程中，这两轨信号的声像多数置于比较极端的位置：一轨置于极左，另一轨置于极右。需要注意的是，两轨的电平要平衡以保证合成声像在扬声器连线的正中间位置，稍微做一些压缩处理是很有必要的，它能够控制节目的Ⅱ向度，但是通常话筒拾取的电吉他、吉他音箱信号已经做过压缩处理，可以为这两轨展开的信号加入互补的均衡设置（对一轨的某部分做提升，对另一轨的相应位置做衰减，可以起到互补作用）。

12.4.6 键盘

混音基础阶段钢琴的加入使得节奏部分变得完整。同样地，需要通过压缩来改变它的建立过程，这和应用于底鼓、军鼓、贝司的压缩器设置原则是一样的。通过均衡和其他效果给钢琴以独特的音色，使之更容易引起注意。最好是给钢琴加入镶边效果或者失真效果（用吉他踏板或功放模拟插件），在音乐上增强力度感。充分利用立体声提供给我们的空间，将钢琴的声像从中间调整至一侧。根据各轨信号相互作用的实际情况，比较理想的方法是将钢琴的声像放在与踩镲、通通鼓或者独奏吉他相对的位置上，尽量保证空间对位最合理、效果最好。把加入短延时处理的钢琴置于与原钢琴相对的声像位置，可以增加钢琴的现场感。

正确处理了鼓组、贝司、吉他和钢琴之后，节奏部分的初步混音就完成了。最后我们来处理最有意思也是最重要的部分：人声和主音吉他。

12.4.7 人声

录音师关注的焦点通常是人声部分。人声要有现场感，要清晰、有力并且要激情四射。现场感和清晰度主要通过中高频来表现，录音师常用均衡进行调整，以使人声每一个单词的发音都能够穿越节奏吉他被清楚地听到。在1～5kHz寻找一个频率范围，对该范围做提升处理，能够使人声从吉他和镲片声中凸现出来。录音师往往也需要回过头来调整鼓和吉他的均衡设置，从而配合达到上述目的。混音是需要进行反复调整的，人声的凸显会影响吉他，所以我们需要回过头来解决这个问题。混音师需要在互相竞争的各轨中不断进行效果调整，在清晰可辨的歌词和完美有力的吉他声中寻求平衡。

将人声定位于中间、加入压缩和提升低频（大约250Hz），可以增加声音的力度感。通过压缩控制人声的动态范围，可以让人声从拥挤、嘈杂的混合信号中脱颖而出。做过压缩和均衡处理的各轨信号的能量都得到了增强，那么微弱的人声肯定不适合歌曲。自然演唱的动态范围表现通常都很宽，无法增强人声的力度，因为可能轻柔的部分太微弱，而洪亮的部分又太响，或者二者兼而有之。压缩人声的动态范围可以整体提高人声整体的响度。轻柔的歌唱也能听得见了，同时洪亮的部分被压缩器控制到不失真的范围内。

人声只占据中间位置的一个小点，相对于鼓声和吉他声似乎小了点。声像扩展效果可以解决这样的问题。将人声送入声像扩展器，有助于将人声变得比现实中更"大"些。经过多次混音处理后，我们可以得到这样的经验：先将效果做得比较明显，再将其逐渐减小，以刚好听到为准。**声像处理效果使用过度是常见错误**，人声似乎用合唱效果代替了。加入声像扩展效果的目的是让声音更清晰，增加一些声像宽度，起到一定的烘托作用，并且以不让普通听众听出该效果为准。

对高频进行提升（10～12kHz或更高）和加入适当的混响声，可以增加人声的圆润感和感染力。高频加重了演奏者的呼吸声，增加了感情色彩。经常使用的是短混响——可以试试板混响——来增加人声中音部分的复杂度，并可以进一步增强立体感。录音师也可能会采用长混响，增加人声的纵深感和丰满感。给人声加入一到两种延时，也是常用的混音方法。注意，延时时间要和歌曲协调一致，设定的延时长度要和歌曲在音乐上具有相关性（比如延时时间为四分之一音符）。加入延时的信号应该能够更好地支持音乐作品，且不易被察觉。下一个步骤通常是加入一些延时反馈，让延时信号适当重复逐渐淡出。混音师还有可能会让延时器的输出信号通过一个长混响。现在，演唱者的一字一句都被赋予了甜美有力的混响，与音乐完美搭配。

均衡、压缩、延时、移调以及两种类型的混响，这就是通常的人声处理方式。这个过程需要经过多次试验，以便能够完全在混音师的掌控之中。在调整效果器的时候，混音师通常先加入明显的效果，再渐渐减小到合适的效果量。在此过程中，混音师逐渐摸索出每种效果器的作用。无疑，混音师需要在这条效果链条中反复地调试各个效果器的参量设置。改变压缩，加入更多延时，减小混响，重新调整压缩器。通过耐心的实践，你会发现，即便是复杂的效果也会变得容易掌控。

但这仅仅是最基本的处理方法。为什么不尝试给人声加入一些失真的效果呢？加入镶边效果？或者失真的镶边效果？又或者其他什么效果。

伴唱部分的人声可以采用相似的处理手段，不过大多数伴唱的声像不会定位在中心位置。此外，还可以给伴唱加入更多效果。一种通用的处理方法是，给伴唱声加入声像扩展效果和长混响，以增强力度感，使其更具魅力。清晰度对于伴唱部分来说并不十分重要。重复性的或者呼叫与回应式的歌词，很容易被听众理解，混音师因此也可以自由地将中频进行提升来增加临场感，并且在其他不会引起竞争的频率位置强调某些音色细节。

12.4.8　独奏乐器（主音吉他）

吉他独奏可以看作是代替主唱的位置在进行表演。因为他们不会同时存在，所以独奏吉他并不会和主唱产生竞争问题。混音时我们面临的挑战是怎样让独奏吉他从整个节奏部分中凸显出来，这和突出主唱的声音是同样的道理。独奏吉他的均衡设置，可以参照主唱进行：增加临场感和低频力度感。然而，区别于人声的是，很多类型的吉他并不需要或者只需要少量的压缩。电吉他音箱以最大音量放音时已经被压缩过了，加入混响对吉他而言是个不错的选择。当吉他音箱被设定好，许多设置也加入其中时——包括在音箱中内置的混响等，有关吉他音调、音色的设置，就已经全部由吉他弹奏者完成了。

独奏吉他通常也会加入声像扩展效果，还可以加入短的回声延时，时间在100～200ms。回声延时使得声音更加振奋人心，这种可感知的回声，模拟出了音乐会现场演出和来自后墙反射回来的音乐声。可以将独奏吉他定位于偏离中心的一侧，再将有回声延时的信号置于另一侧。如果吉他弹奏者同时也是演唱者，他肯定希望独奏吉他置于中心位置。当然，还可以从移相、镶边等各类效果中选取一些加入进来。同时，甚至可以加入额外的失真效果。像这样明显的改变，就需要与吉他演奏者来共同完成，得到吉他领域专家的认可才可以。

12.4.9　整体处理

最后，立体声混音作品需要做一些整体均衡和压缩处理。由于这个步骤可以在母带处理时完成，因此刚开始最好不要做这样的尝试。随着经验越来越丰富，我们可以适当地为整个混合信号有节制地加入一定量的效果。毕竟，混音师总是希望作品能够达到最佳状态。对于均衡部分，稍微提升80Hz左右的低频和10kHz左右或以上的高频，可以增加音乐的光泽度。软压缩、压缩比在2∶1或更低、慢的建立时间和慢的恢复时间，有助于让作品听起来更加专业。由于混音是通过设备来完成的，因此我们要求这些设备是音质好、噪声低、失真小的专业效果器。

以上是对某个混音作品采用某种方法进行处理时所包含的各个步骤的总结。它只是混音方式中的一种，而不是所有混音必须遵守的规则。每首歌曲都有不同的制作方法，有时候导致混音失败的原因是混音师有很多想法都想急于实现，反而不知道从哪里开始。这一节可以作为一个向导，当你不知道从哪里开始时可以参考它。好的混音师能够在面临很多可能会破坏掉整部作品的压力时应付自如，并且泰然自若地运用不计其数的创意，使音乐作品摆脱平庸，成为真正的艺术品。

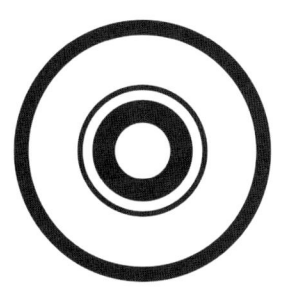

第4部分　实战技巧

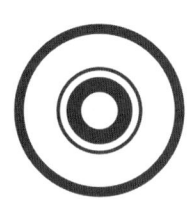

第13章 音响技术实战

13.1 现场演出扩声流程

13.1.1 演出前的电声设计与模拟

当我们在大型场所进行扩声工作时,首先用EASE来模拟和分析该场所声学特性和音箱的摆放位置。电声设计与声学模拟通常包括以下内容。

(1) 根据不同类型的厅堂来定义合理的混响时间

合理的混响时间是必须靠更改模型相关面的吸声材料来实现的。在实际工程的运作中,很多建筑材料并不是我们能决定的,但是,可以在其他面上选择相应的材料来弥补现有的吸声材料所造成的不足。同时,在方案的设计说明中,我们要提出当前甲方使用此材料的不足,可以根据EASE模拟的结果给出合理的建议。

(2) 确定适当的声压级

根据厅堂的面积、容积以及结构的不同,来选择相应不同类型的扬声器系统。不同性质的厅堂,根据级别的高低,声压级也不尽相同。具体内容请参照国家相关规定中的不同厅堂的声压级标准。

(3) 保证声压均匀地覆盖整个听众区

这跟扬声器的辐射特性、扬声器系统采用的分布方式以及房间是否存在声场缺陷有直接关系。另外,各扬声器的功率大小的分配也直接影响声压级分布是否均匀。

(4) 尽量减少声压的重叠与干涉

这和扬声器的分布排列形式、指向角度、扬声器覆盖角度大小是密不可分的。特别是当多组音箱同时出现在同一声场时,此问题尤为严重。

(5) 达到较高的传声增益

在声场中,扩声系统无论能达到多么高的声压级,当有话筒或声学乐器存在时,总是不能完全发挥。因此,传声增益始终是一个不容忽视的问题。

(6) 保证较高的语言清晰度

只要解决好了直达声和混响声的比例问题,则清晰度往往就会有较为可观的值。

(7) 避免常见的声缺陷

这是建声的基础工作,一旦发生诸如驻波、声聚焦、回声、梳妆滤波等现象,我们首先尽量从厅堂的结构上下手。如果土建不能动,那么我们可以从外观装修上下功夫,比如增加屏风、障板、吸声球、扩散体等等,破坏声缺陷的产生,提高扩声质量。

(8) 考虑甲方提出的特殊要求

有时甲方会提出一些意想不到的特殊要求,比如:音箱不能吊装,某个地方有空调口,音箱只能隐藏,或者遇到某些墙面已经装修完毕不能破坏等。这些都需要在方案中及时做出调整,并与装饰部门协作完成。

13.1.2 演出前的准备与排演

作为良好准备工作的一部分,应该首先开始进行所谓的通道列表工作。这个通道列表应该列出调音台与舞台之间以及与扩声系统之间所需要的所有设备通道。

(1)通道列表

通道列表被分成了许多列,其中包括通道编号、乐器名称、传声器类型,所需的效果设备以及是否需要幻象供电要求、所需的传声器支架类型和任何可能与舞台设备搭建相关的注意事项。由于线缆都进行了标注,因此对我们来说使用非常方便。同时将你的舞台位置标注在通道列表上,将会帮助场馆内部的技术工作人员将接口箱或传声器线缆设置在舞台上正确的位置。

(2)设备清单

将设备清单分类汇总是一种很好的方式。一般来说,首先是从扬声器部分开始,写出所拥有的扬声器类型列表、数量以及它们的用途。

设备清单包括打算在场馆使用或是带到场馆各类设备的主要信息,或是场馆中已有的各种设备信息,例如调音台和扩声系统,以及何种类型和数量的外部效果设备,例如在演出中所需的门处理器、压缩器、延时器和混响器。

(3)舞台规划

进行舞台规划整体设计的关键就是将无关的信息去除而只保留舞台演出时所需的最基本信息。当进行了清晰的标注,就能够看到在哪里需要电源供应,所需要的交流电电压大小,需要什么样的演出搭台和所需的演出搭台高度,以及是否需要滚轮移动装置。不必将同一位置的所有传声器都表示出来,因为它们已经完全列在通道列表中了。只有把所有的位置全部标注出来,工程人员才能知道在哪里进行布线以及所需线缆的数目。

(4)排演

对于音响工程师来说,排演绝对是一个最为重要的时刻。在排演中才能第一次看到所使用的设备、第一次遇到演出的乐队以及工作人员,并且第一次了解到所演出的音乐和歌曲内容。排演还是一个寻找并确定最佳舞台音量的最好时机,别忘了在舞台上有乐队成员的监听扬声器。需要找到一个对于主扩太响而对于舞台太轻的一个中间声音音量。

13.1.3 现场系统搭建

(1)音箱的安装

安装音箱时最重要的一点就是,在场馆的每一个区域及角落都获得一致性的声音覆盖,确保你能够在整个场馆中实现一个恒定的频谱响应,同时从前排到最后排的所有位置上不会出现响应上的波峰和波谷。这听上去很简单,但实际上由于扬声器和房间声学环境的限制,这些要求将非常难以实现。安装音箱还需要确保在整个观众区域具有足够的功率覆盖,当然,这也是现场演出中最为重要和基本的要求。

(2)后场补声音箱的延时调整

由于在场馆后方架设了后场补声音箱,因此场馆后方也能获得较好和足够的声压级。因为主扩声音箱系统和后场补声音箱所发出的声音信号是同时产生的,所以后场观众耳朵中的两个声音信号是非同时到达的。由于后场补声音箱距离后场观众更近,因此他首先听到该音箱所发出的声音信号。当我们利用公式$T=(D_1-D_2)/340$所得出的延时时间加载到后场补声音箱后,我们就能够使得这些来自不同音箱系统中的声音同时到达观众区域，从而保证后场观众能够获得最好的音乐感受。

（3）舞台返送音箱

一般来说，监听返送系统设置在舞台上，设置的目的就是让表演者能够听到自己的声音。对这些系统的控制主要有两种方式，一种是通过主扩声调音台的辅助通道来实现，另一种是通过一名专门的舞台监听返送音响工程师来完成。

对于舞台返送音箱来说，位置摆放是非常重要的。一般来说，建议将它们摆放在距离表演者1～1.5m的位置。舞台返送音箱具有一个最佳的扩散角度，通过对它们的观察，就能很容易找到这一角度。如果舞台返送音箱指向头部位置，那么可以获得最佳的监听信号。而如果舞台返送音箱指向膝盖的话，那么可能不能很好地听到监听信号。

（4）调音台的架设

当完成对扩声系统的吊装以及使其更好地辐射覆盖观众席之后，下一步要做的就是对调音台进行架设。调音台的架设总是问题不断，其中最为严重的是你无法听到你所做的混音处理。

在场馆中最糟糕的主扩调音台架设位置是在独立于现场的另一个空间之中，也就是说在一个封闭的音响控制室，在其中听到的声音都会与观众所听到的声音存在巨大的差异。另一个不可取的位置是看台的下方，或更为确切地说是看台附近的所有位置。如果恰好位于看台之下的话，需要面临看台上方观众洒落的饮料或食物掉落在设备之上的风险。而且会接收到来自天花板的反射频率，而这会造成混音结果的声像模糊以及对房间声音平衡的错误印象。在看台底下的另一个风险是，可能看不到扩声系统，这意味着你无法获得扩声系统辐射的直达声，因此，可能听不到混音之后的结果。另外一个不可取的位置就是舞台的侧面，这一位置虽然非常适合监听返送工程师，但是对于主扩工程师来说，在这一位置无法听到他们所需要听到的声音，这是因为，这一位置位于扬声器扩声系统的背面。

理想的位置位于场地的中央。在这一区域，所有声源的声音都得以良好汇聚。当系统设置正确的话，在中心线上不会出现任何的叠加抵消现象，即不会出现两个相同的声波在进行叠加时出现某些频率分量增强的现象。

13.1.4 音响系统调整与检测

（1）粉红噪声

将扩声系统全部搭建完成并准备重放声音之前，首先需要确保所有的扬声器都已经正常工作并且具有正确的频率响应。粉红噪声是用来对功率放大器和扬声器进行测试使用的噪声信号，它在人耳全部听音范围之内都具有恒定的噪声感知。从调音台发出的粉红噪声信号送入到扩声系统之后，最终辐射到观众听音区域。可以对每一个区域的扩声系统进行哑音来听辨之间的差异，从而为低频扬声器、中频扬声器以及高频扬声器设置所需的输入电平，同时也可以为那些你可能需要使用的后场补声音箱设置所需的输入电平。粉红噪声测试还是一个能够发现系统中存在错误的最佳方法，同时也提供了检测扬声器极性以及扬声器之间相位关系的最佳时机。由于产生的粉红噪声信号是恒定的，并且直接送入到扩声系统左右两侧的扬声器中，因此你一定可以听到其中可能出现的任何相位问题。

（2）Smaart实际测量

当在房间中进行声音重放时，这些声音会被房间界面反射而形成反射声。正是由于这些反射造成了所需要关注的房间频率响应。由于均衡和相位是相互纠缠在一起的，因此房间不仅具有自身的频率响应，同样也具有自身的相位响应。和众多的其他因素一样，对房间的均衡处理也会造成相位响应的变化。具体发生多大的变化，则根据房间特性来确定。

在大多数情况下，音响系统的分布都是对称的，因而先调试一侧，调试完一侧系统后再将参数设置拷贝到另一侧系统，再验证检测左右两侧对称系统的一致性，是比较常见的做法。我们现在假设先调试左侧的系统：

第一步，测量主扩音箱阵列的轴向响应，这属于上文说的第一类。这时话筒选择摆放在左侧主扩阵列的轴线上，在其覆盖深度一半的位置。这个选点用于对主扩阵列的曲线的初步检查，并做初步的均衡（EQ）调整。

第二步，进行主扩音箱阵列与低音阵列的相位耦合，这个话筒选位属于第三类交叉点，测试话筒摆放在主扩阵列轴线和超低阵列轴线连线的中心轴线上，由于这条轴线距离主扩阵列和超低阵列的距离差是最小的，这样可以最大程度实现在这条轴线从前至后的位置都能做到较好的相位重叠。这个测试点通常离音箱阵列都有一定的距离，实际测试中可能会发现反射声的干扰会非常明显，导致相位曲线在低频段有异常的扭曲而不利于观察和判断。这时就可以采用上面讲到的界面法，将测试话筒摆放在地面上，并使测试话筒头尽量贴近地面，减少来自地面的反射声。这样，一般可以在500Hz以下得到较为稳定和准确的相位曲线。对于主扩阵列和超低阵列的相位耦合，我们关注的是它们共同工作的频段，通常在30～200Hz之间，所以用界面法摆放话筒，可以帮助我们测得更准确的相位，更好判断给哪一组音箱增加延时。

第三步，检查前区补声音箱的轴向近场响应，做好曲线检查和初步的音量和均衡调整后，再调试主扩音箱阵列与前区补声音箱的相位耦合，这时话筒选点属于第三类交叉点，要根据主扩阵列与前区补声的覆盖角度和覆盖区域，在两组音箱的共同覆盖区域内摆放测试话筒。实际操作中，主扩阵列与前区补声音箱的覆盖区域并不会像图例中这样有清晰的界线，系统工程师要结合音箱本身的指向性特点、现场的安装位置，初步目测判断两组音箱交叉覆盖的大致区域。在这个区域内，根据耳朵听到干涉最为明显的点，来决定测试话筒的具体位置，也可以借助一台手持声压级或频谱仪，单独测量每组音箱的声压和频谱特性，作为话筒选点的辅助参考。

第四步，进行主扩音箱阵列与侧面补声阵列的相位耦合。与第三步类似，这时测试话筒也要摆放在主扩音箱与侧面补声阵列的交叠覆盖区域，具体的选点方法也可以参照第三步。

第五步，进行主扩音箱阵列与延时补声阵列的相位耦合，可以将话筒摆放在主扩阵列与延时补声阵列正轴线的连线中线上，深度上可以摆在延时补声覆盖区域的一半位置。

第六步，在左侧系统初步调试完毕后，可以将系统的参数设置拷贝到右侧，检测左右系统的一致性。测试话筒应摆放在被测的左右对称的音箱阵列的中轴线上。

第七步，在整个系统初步调试完成后，还应了解一些特殊点的声音特性并考察全场的声音覆盖的均匀度做进一步细致的调试。最重要的特殊点是主扩调音台的位置，这里的听音条件很大程度上影响调音师对声音的判断和处理。

检查声音覆盖均匀度则需要选择更多的测试点来做出评估，如最前排观众区域、最后排观众区域，观众区前半场的中间位置、后半场的中间位置。

（3）通信检测

扩声系统和混音调音台应该已经架设完成，下一步就要对音响系统进行检测。在进行音响系统检测之前，你必须确保与舞台之间已经建立了良好的沟通通信系统。如果舞台上的人员不能和你直接进行沟通的话，整个工作也会变得非常困难和麻烦。你需要建立一个你自己的舞台对讲系统。这种系统需要在主扩调音台位置设置一只传声器，其信号直接馈送到舞台返送音箱之中，以使得在舞台上的每个人都能够听得到你的讲话。这只舞台通话系统传声器的信号，可以通过提供返送信号监听调音台，或是通过你的辅助通道，馈送到舞台返送系统中。

（4）线路检测

在准备开始使用一些噪声信号对系统进行音响检测之前，首先要做的一件事就是大家所熟知的线路测试。这一测试主要是确保所有的线缆全部工作正常，并且连接到调音台上正确的通道之中。检测过程非常简单直接，要做的就是按顺序对每只传声器进行轻轻敲击，而对于其中使用的DI接口盒来说，则需要将传声器连接在其上，然后对传声器讲话或是轻轻敲击。从通道1开始，然后依次按照通道编号顺序进行测试。此时，就需要有良好的通信系统来保证检测的正常进行，保证每个人都知道正在检测的线缆是哪一根。如果遇到线缆中存在任何问题的话（例如低频"嗡"声），那么就应该在这一过程中进行解决。如果使用了大量立体声通道的话，那么技术线缆检测将会是非常重要的，因为在演出的过程中不会被告知这些通道中的立体声声像是否正确。

（5）增益调整

在完成线路检测并确认所有线缆、传声器以及DI接口盒都工作正常后，就需要和设备工程人员一起对线路电平进行检测了。再次强调，通信系统在这一检测过程中也是非常重要的。确保每个人都能够很好地听到其他人的通话，并且知道正在进行的工作以及接下来要做的工作。在检测过程中，舞台上的乐器进行实际演奏，对这些乐器所需的任何声音变化、传声器设置的所有调整以及可能出现的各种相位问题，都在此期间解决。

在依次对每件乐器进行演奏的时候，需要确定每一个通道中的增益区间保持在合适的位置区域。增益区间是音频通路中继音源之后的第二重要环节。

增益区间的确定，就是为了寻找在本底噪声和信号开始失真而出现音质降低的临界点之间的最佳电平。整个检测过程中最重要的部分就是可以很容易地将信号增益一直从前置放大器保持到功率放大器。实现这一正确设置的技巧，就是确保所有主控输出部分都设置在0dB的电平位置。采用这种设置，可以在开始对前置放大器进行增益设置时，很容易地保持调音台上整个信号通路的电平增益。偶尔可能会需要对主输出推子进行电平调整，但是这仅仅是在主输出的声音听上去太响的情况下。只要在通道条上正确地对增益进行设置的话，就不会在输出端造成信号失真。保持通道条具有正确的增益，还有助于信号馈送到辅助通道时，能够具有正确的增益。

在线路电平检测环节中的工作并不是对乐器的声音信号和其他声音信号进行平衡化处理，而是要确保所有的声音信号全部都能正确地表现出来，当然每件乐器声音中的音调平衡，也可以尽量调整到最佳效果。这是你对可能出现的技术问题进行修复的最后机会。

（6）主扩和舞台监听之间的互相影响

在主扩和舞台监听之间存在一个非常紧密的关系，同时，明确它们之间的相互影响也是非常重要的。实现良好主扩混音的一个基本要素就是要确保舞台上的音量大小处于非常合适的范围。千万不要让舞台上的声音音量快速增大，因为这可能会对主扩位置的混音造成严重的影响。这种情况下造成的相位问题，会导致鼓组声音或人声变得软弱无力，以至于在混音中对低频部分进行提升时也不会出现任何效果。但是，最为明显的问题则是会使得吉他音箱的声音过响。但是将舞台上的音量降低，会给舞台上的演出带来一些问题。首先来看吉他音箱的情况，电子管功放音箱内部有一个电子管放大器，在音量较低时，它们的作用并不明显，但是，当逐渐提升其音量时，声音会变得越来越温暖。为了解决这一问题，可以将吉他音箱进行角度旋转，使其指向舞台的侧方或舞台的后方，这样的话，观众区域就不会出现吉他音箱辐射的直达声。

有时将主扩扬声器系统关闭也是一个不错的主意。在活跃的场馆中，很容易听到舞台返送音箱中辐射的声音。如果乐队对返送音量有异议的话，可能需要登上舞台自己去听一下声音的大小。有时候，可能需要通过别人的耳朵来对监听音量进行确认。

（7）不同位置的听音

在进行音响系统检测和建立混音构架时，应该从调音台的位置走出来。场馆中各个位置的声音效果是不同的，因此你需要按照观众的角度来对声音聆听。尽量为尽可能多的观众提供你所能够做到的最佳声音效果。其中最为困难的就是当位于较为糟糕的混音位置时，可能总是试图根据自己耳朵所听到的声音效果进行调整，而不是以观众所听到的声音效果为参考，这样的结果往往是有问题的。

离开调音台的位置有助于听到声音在场馆中各个不同位置所受到的影响，并且能够帮助你确定混音处理的正确方向。经常检测一下场馆中央区域的声音效果，因为这一区域是最常出现声音叠加的位置，并且也最可能在此区域造成一个单调的二维声像声音效果，使得声音乏味、让人厌倦，而这主要是因为，当不是位于中央区域位置进行混音时，会为了对你所听到的主扩系统进行平衡而采取一些补偿处理。最终的结果就是，对经过均衡处理和声像调节的立体声声像造成了中心位置的偏离。

（8）完成音响系统检测

音响系统检测完成之后，确保对你所做的设置进行保存，如果你使用的是模拟调音台的话，记得将所有的设置进行手写记录（使用一个调音台编排列表是一种很好的方法，但是，如果你有条件的话，可以使用数码相机将所有的设置进行拍照保存）。一旦这些工作完成之后，马上对设备进行位置固定和标记，即对舞台上所有设备、传声器支架和监听返送音箱的位置进行标记和固定。这样可以保证在节目换场时你确切地知道每一个设备的位置在哪里。

13.1.5 现场演出

（1）开场准备

现在你处于充满观众的演出场馆之中，并且这些观众对于他们喜爱的乐队的即将出场充满了期待和兴奋。在任何一场演出中，会遇到一个与观众有关的问题，就是他们中的大部分已经观看了之前垫场乐队的演出。由于耳朵的一种自然保护机制，将会开始对超高频信号的响应进行关闭，并且随着在大声压级环境中暴露的时间越来越长，因此耳朵会变得不再灵敏。如果你刚好是回到主扩调音台位置的话，你的耳朵会比观众的耳朵灵敏得多。因此，如果有人告诉你在第一首歌曲或之后演出的时候将音量进行提升的话，一定不要为此而争论。同样也正是因为这种相同的环境，在你自己的耳朵开始变得不再灵敏之前，你仅仅需要保证头三首歌曲拥有正确的声音效果。

（2）第一首歌曲

第一首歌曲绝对是整场演出中要关注的最重要的歌曲，也正是你所听到的这首歌曲能够真正体现出在音响系统检测之后所做的全部努力。将所有用于第一首歌曲的信号通道都编组在一个哑音编组之中，如果使用的是一个压控放大器编组的话，那么也将其进行哑音，这样就可以在得到演出开始提示之后，仅仅通过对一个按键进行按压即可激活所有的信号通道。如果使用的无线传声器是从舞台两侧进入到舞台上的话，那么一定要确保它是最后被激活的信号通道，否则会带给观众一个有缺陷的开场白。尽量在开场的前几秒保持冷静和放松，这样就不会在这一时刻到来之际出现手忙脚乱地去播放开场音乐、对推子进行哑音按键控制以及将它们全部推起来的情况。

（3）演出换场

演出之间的换场需要一点点时间，因为上一个节目演出的成员要下场并将演出设备搬离舞台，下一个节目演出的成员则要登上舞台进行演出所需的必要准备。因此，在拿到节目单并准备到主扩位置之前，还是有一些事情要提前完成的。

首先，如果使用无线设备的话，一定要确保它们使用的是全新的电池，这可以保证无线设备能够在最佳状态下工作。一旦将它们打开，就一直让它们处于工作状态。当所有的无线设备都在正常工作，同时上一个演出的乐队即将撤离舞台并且乐队成员匆匆忙忙地将他们的设备装箱搬离之后，你在舞台上设置的设备被移动的话，那么就要将这些设备尽快地恢复原位，并且对所有的传声器位置进行检查。

在完成舞台设备重新检查及设置后，就可以拿着节目单回到主扩的位置。你要确保你在音响系统检测之后所记录下来的设置被完全复原。如果使用的是一台模拟调音台的话，就需要将所有的旋钮和推子恢复到它们原来所设置的位置。

（4）监听

在进行现场演出混音的时候，很少对所混音的歌曲进行监听，因为在演出之前已经对它们进行了聆听，并且我也知道了歌曲会如何开始以及如何行进，因此没有什么新内容需要再进行监听。在监听时，关注更多的是声音效果，每件乐器所发出的声音和它们的定位，以及它们彼此音调之间的弥补。在此过程中，另一个非常重要的事情就是监听歌曲之间的行进。这对于你确定可控制的低频音量程度是非常重要的。需要通过聆听歌曲中的音量差异来确定在演出中歌曲动态上的大小变化。聆听每首歌曲的行进，也会帮助你判断整体音量水平以及观众对它的响应程度。

（5）演出结束

在最后一首歌曲表演结束之后，需要播放结束曲。此时舞台上出现的大量当地工作人员会尽快地将所有设备不管对错地随意放置在运输箱之中，而对于你来说，则刚刚完成了一整场现场演出的混音工作。

现在要做的就是将所有设备打包，并且将它们放置在运输车的后备箱中，准备迎接明天再一次的现场演出混音工作。

13.2 音响工程设计实例

扩声系统的厅堂类型虽然众多，但扩声系统的设计思路基本一致，本节主要介绍体育馆大型扩声系统设计的方法与步骤、声学设计原理及最新的音频系统传输方式。

扩声目的就是扩展声音的动态范围及改善清晰度，因此设计必须充分考虑体育馆本身的实际使用功能，并要有自己的特色，符合科学规律和先进的设计思想。在与实际使用技术人员的广泛交流后，确定体育馆的扩声系统设计思路和方法。设计要有先进性、可靠性和实用性，设备要采用技术含量高、能够体现当前最新科技水平的设备。根据要求，本设计扩声系统的声学特性指标要达到并超过国家行业标准JGJ/T131-2000，J42-2000《体育馆声学设计及测量规范》一级标准。

13.2.1 声场分析与设计依据

（1）声场分析

扩声系统由音响设备和声场两部分构成，在音响设计中，必须重视场馆的结构，无论是用话筒拾取声音还是用音箱再现声音，均不可避免地受到场馆结构的影响，因此声音所处的环境（场馆结构）对音箱（话筒）的摆放与布置方式以及音箱（或话筒）的指向特性，有决定性的意义。

本实例中体育馆外观呈现半椭圆形，整个天花板结构采用钢架结构，这种优美的结构却给扩声设计带来很大的考验。在这里设计注意以下几点：

① 场馆的容积很大，天花板和墙壁的吸音系数一般都比较小，因此很容易产生强烈的声反射，这关系到语言的清晰度。

② 椭圆形的天花板外观，像一个巨大的凹面体，很容易在空间中产生声聚焦，这将严重影响声场均匀度，并使传声增益变小。

③ 本实例中体育馆是一个大型场馆，要达到并超过国家《体育馆声学设计及测量规范》一级标准，对扬声器的选型有很高的要求。

（2）设计依据

根据业主所供图纸及业主具体要求，按照建设部体育馆行业标准一级扩声系统的标准作为依据。如下各项：

① 最大声压级：额定通带内，大于或等于105dB。

② 传输频率特性：以125～4000Hz平均声压为0 dB此频带内允许（±4dB）的变化。

③ 传声增益：125～4000Hz平均不小于-10dB。

④ 稳态声场不均匀度：中心频率为1000Hz、4000Hz，大部分区域不均匀度不大于8dB。

⑤ 系统噪声：扩声系统不产生明显可觉察的噪声干扰。

（3）设计理念

① 音质优化：以音质设计为核心，要实现高保真的扩声质量对扩声设备的选型至关重要，在本实例中所选用的设备均具有在大型场馆中的应用实例，并配合先进合理的系统设计，保证了音质的优化。

② 先进性：近年来电声系统设备更新换代很快，目前数字设备已经成为主流。新的音频网络传输技术与设备也不断出现。为了使系统设计方案更加完善、音质效果更好，在系统设计时，我们以数字系统为主，模拟设备为辅，数字设备的应用也方便了日后系统的扩展。

③ 简洁合理性：在满足各项功能的前提下，系统须做到简洁、方便，操作简单。

④ 可靠性：系统必须能可靠地运行。在设计时应选择技术成熟可靠的产品，并预留足够的功率储备，主要设备及电源采用冗余设计，保证系统的可靠性。

13.2.2 扩声形式的选择

目前来说扩声形式一般分为集中式、分散式和混合式三种。本实例中因考虑到此场馆较大且要求达到一级标准，单使用一组集中式很难达到要求的声压级，并且很难做到声场的均匀度，清晰度也无法保证。因此采用了混合式扩声方式，融集中、分散的好处于一体。

（1）中间的主扩声部分

中间的主扩声主要解决场馆的一层、二层及比赛场地的大部分听众区。在这里采用四组扬声器环形向四周扩声。其中两组为每组3只扬声器，向短的一边扩声。两组为每组4只扬声器，向较长的一边扩声，共14只。经过声学模拟软件EASE仿真模拟调整其角度及功率，使音箱的绝大部分能量控制在所需范围，尽量减少声干涉，如图13-1所示。

（2）四周分散式辅助扩声部分

四周分散式辅助扩声主要解决场馆的二层、三

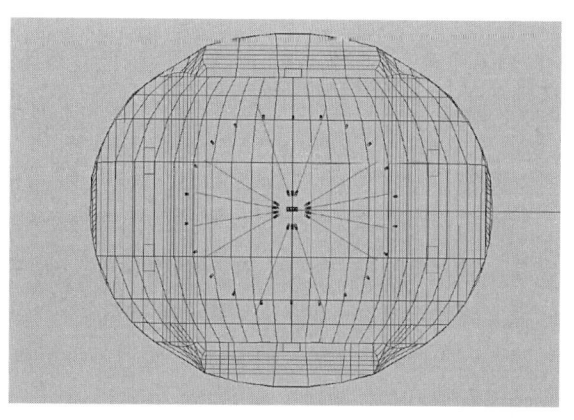

图13-1　主扩声声线图

层及后场的大部分听众区，这部分听众区多数不在主扩声的辐射范围内。采用22只小功率的扬声器，均匀地分布在四周，保证后场的声压级，极大地提高了后场的清晰度，如图13-2所示。

（3）赛场中间部分扩声部分

为保证裁判员、运动员能清晰地听到大会发出的指令，在赛场中间的天花板安装了4只扬声器与主扩声和辅助扩声形成严密的无缝连接，使声场均匀度得到很好的保障。

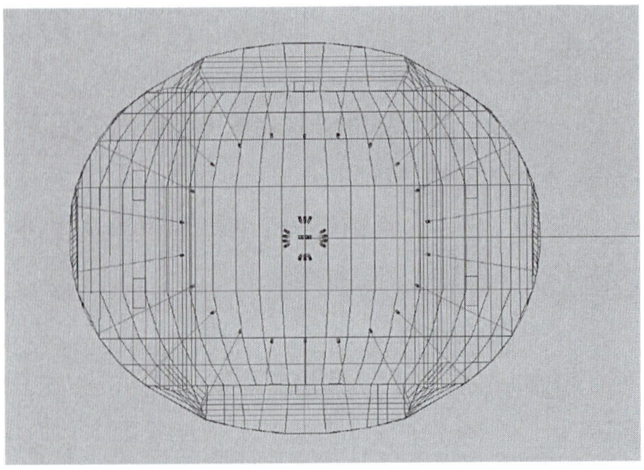

（4）主席台辅助扩声部分

主席台辅助扩声主要保障主席台听音区的清晰度，采用6只扬声器。

图13-2 辅助扩声声线图

（5）技术用房及场地补充扩声部分

技术用房扩声主要应用在声控室、灯光控制机房和舞台机械控制机房、化妆间和演职员休息室、前厅、观众休息厅及观众入口处等需要调度或现场扩声信号的房间区域，采用16只扬声器。本实例中设置小功率扬声器系统、导控室并进行集中控制。考虑到大型比赛时情况复杂多变的需要，在比赛场地附近四周预留了与主扩声系统调音台相连接的音频信号输入输出综合插座箱，受主扩声系统调音台控制与主扩声信号同步。

（6）有源流动扩声部分

在场馆的四周及通道出入口预留了信号接口，方便系统的对接。流动扩声能灵活地满足现场对检录、通告及临时管理的扩声需求。设计采用一套独立的有源扩声系统，在需要的时候可随时连接，既可与主扩声系统同步，亦可独立运行。

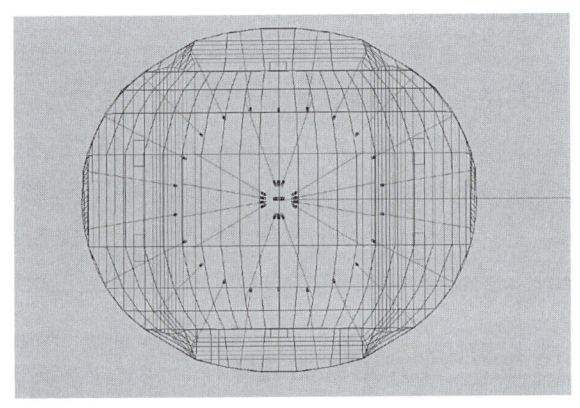

图13-3 整体扩声声线覆盖图

图13-3是本例扩声系统的整体扩声声线覆盖图。

13.2.3 主扬声器声压级的计算

根据传统点声源法则中的平方反比定律，距离每增加一倍声压级衰减6dB。其听音点声压级（L）的计算公式（自由空间点声源）：

$$L = S + 10\lg P - 20\lg r$$

式中：S——扬声器灵敏度；P——馈给扬声器的功率；r——扬声器与听音点的距离；L——声压级。

本实例中体育馆的主扩声系统最大投射距离为30m，按照建设部体育馆行业标准一级扩声系统的标准，最大声压级为≥105dB。根据点声源法则中的平方反比定律，距离每增加一倍声压级衰减6dB，计算出离扬声器30m处要达到建设部体育馆行业标准一级扩声系统的标准≥105dB时，距离扬声器1m处要达到的最大声压级为134.5dB，经过几种扬声器的灵敏度、指向性和功率比较，采用某国际知名品牌的体育场专用扬声器，最大声压级达136dB，符合建设部体育馆行业标准一级扩声系统的标准。分布在四周和赛场的辅助扬声器，投射距离约为20m，我们经过多次的比较，采用该品牌扬声器中较为小型的扬声器，最大声压级达131dB，满足设计要求。在EASE仿真模拟中，分析显示，最大声压级能完全满足预定的设计目标，如图13-4所示。

13.2.4 声音清晰度及声反馈的控制

影响声音清晰度的原因主要由以下两个因素组成：（一）场内的混响；（二）场内的环境噪声和系统的信噪比。

对于第一个因素，从建声方提供的数据录入EASE软件进行分析，显示音质是较为清晰的（如图13-5）。

第二个因素，本实例中所采用扩声设备均是国际知名的高素质器材，系统能提供足够高的信噪比。由于混合声压的叠加系统也保留了较大的声压储备（从计算机分析也得出同样的结果），所以完全能压制场内的观众噪声。因此，本系统在各种条件下都达到很高的清晰度。

对于声反馈的处理我们是采用了双层的解决办法：一是在本例中采用了最新的数字音频处理矩阵，能非常方便地实现对音频的处理功能，如除前级放大调整、压缩、限制、EQ、时间延时外，还提供了麦克风反馈抑制、信号自动增益、麦克风自动混音、多种类型的音频处理模块。二是在系统的传声器通道中加入了数字移频器，这样两方面的相结合，就能使反馈基本上消除。

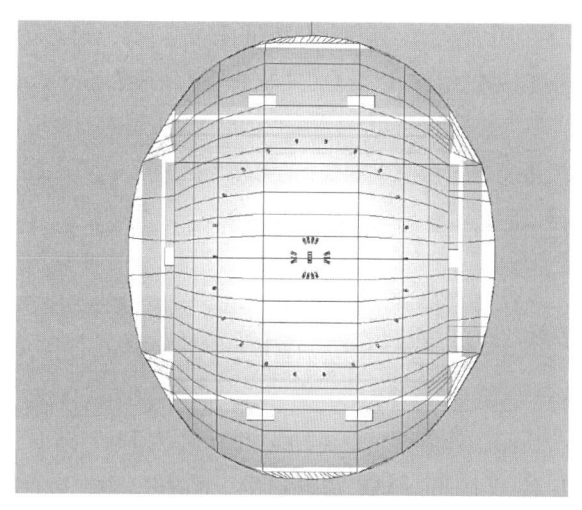

图13-4　500Hz混合声压级计算图

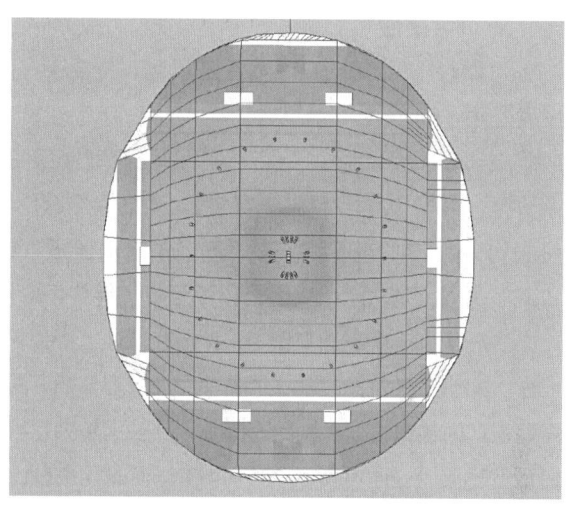

图13-5　SIT语言传输指数计算图

13.2.5 声压均匀度的设计与系统传输方式的选择

（1）声压均匀度的设计

声均匀度的实现需从两个方面来考虑：声压及频率不均匀度。第一个因素，在本例中扬声器的布置上采用了混合式扩声系统，以一个主扩声组提供较大的扩声范围，来保证全场声像位置的正确性。辅助扩声虽然在时间上和主声区有一个延时，但我们在系统的数字音频处理矩阵中加入了延时，避免了两组扬声器因距离而产生的影响。辅助扩声从整体上补偿了后场的声压，从而实现了全场声压的均匀度并极大地提高了语音的清晰度。对于第二个因素，频率不均匀度的处理，因在本例中设计了足够输出通道的数字音频处理矩阵，使得每一组扩声通道均有放大调整、压缩、限制、EQ、延迟等多种参数进行调整以分别调节修饰和补偿，这样就保证全场的频率均匀。

（2）系统传输方式的选择

体育馆扩声系统的传输方式有定压式和定阻式两种。相对比较而言，各有利弊，主要优缺点为：

1）定压式：信号传输损耗小，负载轻，可用小截面积的传输线，如定压100V/120V可采用1.5mm^{2}导线即可；负载连接方便，分支网络中，任何一个声源故障不影响其他声源工作。

2）定阻式：可获得良好的音质效果，具有宽的传输频率范围，低的总谐波失真。功放输出至扬声器系统传输线缆，只要导线截面积够（一般为4~6mm²），便可把导线引起的传输损失控制在一定的范围内。

在本例中采用了定阻式传输，这也是目前要取得体育馆良好音质效果的必然手段，以多一点的损耗来换得良好的音质。根据标准在导线上的损耗不能超过0.5dB（10%），这是一个良好工程所必备的条件。根据低阻抗传输导线面积计算公式S（mm²）为：

$$S \geq (0.37 \times L)/Z$$

式中：L——导线长度，单位为M；Z——扬声器负载阻抗，单位为Ω。

本例中扬声器与功放室最远的距离有60m，扬声器的负载阻抗为8Ω。计算得出：

$$S \geq (0.37 \times 60)/8 = 2.775$$

经过计算得出只要导线的截面积大于2.775mm²，即可保证信号传输的优质。为了更好地得到保障，经过我们仔细的筛选，决定采用4mm²的护套线，以保证优质的信号传输。

13.2.6 系统的可靠性与噪声的控制

（1）可靠性

可靠对扩声系统的重要性不言而喻，主要存在两个问题，一是系统的稳定性，二是设备的可靠性，而后者是前者的基础。

关于第一个问题，本例在设计时已经考虑系统动态余量的峰值因素和有观众时的背景噪声级，系统余量至少大于6dB，从图13-4的最大声压级（这是稳态最大有效值总声压级）分析图中可以看出，所有听音面均有超过111dB的稳态最大有效值总声压级，如果算上峰值因素，可在加6dB，本系统已经超出标准12dB。系统基本处于轻负载条件下运行，完全可以保证良好的音质和系统的稳定性。

关于第二个问题，本例中采用的音响设备都是被广泛应用于各种场合而稳定运行的机型，具有很高的可靠性。如功放在设计时采取了多种保护措施，如开路、短路、过流、过压、温度、反电动势冲击等保护。扬声器设计时也采取了多种保护措施，这些措施为系统的良好运行状态创造了条件，并且关键的设备，如调音台及数字音频处理矩阵，采用了一主一备的冗余设计，两路信号同时在线，最大地保证了系统的安全可靠。

（2）噪声控制

噪声对扩声系统的影响主要来自两个方面。一是环境噪声，二是系统设备噪声，无论属于哪一种，它对扩声系统的信噪比都会产生重要影响。

关于第一个问题——环境噪声主要包含观众噪声和空调排气系统产生的噪声，环境噪声是所有噪声的总和，环境噪声经常出现变化会直接影响系统噪声的下限，也对声压的动态范围将会产生直接影响，使动态范围降低。对于空调排气系统产生的噪声，我们与空调工程方进行了技术交流，修正及调整出风及回风口的安装方式，避免了噪声的产生。对于观众噪声，这一点比较难以估计，因受人数的影响及比赛时的热烈程度，观众的欢呼声都会产生变化，但系统中有足够的最大声压级余量，能保障现场扩声的需求。

关于第二个问题——系统设备的噪声会对系统总噪声产生影响，一般来说，前级噪声比末级噪声更为重要。目前传声器的输出噪声一般只有几个微伏，调音台等效输入噪声电平通常在-124~-126dB以下，功率放大器的S/N也都在90dB以上。可以这样说，系统中的设备能完成满足S/N及动态范围的要求，并且本例中音频信号的传输基本上以数字为主，中间环节并无模拟设备，因此，系统的S/N及动态范围是完全能满足要求的。

13.2.7 扩声系统的构建

体育场馆电声系统数字网络化,将是今后发展的趋势。数字音频网络较之传统的模拟系统,越来越显示出它的优越性。数字系统的信号噪声比高、动态范围大、系统功能强大、系统扩展能力和系统集成控制能力强。信号以光纤为载体进行传输,不仅信息量大而且抗干扰能力和可靠性强,通常多模光纤和单模光纤传输的距离分别为1km和100km,每一条光纤可传输上百路音频信号。因而,传统的模拟式电声系统,正逐渐被数字式系统所代替,这是科技发展的必然。

本例中的扩声系统以三个信息站点为基础,分别为设置在比赛场地附近的信息交换机房、三层的音频控制室及顶层马道边上的功放室。这三个信息点采用光纤及模拟音频线缆双双冗余进行互连。能够非常方便地传输及提取信号,这是系统的核心。系统传输以数字化为主,模拟系统作用冗余,保障系统的稳定性,两个系统相互备份,并可独立运行(如图13-6)。

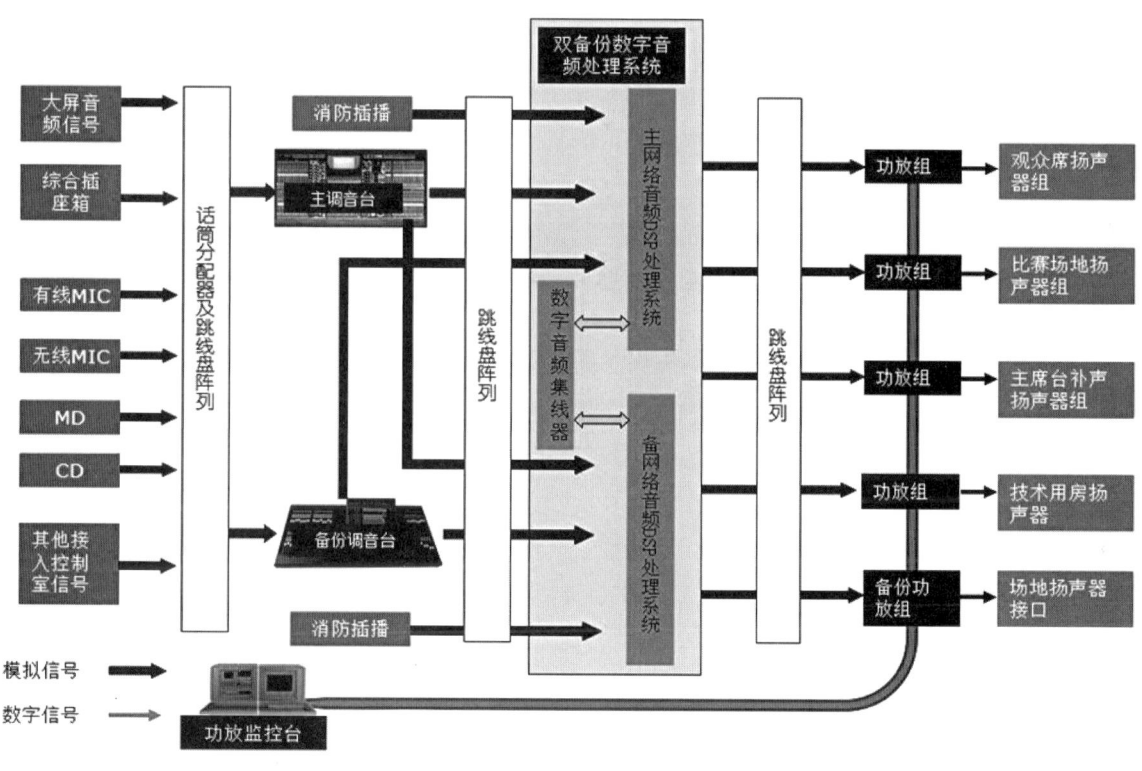

图13-6 信号流程框图

(1)扩声系统冗余备份设计

对于重要场合的扩声系统而言,其安全可靠性一直都是音频系统工程师和使用者最为重视的问题。为满足比赛和直播现场对扩声系统安全性的要求,全面、可靠的冗余系统是必须的。扩声系统最基本的功能是将声源信号经传输、混合分配、处理、放大后还原成声音,并最终传递到观众耳朵。按照这一还原过程,将扩声系统分为信号源、调音台、信号传输、信号处理、扬声器系统、声学信号传输六大部分。其中最为重要的为调音台、信号传输、信号处理这三部分,这几个部分汇总所有信号于一身,再分配出去各个扬声系统,这是系统的核心部分,一旦出现故障必将产生系统瘫痪,其重要性不言而喻,本例中扩声系统系统采用信号均为双层同步信号,以实现系统热备份(如图13-7)。

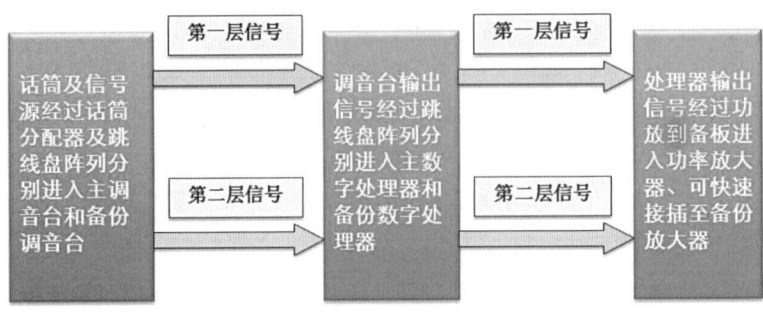

图13-7　信号热备份框图

（2）配电系统冗余设计

电源是系统中最重要的环节，一旦出现故障会造成整个系统瘫痪，无论选用多少的冗余设备都无济于事。对于体育场馆的扩声系统配电，建筑电气一般按照体育场馆建筑的最高负荷等级进行设计，负荷等级基本上都属于一级。一级负荷为两路高压电源进线，两路电源不会同时停电，经不同的变压器降压后，双电源同时供给扩声系统配电箱，并在配电箱处设置PC级ATSE自动切换开关，当一路电源故障时，能自动切换至另一路，保证扩声系统输入电源的可靠性。

目前很多体育场馆配电设计存在如下问题：为了方便控制，扩声系统仅设计一个总配电箱，设置在声控室内，功放室、信号交换机房末端配电箱和声控室设备电源由该总配电箱单输出回路供给。这种设计相当于把双电源降到了单电源供电，增加了电源风险，在输出线路或保护开关出现故障时，仍然会造成系统供电中断。

在本例中采用了双回路输出供电的设计方法，是将功放室、声控室、信号交换机房配电箱均由变电所供给双电源，并在末端实现自动切换。并且除了功放设备外，其余设备还配置独立的UPS电源作为第三道电源保障（如图13-8）。

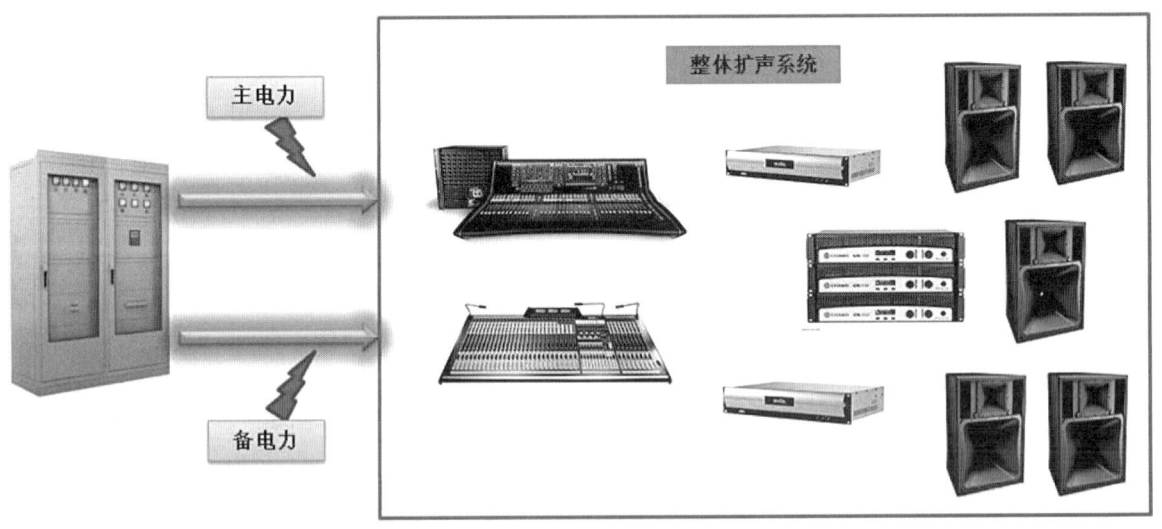

图13-8　电力双备份示意图

另外，主备系统的音源、调音台、音频传输系统设备的电源，观众主扩系统声道的多台功放电源，分别取自不同的末端配电箱或双电源箱的不同输出回路，以分散故障风险，做到真正的冗余设计。

（3）综合信号接口箱的设置

为满足比赛及集会的需要，在各通道出入口、比赛场地四周设置了12个综合接口箱，共有96路传声器输入，每个插座箱内设置2路返送扬声器接口，可接入相应的流动扬声器以满足不同场合及不同功能的需要。在主席台上设置3只综合接口箱，包括18路传声器输入以及8路返送扬声器接口，可接入相应的流动扬声器以满足主席台声音返送需要。在天棚马道四周设置3只综合接口箱，有18路传声器输入接口，方便音频工作人员随时使用，这些点的传声器信号，均接入控制室的跳线盘。

13.2.8 主要设备的选型

近年来在扩声领域数字技术迅速发展，随着制造成本的逐步降低、产品可靠性的不断提高，数字音频产品的优势日趋明显。因此，越来越多的用户开始选用数字音频产品，现在已经没有人怀疑专业音频是否进入了数字时代。在本例设计中同样以数字设备为主，模拟设备为辅。

（1）调音台的选择

一般大型体育馆都会配置2台调音台以上：主数字调音台、备份模拟台，这是基本的配置。而备份台一般选用模拟调音台，其信号源和主台一样，经由话筒或线路分配器分配后送至模拟台，因此主数字调音台和备份模拟调音台可以做到同时在线，当主台出现故障时，备用调音台可以无缝接替主台工作。

这里特别强调模拟调音台作为备份调音台的意义。数字调音台虽然功能强大，但较模拟台而言其稳定性仍有待提高。因此，为扩声系统配置备份模拟台，能够大大提高系统的稳定性和安全性。

在本例中对数字台的考虑除了功能强大之外还要做到具有极高的可靠性。因此，我们选择了一台能提供总计128路输入带有全面处理功能，以及16路专用立体声FX效果返回，提供160路输入到混音，加上全面可配置的64路混音总线架构，全部64路混音通道上也拥有全面处理功能。融合了嵌入式插件处理方式，包括多款图示均衡、压缩器、多段压缩器和动态均衡器。除了性能指标优越，功能强大，这台数字调音台还拥有双电源插槽，用于冗余备份，调音台界面、混音机架和扩展器之间的电源单元可以热插拔交换（如图13-9）。模拟台的选择同样除了性能指标优越，还要拥有双电源的国际知名品牌的台子。

图13-9　数字调音台展示图

（2）数字音频处理矩阵的选择

数字音频处理矩阵是一种将硬件和软件以及通信协议集成为一体化的专业音响设备，它将数字音频处理器和计算机平台进行了最优化的组合。媒体数字音频矩阵功能强大具有配线器，均衡器，分频器，延时器，混响器，激励器，分配器，压缩限幅器，扩张器，噪声门，解码器，电平表，信号发生器等众多功能，还能通过网络进扩展或交换。

在本例中选用了在专业音频行业中极负盛名的国际知名数字音频处理矩阵，其被广泛地应用于大型扩声项目，稳定性及优越的性能得到市场的认可。该处理器具有强大的DSP处理能力，采用6块DSP处理芯片联机工作，32比特内部浮点运算的处理能力是业内绝无仅有的。它将CobraNet网络的技术优势发挥到极致，能够实现分布式的数字信号分配与传输，分布式的信号处理，集中式的布置方案也不成问题。系统的灵活性与安全性，因而得到极大提高。该机背板带有12个插槽，每个插槽可自由选配2路输入卡、2路输出卡、房间回声消除器AEC等，最多提供多达24通道的输入输出，还可以通过增加扩展输入输出接口，来实现更多的输入输出数量（如图13-10）。

（3）扬声器系统及功率放大器的选型

由于体育馆的容积比较大，扩声系统中的扬声器应选用具有指向性特性好、灵敏度高和能给出大声压级的产品。另外，考虑到顶棚的负载，应尽量选择重量合适的设备。

图13-10　数字音频处理矩阵展示图

在本实例中选用了一家国际知名体育场馆专用扬声器，其最大声压级、指向性、频率响应及重量均符合设计要求，利用计算机声学仿真设计软件进行模拟，亦证明了完全满足设计要求。对于功率放大器我们选择了与扬声器配套的设备，并且具有远程监控功能。

13.2.9　扩声系统设计仿真验证

利用现代计算机声学仿真技术，我们可以在设计之初即可验证设计是否可行，声学仿真技术的应用，极大地保障了扩声设计的科学性。我们在计算机里建立了一个与实体建筑一样大小的三维模型，并在模型中加入了选用的专业扬声器，通过EASE声学仿真针，对几个主要频率及清晰度进行分析，模拟结果验证出，我们的设计是可行，达到一级标准，完全满足设计要求，（如图13-11）。

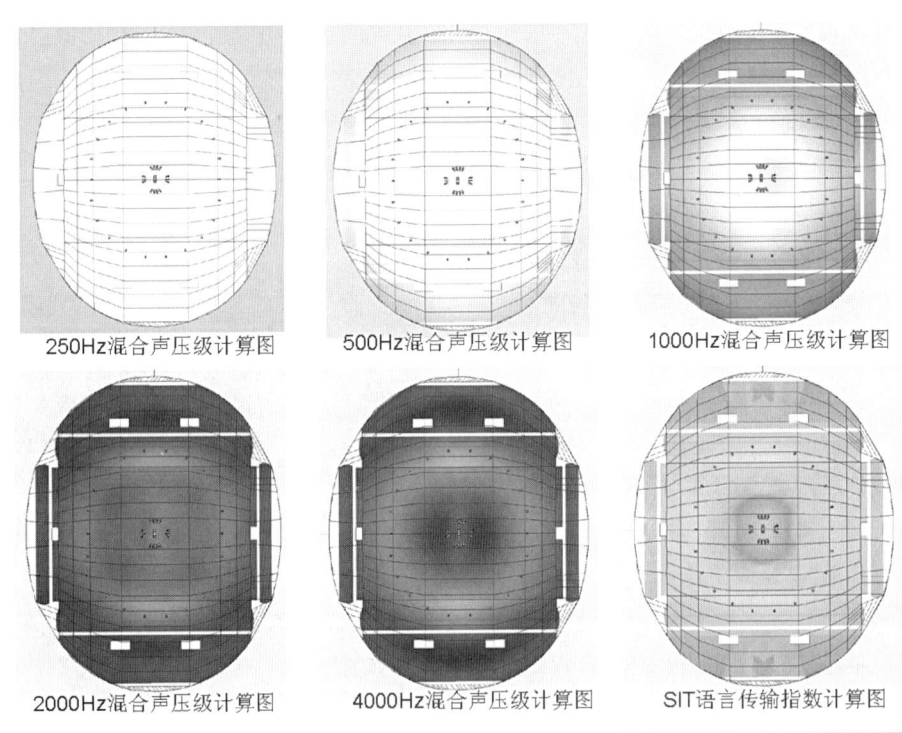

图13-11　声学仿真验证计算图

13.2.10　本例扩声系统主要设备清单

序号	设备名称	数量	单位
1	主扩声体育馆专用全频扬声器	13	只
2	辅助扩声体育馆专用全频扬声器	26	只
3	流动扩声全频扬声器	22	只

续表

序号	设备名称	数量	单位
4	主扩声专业功率放大器	13	台
5	辅助扩声专业功率放大器	13	台
6	流动扩声专业功率放大器	11	台
7	专业级数字主调音台	1	台
8	专业级备份调音台	1	台
9	数字音频处理器	2	台
10	数字移频器	2	台
11	数字效果器	1	台
12	控制室有源监听扬声器	2	只
13	监听耳机	3	套
14	6通道话筒信号分配器1进4出	8	台
15	话分双备份供电器	4	台
16	专业机架式CD播放机	2	台
17	固态录放机	2	台
18	U段双通道无线话筒接收机	16	台
19	手持无线话筒，动圈	10	只
20	腰包发射机	6	只
21	人声领夹话筒头	6	只
22	运动型头戴话筒头	6	只
23	天线分配器	4	台
24	天线供电器	2	台
25	主动式定向天线	2	套
26	天线功率合成器	2	套
27	应急不间断电源	1	台

13.3 音响系统故障处理

13.3.1 音响系统故障处理原则

（1）先简单、后复杂

一般情况下设备与系统的故障，特别是无声的故障都是比较简单的，而且多数情况下只有1个故障，较少同时出现2个以上故障。所以先要从简单方面来观察，如设备电源是否打开，信号输入、输出是否接通，各种开关位置是否正常等，只要认真检查就能发现故障原因。

（2）先外部、后内部

一般故障多由外部产生，如开关旋钮位置，调整方法，信号的连接不正确而产生，很少由机器设备内部出现故障。所以先要仔细观察设备的电源情况和工作状态，各旋钮开关位置，各种指示灯是否正常，切忌不要不加判断就轻易打开机盖乱动内部元件，这样不但修不好，反而会产生更严重的故障。

（3）先冷测、后热测

当需要打开机器用测量仪表（如万用表）进行测量时，应当注意先不要连电进行测量（冷测），如用万用表电阻挡测量保险丝是否烧毁，电容是否漏电或击穿，电阻是否脱焊或烧毁等，如果需要测量电路工作状态或信号通断时，才可打开电源，加入信号，利用专门仪器（如示波器、扫频仪等）进行精确测量。但这种测量通常是由专业维修人员或较高水平的音响技师来进行的，对于一般的音响师，大都不具备这种能力。

（4）先动脑、后动手

音响系统设备出现故障时，首先要进行分析和判断，利用自己的基础知识，根据系统设备的工作原理，对故障现象进行详细分析、判断，确定故障的机器和大概的故障部位，在此基础上先进行简单的实验与测量，且不可盲目动手乱拆机器，乱拔接插件，这样很可能产生新的故障。

13.3.2 音响系统故障处理方法

（1）观察判断法

在音响系统的各种设备面板上都安有各种指示灯，如电源指示灯，用来表示电源开关是否接通，即设备是否加上电流，信号输入、输出指示灯，用来表示是否有正常信号输入或输出，有些灯根据颜色（绿——正常，黄——临界，红——限幅）还可以判断音频信号的输入输出电平是否正常。工作状态指示灯，用来表示设备的工作状态是否正常，如正常工作或旁通状态，立体声或单声道状态，参数调整范围等。音响师必须熟记这些指示灯在工作中的指示情况，根据指示灯即可很快地判断出故障所在。但有些初学者，看到很多不同颜色的指示灯，眼花缭乱，出了故障感到束手无策，不知先看哪台设备，后看哪台设备。有些人从前边声源开始逐一向后查看，也有些人从后边功放开始逐一向前查看，往往是事倍功半，查不到故障所在。最好的查看方法是，利用优选法，观察关键点上的指示灯或电平表。例如，当出现无声故障时，第一个关键点就是观察调音台的输出指示电平表。如果输出信号正常，故障就在此点以后，反之就在此点以前。如果判断故障在调音台输出之后，则第二个关键点就是观察功放输入端信号是否正常。如果功放输入信号正常，则故障就在功放之后。如功放没有输入指示，可能是周边设备有故障。如果判断出故障在功放之后，则可集中判断功放输出端、音箱及其接线是否有故障。这样有规律的分析判断，可以把故障集中在一个很小的范围内或某个设备上，很快找出故障之所在。

（2）干扰法

干扰法常用来检查判断无声的故障。当音响系统连接好之后，打开电源，送入音源信号之后。如果无声，则可以在系统的某个位置加入一个干扰信号进行试听。干扰信号源，可以用白噪声或正弦交流电（通常为1kHz）信号发生器。如果没有专用的发生器，则可以用简单的噪声来替代，如用万用表的电阻挡，（通常放在×1Ω挡位），可输出约1V（0dBv）的脉冲信号。也可用一节干电池（1.5V）作为干扰脉冲信号源，或者直接用人体感应电源（50Hz）信号作为干扰信号源。具体方法是当系统完全无声时，可由音箱开始，用万用表×1Ω挡，两支表笔触及音箱的正负极，或用一节干电池（1.5V），通过连接线触及音箱的正负极。如果触及时能听到"咔咔"的声音，则证明音箱无故障，反之说明音箱有故障。用此方法进一步在功放输入段测试，可以判断有无故障。注意，这时功放输入电平旋钮不能开太大（1/3为宜），因为经过功放放大信号，所以在正常情况下，如果用手指触及输入信号端正极，则可由音箱中听到人体感应50Hz的交流声，这样，从后向前逐一检查设备，即可找出故障所在。

（3）短路法与断路法

这种方法主要用于检查或判断噪声及串扰信号，如本底噪声或低频交流声等。当系统出现噪声或交流干扰时，可以从调音台输出端开始。断路信号，即把总推子拉下来，如果这时噪声和干扰消除了，则说明噪声干扰在调音台输出之前产生的，再进一步检查各通道，即逐一把各通道放在静音状态，找出故障来源。如果查出是调音台之后出现的噪声干扰，则逐一向后检查周边设备，可以通过判断周边的输入、输出信号，或放在旁通状态，来判断出噪声干扰的来源并加以处理。

（4）交换法与替换法

这种方法主要用于局部电路或设备出现故障，例如当主输出通道中，一个通道，如左通道工作正常，而右通道无声时，用交换法或代替法找出故障很方便。如判断功放的两个通道输入音频信号正常（可查看输入电平指示灯），说明可能是功放输出或音箱及其连接线有故障，这时可以把功放的输出左右通道接线进行交换（注意连接线必须把功放电源关掉）。如果交换后，仍然是原来的音箱无声，则说明了该通道的音箱或连接线有故障。如果交换之后换成另一只音箱无声，而原来无声的音箱反而有声音，则证明了功放的该通道输出有了故障，再进一步检查即可。

（5）测量法

这种方法对于水平较高的技师或专业维修人员才适用，如果经过判断，确实证明了某件设备有故障，则先应把该设备替换下来，确保正常演出扩声完成，然后再利用专门的仪表进行详细的测量，包括电路工作状态及元器件的质量，最终查出故障并进行修复。

13.3.3 故障处理常见问题解答

（1）如何防止和排除音响扩声系统噪声

当代专业音响扩声系统，采用的设备要求严格，技术指标高，静态噪声甚低，长期工作稳定可靠，设备之间匹配良好。如果系统设备之间按照正常顺序通过音频缆线连接周边设备，通过音箱线连接功放与音箱，系统设备接通电源后静态总噪声应当是很小的，在靠近音箱1～2m处只听见少许正常运转的"沙沙"声。如果距离音箱10m外都能听见令人烦恼的噪声，可采取如下方法防止和消除过大的系统噪声：

① 严格检查设备间连接电缆，信号线和屏蔽线都必须牢固焊接，避免虚焊现象出现。

② 提升主通道上压限器前的噪声门阈，直至在音箱1～2m处仅听见少许"沙沙"声。

③ 如果出现固定频率的"咝咝"（其频率范围为2.5～10kHz），可以利用主扩通道上的压限器的边链电路（Side Chain）插孔In及Out，接入单独一台31段图表均衡器，将图表均衡器的刻度频点提衰推拉键置于中心0dB位置，从2.5kHz开始往上提升至端点，只要提升频率与"咝咝"声相同，"咝咝"声便受到抑制、消失，否则推拉键放回原处。

④ 若系统噪声来源于声源，尤其接入电子乐音时，噪声明显增大，此时应在电子乐音信号进入调音台之前加接噪声门，并且根据音乐特性，调节好专用噪声门的门阈、衰减量、起动时间及恢复时间。

⑤ 用主通道上31段图示均衡器下拉固定频率的噪声，同样可抑制、减弱固定频率的噪声。

⑥ 如果扩声系统出现"嗡嗡"的交流噪声，则可以按后面介绍的交流声过大的方法处理。

（2）手持话筒时为什么会发出"嘭嘭"声

手持话筒有时摆动话筒线，引发"嘭嘭"声响，多半是卡农插头三个针尖中至少有一个前后松动或焊接点有金属丝未焊接好碰及其他焊接点。如果话筒上有开关，开关接触点松动，时而接触，时而脱开，也是"嘭嘭"作响的一个原因。排除方法：更换质量低劣的卡农插头。市场上常出耐温性能甚差的塑料卡农插头，锡焊针尖后针尖前后松动，插上话筒接触不良。焊接过程每根导线的金属细丝拧成一股，焊作一根，再与针尖焊接。话筒开关接触不良应更换或拆下后直接锡焊，删除开关功能。

（3）手持话筒时为什么会出现"嗡嗡"的交流声

手持话筒出现"嗡嗡"交流声，是由于话筒金属外壳与话筒线的屏蔽线没有焊接，人体感应的交流信号进入话筒信号线，引发交流声。解决办法：将话筒线的屏蔽线与话筒的金属外壳焊接或在外壳螺丝端加入焊片，将屏蔽线与焊片焊接。

（4）话筒插入调音台后，扩声系统设备正常工作，对准话筒说话，音箱无声是何原因？

一是话筒上开关未开，二是话筒信号线出现开路现象，还有可能话筒损坏。解决办法：接通话筒开关，检查话筒连接线，用同一结构的另一只话筒试音。

（5）对同一声原而言，单路话筒的音量比两路的大，为什么？

一般来说，是两只话筒信号反相，进入调音台做反相叠加，相互抵消。因为两路信号幅度并非完全一样，所以还会有些声音，但比单路的音量小。排除方法：如果调音台上每一输入通道装有倒相键 ϕ，按一下其中一路上的倒相键，使两路话筒信号同相进调音台，声音增大。若调音台上每一输入通道没有倒相键的话，可将其中一路的两根话筒信号线，对调焊接即可。

（6）为什么调音台上插入话筒数量增多时容易引发啸叫声，怎样解决？

调音台插入话筒增多，其拾音增益增高，接收各个方向的反射声的面积也增大，由此引发声反馈的可能性加大，容易出现啸叫声。在这种情况下，最好采用智能话筒控制器，它能接纳40～80个话筒，控制发言话筒的个数（例如1～6个），确保每只话筒扩声的音量。还可以采用有线话筒与无线话筒相结合的办法，增加拾音话筒。

（7）为什么有时在调音台同一输入通道上两只话筒拾音声音会相差较大，应怎样解决？

两只话筒在相同条件下拾音音量相差较大，主要是灵敏度差别较大，同时两只话筒的频响曲线不同，各种频率增益不一样，产生的声信号并不一致，显然，音箱放出的声音也就存在差异。为了保持两话筒同时拾音时音量的一致性，使音箱放声基本相同，可利用调音台通道上的有关功能键进行补偿。例如使用增益旋钮以及参量均衡器做出一定的补偿。

（8）如出现无线话筒打开后对准话筒说话音箱无声现象故障时应如何查找原因？

如出现无线话筒打开后对准话筒说话音箱无声现象，可能的故障原因如下：

① 无线话筒上的电池电量不足，宜更换电池。

② 调谐器的音量旋钮未开，应将旋钮调至3/5以上。

③ 调谐器的接收天线角度未调好，应转动天线角度，避免在使用者的活动区内出现接收信号死角。

④ 话筒的载波频率偏离调谐器的接收频率范围，必须用相关的测试设备重新调整，并固定。

（9）如无线话筒的调谐器输出插在调音台的话筒输入端，调音台的通道推子拉下后出现串音现象，应如何查找原因？

通常调谐器的输出应接在调音台输入通道的线路输入端（Line），此端口是高阻端（Hi-Z），即信号从此端进入调音台输入通道的前置放大器需要经过两个高阻值电阻，它起一定的隔离作用，若直接进低阻（Low-Z）的话筒接口，出现隔离度下降、阻抗不匹配状况。在此情况下只须改接线路输入插口（Line），串音问题便得到解决。当然，有些调谐器本身配有专用卡农插口，串音干扰这种情况便不会出现。

（10）如两只无线话筒单独开启工作时音箱有声而同时工作时只有一只话筒有声，应如何查找原因？

两只无线话筒载波频率相近时，可引起差拍现象，差拍信号叠加在较小功率那只话筒的调频波，引起频偏，使相应该话筒的调谐器无法接收到那只话筒的信息。解决方法：用测量设备将其中一套无线话筒载波频率调偏一些，这时，调谐器的本机振荡频率也应做相应调整，使其能接收到新调的载波频率信号。

由于目前生产无线话筒的公司把载波频率提高到调频无线电台广播频率范围（88~108MHZ之外），超过200MHZ，以免受当地调频无线电台的串扰。显然，在这种情况下，用手工操作是困难的。

（11）如在扩声过程中突然一对音箱（左右主扩声箱、辅助扩声音箱或通送音箱等）无声，应如何查找原因？

在扩声过程中突然一对音箱无声，绝大部分是该输出通道上的功放过载，快熔保险丝烧断，在这种情况下，更换相同容量的快熔保险丝，降低一些功放输入信号电平，便恢复正常运行。如果更换保险丝后仍无声音，必须检查前面设备有无信号送来，采用跳线法，即跳过前一台设备，把前一台设备的输入信号插入功放输入端，若仍然无声，可能是功放电源部分损坏或两通道末级功率管烧坏，为保证扩声继续进行，宜及早更换功放。两只音箱同时瞬间烧毁的可能性不大，使用跳线法，很容易检查出有故障的设备。为保护功放和音箱不过载烧毁，在功放前或在电子分频器前加入限制器。

（12）在扩声过程中主扩声系统、辅助扩声系统或返送系统中一对音箱中的一只无声或声音很小，应如何查找原因？

在这种情况下，问题多在功放或音箱上，为快速检查出故障所在，可采用交叉法。即把功放输出端子的两对音箱线互相对调一下，接通声信号听听，若音箱放声情况也颠倒过来，说明不是音箱的问题，而是功放上的问题，无声或声小的那一通道的功率管烧毁或电源损坏，其他部分的故障并不多见。若音箱放声情况没有变化，则说明无声或声音很小的音箱很可能烧毁或局部短路，必须更换音圈。

（13）左右声道音箱放声不平衡时应如何查找原因，怎样解决？

左右声道音箱放声不平衡时可从以下几点查找故障原因：

① 左右声道音箱扬声器的灵敏度不一致，这可以通过调整左右声道各路输出电平的办法，使音箱放声接近一致。

② 左右声道输出功率信号不平衡，将左右声道上各设备的输入、输出增益调在近似相同的指示值上。

③ 也常出现声源左右声道的平均音量电平不同，音箱放声时产生两通道声音不平衡现象，这可以调节调音台输入通道的增益旋钮或通道推子给予解决，使双路音箱放声平均音量大体相同。

（14）分体式的左右声道音箱发声不均匀应如何查找原因，怎样解决？

该故障是因为两声道上的电子分频器的交叉分频点没有调好，形成各路音箱发声不均匀，必须严格按电子分频器的使用方法调节，输出频段的提升量应放在相同的位置上，保持原音乐的高、中、低音的平衡，交叉频点的调节应使分割的频段与扬声器的发声频段一致。

（15）左右声道音箱中一路高音扬声器（调频头）无声（无高音）应如何查找原因，怎样解决？

为了准确判断无高音的那路高音音箱是否真烧毁，可以采用交叉对换法，把音箱的两对线对换一下，若对换后音箱高频头有高频声，说明故障来自前面设备。若对换后音箱高频头仍然无高音，表明音箱高频头已损坏，或功率分频的高通电容开路，或高频音圈烧坏，可以通过短路高通电容方法或用万用表（欧姆挡）测量高频音圈是否通断，进行判断，做相应的修理。话筒引起的高音啸叫或功放在工作，任意开关其他扩声设备的电源，拔插设备连接线，都会引出些脉冲信号，经功放后形成功率脉冲，容易烧毁高频头。

（16）当扩声系统放声低音过重，声音发闷、混浊时应怎么办？

扩声系统放声发闷、混浊现象，可能是电子分频器的低频段提升量调得太高，也可能激励器低音浑厚度补偿过大，或调音台的输入通道参量均衡低频段提升较高等原因引起的，将相应旋钮调低便能解决。有些音箱本身发声低音发闷发浊，也可以调低上述有关旋钮给予解决。有些扩声设备在连接上存在不合理，也可能导致低音混浊现象出现。例如采用电子分频器时只用低频段信号，经功放后驱动低音音箱、或次重低音箱放声，而中频段、高频段或中高频段信号则不用，高、中、低频组合音箱单独使用全频段功率信号发声。显然，两者之间存在低音重叠发声段，产生低音不平衡、过重、发浊现象。为此，宜将中、高频分频信号经功放后送往全频段组合音箱发声，低频声送往独立的低音（次重低音）音箱。

（17）扩声系统放声没有尾音，什么原因？

扩声系统放出声音没有尾音一般是压限器上的噪声门调得过高引起的。专业扩声设备在中挡以上的，只要接线严格、规范，系统噪声是较小的，距离音箱1.5～2m远能听见少量"沙沙"声是正常现象，噪声门应当关闭。如果离开音箱10m，还能听见噪声，则应把噪声门阈稍许提起，切除部分噪声，保留在音箱前能听见少量噪声，在这种情况下播放的音乐（包括演唱声在内）表现出自然真切。若将噪声门阈提得过高，低电平信号也被切去，音乐声无尾音，声音便不自然，显得难听。

（18）压限器面板上的压缩阈、压缩比调节不起作用时应如何查找原因？

压限器面板上的压缩阈、压缩比调节不起作用肯定如下两个原因：

① 压限器两通道处于旁路（Bypass）状态，声信号未经压限器，直接输出。

② 压限器的后盖板接线错接，把其输入（Input）或输出（Output）插头插在边链电路（Side Chain）的进（In）或出（Out）端上，导致压限器的电平检测器处于外控或不工作状态，使其压缩阈、压缩比、起动时间和恢复时间的调节失效。

（19）如压限器上的指示灯随压缩阈的提高亮灯反而减少是否故障？

压限器上的指示灯是一种增益衰减指示灯，指示的是信号经过压缩，增益下降多少dB量，当压缩阈提高时，音乐信号中被压缩的信号便少，受压缩信号的增益下降量也随之减少，亮灯也就减少。同样，若固定压缩阈，降低压缩比，亮灯减少。反之，提高压缩比，指示灯亮灯数便增加，其原因也是由于提高压缩比，受压缩信号的增益下降dB值亦增加，亮灯也就增加。这种指示直观地可以看到最高电平的信号经过压缩后增益下降多少，这是功能指示，并非故障。

（20）如音源的左右声道有输出，进入调音台后无声信号输出，应如何查找原因？

音源的左右声道确有输出，进入调音台后无声信号输出，其原因如下：

① 输入通道的接通键未按下或输入通道的输入信号选择键错放，应该按下或正确放置选择键。

② 输入调音台的连接线脱焊或接触不良，用万用表检查连接线，使接线牢靠。

③ 输入的通道信号未编入相应母线输出，应按下通道上的相应分配键。

④ 输入的通道声像调节钮的调节与输入信号的声像正相反，必须更正相反的调节。

⑤ 输入通道的推子未推起或调音台输出主控未推起，应检查并推起。

（21）扩声系统静音时交流声很大可能是何原因，应怎样解决？

扩声系统静音不放唱时，交流声大，原因是：

① 各通道的设备之间连接线的屏蔽线接触不良或虚焊，必须仔细检查，牢固焊接。

② 电源接线插座由三线（单相）插座转接成二线插座时，中性线与火线对调，宜将它再对调。

③ 有些音响设备的电源线是三脚的，中为地线，左为火线，右为中性线。连接到插座上，插座应采用规范的，否则容易引起交流声。有些音响设备的电源线是二脚的，虽然可以随便插在单相的火线与中性线上，工作不受影响，但对调后可能引起交流声。在此情况下，可以对调插头试试，能否减弱交流声。

④ 有的调音台输出必须从平衡转成非平衡连接，否则以平衡对平衡形式输出，产生交流声。这种办法尤其适合不能用压限器上的噪声门切除交流声的情况。

⑤ 话筒线与交流电源线捆在一起，引起交流感应，产生交流声。为此，宜将话筒线与电源线分离开，最好远离一些。

⑥ 信号屏蔽地线与输出端地线短接起来，或彼此通机架形成地环路，引起交流声和干扰噪声。排除

方法：避免多点式接地，使地线分开环路，将机架用粗导线接在大地的线上。

（22）音响系统单独运行无交流声，而与灯光系统同时运行时，交流声大。如何查找原因，应怎样解决？

音响系统与灯光系统共用同一单相电，经常出现灯光系统运行时音箱发出很大交流声的现象，其原因是：灯光系统的可控硅工作电流很大，而且是交流脉冲式，通过电源引线直接耦合到扩声设备输入端，引发很大交流声。排除方法：

① 音响系统用一单相电源，灯光系统用另一单相电源，分开供电。

② 音响系统通过一个隔离变压器供电，隔离变压器的功率必须比音响系统所需功率大。

（23）如扩声系统在运行过程中，尤其是在放音乐过程中发出"咔嚓"响声，应如何查找原因，应怎样解决？

主要原因是：扩声设备连线存在虚焊现象，有音乐信号时，虚焊点出现时断时续连接，或连接线接触不良，或连接线中间有断线。排除方法：

① 认真检查每根连接线，最好重新焊接各连接点。

② 检查每根导线的插头，是否存在与插座接触松动或未插好的现象，紧固插座，插好插头。

③ 用万用表检查每根连接线，如果出现断线，立即更换。

（24）如扩声系统在运行过程中偶尔出现很大的放炮似的响声，应如何查找原因，应如何排除？

扩声系统在运行过程中偶尔出现放炮似的响声，大部分原因是个别设备电源插头存在接触不良现象，偶然断开后又接触上。排除方法一：更换电源插板。有时，设备连接线的插头焊接头脱焊、虚焊或金属丝碰线，也都会引起放炮响声。排除方法二：仔细检查每根连接线，牢固焊接引线，焊接点应分隔良好，金属丝拧成一股加锡焊，以免出现碰线。

（25）如有演唱声而无效果声，应如何查找原因，应如何解决？

演唱声无效果声有如下原因：

① 演唱声未进入效果机，应将送往效果机的辅助母线的输出旋钮打开，演唱声输入通道上的相应辅助旋钮打开，从效果机输入指示灯可以确认有无演唱声进入。

② 效果机输出的效果未编入左右声道母线或编组母线。应按下效果返回通路上的有关编入按键。

③ 效果机的效果失效，更换其他效果试试或更换效果机再试。

（26）演唱声的效果声过小应如何解决？

一般效果机都有二进二出（即分左右声道信号进效果机，从效果机输出左右立体声效果）或一进二出（即单声信号进效果机，从效果机输出左右立体声效果），无论采取其中哪一种方式与调音台连接，效果声都显得很丰满、浑厚、圆润和明亮。但是，如果按一进一出方式与调音台连接，对某些类型效果机来说可能显得效果声小而且不很丰满。为此，建议在OK厅里调音，最好选用二进二出或一进二出的连接方式，并且采取效果机与调音台连接的第三种方式，即调音台的辅助送出进入效果机的输入端，从效果机输出的左右立体声效果返回到调音台的两个输入通道的线路输入端（Line端）上。

（27）卡拉OK厅里演唱声与伴奏音乐声分离、不融合，可能是何原因，应怎么解决？

演唱声与伴奏音乐声不能融合在一起，原因是：

① 音源（伴奏音乐）分左右声道进入单声输入通道，通道上的声像调节旋钮任意乱放置，导致声像混乱。为此，必须正确放置声像钮，左声道输入的，将该路上的声像旋钮（PAN）调至左边（L）处，右声道输入的，将该路上的声像旋钮（PAN）调至右边（R）处。

② 有均衡器的房间，均衡补偿曲线调节不合理，或房间均衡器只对伴奏音乐做了房间均衡补偿。为此，必

须重新调整房间均衡补偿曲线，使声乐和各种器乐声都得到均衡补偿，使高音、中音和低音都显得比较平衡。

（28）立体声源通过调音台后立体声效果丢失是何原因，应怎样解决？

声源立体声效果很好，经过调音台之后立体声效果便变差或丢失，其原因是：音源左右声进入调音台单声通道，两个通道上的声像调节钮（PAN）放在相同位置或任意放置。同时两路输入的放大量（Gain）调节不一样或两路推子（Fader）推得不相同，引起声像混乱，使立体声放声效果差或丢失。解决办法：声源左声道进来的，将该路上的声像旋钮调在左边（L）上。声源右声道进来的，将该路上的声像旋钮调在右边（R）上。同时，两路上的增益调节旋钮放在相同的位置处，两路上的推子推至同一高度。

（29）扩声系统静音时出现"咝咝"声，应怎样解决？

扩声系统静音时出现"咝咝"声，多数是某些寄生振荡引起的，其固定的频率在2.5~10kHz范围。抑制这种噪声的方法：

① 用房间均衡器对相应的噪声频率的推拉键下拉12dB，可以从2.5kHz开始，直至10kHz。如果推拉键下拉时不起抑制作用，说明噪声频率不是该频率，应将推拉键放回原来位置。只要对准噪声频率下拉，固定频率的噪声便会得到抑制。

② 利用压限器后盖板上的边链电路进孔（In）和出孔（Out），与专用的图表均衡器的输出（Output）和输入（Input）环接起来，起初所有推拉键都放在0dB位置，从2.5kHz频率开始，直至10kHz。推拉键往上推，若无抑制效果，应将推拉键放回原来的0dB位置。只要对准噪声频率上推，固定频率的噪声便会得到抑制。

（30）怎样检修专业音响设备？

检修专业音响设备与检修一般家电设备的方法是相同的，首先应准确判断故障部位，然后修理或更换相应元器件，再做相应调整。前者是检修的关键环节，准确判断故障通常方法有四种。

① 直观检查法：直观检查法是断开电源后立即进行。不用仪器、仪表，只凭直观的感觉，调动视觉、听觉、嗅觉、触觉等特性进行判断。这种方法虽然准确性较差，但检查速度较快。直观检查法尤其对电源部分的检查很有用。

② 试探法：针对怀疑部分的电路采用比较、分割、替代、模拟等试探手段，寻找故障所在，再进行排除。

③ 静态参数测量法：此方法必须持有生产厂家的维修手册。按手册提供的电路各元器件端点电压、电流和电阻值等有关参数，机器通电，利用万用表进行测量检查，看看是否符合标称值，以便做出判断。

④ 动态检查法：利用信号源注入信号，运用示波器观察电路各部分各端点的信号波形，参照手册提供波形进行对照检查、判断。这种方法直接、快速、准确，不容易损坏元器件，同时还能对电路和机械结构进行调整和校对。不过，运用此法检修在维修技术上应该比较熟练。

（31）如何判断扬声器的相位反相，如何解决扬声器反相？

① 单声放声，站立在两音箱连线的中垂线上听音，若听音者感到声像跳到音箱外侧或音箱后面去了，则两音箱反相放声。若感到声像在正中，则为同相放声。

② 单声放声，听音者从音箱左边缓步走向右边，如果觉得声像曲一个音箱跳到另一音箱，则两音箱反相放声。若放声声音平滑变化，则两个音箱同相放声。

③ 单声放声，把两只音箱靠拢在一起，此时听音者听到音乐中的低音大大削弱，总响度也下降，则两音箱反相放声。反之，则为同相放声。

④ 立体声放声，在听音区听音，如果声像定位不准确，飘浮不定，则为反相放声。声像定位准确，则为同相放声。

一般解决音箱反相放声可在电子分频器的频段输出插口下方按下其中一路相应频段的倒相键，使该通道声音信号与另外一通道相同。也可以采用其中一只音箱的两根音箱线对调方法解决。

第14章 录音技术实战

14.1 录音棚录音流程

录音棚录音的基本流程通常包括：准备、录音、补录、叠录、缩混、母带制作等几个阶段。下面将依次对每个阶段做作介绍。

14.1.1 准备

(1) 演播室（拾音室）的准备

在录音流程开始前，要清理好演播室，使其呈现出一种专业氛围。按照乐器位置表，铺设小地毯以及交流电源接线盒。

放置好障板（如果有的话），按照乐器位置表，取出椅子和凳子和谱架等。在棚内，自每位演奏员的位置至耳机接线盒之间，放置耳机连接用的延长线缆。

把话筒架放置在大概需用的位置，把话筒线的一端放到话筒架下方，话筒线在话筒架旁边留有几圈，使其保持宽松，以便话筒架进行位置调整时可以移动。话筒线多余的部分放回到话筒输入接插盘或多芯电缆盒附近。按照话筒输入目录表，将每根话筒线插入到相应的话筒输入墙面接插盘上或者是多芯电缆盒的输入端。

有些录音师在放置话筒线时用相反的顺序，先接输入接插盘，然后把线放到话筒架一边。这个过程可以减少在输入接插盘处的杂乱无章，因为接线盘那里有可能要变换插头的位置。

现在可以安装话筒。检查话筒开关是否置于所需要的位置，将话筒装在话筒架的转接头上，接上话筒线，调整好话筒在话筒架上的重量平衡。

最后，将演奏员的返送耳机接入到耳机分配器上。要留出一条备份用返送线和一只备份用话筒，以便在最后1分钟时备用。

(2) 控制室的准备

1) 设备设置

在录音之前，首先要把所有控制部件设定到"off"（关闭）、"flat"（平直）或"zero"（零）的位置上归零，或对调音台做中性化处理，这样可以建立起一个参考点，避免在开机后有突变发生。同时要把所有的推子都全部拉下。

如果用独立的调音台和多轨录音机，就需要把二者的表头读数加以匹配。如果调音台和录音机都有VU表头，在调音台上播放一个恒定音，使在所有通道表头上的读数为0。然后设定多轨录音机的录音电平（如有可能的话），使其在所有声轨上的读数都为0VU。

如果调音台有VU表头而录音机有LED（发光二极管）峰值读数表头的话，那么在调音台上设定为0VU时要等于录音机峰值表头上的－20dB。

如果调音台和录音机都有LED峰值读数表头，那么在调音台上设定为0dB时要等于录音机峰值表头上的0dB。如果要从一台硬件合成器或鼓机的音频输出上录音，只要在乐器输出与调音台上的线路输入之间接上一根音频线缆即可。

在推子的下方贴上一张小条，注明该输入单元上所接入的乐器或人声的名称。有些调音台和软件调音台提供可键入的书写条。根据所接入的每路输入的内容，用输入选择器选择话筒或是线路输入。

插入耳机，逐步增大耳机音量旋钮来监听正在进行录音的内容。有时可能在控制室录音，而演奏者在录音棚中，则可以调节监听电平来用监听音箱监听。在硬件调音台上，设定MoNITOR SELECT（监听选择）开关去监听正在录音的信号，并旋起演奏员的提示混音（cue mix）旋钮。

把主输出推子推起到全部的3／4位置，即位于0或推子行程的暗区范围内，这个位置叫作设计中心。

如果正在用数字音频工作站为人声或真实乐器录音，则不应启用回声输入监听功能，因为这样会在被监听的信号内引起等待延时。取而代之的是，直接从调音台或音频接口处监听话筒或输入信号。

2）声轨分配

如果设备是按mics-mixer-insert sends-trackinputs（话筒—调音台—插入发送—声轨输入）来接线的话，那么输入信号的分配工作是已经完成了的。输入1分配到声轨1，输入2分配到声轨2，以此类推。

如果使用计算机数字音频工作站来录音，那么要为每条声轨选择输入信号源。例如，把声轨5的输入接到音频接口的通道5上，那么接入到接口通道5的无论什么信号源都将录到声轨5上。如果声卡只有两条通道，则只能把声轨5的输入设定到音频接口的通道1或通道2上，其他声轨也照此方法来设定。有些数字音频工作站在记录立体声声轨时，也要把每条声轨的输入分配到音频接口内的立体声通道1和2上。

如果设备是按mics-mixer-busses-track inputs（话筒—调音台—母线—声轨输入）接线的话，那么每路输入信号被分配到按声轨表格上所规定的输出通道（母线）上，每条母线被连接到多轨录音机相应编号的声轨上去。如果只有一件乐器被分配到一条声轨上的话，则可以把乐器的信号直接跳线到录音机的声轨上，这样可消除由于经过调音台上的混合放大器而带来的噪声。为此，找到该乐器所在输入单元上的直接输出插孔（或插入插孔），从那里直接跳线到你所指定的声轨上。有些混录调音台在跳线时，还要求按下输入单元上的Direct（直接）按钮。

3）电平设定

现在已做好"获取一个电平"的准备。依次或同时要求每件乐器演奏音乐中最大音量的一阶内容。用TRIM（增益调整）旋钮为每一路输入信号的录音电平进行调整，达到尽可能高阶而又不能引起失真。而在为数字多轨录音机设定电平时，应使每条声轨的峰值电平大致位于峰值表上的最大读数为−6dB FS处，这样可以为突发强信号时留有动态余量，同时也是考虑到演奏者在正式演出时的演奏音量比在试音期间要大些的原因。如果电平超过了0dB FS，将会听到因数字削波而引起的强烈咔喇声。

有些音频接口使用显示屏上的音量控制部件来设定录音电平，有些接口则为其设有电平旋钮。如果要把数件乐器混录到1-2编组（例如混录到一个鼓类副编组上）上时，则可按如下步骤：

① 监听编组的声音。
② 把副输出推子（组推子）推到设计中心位置。
③ 调节副编组混音的平衡、声像以及用输入推子来调节录音电平。
④ 用副输出推子最终精调每组副编组的电平。

4）均衡设定

虽然我们通常会进行平直的录音（不加入均衡），而只在单独聆听一件乐器时可能加入些均衡，例如用滤波器滤去乐器频率范围之上和之下的多余成分。在所有乐器混合在一起之前，不要在均衡方面花费太多的时间。因为我们在独听一件乐器时加上均衡后可能觉得声音会好听些,但是当把所有乐器混合在一起时,又会觉得不是那么正确了。只有在试用不同型号的话筒和改变话筒的摆放位置时,为了取得预期的音质平衡,才把均衡作为一种最后的手段。我们一般只有在重放或缩混期间才会加入均衡,这样更为可取,因为在录音期间加入均衡后,如果觉得效果不好,这时已经是不可挽回的事情了。

演播室准备就绪之后,确保控制室已经为录音流程的进行做好了准备。然后开启监听系统,每次小心地推起推子,来监听每只话筒的声音,这时可以听到正常的录音棚噪声。如果发现任何像无声或极大的话筒噪声、哼声、失效的线或错误的电源电等问题,则需在流程开始之前及时加以解决。

验证话筒输入清单。请一位助手用手指甲轻挠每只话筒的格栅,听其发出的声音来验证是否想要拾取的那种乐器的话筒。如果身边没有助手,可以一次开启一支话筒后用耳机来审听,并监听话筒所拾取的背景噪声是否正常。

播放一个信号或一首乐曲,检查所有的耳机是否都有信号,并且在扭动每根耳机线缆的情况下聆听声音是否有异常。

14.1.2 录音

(1)录音顺序

要决定哪一些乐器要同时录音,哪一些乐器要分别叠录。如下所列出的是常见的乐器录音顺序,但也总有一些例外。

① 大音量节奏乐器——贝司、鼓、电吉他、电声乐器键盘等。

② 小音量节奏乐器——原声吉他、钢琴等。

③ 领唱。

④ 伴唱(用立体声)。

⑤ 叠录——独奏、打击乐器、合成器、音响效果等。

⑥ 色彩添加用乐器——管乐、弦乐等。

领唱歌手通常要随着节奏部分唱一段参考歌声,尽管这一声轨几乎都要在以后加以重录,但为使演奏员们在校音时找到一种感觉,因而把歌声保留在他们自己的声轨内。领唱歌手声轨的重新录制,可以消除泄漏声并能加以重点关注。

(2)进行录音

许多数字音频工作站的程序具有流程的模板:一组早已放置其内的具有均衡、压缩及效果插入程序等声轨。只要简单地装入模板,即可进行录音。也可以创建自己的流程模板,例如"带有辅助1和辅助2的16声轨"或"套鼓"模板等。

有些数字音频工作站可为用户创建一条声轨的模板,这种模板是某种格式的单条声轨。例如可以得到一条已被设置好输入通道、混响、均衡及压缩等的人声声轨模板。在每次要为另一种人声进行录音时,可以输入这块人声声轨模板。

当为歌曲的录音准备就绪之后,简单的方法就是以所希望的速度为乐队演奏员播放节拍器,或通过提示系统播放一条发出"滴答"声的声轨(一种电子节拍器),也有让鼓手用鼓槌"滴答"来设定速度。

开始录音,录音师边监视电平、边审听是否有音频方面的问题出现。在歌曲的录音过程中,可能需要做某些小范围的电平调节。

在歌曲的末尾,演奏人员应在最后一个音节之后安静数秒钟方可发出声音。或者歌曲是淡出方式的话,那么在演奏到淡出段落时应该继续演奏30s,以便在缩混期间能有足够的素材来作淡出应用。歌曲的录音完成之后，或者可将其返回重放，或者可继续进行第二遍录音。

演奏员在歌曲的重放期间，则可以发现他们出错的音节，而录音师则审听音频质量。现在可以录另一遍或另一首歌曲，挑选出最好的那遍录音，用插入补录的方法来纠正最好的遍数上的错误，或者用编辑的方法来修改错误。

为保护审听能力并防止疲劳，对于分轨录音流程应限制在4小时或更少些时间。要休息一会，可以让眼睛和身体得以休整。

（3）记事本

有时候当需要回头去找已存档的文件资料时，却发现没有记录任何关于乐器声轨、传声器类型或数字音频工作站（或由于其他原因使用的其他类型工作站）中所使用的外置效果器等信息，没有比这更令人沮丧了。可想而知，建立一个关于工程文件信息的文档或者在数字音频工作站中建立一个记事本，记录这些信息是多么的重要。基本的文档信息应包括录音、混音、母带处理以及复制储存的工作成员、内容、地点和时间等信息。

为了简化这个过程，艺术家或者制作人可以用照相机或者手机将重要的设置和信息拍摄下来并保存成文档。当然，用一台高质量的视频摄像机将你工作画面拍摄下来，作为"幕后花絮"无疑是明智之举。

14.1.3 补录

补录用来修改已录演奏（唱）中的错误，补录也称之为插入，可以在一条声轨上启用录音方式，重放多轨录音，然后在正确的位置插入或按下录音按钮，记录一个新的部分。随后退出插入补录方式。

有些演奏者喜欢把同一乐曲的各个部分一遍一遍地做插入补录，直至感到满意时为止。这一过程是冗长乏味的，而且必须用心操作。始终要注意乐曲中每次补录时的位置，不能抹去任何需要保留的内容。

有些演奏家喜欢一次演奏一个短句，每个短句录到他们满意时为止。另外一些演奏家则是喜欢先做一遍完整的录音，然后再返回来修改某些薄弱的部分。

播放已录的部分，在需要修改的段落前的某一间歇，按下插入补录的录音按键。这时候就录上了新的部分，并在点出之后停止补录，不会抹去声轨上的其余部分。当然，如果使用数字音频工作站的话，那可以做重新录音。

按下先前设定好的LOCATE（返回到记忆点位置）或GO TO MARKER（进入标记的位置）键也就是返回到插入补录之前约10s的地方，播放录音来审听这一段补录是否满意。如果不满意，可重新补录。

可以把一段独奏录到多条声轨上去，每次录到一条独立的或是虚拟的声轨上，然后把每条声轨中最好的部分组合到一条声轨上去，在混录时只需用到这一条声轨就可以。

14.1.4 叠录

在对歌曲的主要声轨或节奏声轨完成录音之后就可进行叠录。演奏员用耳机听着早先已录声轨的同时进行演奏，并把新的演奏内容记录在某条空白声轨上。

在叠录时，演奏人员可以在控制室内演奏。可以把合成器或电吉他通过一个D.I盒接入到调音台上去，把直接电信号经由返送提示线路送到位于演播室内的吉他放大器上。用话筒拾取放大器的声音，并记录和监听这一话筒信号。

鼓声的叠录通常是在对节奏部分的录音完成之后进行，由于这时候话筒早已准备就绪，不过叠录的声音应该与原始的鼓声轨的声音合拍。

14.1.5 缩混

所有的乐曲内容录音完毕之后，就可准备进行缩混。遵循第12章中所讲述的缩混要点及流程并重复所有歌曲的混录。

14.1.6 母带制作

在录下混录之后，就可刻录CD光盘，或者可以做成演示样品。母带制作是在刻录母版CD之前用来复制或重复的最后一道具有创造性的工序。在母带制作时，要在每首歌曲的开始之前消除噪声和差错，把那些歌曲按所需要的顺序排列，在歌曲之间插入数秒钟的静音，并且要使每首歌曲要有相同的响度以及相同的音质平衡。母带制作的目标是要使从声轨到声轨要具有声音的一致性，使每个环节都有最好的结果，并使歌曲选的声音自成一体。

如果CD将作为演示或歌曲选用途的话，先刻录一张未经编辑过的混录CD，然后再送到母带制作师那里进行母带制作。自己可以编辑并对混录进行母带处理，然后刻录出一张CD，这将是作为复制或交换用的准母版CD盘。"复制"意为用CD-R刻录机进行备份，而"交换"是从一台玻璃母带机（一种专业标准）上压印CD。

14.2 综艺节目同期录音实例

《年代秀》是一档由深圳卫视制作的号称"内地综艺旗舰节目"的全明星代际互动综艺秀，引进国外大热综艺节目《Generation show》的模式，节目通过综合运用影像、实物、实景再现、真人秀、模拟秀、歌舞秀等10多种表现方式，来演绎"怀旧"主题的表达。

14.2.1 设计音频系统

由于节目形式纷繁复杂，对现场音频系统有很高的要求。对于电视节目的音频系统设计而言，无非需要解决以下三个方面：一是演播室现场观众听到的声音即现场扩声；二是舞台上演员听到的返送声音即舞台监听扩声；三是电视机前观众听到的声音即节目的音频录制。

（1）节目形式及制作需求

《年代秀》是全国第一档全明星代际互动节目，不仅包含游戏竞赛，并且结合影像、实物、音乐表演和时尚秀等元素。

深圳卫视以往采取的都是录扩一体化的制作模式，但这种常规的制作方法并不能满足这种大型综艺秀的录制形式。所以需将录扩一体化进行分离，进行多级扩声和混音，对后期制作进行了分期分轨的制作方法，来修正录扩一体化的弊端。这种综艺节目的音频制作难度在于，既要保证现场的扩声需求也要在前期大声压级扩声的现场来录制良好的声音。因为录扩一体化本身就存在很多问题，大声压级下的扩声必然会损害到现场信号的录制，如声音发空、影响语言清晰度等等，所以可行的方案还是对录扩系统做一定的分离，这样才能同时保证现场扩声和同期录制的效果。

因此，《年代秀》的音频系统采用扩录分离加独立返送的多级调音方式。对于电视节目而言，最重要的要求就是安全播出，节目的音频系统中要加入备份系统。另外，录扩分离使得《年代秀》还增设了舞台返送调音师，细化调整演员们的现场返送声音，确保了节目的声音质量。

（2）节目现场声学条件

该节目在800㎡演播厅，使用高清EFP系统录制。由于演播厅舞台灯光设备在使用过程中会产生一定的噪声，舞台布景存在吸声及布景表面不同形状带来的反射等问题，加之现场人员走动（摄像人员、艺人统筹、现场导演等）带来的噪声，其声学环境不像录音棚那样理想。受客观条件限制，现场的混响时间较短，大约在（500Hz）1.2s。

《年代秀》的舞台基本是一个开放式的舞美设计。详细了解舞台布景、嘉宾表演区及观众席位置，是确立音箱、功放种类及数量的前提条件，是设计音箱摆放及布线的依据。

14.2.2 音频系统的搭建

（1）以三款调音台为主的音响系统

由于《年代秀》的音频系统采用扩录分离加独立返送的多级调音方式，所以整套音响系统，由以soundcraft si1+为主调音台的舞台监听系统、以yamaha DM2000为主调音台的同期分轨录制系统和以soundcraft vi4为主调音台的现场扩声系统搭建而成。

其实在扩声系统中主要包括现场扩声系统（FOH或PA）和舞台监听扩声系统（MONITOR），两者之间存在着紧密的联系。以往深圳广电的节目制作比较单一，使用一张调音台既作现场扩声又同时作舞台监听，而对于《年代秀》这种大型互动综艺秀的现场，必须在现场舞台上单独设置一个调音台（即soundcraft si1+）作为独立的舞台监听。舞台监听扩声在技术上要解决话筒的反馈和演员及乐手等听音要求的多个平衡，同时还不能影响到现场扩声。

这三套系统必须做到各自独立、相互备份，而且不会互相干扰，图14-1是对本例信号走向所做的分配及设计图。

图14-1所示话筒信号通过无源分配器whirlwind SPC83X分别送给了si1+的现场扩音系统和vi4的现场录制系统，乐队信号则通过缆车A、B经由DM2000缩混过后通过stereo母线送给vi4的现场录制系统，再由vi4的接口箱（Stage box）的输出送给si1+的现场扩音系统。分轨录制的信号则由DM2000的SLOT1\2 ANA经音频接口DIGIDESIGN 003送给PROTOOLS音频工作站。所有舞台上的信号先接入soundcraft vi4数字调音台设置在舞台上的接口箱，Monitor调音从上面取走所需的信号，而舞台上接口箱通过光纤又与现场扩声调音台的本地接口箱（Local box）相连，这样舞台上的信号就可以直接送到扩声调音台了。

（2）舞台返送系统

针对《年代秀》的舞台，监听音箱的摆放沿着台口的前沿面向舞台一侧均匀摆放，让舞台上的每个表演区都能听清。由于《年代秀》舞台较深较宽，而且节目制作团队针对电视画面不希望台前摆放监听音箱，所以在舞台两侧架设了侧面的辅助音箱，也就是通常被称为的"Side-fill"，音箱用支架架起，使音箱的高音轴线与舞台中间艺人的耳朵持平。

对于舞台监听和现场扩声的比例关系，在先调整好现场扩声的前提下再来调整舞台监听。先把现场的各种比例关系找好，比如人声和音乐的比例等，这时再来调整舞台上的声音。在现场扩声开启的状况下，一般音响师会拿着话筒在舞台上先听话筒送到监听音箱里的声音，首先是要保证送到监听音箱里的话筒声音有足够的音量，以使艺人在舞台上听到的主要是监听音箱出来的声音，而尽量减少扩声音箱的声音，以及扩声音箱所带来的各种反射声音的影响。再通过控制这个区域音箱插入的均衡器，来调整监听音箱的音色和啸叫。可以通过频谱分析仪来反映出啸叫点的频率，通过均衡器对这一频率进行相应的衰减。本例的系统调试中使用了Smaartlive软件。现场音箱分布如图14-2所示。

第 14 章 录音技术实战

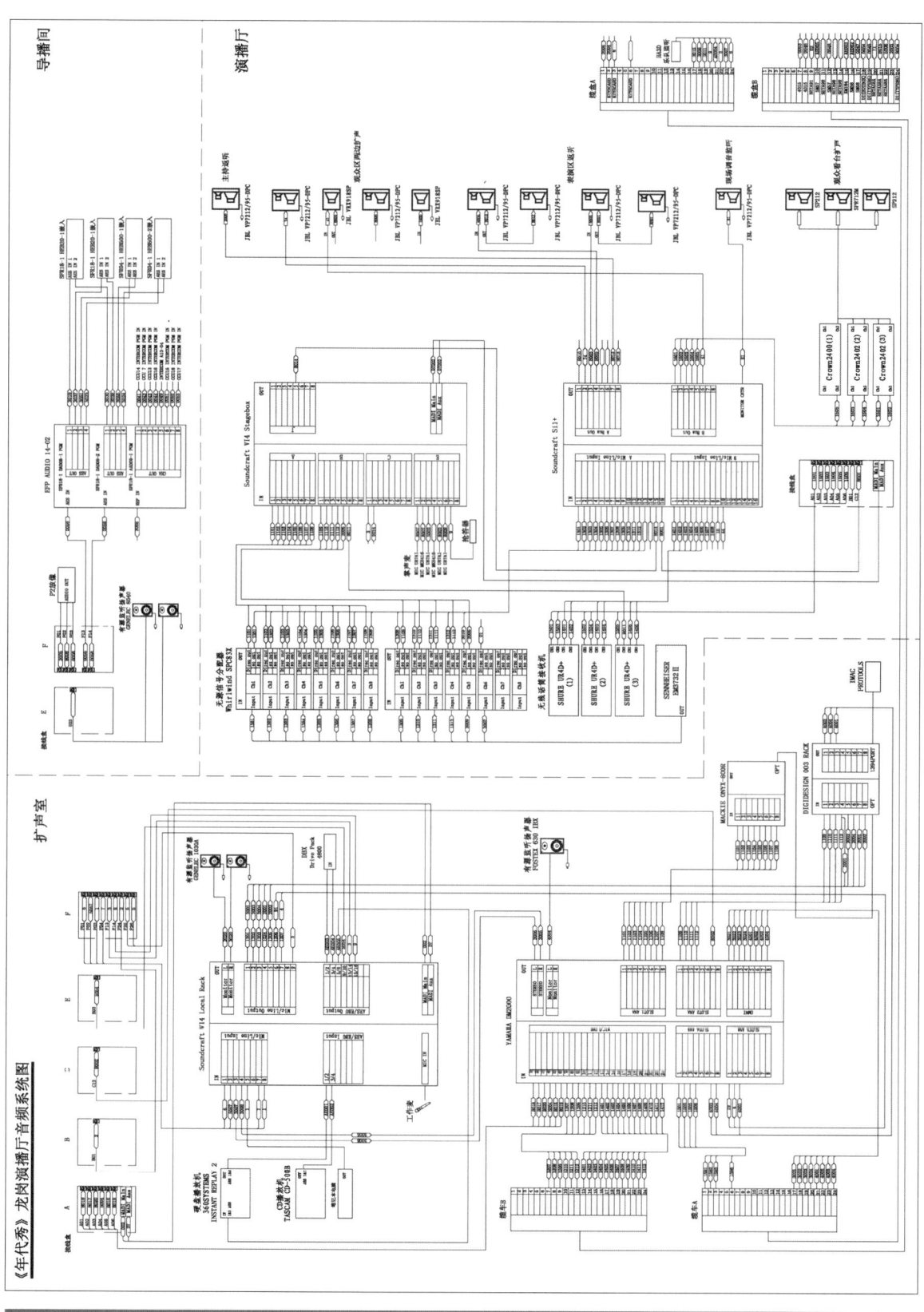

图14-1 信号流程图

（3）个人监听系统

现在的演出中，除了运用舞台返送音箱作监听之外，Ear-Monitor（无线耳机返送）也是被广泛应用的，尤其是在流行音乐的演出当中。因为往往是通过Ear-Monitor把节目声送到演员所戴的耳机中，会使演员听得更加真切。常常是舞台返送音箱结合着Ear-Monitor一同使用。在Ear-Monitor调试时一般串接一台均衡器，以便对耳机的音色进行调整。在《年代秀》我们选用了SHURE PSM900入耳式个人监听系统。

Ear-Monitor有时接成立体声输入，有时接成单声道输入。习惯于两个耳朵都戴着耳机的演员，这种情况接成立体声输入，戴一个耳机就接成单声道输入。戴一个耳机

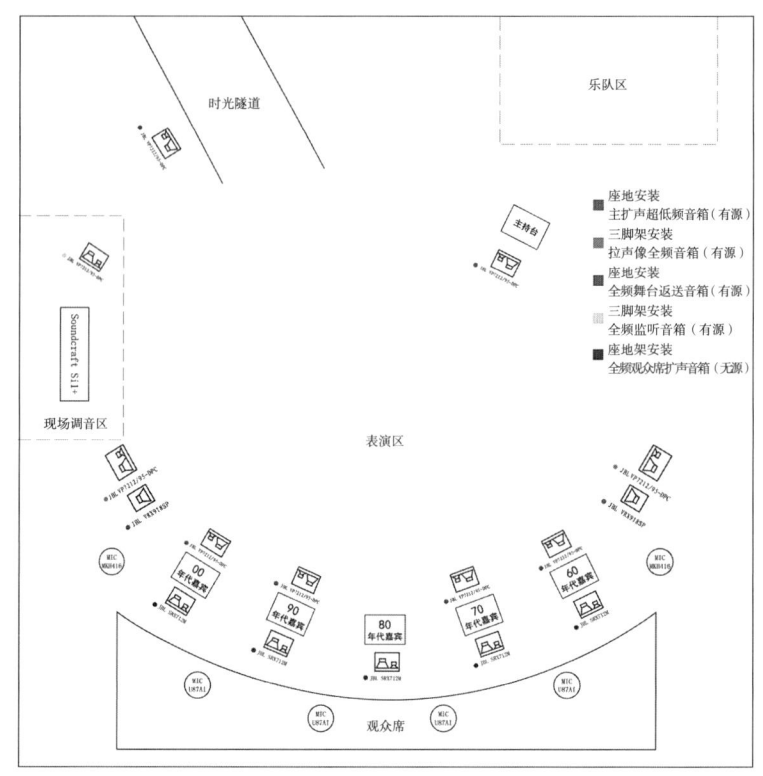

图14-2 现场音箱分布图

的演员一般是既要听Ear-Monitor的声音，又要同时听舞台监听音箱的声音。

目前，在国外有一部分音响师为了追求舞台上声音的干净，避免监听音箱发出的声音再被话筒所拾取回来，他们建议所有的舞台监听都使用Ear-Monitor而不再使用传统的返送音箱。由于Ear-Monitor耳机所发出的声音毕竟没有舞台监听音箱所发出的声音音色圆润和饱满，且缺乏应有的冲击力和震撼力，所以在一般情况下，大部分演员还是愿意选择Ear-Monitor和舞台返送音箱同时使用的模式。

由于《年代秀》采取的是现场乐队伴奏的形式，我们给每位乐手配备了一个Superlux – HA3D耳放，通过耳机进行监听。首先把所有的信号接入调音台，调整好电平，再根据舞台上演员和乐手的需要进行分配。信号的输出均通过监听调音台的输出母线，不同的输出所送的内容也不同。

监听音响师自己要有一对监听音箱，以利于他随时监听各个输出的声音音色和平衡，并在演出过程中随时进行调整。

由于扩声中所用的话筒一般多为动圈话筒，经常采用近距离拾取，因此对于不同乐器的音色调整也就显得相当重要。

14.2.3 人员分工与配置

由于节目环节繁多紧凑，在节目录制过程中音频工作人员的配置也较一般的娱乐节目多一些，具体安排如下。

主扩工程师（FOH）1名，其主要工作就是为观众席提供声音信号的混音，他与监听返送工程师需要紧密合作。主扩工程师还需要将所有通道列表排列出来，以确保按照自己的喜好和要求对所有通道进行混音处理。

监听返送工程师1名，负责控制所有舞台上的声音信号。从专业术语来讲，这些扬声器也被称为返送

扬声器（wedges），监听返送工程师往往位于舞台的一侧，一般都在舞台的左侧，监听返送工程师必须为舞台上的每一个表演者提供独立的混音监听信号。因此，必须提前对每场节目的流程串联单汇总在一起，这样就能知道所有监听扬声器应该放在哪里，同时也可以对监听调音台上的返送信号的安排进行控制。同时，还需要负责入耳监听系统IEM（In-Ear Monitors）。

多轨录音工程师1名，其主要工作是利用录音调音台DM2000将现场的所有信号混录到现场音频工作站，同时详细记录现场多轨的音频素材，以备后期缩混使用，同时初混信号送给现场制作系统EFP的高清录像机。

系统工程师1名，主要负责整个制作系统的系统维护及技术支持，并对整个制作系统的信号走向及设备搭建和使用非常熟悉，随时解决可能会出现的技术难题。

还音员1名，同时负责一个主还音及一个备份还音。还音员承担整个节目的放音工作。开始排练前，根据节目录制串联单，检查所有需要放音的节目是否提交了音乐资料，核准音乐内容，按节目演出次序排列整齐，以免错放。

话筒员2名（同时兼任通话员），负责扩声与音控室之间的联系，传递音响师的指令，辅助音响师的工作。话筒员按节目要求给演员佩戴话筒。

14.2.4 现场录制

（1）语言的录制

语言在电视节目中是占有很大比例的，对于《年代秀》这种全明星代际综艺秀的节目更是大量的语言信号需要录制。

《年代秀》对语言的扩录主要是主持人及五个年代10位嘉宾的声音。由于全明星代际综艺秀的表演形式多样和现场互动气氛十分热烈，节目现场我们采用的是近距离拾音方法，以保证声音的清晰度、明亮度和自然度。主持人和嘉宾均使用 Sennheiser SK5212-11/hsp4头戴话筒，便于大家的热情互动。

（2）表演秀的录制

由于《年代秀》嘉宾多由各界明星大腕领衔担纲，在节目现场，他们会表演歌唱、曲艺、朗读及讲述自己的时代故事等。由于表演形式多样化，所以我们根据各自的表演形式，对动作较少的嘉宾使用Sennheiser SKM5200/KK105s 无线手持话筒拾取声音，动作较多的嘉宾（如舞蹈演员、曲艺相声等）使用Sennheiser SK5212-11/hsp4 无线头戴话筒。而每场的一名神秘嘉宾配给Ear-Monitor用于个人监听。对于一些要求比较高的歌手，我们在Ear-Monitor的调试时一般串接一台均衡器，便于对其耳机的音色进行调整。录制现场使用的是Shure P-9T无线监听系统。

（3）现场乐队的录制

《年代秀》采用的是现场乐队伴奏的形式，乐队主要是电声乐队的编制。各乐器的拾音方法参考本书第四章相关内容。

（4）观众效果声的录制

《年代秀》的互动环节非常之多，明星嘉宾随时可能会与观众进行互动，对于观众席的收音，由于场地和电视画面的限制，无法在空中悬吊拾音，我们在观众席两侧架设了两只Sennheiser MKH416，观众席中架设了四只Neumann U87AI，作为观众席的环境话筒。利用两只指向性小膜片电容话筒Sennheiser MKH416拾取整体效果，同时使用四只大膜片电容话筒Neumann U87AI，尽可能地接近观众席来拾取各个年代观众的细节声音，这样近距离的拾音，可以尽量多地拾取观众的反应而非扩声音箱的声音，从而达到非常丰满的观众效果声。

14.2.5　后期混音

《年代秀》采取的现场扩录分离和同期的多轨录音方式是为了给节目的观众带来更好的听觉效果，后期混录工作使用了英国Soundtracs DS-00后期制作数字调音台以及瑞士Pyramix数字音频工作站进行后期混音制作的。

14.3　混音实例——流行摇滚歌曲《往日时光》

① 演奏：单行道乐队

② 作词：佚名

③ 作曲：太阳

④ 吉他：冯松涛

⑤ 键盘：太阳

⑥ 贝司：肖子亮

⑦ 鼓组：梁锦彪

⑧ 人声：太阳

⑨ 录音棚：锐得一号

⑩ 录音：太阳

⑪ 混音（Cubase 8.5平台）

⑫ 监听音箱：Genelec 1030A Wharfedale Diamond9.1

本歌曲是来自深圳的一支老牌乐队——单行道乐队。歌曲风格为流行摇滚，歌词颇具诗意，音乐比较有穿透力。

混音前必须要做的事：分析歌曲风格，与音乐制作人做详尽的交流，对歌词要有深刻的了解。这首《往日时光》为典型的流行歌曲，乐队希望主歌部分音乐做得干净、安静，体量小点，人声沙哑里需透着亮度，体现有故事感。副歌音乐和人声都要充满爆发力，声场外扩。歌曲为8/12节拍，Gm小调，速度64bmp，歌词表达还在奔波的我缅怀孩童时的欢乐，现在的许许多多的假所以特别追忆以前的真，那时的善，还有最喜欢的玩伴。音乐歌声充满了沧桑与思念、爆发力、很容易引人入画……

表14-1　　　　　　　　　　　　　乐器列表

乐器	声源	拾音	声道
架子鼓（三通）	演奏	11话筒拾音	11个声道
贝司	演奏	通过DI盒进调音台	单声道
风琴	MIDI	VSTi	立体声道
大提琴组	MIDI	VSTi	立体声道
弦乐1	MIDI	VSTi	立体声道
弦乐2	MIDI	VSTi	立体声道
电钢琴	MIDI	VSTi	立体声道
失真电吉他	演奏	副歌打底	立体声道

续表

乐器	声源	拾音	声道
木吉他	演奏	话筒拾音，左右各一轨，主歌分解副歌节奏	单声道
木吉他	演奏	话筒拾音，前奏、间奏	单声道
口风琴	演奏	话筒拾音	单声道
合成器主奏	MIDI		立体声道
主唱	演唱	话筒拾音	单声道

按个人习惯先把音频轨道名称由上至下排列，先按组，再按单轨（表14-1）。不同的器乐声部有必要使用不同的混响效果器，这跟乐器属性和演奏方式有关，同时效果器的高低频滤波设置也不一样，比如打击乐，混响出来的时间（Pre-Delay）要早，混响长度（Decay Time）要短些，同时需要做适当的高切低切，否则在快速演奏的时候声音就会混浊。人声通常混响长度则要相对长些，出来也要慢一些，有点延迟感，极左极右的相同演奏法器乐要使用不同品牌不同参数效果器，效果器输出相位也应设置为极左极右（或10点14点的位置），这样极左极右的效果就会更明显。

先挂上混响效果器轨道（Cubase 5以前，如果先挂上混响效果轨道，那么导进音频轨道时会自动按顺序挂上混响效果器），本例用了5个效果器（表14-2）。

表14-2　　　　　　　　　　　　效果器列表

	效果器名称	音色	Pre-Delay	Decay Time	Dry/Wet	用于
FX 1	WAVES IR 1 Full Stereo		0ms	1.8s	100%	打击乐，伴奏器乐
FX 2	WAVES IR 1 Full Stereo		40ms	2.8	100%	人声、主奏器乐
FX 3	WAVES Rverb Mono/Stereo	Renaissance Reverb Full Reset	0ms	2.4	100%	极左声部器乐
FX 4	Izotope 5 Reverb	Reset	0ms	2.0	100%	极右声部器乐
FX 5	MonoDelay		Feeback20	Delay 1/4	100%	口风琴

附送的DVD音频和图片名称前面所加的序号与工程轨道的音频排列顺序是一样的，方便大家寻找音频文件和图片资料。

14.3.1　鼓组

鼓的配置及拾音话筒为：

① 底鼓（Kick）AKG D112

② 军鼓（Snare）上鼓皮Shure Beat98 下鼓皮Shure SM57

③ 脚镲（HiHat）AKG C415

④ 通鼓（一通 二通 地通）Shure SM57

⑤ 吊镲（OverHat）AKG 300SE

⑥ 房间声（Drum Room）Rode NT1

⑦ 其他打击乐（Percussion）MIDI

（1）底鼓（01 DR-kick）

① 插入：WAVES Q2 Mono；WAVRS Q1 Mono；WAVES Q1 Mono；WAVRS C1 gate Mono；WAVRS C1 comp Mono

② 音量：-6dB

③ 相位：C

④ 自动化：音量自动化

用区域循环播放形式（LOOP PLAY）各循环播放底鼓一拍、主歌四小节、副歌四小节，听听底鼓的声音（干声音频01 DR-kick），轨道里含有其他鼓皮共振的声音和过于肥厚的声音，并且过硬，这首歌曲是不需要这些很占空间的频率的。

第一步，先用WAVSE的Q2 Mono均衡器的高通滤波和低通滤波，把40Hz以下无用的频率以及8900Hz以上不需要的频段切掉，这里要注意频率的范围，不断尝试，免得把底鼓切得生硬没弹性（截图01 DR-kick Ins 1）。

第二步，使用WAVES Q1 Mono，通过扫频，把其他鼓的共振声音去掉，这里扫出共振频率为186Hz，设增益-8dB，Q值为60，尽量不要影响其他频率（截图01 DR-kick Ins 2）。

第三步，此时声音还是有点硬，再用WAVES Q1 Mono把频率286Hz减10dB，Q值为70，处理后声音变得柔软一些了（截图01 DR-kick Ins 3）。

第四步，接下来设置噪声们，把底鼓以外的声音去掉。我们使用WAVSE C1 gate Mono：开门-11.5，关门-20.8，释放时间100ms，这样可以把其他串音尽量减小（截图01 DR-kick Ins 4）。

第五步，最后加一个压缩器WAVES C1 comp Mono，设置进来电平Makeu加3dB，阀门Threshold-10，压缩比Ratio5：1，释放Release50，让声音稳定又不失动态（截图01 DR-kick Ins 5）（当其他声部乐器不断加进来后还要做几次微调）。

（2）军鼓（02 DR-SD down 下鼓皮）

① 插入：WAVES Q2 Mono；WAVRS C1 gate Mono

② 发送：FX1-WAVES IR1 Full Stereo -16dB

③ 音量：-9dB

④ 相位：C

⑤ 自动化：无

（干声音频02 DR-SD down），这里有两个动作要做：一是军鼓下鼓皮原声体积明显过大，还带着大鼓地通的"嗡嗡"串声，下鼓皮的声音要尽量的清脆，这是军鼓的特性，它作为军鼓弹性和穿透力的补充。在拾音时上，鼓皮通常会采用电平过载压缩的录音方式，使高频被压掉一些；二是当敲击通鼓时也会带来很大的沙底共振的"沙沙"声，这时是不需要这些沙底声的。

第一步，先使用WAVES Q2 Mono，把500Hz以下的频率都切掉，整个声音都非常清脆有弹性，同时也把通鼓底鼓的串音消掉了很多（截图02 DR-SD down Ins 1）。

第二步，再用噪声门WAVRS C1 gate Mono把其他串音再次消除的更小甚至没有，设置开门-11.5，关门-20.8，释放时间100ms，设置前先把主歌部分的下鼓皮加大10dB，让边击声音可以打开噪声门，并且在其他鼓的进入时关闭阀门（截图02 DR-SD down Ins 2）（因为前面用了低高通滤波减弱了其他鼓的电平）。

（3）军鼓（03 DR-SD up上鼓皮）

① 插入：WAVES Q2 Mono；WAVRS Q1 Mono；WAVRS C1 gate Mono；WAVRS H-EQ Mono；WAVRS C1 Mono

② 发送：FX1-WAVES IR1 Full Stereo -13dB

③ 音量：-13dB

④ 相位：C

⑤ 自动化：无

这首歌是一首很有冲击力的歌，在录制军鼓上鼓皮时已经加上过载压缩，在后期混音处理时，需要还原一点弹性和透明度，同时话筒离脚镲也很近，串进来的脚镲声也是要处理的（干声音频03 DR-SD up）。

第一步，插入WAVES Q2 Mono，把125Hz以下10000Hz以上的频段切掉，把底鼓低频和脚镲高频削弱，是为了之后的噪声门可以顺利地阻止大鼓和脚镲的通过（截图03 DR-SD up Ins 1）。

第二步，不着急加门，还要把上军鼓皮的"哐哐"声去掉，插入WAVES Q1 Mono，频点在281Hz，增益-18dB，Q值30（截图03 DR-SD up Ins 2）。

第三步，增加一个噪声门，开门-26.3，关门-40.8，释放时间30ms，很明显底鼓和脚镲都被关在门外了（截图03 DR-SD up Ins 3）。

第四步，由于之前为了关闭脚镲而把5000Hz以上的频段切掉了，那么在门之后必须做个高频补偿，我们使用WAVES H-EQ Mono插入，这是一款混合型滤波器，选用预置Snare Drum 1，但还是不够，还是不够通透，在预设频点3520Hz的增益改为7.6dB，频点8372Hz的增益改为18dB，现在上下鼓皮合起来的声音就很有冲击力和穿透力（截图03 DR-SD up Ins 4）。

第五步，上鼓皮加门后让军鼓缺失了一点弹性，声音变得较为生硬和颗粒感，为了弥补这一缺失，插入WAVRS C1 Mono，设增益7.4dB，阀门-30，压缩比33∶1，弯度30，释放时间30ms，整个军鼓声音很自然稳定，也有该有的动态，同时增加了力度和宽度。

（4）脚镲（04 DR-HiHat）

① 插入：WAVES Q1 Mono；WAVRS H-EQ Mono

② 发送：无

③ 音量：-9dB

④ 相位：R30

⑤ 自动化：无

脚镲话筒为电容话筒，同时方向也把底鼓、军鼓、通鼓等都收录进来了（干声音频04 DR-HiHat）。脚镲需要的是很松弛、很包容的声音，同时需要去掉其他鼓串进话筒很硬实的声音，它的高频并不夸张不锋利，所以也没必要处理。

第一步，插入WAVES Q_1 Mono，把522Hz以下的频段切掉，底鼓等声音明显弱了很多（截图04 DR-HiHat Ins 1）。

第二步，然后再用一个压缩WAVRS H-EQ Mono，调用预置HiHat 1参数，底鼓等再次被削弱，并把HiHat 1de1金属声大幅度地提上来了（截图04 DR-HiHat Ins 2）。

第三步，可以把偶尔的Open HiHat压得正常一点，设增益50dB，阀门-23，压缩比48:1，释放时间50ms。

（5）通鼓组地通（05 DR-Tom 3）

① 插入：WAVES Q2 Mono；WAVRS Q1 Mono；WAVRS C1 gate Mono；WAVRS C1 comp

② 发送：FX1—WAVES IR1 Full Stereo -20dB

③ 音量：1dB

④ 相位：L

⑤ 自动化：无噪声门自动开合

通鼓话筒距离吊镲很近，同时拾音也指向军鼓，并且鼓皮须有弹性，处理起来难度大，要考虑很多因素，有人干脆只做高切低切，其声音伴随整首歌曲的完成。好处是可以让军鼓吊镲得到更多的中频，增加临场感，但对鼓的原声调率要求很高，要求分开每个鼓的频率共振点，鼓皮受力点均匀。鼓手界有专门给鼓录音调率的，也有些录音高手能把鼓调得很好。

地通需要很饱满的音色，在低切要找好频点，主要是消除过长语音和加混响后的混浊声音（干声音频05 DR-Tom 3）。

第一步，插入WAVES Q2 Mono，设低切频点40Hz，高切频点10526Hz，这里要注意，地通也是需要低频冲击力和弹性的，频点不能过低过高，否则鼓花上通鼓时就没有了活力（截图05 DR-Tom 3 Ins 1）。

第二步，让地通再干净点，门打开时低鼓有串进的声音，"很肥很脏"。方法一：在有底鼓没有上通鼓的位置循环播放；方法二，找到通鼓底鼓都有进行的位置循环播放，放大音量，很多"脏"的臃肿的声音全暴露了。插入WAVES Q1 Mono，频点60Hz，增益-15dB，Q值50（截图05 DR-Tom 3 Ins 2）。

第三步，消除鼓槌触发时过硬的"咔哒"声，插入WAVES Q1 Mono，通过扫频找到频点2594Hz，增益-9dB，Q值10，此时地通更有弹性了（截图05 DR-Tom 3 Ins 3）。

第四步，插入WAVRS C1 gate Mono噪声门，阻止地通以外的声音通过，开门-14.8，关门-38.6，弯度2，释放时间100ms（截图05 DR-Tom 3 Ins 4）。

第五步，插入压缩，WAVRS C1 comp Mono，增益5dB，阀门-20，压缩比42∶1，弯度0.3，经过压缩处理，地通的声音音头"咔哒"声没有了，多了鼓皮该有的柔性和弹性。

最后在1分44秒、2分16秒、3分47秒、4分18秒处做了个自动直通，方便地通八分音符渐强时弱击的声音被关在门外。

（6）通鼓组二通（06 DR-Tom 2）

① 插入：WAVES Q2 Mono；WAVRS Q1 Mono；WAVRS C1 gate Mono；WAVRS C1 comp Mono

② 发送：FX1-WAVES IR1 Full Stereo -20dB

③ 音量：2dB

④ 相位：C

⑤ 自动化：无

（干声音频06 DR-Tom 2）

第一步，插入WAVES Q2 Mono，设低切频点70Hz，高切频点10526Hz，把无用的频段先切掉。这些声音虽然不明显，但合起来就"很脏"（截图06 DR-Tom 2 Ins 1）。

第二步，音频里有金属"嗡嗡"的声音也是需要去掉的，插入WAVES Q1 Mono，循环播放，通过扫频找到频点185Hz，设增益-15dB，Q值50（截图06 DR-Tom 2 Ins 2）。

第三步，插入WAVRS C1 gate Mono噪声门，阻止地通以外的声音通过，开门-15.1，关门-19.1，弯度1，释放时间100ms（截图06 DR-Tom 2 Ins 3）。

第四步，插入压缩，WAVRS C1 comp Mono，增益14dB，阀门-35，压缩比34∶1，弯度0.1，释放时间40ms，经过压缩处理，地通的声音音头"咔哒"声没有了，多了鼓皮该有的柔性和弹性（截图07 DR-Tom 2 Ins 4）。

（7）通鼓组一通（07 DR-Tom 1）

① 插入：WAVES Q2 Mono；WAVRS Q1 Mono；WAVRS C1 gate Mono；WAVRS C1 comp Mono

② 发送：FX1-WAVES IR1 Full Stereo -20dB

③ 音量：3dB

④ 相位：R

⑤ 自动化：无

（干声音频07 DR-Tom 1）同样原理处理一通鼓。

第一步，插入WAVES Q2 Mono，设低切频点80Hz，高切频点10526Hz（截图07 DR-Tom 1 Ins 1）。

第二步，插入WAVES Q1 Mono，循环播放，通过扫频找到频点185Hz，设增益-15dB，Q值50；去掉音频里金属"嗡嗡"的声音（截图07 DR-Tom 1 Ins 2）。

第三步，插入WAVRS C1 gate Mono噪声门，阻止地通以外的声音通过，开门-10.5，关门-14.5，弯度1，释放时间100ms（截图07 DR-Tom 1 Ins 3）。

第四步，插入压缩，WAVRS C1 comp Mono，增益10dB，阀门-31，压缩比26:1，弯度0.2，释放时间40ms（截图07 DR-Tom 1 Ins 4）。

（8）吊镲（08 DR-OverHat）

① 插入：WAVES Q2 Stereo；WAVRS Q1 Stereo；WAVRS C1 comp Stereo

② 发送：无

③ 音量：-8dB

④ 相位：C

⑤ 自动化：无

吊镲轨（干声音频08 DR-Over Hat）音频很有力度，收进了所有声音，非常霸道，掩蔽了很多声部器乐，但处理该音频也很简单，只保留其高频频率的特性就可以了。

第一步，插入WAVES Q2 Stereo，设低切频点500Hz，高切频点8000Hz，所有轰隆隆的低频和锋利的高频都被切掉，音频已经没那么霸道了（截图08 DR-Over Hat Ins 1）。

第二步，再把多余的中频去掉，这里主要是军鼓声音干扰了原军鼓轨道的声音，使之不好处理，插入WAVES Q1 Stereo，在频点1160Hz，设增益-18dB，Q值3。这样听起来整个轨道的声音就缓和友好了许多，22英寸镲顶的点击也包容了许多（截图08 DR-Over Hat Ins 2）。

第三步，进一步弱化军鼓，突出吊镲，插入WAVRS C1 comp Stereo压缩器，增益+5dB，阀门-30，压缩比20:1，弯度1，释放时间50ms。

（9）房间话筒（09 DR-Room MIC）

① 插入：WAVES Q2 Stereo；WAVRS Q1 Stereo；WAVRS C1 comp Stereo

② 发送：无

③ 音量：-15dB

④ 相位：C

⑤ 自动化：无

用来增加鼓的空间感，真鼓有别于MIDI鼓就是空间感，MIDI是一个平面立体感，而真鼓的房间话筒就能给整套鼓增加一个深度，空气的冲击力。房间话筒因为距离远，录入更多的是中低频和中频（干声音频09 DR-Room MIC），需要把它们适当的处理掉。

第一步，插入WAVES Q2 Stereo，设低切频点391Hz，高切频点9200Hz，所有轰隆隆的低频和锋利的高频都被切掉，音频里只剩下硬邦邦的中频高频部分了（截图09 DR-Room MIC Ins 1）。

第二步，插入WAVES Q1 Stereo，扫出在频点222Hz，设增益-18dB，Q值50。这时音频的军鼓比较突出，正好给原军鼓轨道增加临场感（截图09 DR-Room MIC Ins 2）。

第三步，消除踩镲的串音，经过上面两个步骤处理后，踩镲反而更突出了，同样也需要对踩镲的频率做个处理。插入WAVES C1 comp Stereo，扫出踩镲最明亮，在频点9310Hz，设增益-18dB，Q值7。踩镲明显弱了下来，同时也把踩镲减弱，高频留给了原吊镲轨道。

处理完毕同时播放其他鼓的轨道，加上了房间鼓轨道，给底鼓带来了活力，给鼓的演奏增加了积极性。并且现在每个轨道按自己的频率特性调整后，增加或减小各自的音量而不会对其他轨道造成很大的影响。

（10）轮镲（10 DR- Cym Rolling）

① 插入：无

② 发送：无

③ 音量：-21dB

④ 相位：C

⑤ 自动化：无

轮镲（干声音频10 DR- Cym Rolling）音频来自鼓音源立体声采样，本身音色已是经过音频工程师处理，而它也只在个别地方出现，只做音量均衡调整即可，无需做相位调整，也无需接入混响器。

（11）手铃（11 DR-Tamboura）

① 插入：无

② 发送：FX1-WAVES IR1 Full Stereo -8dB

③ 电平：-6.0

④ 相位：L63

⑤ 自动化：无

手铃（干声音频11 DR-Tamboura）音频来自鼓音源立体声采样，并且自身频率特性很明显突出，挂上FX1-WAVES IR1 Full Stereo 混响器，设增益为-8dB，相位左63，与踩镲对应。

14.3.2 贝司（12 Bass）

① 插入：WAVES GEQ Classic Mono ； WAVRS Q1 Mono

② 发送：无

③ 音量：-6dB

④ 相位：C

⑤ 自动化：无

贝司在录音时发现有打品声，但是又没有工具调整琴弦高度，所以演奏时有些音符"吱吱"的琴弦与品位的刮碰声音（干声音频12 Bass）。

第一步，插入图形均衡器WAVES GEQ Classic Mono，图形均衡器是调整贝司很好的工具，直观，能想象到声音出来的效果，并且可调节范围大，可以一边听一边调节，音色一点一点的变化，慢慢就自然达到自己想要的声音（好的贝司音箱也会配一块图形均衡器）。在频率25、31、40Hz以下，柔软无力的低频频段均以6dB衰减去掉；50Hz+1dB、63Hz+1dB、80Hz+2dB、100Hz+2dB、125Hz+1.5dB使音色更饱满，更能跟底鼓声音融为一体。200Hz-3dB、250Hz-3dB，这两个频率较为"臃肿"且不稳定，做衰减处理。

2000Hz-3dB、2500Hz-6dB、3150Hz-6dB、4000Hz-2dB，这些频率是拨弦的"咔哒"声和打品声（截图12 Bass Ins 1）。

第二步，经过第一步处理，打品声消除的还不够理想，插入WAVRS Q1 Mono，设频点2327Hz，增益-18dB，Q值11，把打品声尽量减小，同时对清晰度又不能造成较大影响。

14.3.3　风琴（13 Organ）

① 插入：iZotope 5 Equalizer

② 发送：FX1-WAVES IR1 Full Stereo -18dB

③ 音量：-7dB

④ 相位：L59

⑤ 自动化：音量自动化

这里风琴对歌手的情绪渲染起到了很重要的作用，在它出来的同时，左右分解吉他要做适当的让路，风琴较高的和弦把位，在频率上与弦乐有点相冲，应该适当削弱高频。风琴原声相位偏右，大部分弦乐也在左边，所以做了大的左相位移动（干声音频13 Organ）。

插入iZotope 5 Equalizer均衡器，在频点5841Hz处高切处理，增益-3.2dB，Q值10（截图13 Organ Ins 1）。然后发送混响器，此风琴为满时值铺底音色，应该发送延时时间较短的FX1-WAVES IR1 Full Stereo混响器，发送量-18dB。

14.3.4　弦乐

（1）大提琴（14 Cello）

① 插入：WAVES Q1 Stereo

② 发送：无（音源自由混响）

③ 音量：-6dB

④ 相位：R30

⑤ 自动化：无

大提琴（干声音频14 Cello）根据歌词所表达的，需要一点孤独感，靠回忆来填充现在的空虚。正好可以通过大提琴，来勾画孤独背影的画面感，所以把大提琴做得稍瘦一点，意境就出来了。只做个简单处理，插入WAVES Q1 Stereo，把200Hz以下频段做低切（截图14 Cello Ins 1）。

（2）弦乐1（15 Strings 1）

① 插入：无

② 发送：FX 2 WAVES IR1 Full Stereo -12dB

③ 音量：-10dB

④ 相位：L18

⑤ 自动化：无

弦乐1（干声音频15 Strings 1）为小群奏弦乐，是采样音源。为高低八度关系，自身已经有了高度和深度，频率上和其他声部器乐也没有相冲。上面的风琴也已经把它的高频让了出来，不需要做调频处理，只需加入混响器就可以了，弦乐需要较为长点的混响语音，发送到FX 2 WAVES IR1 Full Stereo混响器，让声音更连贯、更有湿度，发送量为-12dB。

在风琴出来到进入副歌前的位置，需要把空间让点出来给风琴，这段时间做音量自动化处理，从原来的-10dB降到-13dB，进入副歌调回到-10dB。

（3）弦乐2（16 Strings 2）

① 插入：无

② 发送：无

③ 音量：-11dB

④ 相位：L12

⑤ 自动化：无

弦乐2（干声音频16 Strings 2）是合成器音源，比弦乐1低一个八度，演奏一样的旋律，增加了厚重感，让整个弦乐更立得住，不会有只在上面飘的感觉。音频自带混响，不需要做任何处理。

同样，在风琴出来到进入副歌前的位置，需要把空间让点出来给风琴，这段时间做音量自动化处理，从原来的-11dB降到-14dB，进入副歌调回到-11dB。

14.3.5　电钢琴（17 E Piano）

① 插入：iZotope 5 Equalizer；WAVES S1 Imager Stereo

② 发送：WAVES IR1 Full Stereo -15dB

③ 音量：-8dB

④ 相位：C

⑤ 自动化：音量自动化

电钢琴（干声音频17 E Piano），低音肥厚，满满的一大片，掩蔽了贝司，这种钢琴作为独奏或单独伴奏是可以的，但作为乐队伴奏就显得"太脏"了。跟乐队商量后把第一段主歌的电钢琴铺底给去掉了，目的是让第一段主歌的孤独感更强烈。

第一步，插入iZotope 5 Equalizer均衡器，选用Low Shelf模式，在频点75Hz处做低切，增益-9dB，Q值1（截图17 E Piano Ins 1）。

第二步，插入WAVES S1 Imager Stereo相位扩展，尽管电钢琴很柔和，包容其他器乐，但其在声像里还是占了很多空间，特别是中间位置，需要留点空间给歌手以及军鼓、底鼓、贝司等声部。宽度为2，左右均等（截图17 E Piano Ins 2）。

第三步，做音量自动化，由于在副歌段落加入了更多的器乐，这里需要做减6dB的音量自动化处理，把空间让给铺底失真吉他。

14.3.6　吉他

（1）铺底失真吉他（18 GT Dist Pad）

① 插入：WAVES H-EQ Stereo；WAVES PS22 XSplit Stereo

② 发送：WAVES IR1 Full Stereo -15dB

③ 音量：-23dB

④ 相位：C

⑤ 自动化：无

干声音频18 GT Dist Pad，这里失真吉他只出现在副歌，二分音符铺底，像这种演奏法需要更多高频的弹簧般的冲击力，第一步，插入WAVES H-EQ Stereo混合均衡器，引用预置Guitar 2音色，此时吉他声音动力澎湃，听起来就像二冲程的路跑机车，充满着穿透力，直灌耳膜（截图18 GT Dist Pad Ins 1）。

（2）木吉他分解（19 GT AC ARP L）

① 插入：WAVES Q2 Mono；iZotope 5 Equalizer；WAVRS X-Noise Mono；WAVRS C1 Mono

② 发送：FX3-WAVES Rverb Mono/Stereo -3dB

③ 音量：3dB

④ 相位：L

⑤ 自动化：无

木吉他为话筒拾音，录制了两个轨道（干声音频19 GT AC ARP L），这给歌曲作品的声场带来很好的宽度，特别是钢弦在空气中的冲击与箱体产生共鸣，特别有质感。尽管很多吉他音源很像真吉他，混音师也特别喜欢混有木吉他的作品——怡情，同时练耳。这歌曲木吉他的演奏有点特别，不像职业吉他手拿着谱子循规视奏了事，吉他手在分解过程中偶尔随意地来一下击弦泛音演奏，很有意思。吉他音频很明显，低频过多了，在这首歌中需要"清瘦"的感觉，并且有空间感。

第一步，插入WAVES Q2 Mono，把320Hz以下低频13071Hz以上高频切点，让声音干净些，处理后音色变得安静温暖多了。但声音变得木呆了，钢弦的质感也缺失了（截图19 GT AC ARP L Ins 1）。

第二步，插入iZotope 5 Equalizer，从拼点90Hz再做低切，让声音更"清瘦"点，极左极右的处理会使声音中空，在拼点1250Hz加3dB，Q值为4，这样把吉他的位置往前拉点，声音丰实点。最后在频点5940Hz和9588Hz加9dB，Q值为3，声音听起来很有活力，钢弦的质感也出来了（截图19 GT AC ARP L Ins 2）。

第三步，经过第二步的处理，问题来了，白噪明显出来了，插入WAVRS X-Noise Mono噪声处理器，设Thresh：-6.2，Reduction：26，沙沙的高频白噪声被消掉了（截图19 GT AC ARP L Ins 3）。

第四步，压缩处理，主歌部分比较平和，吉他的分解也需要稳定点。有个别根音和泛音力度过大需要压下去，插入 WAVRS C1 Mono压缩器，设增益为7dB，阀门-37，压缩比9:1，弯度0.5，释放时间50ms，处理后音量力度基本在一个位置上，并通过0.5的弯度处理，弱化了触弦的力度，没有了之前偶尔出现的唐突感（截图19 GT AC ARP L Ins 4）。

（3）木吉他分解（20 GT AC ARP R）

① 插入：WAVES Q2 Mono；iZotope 5 Equalizer；WAVRS X-Noise Mono；WAVRS C1 Mono

② 发送：FX4-iZotope Ozone 5 Reverb -10dB

③ 音量：3dB

④ 相位：R

⑤ 自动化：无

干声音频20 GT AC ARP R，处理方法同19 木吉他分解（19 GT AC ARP L），只是混响器换成了FX4-iZotope Ozone 5，左右吉他用不同的混响器，并且跟随音频轨道的相位调整相位，是为了让各自发送混响后不会到互相的空间，左右分离感更强，吉他本音也能更好的准确定位，比如：吉他手在右边演奏，一个Action节奏或突然休止，混响余音跟他是一个定点位置的。如果此混响器的相位是立体声设置，那么吉他手就会分身和有飘移的感觉。同时混响余音也会对空间添乱，变得混杂（不同品牌效果器相同的设置出来的效果程度不一定相同，而且大部分都不会相同，所以设置时靠耳朵鉴别、延迟、长度、干湿度、表情色等）。

（4）木吉他节奏（21 GT AC Rhythem L）

① 插入：WAVES Q2 Mono；WAVES Q1 Mono；WAVRS X-Noise Mono

② 发送：FX3-WAVES Rverb Mono/Stereo -3dB

③ 音量：-5dB

④ 相位：L

⑤ 自动化：无

节奏木吉他有两种做法，一是把声音做得很薄，作为音乐的律动感，在天上飞行的感觉，当与其他声部混在一起后，你甚至不太感觉到它的音律存在，只起到一种烘托气氛作用。另一种则是削弱中频，突出低频和高频，用低频来推动音乐，但是很干净的低频，像在地上步步为营的前进感，高频用来肯定节奏，加强切分音或重拍。根据歌曲音乐配器的丰满度还有吉他演奏者的力度，要处理好节奏吉他的厚度，通常会过于激动。

这首歌有节奏吉他的部分是副歌，所有声部都在这时间出来了，风琴铺底，弦乐高低走副旋律，电钢琴长音满拍，失真吉他机车般的力度声音，节奏木吉他就要做得柔和点，但它是唯一的节奏声部，推动歌曲情感前进就靠它。电平调整不能突出它，不注意时听不到它，但关闭它歌曲就有点空，后拖感就行了（干声音频21 GT AC Rhytmem L）。

第一步，插入WAVES Q2 Mono，400Hz以下频段低切，1488Hz频点做一个Q值为5的-18dB衰减。目的是先把整个吉他瘦身，再把很霸道的中高频削弱，让它包容其他声部（截图21 GT AC Rhytmem L Ins 1）。

第二步，插入 WAVES Q1 Mono，在频点10681Hz，提升增益9dB，Q值为8，突出扫弦的"嚓嚓"声，让它可以在众多乐器声部中被分辨出来（截图21 GT AC Rhytmem L Ins 2）。

第三步，白噪消除，虽然节奏吉他是从分轨吉他中剪辑出来另成一轨，但在高频补偿上有很大的区别，所以白噪程度也很不一样，插入WAVRS X-Noise Mono噪声处理器，设Thresh：-20，Reduction：20（截图21 GT AC Rhytmem L Ins 3）。

（5）木吉他节奏（22 GT AC Rhythem R）

① 插入：WAVES Q2 Mono；iZotope 5 Equalizer；WAVRS X-Noise Mono；WAVRS C1 Mono（合并成立体声轨道后请用立体声插入）

② 发送：FX4-iZotope Ozone 5 Reverb -10dB

③ 音量：-5dB

④ 相位：R

⑤ 自动化：无

木吉他节奏（干声音频22 GT AC Rhytmem R）的处理方法和上面的木吉他节奏（21 GT AC Rhythem L）一样，混响器改用FX4-iZotope Ozone 5 Reverb。

录制节奏木吉他最好换套细点的线，有时甚至换上电吉他弦，录出来的声音干脆不杂、包容性很好。

（6）木吉他独奏（23 GT AC Solo）

① 插入：WAVES Q1 Stereo；iZotope 5 Equalizer；WAVRS C1 Stereo；WAVES CLA Guitars Stereo

② 发送：WAVES IR1 Full Stereo -21dB

③ 音量：-5dB

④ 相位：R38

⑤ 自动化：无

木吉他独奏是单声道音频（干声音频23 GT AC Solo），但在混音工程里我给它开了个立体声轨道，因为，如果要做扩展声像或插入Clean GT效果器是，单声道就算插入立体声效果器也起不到展开声场的作用，大部分人都忽略了这点。

录制指弹木吉他，普遍会录到低频里有个很实的"啵啵啵"的声音，这个声音很重很实，听起来很笨，通过低切可以把它去掉，先把吉他原音瘦身：

第一步，插入WAVES Q1 Stereo，180Hz以下频段低切，这时声音柔软多了，感觉空气干净了很多（截图23 GT AC Solo Ins 1）。

第二步，再一次弱化音头，插入iZotope 5 Equalizer均衡器，在240Hz频点再次做个低切动作，这个均衡器的低切设有Q值，可以改变低切坡度，设Q值为12，然后在频率8317Hz点声音，做一个Q值为5的3dB提升，现在声音再次被软化，并提升弹奏的颗粒性，听起来很有临场感，跟音乐情景很协调（截图23 GT AC Solo Ins 2）。

第三步，插入WAVRS C1 Stereo压缩器，增益提升3dB，门限为-18，压缩比6：1，弯度2，释放时间默认的50ms，这一处理，吉他音色更加集中有质感（截图23 GT AC Solo Ins 3）。

第四步，最后做一个相位宽度处理，插入WAVES CLA Guitars Stereo处理器，把效果器中间前5个功能关掉，只留下PITCH 设推子量为0，上面的声场模式选Stereo，原本只在中间的吉他体积大了一点，因为极左极右的分解吉他，主奏吉他可以将两边的空间填满一些，突出主奏吉他，同时处理器还把原声木吉他添了一点电音的味道（截图23 GT AC Solo Ins 4），这使演奏的旋律再遇到与分解吉他同品位音高时，可以清楚地分辨出旋律走向。

14.3.7 色彩乐器

（1）口风琴（24 Melodica）Melodica

① 插入：WAVES Q1 Mono

② 发送：FX2-WAVES IR1 Full Stereo -15dB

③ 音量：-20dB

④ 相位：L62

⑤ 自动化：无

歌曲里口风琴的演奏很简单（干声音频24 Melodica），只作为华彩填空，本身口风琴的录制也是很容易的，音域很窄，最多键的也才3个八度，所以处理起来就很简单了，只在频点120Hz处做了个低切，让心里感觉空间干净了些。混响处理发送了FX2-WAVES IR1 Full Stereo，再加一个延时效果器MonoDelay，这是一个单声道延时效果器，让它的延时效果只在它的身后，不想让它占用更多的空间。延时效果器的节拍最好与音乐歌曲的拍子不要成半数、倍数关系，是为了不让歌词或音符重叠，影响歌曲可懂度，Feekback为20，干湿比为40，并在频率120Hz做低切，5000Hz处做高切，让语音站得远点（截图24 Melodica Ins 1）。

（2）华彩合成器（25 Lead Syn）

① 插入：无

② 发送：无

③ 音量：-13dB

④ 相位：R11

⑤ 自动化：无

华彩合成器（干声音频25 Lead Syn）是MIDI合成器音色，自带混响和延时效果，没做音频处理，这里只做一个电平的均衡调整。

14.3.8 人声（26 Vocal A）

① 插入：WAVES Q1 Mono；WAVES PS22 XSplit Stereo

② 发送：WAVES IR1 Full Stereo 主歌-20dB，副歌-18dB

③ 音量：-7dB

④ 相位：C

⑤ 自动化：音量自动化衰减齿音、混响音量自动化

根据歌曲的意境和歌手声音特点（干声音频26 Vocal A），定位歌曲人声的处理方向：沧桑、有过去、平静而内心。低频大幅衰减，先让声音干净，中低适当衰减，但要保持厚重，提升高频，让声音通透，增加磁性。

第一步，插入WAVES Q1 Mono，在频率70Hz点做高通滤波（截图26 Vocal A Ins 1）。

第二步，插入WAVES Q2 PS22 XSplit Stereo，分别在频率220Hz点做Q值为5的-2dB衰减，在510Hz点做Q值为-2dB的衰减，处理后声音会变得稍微松弛。然后给声音增加点磁性和质感，在频率8200Hz做Q值为7的3dB提升（截图26 Vocal A Ins 2）。

所有人声对齿音的处理都很头疼，大部分录音师或混音师都使用插入方法，针对齿音频段做衰减处理，但同时对音频没有齿音处也带来高频损失，减少了声音的通透性。这种处理方法在磁带录音年代很无奈，只能这样做，但现在是电脑工作站年代，是音频可视工作，可以对齿音做音量单独衰减，只是耗点时间而已。其实齿音也是需要亮度的，只降低齿音电平保持齿音的亮度听起来更统一、更舒服，单独对齿音做音量衰减的好处是可以提升需要的高频而不会有撕裂感。操作方法有两种，一是通过画笔直接在音频条上画线，二是在音量线上做衰减。

14.3.9　输出（27 Stereo Out）

音频27 Stereo Out是没有做任何总输出插件提升的，通常在最开始混音时会把各轨道的音量尽量调小，留点可调空间给最后输出，以便在做最后插件时电频不会过大失真，最后在总输出上，需要做些歌曲整体的激励、压缩提升、声场扩展和音量最大化等处理。

第一步，首先是频率均衡处理，根据歌曲风格有不同的数据处理，插入iZotope 5 Exciter激励器，iZotope 5 Exciter是个四段频率调谐器，频率20～279Hz做5dB的提升，频率279～1960Hz做3dB的提升，1963～7700Hz做6dB的提升，频率7700～20000Hz做7dB的提升（截图27 Stereo Out Ins 1）。处理后首先是整个电频的增大，然后整个频段更清晰分明。

第二步，再次插入SSL comp Stereo压缩器，调出SSL Center Classic Compressor预置参数，这时声音更有张力和饱满（截图27 Stereo Out Ins 2）。

第三步，最后插入WAVES L3 Ultra Maxmizar做音量最大化，根据在分轨处理时电频的设置量，这里需要提升5个dB，并且注意，效果器左下的Quantize的位数要跟你导出成品的位数是一样的，这样可以将高位数转低位数时的音损降到最小（截图27 Stereo Out Ins 3）。这一步处理后一定要跟一些出版级别正式发行的音乐作品做个电频比较，特别是在不熟悉的监听设备和声场环境下。

另外还需特别提醒：

① 某些插件设置数值时会自动附件小数点后的数，比如：压缩器设值41∶1，插件自己会变成41.97∶1。

② 本实例主要是以WAVS为主要示范插件，有其他很多优秀品牌没在本次示范。另外，不同公司品牌设置相同数值，设置出来的效果会有所偏差，大家以耳听为准，特别是用惯硬件的朋友，比如使用Fcousrite RED7话筒放大器里的压缩，压缩比2.5∶1，某些软件要设5∶1才有它的效果，硬件阀门设为20，声音就被压得比较平均，但某些软件反应还是比较小。

③ 每个人喜欢的声音效果不一样，特别是乐队作品，参与的人多且各有主见，作为混音师，有时候不要因为别人的要求带偏了。

第15章 环绕声的制作

15.1 关于环绕声

Surround（环绕声）指的是对音频声音的听音位置及重放方式等技术的一种统称。虽然普通立体声音频也提供了有限的左、右声音位置，但它仍然是一种较为狭窄的声像区域。而由Surround技术，则更加拓宽了这种声像区域，使声音源总是充满听者的周围。

立体声使用两条通道来把声音输送到在你前方的两只音箱上，而环绕声则是使用多条通道来把信号输送到包围你的多只音箱上。立体声的一个缺点是，必须坐在很狭窄的最佳点位置上才能听到正确的声像位置。与此成对比的是，环绕声可以在音箱之间的很宽广的区域内得到正确的聆听。

Surround声音技术发展至今已具有许多模式，从20世纪70年代"乙烯基"唱片开创的早期Quadraphonic（四声道）格式起，直到当今更加成熟的Surround声道技术，其Surround格式的变化主要体现在以下两个领域：一是喇叭数量的变化，这已从2路喇叭发展到6路喇叭。其次是由于音频媒体的截然不同（如广播视频、电影胶片或DVD等），从而产生了更多优秀的编码格式系统。

关于Surround技术是个广泛的主题，需要有专门的书籍来全面阐述这方面的内容，本章无法对此提供更深入的论述，在此只是简要介绍有关对Surround技术的具体应用和操作方面的相关问题。

15.2 环绕声录音与监听

15.2.1 环绕声混录设备

以下为混录成为环绕声时所需的一些设备：

（1）以任何格式的多声轨录音作品：模拟带、数字带、硬盘等。

（2）如果使用的是混录调音台，那么调音台至少要有6条输出通路（也称之为母线或副编组）。大多数的数字调音台具有环绕声矩阵，用来作混录设置和监听环绕声设置的一个组成部分。

（3）如果使用的是普通调音台，就需要一台八轨录音机（MDM模块式数字多轨录音机或硬盘录音机）来记录环绕声的混录声轨。声轨1至声轨6记录环绕声声道，而声轨7和声轨8则记录一条独立的立体声混录。

（4）如果使用一台数字音频工作站（DAW）来做环绕声的混录时，那就需要至少有8路输出的音频接口。把送到5.1输出通道的数字音频工作站设置到6个接口输出上，然后把这些接口输出连接到5只有源音箱及一只有源超低音音箱上，用它来替代前面提到过的环绕声接收设备。

（5）如果使用数字音频工作站（DAW），则就需要环绕声混录软件，例如，Steinberg Nuendo以及DigiDesign Pro Tools等都包括有环绕声混录软件。可以把6条声轨混录到硬盘上去，然后把6个形成的WAVE（波形）文件复制到CD或DVD上去。

15.2.2 环绕声音箱的布置

从电影工业那里得到继承，环绕声用六条声道输送到围绕着听众四周的6只音箱。这就组成了一个5.1环绕声系统，这里".1"是指超低音音箱声道，或称之为低频效果（LFE）声道。LFE（低频效果）声道是受频段限制到125Hz及以下的声道，而其他的声道则为全频段带宽（20Hz~20kHz）。"5.1"是一种声道格式——代表了声道数以及它们的频率响应、音箱摆放等环绕声标准。

6只音箱分别是：左前置、中置、右前置、左环绕、右环绕、超低音。

图15-1画出了5.1环绕声用监听音箱的推荐摆放位置。这是由AES TD1001和ITU775推荐的标准设置。以中置音箱为基准，左右前置音箱应摆放在它±30°的位置上，环绕音箱则摆放在±100°~120°位置上（如果为电影声轨做混录时，通常用偶极子扬声器来得到环绕声，并把它们置于两侧（±90°）。

左前置和右前置音箱提供常规的立体声。环绕声提供了一种由房间环境而引起的包围感，它们还允许把声像出现在听众的后方。深沉的低音则由超低音音箱来填补，因为人们不能够感觉到低于120Hz以下低音的位置，所以超低音音箱，可以摆放在任何地方，而不至于降低声像位置感。

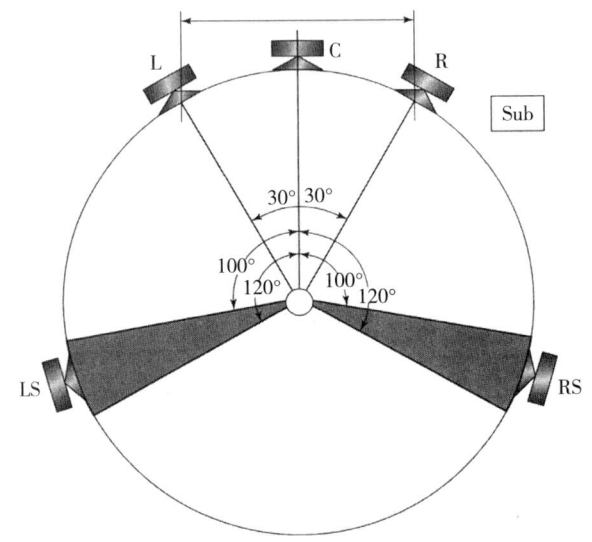

图15-1　5.1环绕声用监听音箱的摆放位置

为剧院最初设计的中置声道的音箱是直接被固定在听众的正前方，而在家庭影院系统内，它却位于电视屏幕的上方或者下方以及电视屏幕的正前方。此音箱以单声道方式来播放中置声道的信息，例如对话之类声音。因为两只立体声音箱已经可以产生一种幻象的中央声像，那么为什么还要使用一只中置音箱呢？如果只用两只音箱，而你坐在偏离中心位置的地方，那么幻象声像将会偏移到你就座位置一边的前方，而中置声道音箱则可以产生真实的声像，当你沿着听众区域移动时，它的声像不会移动。中置音箱保持着屏幕上演员的对话声，而与听众所在的位置无关。

为获取最敏锐的声像以及声场上的连续性，所有的音箱应具备如下条件：

① 音箱与聆听者之间要有相等的距离。
② 所有的音箱要使用同一型号（超低音音箱除外）。
③ 要有相同的极性。
④ 均使用直接辐射型音箱。
⑤ 要用相同的功率放大器来驱动。
⑥ 用粉红噪声来匹配调试声压级（超低音音箱要增加10dB）。
⑦ 音箱要摆放在前后方有左右对称的房间内。

如果要为电影声轨做混录，则环绕声音箱应该使用偶极子音箱，而不使用直接辐射型音箱。偶极子音箱向前后投射声音，可以产生一种扩散效果。

典型的音箱设置是把音箱距聆听者1.22~2.44m处摆放，音箱高度约为1.22m。可用一定长度的线来丈量，使音箱到聆听者头部的距离都相同。超低音音箱则可以放置在靠墙边跟前的地面上，要使得所有音箱所发出的声音要像你在做环绕声像调节时在音质的平衡上没有什么变化。

15.2.3 环绕声监听系统的设置

用于环绕声的制作当然比立体声制作要使用更多的设备，应该至少具备如下设备：

（1）5只"卫星式"监听音箱以及1只超低音音箱，并且还要有6个声道的功率放大器。或者用5只有源监听音箱及1只有源超低音音箱。

（2）1台超低音/卫星分频器（一种低音管理系统），此系统内置于某些环绕声监听音箱内部。

（3）六声道音量控制部件（硬件或软件）。

要确保把超低音音箱包括在监听系统之内。如果没有这种音箱，就可能听不到像家用听音者用超低音音箱所听到的那种低频背景噪声。诸如包括喘息"噗"声、话筒架的"砰砰"响声、空调的"隆隆"声，以及一些特别强烈的重低音音符等。

也可以用家庭影院中的环绕声接收器作功率放大和低音管理。它们有各自的音量调节部件去同时调整所有声轨的电平，大多数的家庭影院设备具有5个放大器声道以及一条线路输出，线路输出送至有源超低音音箱。超低音音箱的功率放大器应至少能提供100W的功率，并且环绕声接收设备应该有6路模拟输入，可以把它们接到环绕声的混录信号上。

15.2.4 环绕声录音连接

现在有了为环绕声混录所必需的设备（包括低音管理）之后，就可以把它们连接成一个系统。下面介绍两种连接方法：方法一，使用一台外部的多声轨录音机，来记录环绕声混录声轨。方法二，使用数字音频工作站（DAW），来记录环绕声混录声轨。

（1）使用一台外部多声轨录音机的连接

通常是从6条母线那里的线路电平信号连接到缩混录音机上的相关声轨上去。为监听这6条声轨，可把录音机的输出或者接到环绕声接收设备上去，或者接到一个低音管理滤波器上，滤波器送到6条功率放大器的通道上去。环绕声接收设备或功放，驱动5只音箱和1只超低音音箱（如图5-12）。

图15-2画出了这种连接。把调音台的母线输出或环绕声矩阵输出经跳

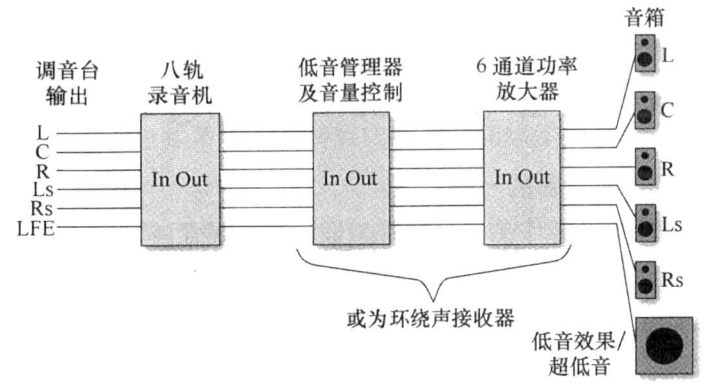

图15-2 使用一台外部多轨录音机来记录环绕声混录声轨的连接

线连接到八轨缩混录音机的输入端。在录音机的背面，把声轨输出1~6，连接到环绕声接收设备或是功放的输入端。在接收设备或功放上，从音箱输出端分别接到各音箱上去。如果超低音音箱为有源音箱，则可将LFE（低音效果）声道线路输出（channe line output）接到超低音音箱的线路输入端。如果6只音箱均为有源音箱，则可把它们直接接到低音管理器的输出端1至输出端6。

何时才把调音台或数字音频工作站接到八轨缩混录音机上，哪一路信号录到哪一条声轨上去呢？最常见的声轨安排（杜比数字、ITU和SMPTE标准）如下：

① 左前方（L）

② 右前方（R）

③ 中心（C）

④ 超低音声道（LFE）

⑤ 左环绕（Ls）

⑥ 右环绕（Rs）

⑦ 立体声混录左（L）

⑧ 立体声混录右（R）

要确保为录音媒体标有声轨的安排记录。

（2）使用数字音频工作站，来记录环绕声混录声轨的连接

使用有源音箱的连接方法如图15-3（a）所示。用计算机环绕声监听软件来设定综合监听电平，然后再对每只音箱分别微调音的电平。使用无源音箱的连接方法如图15-3（b）所示。用环绕声接收器上的音量调节钮，来设定综合监听电平。低音管理滤波器内置于有源超低音音箱或环绕声接收器内。

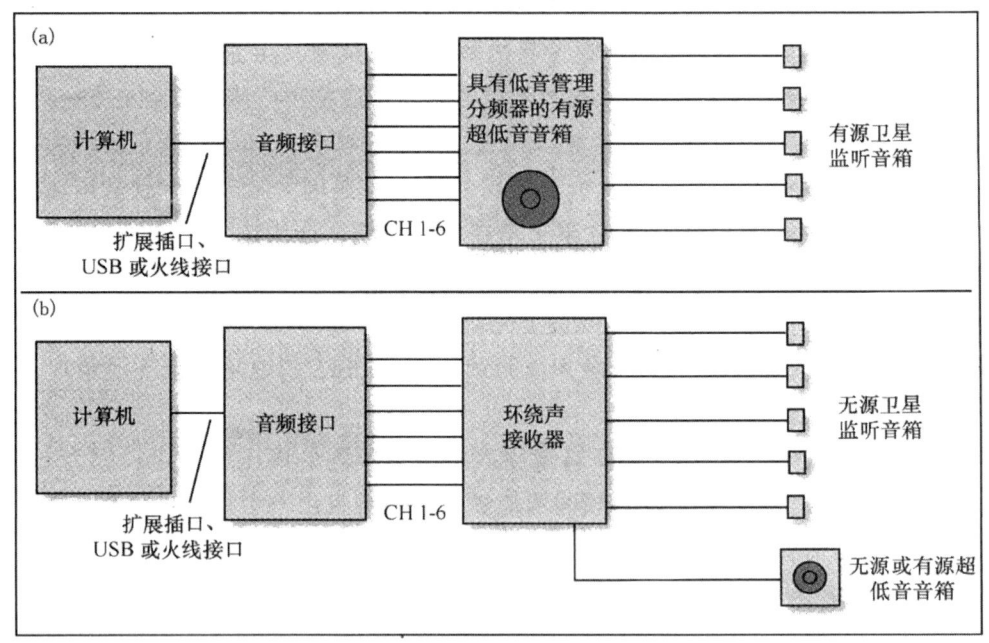

图15-3 使用（DAW）来记录环绕声混录声轨的连接

15.3 在Nuendo中的环绕声操作

15.3.1 总线配置

（1）输出总线配置

在进行有关Surround工作之前，必须预先按照所需要的Surround格式的相关喇叭声道数来配置所适配的Surround Output Bus（环绕声输出总线）。所有这些都需要在Devices菜单/VST Connections窗口进行操作。

在窗口Outputs标签页中，点击"Add Bus"按钮，从Configuration下拉菜单选择所需要格式的预设项，这样新建Bus将出现在窗口中。然后在Device Port栏，为新建Bus中的每个喇叭声道路由到音频硬件所需要的输出端，如图15-4所示。

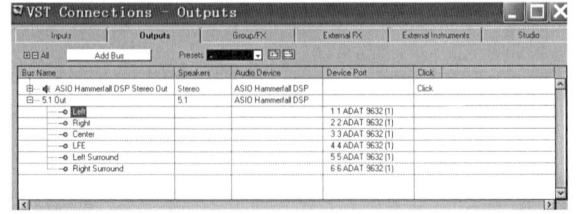

图15-4 环绕声输出总线配置

有必要的话，也可以对Output Bus重命名，所建立Output Bus项将会列在调音台窗口以及Routing（路由）下拉菜单中。

（2）输入总线配置

对于在Nuendo中的Surround Sound工作，通常不必为Input Bus来配置Surround格式。一般只需要按照标准方式把音频信号录制成音频文件，然后再把它们的音频通道路由到Surround Output就可以了。

当然，也还可以把特定Surround格式的多声道音频文件导入到同样匹配格式下的音频轨。因此，只是在以下几种情况下才有必要为Input Bus来配置成Surround格式：如果已有的音频材料是一种特定Surround格式，而且需要以单个多声道合并文件的方式导入到Nuendo中来，或者需要以Surround格式来录制现场。

只有在上述情况下，可以将Input Bus配置成所需要的Surround格式，同时把音频硬件的各个输入端路由到Surround中相应的喇叭声道。

15.3.2 将音频轨路由到环绕声通道

（1）路由到单独的喇叭通道

如果要把某个音频源放在单独的喇叭声道，可以直接把它路由到该喇叭声道，这对于音频材料的预混处理或不需要声像定位的多声道录音是非常方便的。

在Mixer窗口，从所要被路由通道的Output Routing下拉菜单，选定相应的Surround喇叭声道即可。如果是把立体声通道直接路由到喇叭声道，其L/R通道就会被合并成单声道通道，而该音频通道的声像也将变成单声道方式下的左右声道比例控制，当设为居中位置则成为相等的音量比例，如图15-5所示。

（2）路由到环绕声总线通道

首先，在Mixer窗口找到所要设置的通道（这可以是Mono或Stereo Channel），从其Output Routing下拉菜单，选择Whole Surround Bus（环绕声总线）项（不是指环绕声喇叭通道），这样，在该通道电平推子上侧会出现Surround Plug-In（环绕声插件）的缩略图框，如图15-6所示。

现在，在此直接移动定位控制点就可以调节环绕声环境中相应声源的位置，其中，平行红线控制着"LFE"的电平。双击缩略图框，可打开该环绕声插件的完整操作窗口，在此的操作与缩略图框中的操作相同，只是操作更加精确。

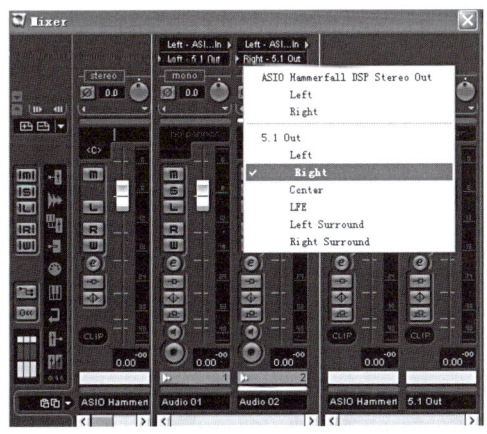

图15-5 将音频路由到单独的环绕声喇叭通道

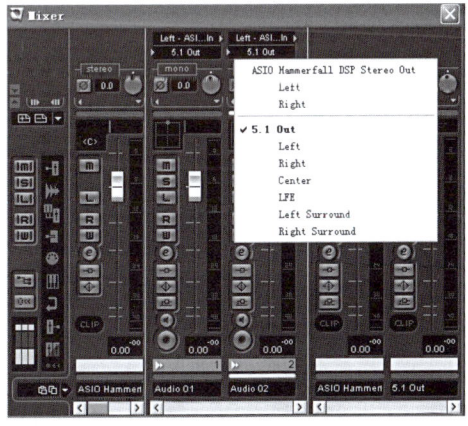

图15-6 将音频路由到环绕声总线通道

15.3.3 环绕声面板操作

确定几条需要进行环绕声混音的音轨，立体声或单声道均可。在调音台中，将它们的输出端口设置为5.1的总输出通道，也就是默认叫作5.1 Out的通道。这样设置后，会发现，原来调整声像的位置变成了一个方框，方框中还有一个蓝色的圆点，其中方框代表整个环绕声的声场，而蓝色的圆点，则表示该通道声音的位置。方框右侧可以左右移动的红色竖条不是声像，而是5.1声道里面那个.1的低音声道音量的大小。我们可以用鼠标随意移动蓝点的位置，使声音在某个位置出现。蓝点位置的变化也可以录制为自动化参数，使声音在声场中来回移动。

方框和蓝色圆点整个部分实际是该通道上的一个特殊的音频效果器，它叫作环绕声像（Surround Panning）。双击方框，可以打开环绕声像效果器的参数设置界面，进行详细设置，如图15-7所示。

环绕声像窗口中有一个非常醒目的图示框，其中有5个蓝色的小喇叭图标，分别表示左前、右前、左后、右后、中置这5个通道在环绕声场中的位置，这几个位置是固定不变的。

另外，有一个灰色的上面写M的小圆圈，代表声源的位置，它可以用鼠标拖动到任意位置。在拖动声源时，会发现它距离哪个小喇叭越近，喇叭发出的蓝色直线就越长。实际上，蓝色的直线就表示该通道的音量大小，在每个喇叭旁边都有一个小数字，表示当前通道实际音量的大小。按住Alt键，单击小喇叭图标，使其变成黄色，此时该通道就被关闭，不管声源距离这个喇叭多近，也完全不发声了。

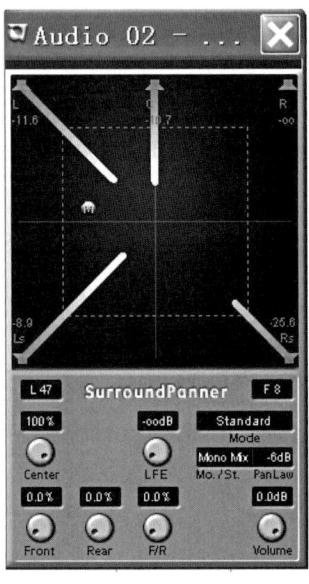

图15-7 环绕声像控制面板

移动声源位置也是有技巧的，按住Shift键拖动鼠标，声源将沿着边界移动。按住Ctrl键拖动鼠标，声源只能纵向移动。按住Alt键拖动鼠标，声源只能斜向沿着左上和右下移动；反之按住 Alt+Ctrl键，声源只能斜向沿着右上和左下移动。

（1）Center旋钮：该参数决定着由前置喇叭所得到中央声源的电平量。当设为"100%"时，将完全由中置喇叭提供中央声源。当设为"0"时，将由前置左右喇叭所建立的声像环境来提供中央声源，设为其他值则将介于上述两种情况之间。

（2）LFE旋钮：当所选择环绕声配置中含有LFE（Low Frequency Effects）通道的话，在环绕声像面板窗口将出现单独的一个"LFE"电平旋钮，可用于调节所发送到"LFE"通道的信号电平量。此外，也可以在调音台窗口所在通道的环绕声像框中，使用右侧的小红条来进行同样的操作。

（3）Front，Rear，F/R：3个旋钮分别控制前、后、前/后的衰减比例。默认3个参数都是0，此时将声源完全置于某一个喇叭，其他喇叭均不会发出声音（除了中置）。3个参数百分比越高，位于前、后、前/后的喇叭将分得相应的音量。

（4）Mo./St.：下拉列表中选择哪个项目，应该由当前通道的声音决定。如果该通道是单声道声音，那么应该使用默认的Mono Mix。若是立体声声音，那么应该使用Y Mirror，由此为L/R声道分别提供了各自的灰色定位球，只要拖动其中任何一个定位，球即可同步移动2个声道的声源位置。

（5）Pan Low：决定每个声道的最大音量。

其实环绕声像还有两种显示模式，分别为Position（位置）和Angle（角落），可以根据自己的习惯进行选择。

15.3.4 导出环绕声音频文件

当完成了Surround的混音处理后，就可以通过Export Audio Mixdown功能来输出音频文件了，而且可以只对指定Output Bus来进行导出。这时，所要混音处理部分的所有通道都必须是被路由到Surround Output Bus。

对于Surround混音工作的输出，提供以下选项：

当以"Split"格式进行导出时，这将为每个Surround 通道，分别得到相应的Mono音频文件。当以"Interleaved"格式进行导出时，这将得到单独的一个多声道音频文件（比如在5.1音频文件中就含有所有6个Surround通道）。

在Windows平台下，还可以为5.1 Surround混音导出为Windows Media Audio Pro格式的音频文件，这也是一种5.1 Surround的编码格式。

但此后如何使其成为终端产品（如DVD光盘中的Surround Sound），这就需要用到特定的相关软件或硬件，通过这类设备把Surround声音信号编码成各种需要的格式，以将音频压缩（如使用MPEG编码格式）并储存在最终媒体。有关这类编码软件或硬件的具体类型，将根据Surround的不同格式类型而定，这并不由Nuendo所决定和提供支持。

15.4 环绕声混音实例

以下是环绕声混音的实例演示，练习本例的必要条件是：所使用的音频卡具备6个以上的输出端口，且都已被连接到5.1格式配置的环绕声喇叭系统。

（1）新建工程，在Project/Project Setup对话框中分别设置Sample Rate（采样率）及Record Format（录音格式）为"48.000Hz"及"24-bit"，如图15-8所示。

（2）添加两条Stereo Track（立体声音轨）及两条Mono Track（单声道音轨）。

（3）准备音频素材，分别为立体声的环境声1、环境声2；单声道的语言声、汽车启动和引擎声。

（4）建立环绕声总线，在Devices菜单/VST Connections窗口的Outputs标签页中，按下"Add Bus"按钮，以打开对话框，在此选择"5.1"项并点击"OK"按钮确认。这时将出现新的总线，分别点击所在总线每个通道相应的ASIO Device Port栏，从中选择音频卡的输出端口，如图15-9所示。

（5）从5.1 Out右击菜单的Add Child Bus（增加子总线）了菜单中选择"Stereo（Ls Rs）"项，这将从5.1总线内建立一个立体声子总线，它的声道是直接对应Left/Right Surround Speaker（左/右环绕声喇叭）

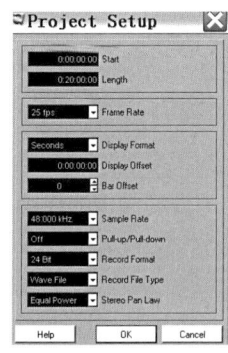

图15-8 工程项目设置

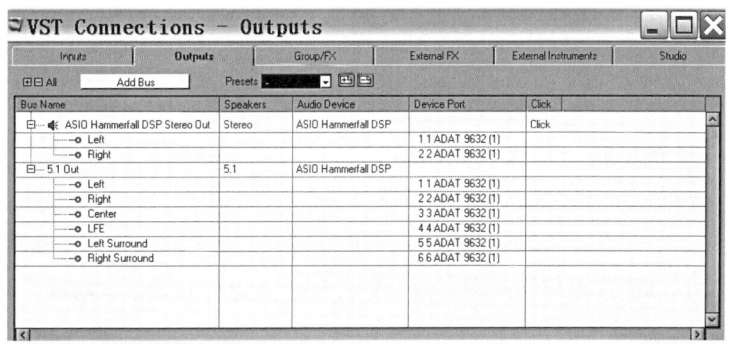

图15-9 设置音频输出通道

的。虽然在实际应用中是更应该为Left/Right Front Speaker（前方左/右喇叭）的，在本例只是为了讲解的方便而已，如图15-10所示。

（6）将环境声1路由到Front Stereo Speaker（前方立体声喇叭），这要在环绕声像控制面板中来做。首先按下环境声1通道的"S"按钮，设为Solo状态，这样便于监听。从该通道的Output Routing下拉菜单中选择"5.1 Out"，以使其路由到总的

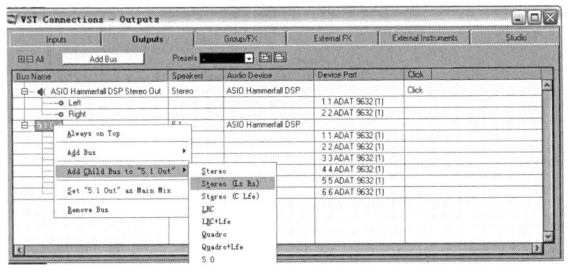

图15-10　增加立体声子总线

5.1总线的环绕声环境。这时会看到，该通道原先普通的声像控制现在变成含有控制点的方格图形，双击它即可打开环绕声像控制面板（图15-7所示）。从Mo./St.下拉菜单中，选择Y-Mirror模式，在该模式下，立体声材料的左右通道将被映射为Y轴，即音频信号两个声道将以相同量被发送到环绕声中的对应声道。

现在可以将控制球拖到显示区域的右上角位置，你会看到所拖动的就是"R"球，也就是右通道。与此同时，左通道将自动被映射而定位于左上角。如图15-11所示。

（7）将环境声2路由到Surround Speaker（环绕声喇叭），虽然仍然可以再通过环绕声像控制面板来进行类似的操作，由于之前我们已经为左/右环绕声喇叭建立了一个子总线，那么这就变得很方便了。回到调音台窗口，解除环境声2的静音状态，从其Output Routing下拉菜单中，选择子总线的"Stereo（Ls Rs）out"即可，这样就把该通道直接路由到了环绕立体声喇叭，如图15-12所示。

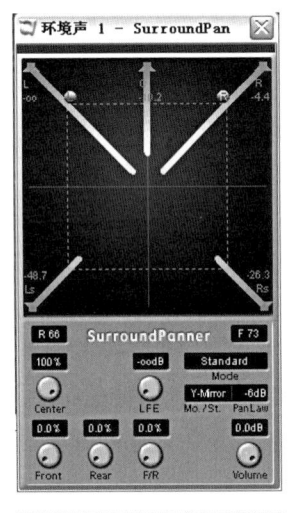

图15-11　调节环绕声像

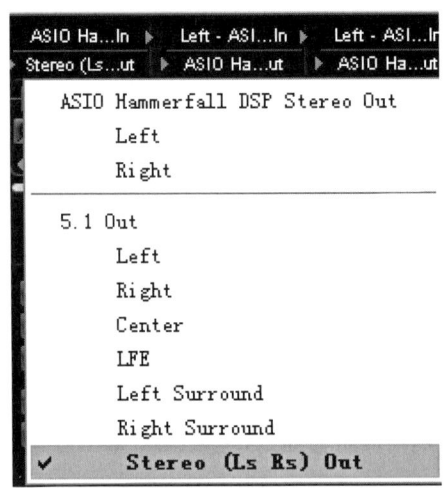

图15-12　路由到环绕声子总线

（8）将语言声路由到仅有的一个中央通道，这可从其Output Routing下拉菜单中选择5.1 Out所在的"Center"通道即可。

（9）汽车启动和引擎声的LFE设置与动态声像的处理，这需要使用环绕声像控制面板的自动控制功能。首先从所在通道的Output Routing下拉菜单中选择5.1 Out项，使音轨被路由到总的5.1总线以做环绕声像处理，然后双击环绕声图形框以打开环绕声像控制面板。将部分信号发送到LFE（Low Frequency Effects）通道去，这可在环绕声像面板调节"LFE"旋钮至适当电平，由该旋钮控制着"汽车"通道所送

到LFE通道的信号量，如图15-13所示。

（10）现在进行"汽车"环绕声像动态变化的处理，在调音台窗口按下该"汽车"通道上的"W"按钮，以启用自动缩混记录功能，将信号球置于你认为"汽车开始启动"的起始位置，开始播放，当"汽车开始启动"时，将信号球逐渐而自然地进行移动，比如从左至右、或以圆周方式进行变化等。完成后停止播放，解除"W"按钮，并按下"R"按钮。现在检查一下最终结果，在播放时应能够听到完整的环绕声环境效果，包括所做的动态声像变化。

（11）导出环绕声音频文件，具体方法参照前文所述。

图15-13 调节LFE通道音量

教材配套资源

附录1 音符与频率对应关系表

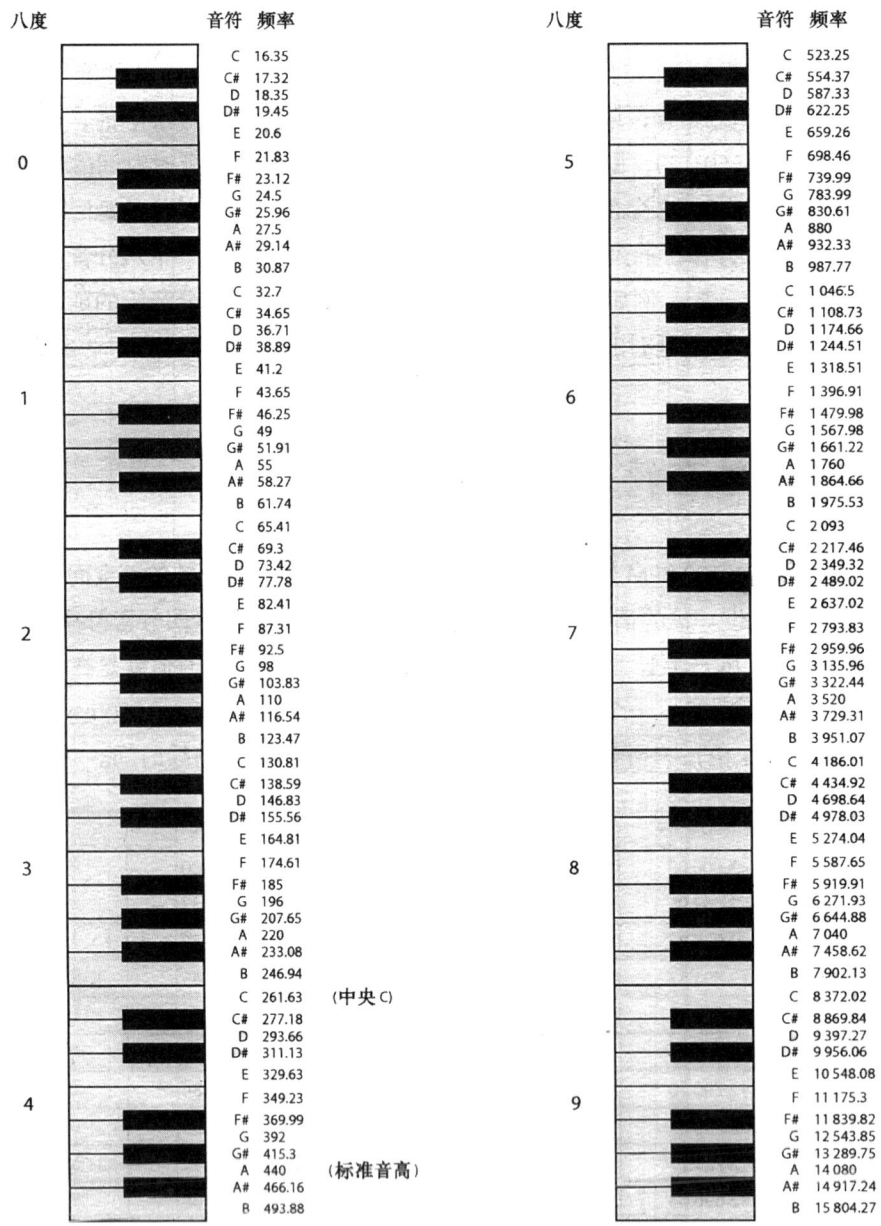

附录2 常用乐器与人声的基音频率范围表

乐器名称	基因频率范围（Hz）	乐器名称	基因频率范围（Hz）
小提琴	196～2093	京胡（D调）	440～1985
中提琴	131～1046	高胡	440～2637
大提琴	65.4～523.3	二胡	294～2352
低音提琴	32.7～211.6	中胡	196～880
短笛	587～4186	马头琴	220～2101.7
长笛	246.9～2489	板胡（G调）	590～3151.5
双簧管	233～1760	坠胡（二弦）	220～1575.2
英国管	155.6～922.3	梆笛（G调）	590～3151.5
单簧管	146.5～1976	巴乌（F调）	131.4～702
低音单簧管	69.3～698.5	管子（D调）	440～1985.4
大管	58.3～784	梆笛（G调）	587.3～3520
低音大管	29～196	曲笛（D调）	440～2349.3
bB高音萨克斯管	207.7～1244.5	箫（G调）	295～1325.4
bE中音萨克斯管	138.6～830.6	D高音唢呐	440～1985.4
bB次中音萨克斯管	103.8～-622.3	高音笙（十七簧）	440～1180.1
bE低音萨克斯管	69.3～415.3	中音芦笙（十八簧）	220～1180.1
小号	164.8～1397	琵琶	110～1325.4
圆号	61.7～-689.5	三弦（大）	98～2360
长号	82.4～544.4	柳琴	197～6300
大号	41.2～196	中阮	65.7～662.7
钢琴	27.5～4180	扬琴	98～1576
竖琴	32～3136	筝（二十一弦）	74～1180.1
木琴	196～2217.5	语言男声	100～300
高音定音鼓	233～349.2	语言女声	160～400
中音定音鼓	103.8～155.6	歌唱男声	80～400
低音定音鼓	87.3～130.8	歌唱女声	170～1170
特低音定音鼓	61.7～-110		
小钟琴	523.3～2637		

附录3　常用乐器与人声的重要频段特性表

音源	明显影响音色的频段
小提琴	200～440 Hz影响音色的丰满度；1～2 kHz是拨弦声频带；6～10 kHz影响音色明亮度
中提琴	150～300 Hz影响音色的力度；3～6 kHz影响音色表现力
大提琴	100～250Hz影响音色的丰满度；3 kHz是影响音色明亮度频率
低音提琴	50～150 Hz影响音色的丰满度；1～2 kHz影响音色明亮度
长笛	250 Hz～1 kHz影响音色的丰满度；5～6 kHz影响音色明亮度
单簧管	150～600 Hz影响音色的丰满度；3 kHz影响音色明亮度
双簧管	300 Hz～1 kHz影响音色的丰满度；5～6 kHz影响音色明亮度；1～5 kHz提升会使音色明亮华丽
大管	100～200 Hz音色丰满、深沉感强，2～5 kHz影响音色明亮度
小号	150～250 Hz影响音色的丰满度；5～7.5 kHz是明亮度清脆感受频带
圆号	60～600 Hz提升会使音色圆润和谐自然；强吹音色辉煌，1～2 kHz明显增强
长号	100～240 Hz提升音色的丰满度；500 Hz～2 kHz提升会使音色变得辉煌
大号	30～200 Hz影响音色的丰满度；100～500 Hz提升会使音色深沉、厚实
钢琴	27.5 Hz～4.86 kHz是音域频段，音色随频率增加而变得单薄；20～50 Hz是共振峰频率
竖琴	32.7～3136 Hz是音域频率，小力度拨弹音色柔和；大力度拨弹音色泛音丰满
萨克斯	600 Hz～2 kHz影响明亮度，提升此频率可使音色华彩清透
萨克斯（bB）	100～300Hz影响音色淳厚感，提升此频率可使音色的始振特性更加细腻，增强音色的表现力
吉他	100～300 Hz提升增加音色的丰满度；2～5 kHz提升增强音色的表现力
电吉他	240 Hz是丰满度频率；2.5 kHz是明亮度频率；3～4 kHz拨弹乐器的性格表现更充分
电贝司	80～240 Hz是丰满度频率；600 Hz～1 kHz影响音色的力度；2.5 kHz是拨弦声频
手鼓	200～240 Hz是影响饱满度；2 kHz是影响弦音频
小军鼓	240 Hz影响饱满度；2 kHz影响力度（响度）；5 kHz是响弦音频
通通鼓	360 Hz影响丰满度；8 kHz为硬度频率；泛音可达15 kHz
底鼓（大鼓）	60～150 Hz是力度音频，影响音色的丰满度；5～6 kHz泛音频率
钹	200 Hz铿锵有力度；7.5～10 kHz音色的尖厉
镲	250 Hz强劲铿锵锐利；7.5～10 kHz镲边泛音金光四溅
歌声（女）	1.6～3.6kHz影响音色的明亮度，提升此段频率，可以使音色鲜明通透
歌声（男）	150～600 Hz影响歌声力度，提升此段频率，可以使歌声共鸣感强，增强力度
语音	800 Hz是危险频率，过于提升会使音色发硬、发愣
沙哑声	提升64～261 Hz会使音色得到改善
女声带杂音	提升64～315 Hz，衰减1～4 kHz可以消除女声带杂音（声带窄的音质）
喉音重	衰减600～800 Hz会使音色得到改善
鼻音重	衰减60～260 Hz，提升2.4 kHz可以改善音色
齿音重	6 kHz过高会产生严重齿音，4 kHz过高会产生咳音严重现象（电台频率偏离时的音色）

主要参考文献

（1）【美】David E. Reese. 声音制作手册. 姚国强等译. 北京：中国广播电视出版社，2014.
（2）【英】Dave Swallow. 现场扩声演出混音宝典. 胡泽译. 北京：人民邮电出版社，2012.
（3）【英】Roey Lzhaki. 混音指南. 雷伟译. 北京：人民邮电出版社，2012.
（4）【德】w. 阿诺特r. 斯蒂芬. 扩声技术原理及其应用. 王季卿译. 北京：电子工业出版社，2003.
（5）陈俊海. 声音制作基础. 北京：中国轻工业出版社，2012.
（6）陈俊海. 音乐基础. 北京：人民邮电出版社，2015.
（7）朱慰中. 实用音响录音技术. 北京：中国传媒大学出版社，2010.
（8）朱伟. 录音技术. 北京：中国广播电视出版社，2003.
（9）李伟. 立体声拾音技术. 北京：中国广播电视出版社，2004.
（10）周小东. 录音工程师手册. 北京：中国广播电视出版社，2006.
（11）赵炳昆. 录音师（初、中、高）. 北京：中国劳动社会保障出版社，2008.
（12）钟金虎，曹路明. 完全精通Nuendo. 北京：清华大学出版社，2016.
（13）卢小旭等. Cubase SX与Nuendo电脑音乐精华技巧. 北京：清华大学出版社，2007.
（14）俞锫，李俊梅，朱伟. 拾音技术. 北京：中国广播电视出版社，2003.
（15）朱慰中. 电视节目的音频技术制作. 北京：世界广播电视出版社，2007.
（16）【美】Bruce Bartlett Jenny Bartlett. 实用录音技术. 朱慰中译. 北京：人民邮电出版社，2015.
（17）【美】David Miles Huber Robert E. Runstein. 现代录音技术. 李伟等译. 北京：人民邮电出版社，2013.
（18）【美】Alexander U. Case. 声音制作效果器. 赵新梅译. 北京：人民邮电出版社，2010.
（19）中国建筑科学研究院. 体育馆声学设计及测量规范. 北京：中国建筑工业出版社，2001.
（20）张飞碧，项珏. 现代音响技术设计手册. 北京：机械工业出版社，2004.
（21）卢智扬. 现代剧院扩声系统的冗余设计. 艺术科技. 2012年第3期.
（22）崔广中，刘芳. 体育馆扩声系统设计中几个问题的探讨. 电声技术. 2002年9号期.
（23）【丹】Eddy Bøgh Brixen. 声频信号的仪表计量（第二版）. 朱伟译. 北京：人民邮电出版社，2012.
（24）【美】詹姆斯. 考恩. 建筑声学设计指南. 李晋奎等译. 北京：中国建筑工业出版社，2004.
（25）【美】Bob McCarthy. 音响系统设计与优化. 朱伟，林志琦译 北京：人民邮电出版社，2009.
（26）【美】内森. 巴特尔. 处理器设置规则. 曾山，骆明刚译. 2009.
（27）王以真. 线阵列扬声器系统. 北京：国防工业出版社，2012.
（28）麦文聪. 基于Smaart V7多通路声学测量系统的电声系统调试与优化. 2010.
（29）曾山，周强生. 系统调试中测试话筒的选点与摆放. 2017.
（30）高玉龙. 厅堂建筑音质计算机辅助设计——EASE4.1使用详解. 北京：国防工业出版社，2007.
（31）高玉龙. 小房间声学设计及建筑声学处理. 北京：国防工业出版社，2014.
（32）张莹. 数字声学设计. 上海：复旦大学出版社，2010.
（33）彭妙颜，周锡韬. 数字网络音频系统原理与工程设计. 北京：电子工业出版社，2016.
（34）中国录音师协会教育委员会. 音响师理论与实战技巧. 北京：人民邮电出版社，2011.
（35）中国录音师协会教育委员会. 初级/中级/高级音响师速成实用教程. 北京：人民邮电出版社，2013.